普通高等教育"十三五"规划教材

金属矿床地下开采

（第3版）

任凤玉　主编

韩智勇　刘　娜　副主编

U0342488

北　京

冶金工业出版社

2025

内 容 提 要

本书介绍了金属矿床地下开采的开拓方法、采矿方法以及相关知识。全书分 4 篇，共 18 章。第 1 篇（1~4 章）主要介绍了金属矿床地下开采基本知识，包括金属矿床的工业特征、矿床回采单元划分及开采顺序、矿床开采步骤与矿量管理、矿床开采强度与矿井生产能力等；第 2 篇（5~9 章）主要介绍了矿床开拓，包括主要开拓巷道位置的选择、阶段运输巷道的布置、井底车场、矿床开拓方法选择等；第 3 篇（10~12 章）主要介绍了回采工作过程，包括回采落矿、矿石运搬、采场地压管理；第 4 篇（13~18 章）主要介绍了采矿方法，包括采矿方法分类、空场采矿法、崩落采矿法、充填采矿法、采矿方法选择以及露天转地下开采。

本书可作为高等院校采矿工程、矿物资源工程等相关专业的教材，也可供采矿领域从事生产、技术、管理等工作的人员参考。

图书在版编目（CIP）数据

金属矿床地下开采/任凤玉主编 . —3 版 . —北京：冶金工业出版社，2018.7（2025.1 重印）

普通高等教育"十三五"规划教材

ISBN 978-7-5024-7741-7

Ⅰ. ①金… Ⅱ. ①任… Ⅲ. ①金属矿开采—地下开采—高等学校—教材 Ⅳ. ①TD853

中国版本图书馆 CIP 数据核字（2018）第 046373 号

金属矿床地下开采（第 3 版）

出版发行	冶金工业出版社	**电　话**	(010)64027926
地　　址	北京市东城区嵩祝院北巷 39 号	**邮　编**	100009
网　　址	www.mip1953.com	**电子信箱**	service@ mip1953.com

责任编辑 杨　敏　宋　良　**美术编辑** 彭子赫　**版式设计** 孙跃红
责任校对 李　娜　**责任印制** 禹　蕊
三河市双峰印刷装订有限公司印刷
1979 年 11 月第 1 版，1986 年 4 月第 2 版，2018 年 7 月第 3 版，2025 年 1 月第 6 次印刷
787mm×1092mm　1/16；22.75 印张；551 千字；353 页
定价 58.00 元

投稿电话　(010)64027932　**投稿信箱**　tougao@cnmip.com.cn
营销中心电话　(010)64044283
冶金工业出版社天猫旗舰店　yjgycbs.tmall.com
（本书如有印装质量问题，本社营销中心负责退换）

第 3 版前言

《金属矿床地下开采》第 1 版由东北大学（原东北工学院）解世俊主编，东北大学刘兴国，北京科技大学（原北京钢铁学院）王辉光，中南大学（原中南矿冶学院）曾跃、王妙钦，西安建筑科技大学（原西安冶金建筑学院）帖庆熙，江西理工大学（原江西冶金学院）张玉清，昆明理工大学（原昆明工学院）王家齐，广东工业大学（原广东工学院）胡子发等参加编写，于1979 年由冶金工业出版社出版发行。

1984 年，根据冶金工业部教材工作会议要求，由解世俊、刘兴国、胡子发等共同对第 1 版进行修订，经过东北大学、辽宁科技大学（原鞍山钢铁学院）试讲，于 1986 年出版了本书第 2 版。

《金属矿床地下开采》第 2 版自出版到现在已三十多年，作为金属矿床地下开采的专业课教材和采矿从业人员的参考书，得到了广大读者的认可，三十多年共印 17 次，总印数达 56300 册。

如今，为体现金属采矿业三十多年来发展产生的新理论、新方法和新技术，我们对《金属矿床地下开采》第 2 版做了修订，在内容和结构上均有较大改动，主要体现在以下几个方面：

（1）增加了新内容。增加了"露天转地下开采"一章，第 1 章增加"资源储量及矿床工业指标"一节，充填采矿法部分增加了"空场嗣后充填法"一节，崩落法覆岩下放矿部分增加了"随机介质放矿理论"部分内容。

（2）充实了原有内容。"充填采矿法"一章增加了多个应用实例。

（3）更新。根据能获得的资料和现场调研，尽可能对工艺技术参数、实例等进行了更新。

（4）结构调整。"矿石损失与贫化"部分内容归于第 3 章"矿床开采步骤与矿量管理"，"采场地压管理"一章的"崩落围岩"部分内容归入第 15 章"崩落法的地压显现规律"一节。

总之，在本次修订中，编者努力使本书在内容和结构上既能体现采矿工程的特点和规律，又体现采矿工艺技术的现状和发展趋势，使之满足当今和今后一个时期的教学要求。

　　本次修订工作的参与人员及分工如下：任凤玉（第 5、9、10、13～15 章，统稿），韩智勇（第 11、12、16～18 章），刘娜（第 1～4 章），曹建立（第 8 章），何荣兴（第 6 章），丁航行（第 7 章）。此外，参与资料收集和整理工作的人员有：张东杰、付煜、宋德林、于坤鹏、刘洋等。

　　修订工作终归是在前 2 版的基础上进行的，前 2 版诸位编者在当时的辛劳和智慧，对本书的成稿有着不可磨灭的贡献，在此谨致以最诚挚的敬意！

　　由于编者的水平有限，书中难免存在不足之处，真诚希望广大读者提出宝贵意见。

编　者

2017 年 11 月

于东北大学

第 2 版前言

《金属矿床地下开采》第一版由东北工学院解世俊主编，东北工学院解世俊、刘兴国，北京钢铁学院王辉光，中南矿冶学院曾跃、王妙钦，西安冶金建筑学院帖庆熙，江西冶金学院张玉清，昆明工学院王家齐，广东工学院胡子发等参加编写。

根据 1982 年冶金工业部教材工作会议精神，由主编邀请第一版编者刘兴国、胡子发共同对该书进行修改。在修改前，征求了部分院校任课教师对本教材第一版的意见，编制了修订大纲，又经过东北工学院、鞍山钢铁学院试讲后修改定稿。

本书在体系上、内容上均做了较大的变动，其主要内容是：论述金属矿床地下开采的一般原则，介绍矿床开拓、回采工作主要过程和采矿方法等的基本知识，目的是使学生能够根据矿山地质条件和技术经济条件，正确选择矿床开拓方法和采矿方法。金属矿床地下开采设计的有关问题，如矿山设计技术经济分析、矿山企业生产能力和服务年限、矿山开采进度计划以及矿山总平面布置等，为《矿山设计基础》课程讲授，而矿山井巷断面、地下运输等也并入相应课程中。

在修改本书过程中，得到有关院校、矿山、设计和研究等单位的大力支持和帮助，在此表示衷心感谢！

由于编者水平所限，修订版中可能还有不妥或错误，诚恳地欢迎读者指正。

编　者
1984 年 9 月

目　　录

第 1 篇　总　　论

第 2 篇　矿床开拓

第 3 篇　回采工作

第4篇　采矿方法

绪　　论

我国作为发展中国家，经济社会正处于工业化全面发展时期，而采矿工业是现代工业的基础，大力发展采矿工业是更好地发展冶金工业和其他相关工业的需要，是实现社会主义工业、农业、国防和科学技术现代化的需要。

我国的采矿工业在历史上有着光辉而巨大的成就，中华人民共和国成立后采矿业更是得到了迅速的发展。

采矿工作的对象是种类繁多的矿床，是从地壳中将可利用矿物开采出来并运输到矿物加工地点或使用地点的行为、过程，矿山是采矿作业的场所。这些被开采矿床的形状、大小及埋藏深度变化很大，地形、地质、水文地质和矿石与围岩的物理力学性质各不相同，有用矿物在矿体中分布极不均匀。采矿工作地点没有像工厂生产那样的固定场所，必须随矿床的延伸而不断变动，随开采深度的加大，地压和地温也逐渐增加。同时，矿石被采出后相对于人类文明的短暂历史而言不能再生，越采越少，越采越深，矿石质量越来越差，开采条件越来越复杂，采矿成本日益提高，对生态环境的破坏也越来越严重。所有这些都是采矿工业区别于其他工业部门的基本特点，都给采矿工业实现标准化、机械化和自动化带来困难，应用现代技术受到限制。

随着现代工业的发展，金属矿石的需求量不断增长，开采深度逐渐加大，一些露天矿山陆续转为地下开采，而地下矿山也要向深部矿床拓展。因此，从长远来看，地下开采比重将会逐渐增大。

为了适应不同的矿体赋存条件、矿石和围岩性质及开采环境，地下矿开拓和开采方法随着开采技术的进步不断演变，逐步形成了以竖井、斜井、平硐和斜坡道开拓为基本方式的近十种矿床开拓方法。近年来由于广泛采用无轨自行设备，矿床埋藏深度不大的中小型矿山，常采用斜坡道开拓方法，用铲运机、自卸卡车或带式输送机运输矿石；当矿床埋藏较深但不超过 500~600m 时，新矿山多采用竖井提升矿石，斜坡道运送人员、材料及设备的开拓方法；当矿体埋藏很深或经技术改造的老矿山，主要采用竖井开拓，各生产阶段用辅助斜坡道连通，以便各种无轨自行设备运行。

在采矿方法方面，根据矿产资源赋存条件和工艺技术与采掘设备发展情况，在长期的生产实践中，形成了空场法、充填法和崩落法三大类共二十余种典型采矿方法，其中应用比较广泛的采矿方法有十几种。地下采矿方法演进的主要特点是：木材消耗量大、工效低的采矿方法使用比重（如支柱充填和分层崩落等）逐渐下降，如今在现代化矿山已基本消失；采用大孔径深孔落矿的高效采矿方法逐渐推广，1970 年代出现的大直径深孔法、VCR 法（垂直深孔球状药包落矿阶段矿房法）和分段空场法，可以说是采矿方法的一大进展；在围岩和地表无需保护的条件下，与两步骤回采的空场法相比较，单步骤回采的崩落法在地压管理和矿石回采指标等方面都要优越得多，因此空场法的比重有所下降；随着采深的增加和对生态环境保护的重视，充填法应用比重有增长趋势，充填法和空场法联合工艺——深孔落矿嗣后充填扩大了充填法的使用范围；地下采矿方法结构和工艺逐渐简化，结构参数增大。

目前，凿岩爆破方法仍是地下开采的主要落矿手段。为了增加爆破量，提高开采强度，降低开采成本，1970年代初，用于露天穿孔的潜孔钻机被引入地下矿山，使大孔径深孔落矿得以实现。同一时期，开始了地下矿山牙轮钻机的研制，1980年代初投入使用。液压凿岩机是凿岩技术的一个重要发展，1971年投入使用后迅速推广应用于巷道掘进和回采凿岩，其与风动凿岩机相比具有凿岩效率高、动力消耗低、噪声低、油雾和水雾小以及不需要压风设备和风管系统的优点。同时，在地下开采中普遍使用微差爆破、挤压爆破和光面爆破等新技术，显著地改善了爆破质量。

采场矿石搬运、装运设备的装备水平在很大程度上决定着整个地下矿山的生产能力和效率。地下开采中使用的主要搬运、装运设备有电耙绞车、装岩机、铲运机和自卸卡车等。1923年，第一台电力驱动电耙绞车出现，之后的发展主要是功率越来越大和可靠性不断提高，后来又出现了遥控电耙绞车。无轨自行设备从1950年代早期开始试验到1960年代中期装运卸设备（铲运机）成型，并成为"无轨"采矿新概念的基本要素，因其具有高度灵活性、机动性和适应性，在地下矿山迅速应用推广，是世界各国地下开采采场运搬的重要发展趋势。此外，在前苏联一些矿山大力推广应用振动出矿装置，它具有强制出矿的特点，可提高出矿效率，改善放矿条件，有利于覆岩下放矿的控制，并为地下连续作业创造了条件。我国地下金属矿山使用的采场运搬设备主要是电耙和铲运机，在发展无轨自行设备的同时，应根据我国的特点，改进和完善电耙出矿设备。

计算机辅助设计（CAD）、计算机优化设计和管理信息系统在矿山得到广泛应用，是实现矿山科学管理的主要手段。利用计算机发展模拟技术，可优选采矿方法、工艺、设备以及控制出矿品位，确定配矿方案等，还可以依据市场价格、矿山寿命和边界品位，得出不同的利润指标。利用计算机监控采矿作业，还可进一步实现采矿作业自动化，对地下采矿的主要单体设备和某些系统，如凿岩台车、铲运机、锚杆机等，进行远程操作，为信息化与工业化融合发展奠定良好基础。

第 1 篇

总　　论

1　金属矿床的工业特征

1.1　矿石及矿岩物理力学性质

1.1.1　矿石与废石

凡是地壳里面的矿物集合体，在现代技术经济水平条件下，能以工业规模从中提取国民经济所必需的金属或矿物产品的，就称为矿石。以矿石为主体的自然聚集体称为矿体。矿床是矿体的总称，对某一矿区而言，它可由一个或若干个矿体所组成。在矿体周围的岩石（围岩）以及夹在矿体中的岩石（夹石），不含有用成分或含量过少，当前不宜作为矿石开采的，则称为废石。矿石和废石的概念是相对的、有条件的，是随着国民经济的发展需要、矿床开采和矿石加工技术水平的提高而变化的。一般来说，划分矿石与废石的界限，取决于国家规定的技术经济政策、矿床的埋藏条件、采矿和矿石加工的技术水平、地区的技术经济条件等。

过去，我国锡矿石的最低工业品位（即根据当时条件所规定的矿床可采的最低金属平均含量）为 0.8%，铜矿石为 0.6%；经过采矿和选矿工艺的不断改进，机械化程度的提高，现今锡矿石的最低工业品位降为 0.2%~0.3%，铜矿石降为 0.3%~0.5%，即过去认为无开采价值的废石，今天已经可以作为矿石进行开采。

1.1.2　金属矿石的种类

作为提取金属成分的矿石，称为金属矿石。金属矿石根据其所含金属种类的不同，分为贵金属矿石（金、银、铂等）、有色金属矿石（铜、铅、锌、铝、镍、锑、钨、锡、钼等）、黑色金属矿石（铁、锰、铬等）、稀有金属矿石（钽、铌等）和放射性矿石（铀、钍等）。

金属矿石根据所含金属矿物的性质、矿物组成和化学成分，又可分为：

（1）自然金属矿石。指金属以单一元素存在于矿床中的矿石，如金、银、铂等。

（2）氧化矿石。指矿石中矿物的化学成分为氧化物、碳酸盐及硫酸盐的矿石，如赤铁矿 Fe_2O_3、红锌矿 ZnO、软锰矿 MnO_2、赤铜矿 Cu_2O、白铅矿 $PbCO_3$ 等。

（3）硫化矿石。指矿石中矿物的化学成分为硫化物，如方铅矿 PbS、黄铜矿 $CuFeS_2$ 等。

（4）混合矿石。指矿石中含有前三种矿物中两种以上的矿石混合物。

1.1.3 矿石与围岩的物理力学性质

矿石和围岩的物理力学性质中，对矿床开采影响较大的有：坚固性、稳固性、结块性、氧化性、自燃性、含水性及碎胀性等。

1.1.3.1 坚固性

矿岩的坚固性是指一种岩石抵抗外力的性能，用它来表示矿岩在各种不同方法破碎时的难易程度。矿岩坚固性与矿岩的强度是两个不同的概念。强度是指矿岩抵抗压缩、拉伸、弯曲及剪切等单向作用力的性能。而坚固性所抵抗的外力，却是一种综合的外力，即在锹、镐、机械破碎、炸药爆炸等作用下的力。

矿岩坚固性大小常用坚固性系数 f 表示。它反映矿岩的极限抗压强度、凿岩速度、炸药消耗量等值的平均值。目前国内常用矿岩的极限抗压强度来表示，即：

$$f = \frac{R}{100} \tag{1-1}$$

式中 R——矿岩的单轴抗压强度，98.1kPa。

1.1.3.2 稳固性

矿岩的稳固性是指矿石和岩石在空间允许暴露面积的大小和暴露时间长短的性能。影响矿岩稳固性的因素十分复杂，它不仅与矿岩本身的成分、结构、构造、节理状况、风化程度以及水文地质条件等有关，还与开采过程所形成的实际状况有关（如巷道的方向及其形状、开采深度等）。稳固性和坚固性既有联系又有区别。一般在节理发育、构造破碎地带，矿岩的坚固性虽好，但其稳固性却大为下降。因此，不能将二者混同起来。

矿岩的稳固性，对选择采矿方法及地压管理方法，均有很大的影响。矿石的稳固性可根据矿石或岩石的稳固程度，分为以下五种级别：

（1）极不稳固的。在巷道掘进或开辟采场时，不允许有暴露面积，否则可能产生片帮或冒落现象。在掘进巷道时，须用超前支护方法进行维护。

（2）不稳固的。在这类矿石或岩石中，允许有较小的不支护的暴露空间，一般允许的暴露面积在 $50m^2$ 以内。

（3）中等稳固的。允许不支护的暴露面积为 $50 \sim 200m^2$。

（4）稳固的。允许不支护的暴露面积为 $200 \sim 800m^2$。

（5）极稳固的。不需支护的暴露面积在 $800m^2$ 以上。

1.1.3.3 结块性

矿石的结块性是指采下的矿石在遇水和受压后，经过一定的时间结成整块的性质，一般可使矿石结块的因素有：

（1）矿石中含有黏土质物质，受湿及受压后黏结在一起。

（2）高硫矿石遇水后，矿石表面氧化，形成硫酸盐薄膜，受压联结在一起。

矿石的结块性对放矿、装车及运输等生产环节，均可造成很大的困难，甚至影响某些采矿方法的顺利使用。

1.1.3.4　氧化性

矿石的氧化性是指硫化矿石在水和空气的作用下，发生氧化反应变为氧化矿石的性质。采下的硫化矿石，在地下或地面贮存时间过长就会发生氧化。矿石的氧化性会降低选矿的回收指标。

1.1.3.5　自燃性

含硫量在18%～20%以上的高硫矿石在一定条件下具有自燃性。硫化矿石与空气接触发生氧化反应并产生热量，当其热量不能向周围介质散发时，局部热量就不断聚集，温度升高到着火点时就会引起矿石自燃。矿石自燃不仅会造成资源的浪费，而且恶化工作面的环境。所以对于具有自燃性的矿石，选取采矿方法有特殊的要求。

1.1.3.6　含水性

含水性是指矿石或岩石吸收和保持水分的性质。含水性随矿岩的孔隙度和节理而变化。含水性会影响放矿、运输和提升等工作。

1.1.3.7　碎胀（松散）性

矿岩在破碎后由于碎块之间存在空隙，其体积比原矿岩体积增大，这种性质称为碎胀性。破碎后的体积与原岩体积之比，称为碎胀系数（或松散系数）。碎胀系数的大小，主要取决于破碎后矿岩的颗粒组成和块度的形状。一般坚硬矿岩的碎胀系数为1.2~1.5。

1.2　矿体埋藏要素与金属矿床分类

1.2.1　矿体埋藏要素

矿体的埋藏要素是指矿床中各个矿体的走向长度、厚度、倾角、延深及埋藏深度。

1.2.1.1　矿体走向及走向长度

矿体层面与水平面的交线称为走向线，走向线两端所指的方向即矿体的走向，用方位角表示。走向长度是指矿体在走向方向上的长度，分为投影长度和矿体在某中段水平的长度。

1.2.1.2　矿体埋深及延深

矿体埋藏深度是指从地表至矿体上部边界的垂直距离，而延伸深度是指矿体的上部边界到下部边界之间的垂直距离或倾斜距离。

按矿体的埋藏深度可分为浅部矿体和深部矿体。深部矿体埋藏的深度一般大于800m。当开采深度超过800m，井筒掘进、提升、通风、地温等方面将带来一系列的问题，地压控制方面可能会遇到各种复杂的地压现象（如岩爆、冲击地压等）。目前，我国地下开采矿山的采深多属浅部开采范围，世界上最深的矿井南非姆波尼格金矿，其开采深度已达4350m。

1.2.2 金属矿床分类

金属矿床的矿体形状、厚度及倾角，对于矿床开拓和采矿方法的选择，有直接的影响。因此，金属矿床的分类，一般按其矿体形状、倾角和厚度三个因素进行分类。

1.2.2.1 按矿体的形状分类

（1）层状矿体。这类矿床多是沉积或变质沉积矿床。其特点是矿床规模较大，赋存条件（倾角、厚度等）稳定，有用矿物成分组成稳定，含量较均匀。多见于黑色金属矿床。

（2）块状矿床。这类矿床主要是充填、接触交代、分离和气化作用形成的矿床。这类矿体大小不一，形状呈不规则的透镜状、矿巢、矿株等产出，矿体与围岩的界限不明显。某些有色金属矿床（铜、铅、锌等）属于此类。

（3）脉状矿床。这类矿床主要是由于热液和气化作用，矿物质充填于地壳的裂隙中生成的矿床。其特点是矿床与围岩接触处有蚀变现象，矿床赋存条件不稳定，有用成分含量不均匀。有色金属、稀有金属及贵重金属矿床多属此类。

在开采块状矿床和脉状矿床时，要加强探矿工作，以充分回收矿产资源。

1.2.2.2 按矿体倾角分类

（1）水平和微倾斜矿床。倾角小于 5°。
（2）缓倾斜矿床。倾角为 5°~30°。
（3）倾斜矿床。倾角为 30°~55°。
（4）急倾斜矿床。倾角大于 55°。

矿体倾角是指矿体中心面与水平面的夹角（图 1-1）。矿体的倾角与采场的运搬方式有密切关系。在开采水平和微倾斜矿床时，各种有轨或无轨运搬设备可以直接进入采场。在缓倾斜矿床中运搬矿石，可采用人力或电耙、输送机等机械设备。在倾斜矿床中，可借助溜槽、溜板或爆力抛掷等方法，自重运搬矿石。在急倾斜矿床中，可利用矿石自重的重力运搬方法。此外，矿体倾角对于选择开拓方法，也有很大的影响。

应该指出，随着无轨设备和其他机械设备的推广应用，按矿体倾角分类的界限，必然发生相应的变化。因此，这种分类方法只是相对的。同时，在能利用矿石自重运搬方法的条件下，也有普遍应用机械设备（如电耙、装运机、铲运机等）装运矿石的发展趋势。

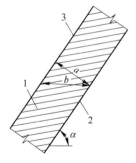

图 1-1 矿体的水平
厚度和垂直厚度
1—矿体；2—矿体下盘；
3—矿体上盘

1.2.2.3 按矿体的厚度分类

矿体的厚度是指矿体上盘与下盘间的垂直距离或水平距离。前者叫垂直厚度或真厚度，后者叫水平厚度，见图 1-1。开采急倾斜矿体时，常用水平厚度，而开采倾斜矿床、缓倾斜矿床和水平矿床时，常用垂直厚度。垂直厚度与水平厚度之间关系为：

$$a = b \cdot \sin\alpha \tag{1-2}$$

式中　a——矿体的垂直厚度，m；

    b——矿体的水平厚度，m；

    α——矿体的倾角，(°)。

（1）极薄矿体。厚度在 0.8m 以下。开采极薄矿体时，不论其倾角多大，掘进巷道和采矿都需开掘部分围岩，以保证人员及设备所需的正常工作空间。

（2）薄矿体。厚度在 0.8~4m。开采薄矿体时，在缓倾斜条件下，可用单分层进行回采，其厚度为人工支柱的最大允许厚度；在倾斜和急倾斜条件下，回采时不需要采掘围岩。

（3）中厚矿体。厚度在 4~(10—15)m。回采中厚矿体时，可沿矿体走向布置矿块。

（4）厚矿体。厚度在(10—15)~40m。开采厚矿体时，垂直走向布置矿块。

（5）极厚矿体。厚度大于 40m。开采极厚矿体时，矿块垂直走向布置，往往需留走向矿柱（图 1-2）。

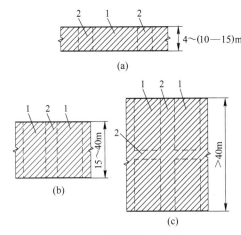

图 1-2　矿块的布置方式

（a）矿块走向布置；（b）矿块垂直走向布置；（c）矿块垂直走向布置且留走向矿柱
1—矿房；2—矿柱

1.3　金属矿床的特点

金属矿床的地质条件较为复杂，对矿床开采有较大影响的因素有以下几个方面。

（1）矿床赋存条件不稳定。矿体的厚度、倾角及形状均不稳定。在同一个矿体内，在走向方向上或在倾斜方向上，其厚度、倾角经常有较大的变化，且常出现尖灭、分枝复合等现象。这就要求有多种采矿方法和采矿方法本身要有一定的灵活性，以适应复杂的地质条件。

（2）矿石品位变化大。在金属矿床中，矿石品位在矿体的走向上及倾斜上，经常有较大的变化。这种变化有时有一定的规律，如随深度的增加，矿石品位变贫或变富。在矿体中还经常存在夹石。有些硫化矿床的上部有氧化矿，使同一矿体产生分带现象。这些都对采矿提出特殊的要求，如按不同品种、不同品级进行分类，品位中和，剔除夹石以及确定矿体边界等。

（3）矿石和围岩坚固性大。多数金属矿床均有这个特点。因此，一般采用凿岩爆破方法来崩落矿石和围岩，这给实现综合机械化开采造成一定的困难。

（4）地质构造复杂。在矿床中经常有断层、褶皱、穿入矿体中的岩脉、断层破碎带等地质构造。这些都给采矿和探矿工作带来很大的困难。

（5）矿岩含水性。某些金属矿床大量含水，对开采有很大的影响。矿床含水大，不仅需增加排水设备及设施，而且对回采工作造成很大的困难（如含水的碎矿石容易结块和堵塞漏斗，大量的含水会降低矿岩的稳固性等）。

1.4 资源储量及矿床工业指标

矿产资源领域有两个非常重要的概念，即资源与储量。矿产资源/储量分类是定量评价矿产资源的基本准则，它既是矿产资源/储量估算、资源预测和国家资源统计、交易与管理的统一标准，又是国家制定经济和资源政策及建设计划、设计、生产的依据，因此各国都对矿产资源/储量分类给予了高度重视。

虽然各国都是基于地质可靠性和经济可能性对资源与储量进行定义和区分，但具体分类标准各不相同。我国于 1999 年 12 月 1 日起实行的固体矿产资源/储量分类国家标准（GB/T 177766—1999）是我国固体矿产第一个可与国际接轨的统一分类。

1.4.1 分类依据

根据地质可靠程度将固体矿产资源/储量分为探明的、控制的、推断的和预测的，分别对应勘探、详查、普查和预查四个勘探阶段。

（1）探明的。矿床的地质特征、赋存规律（矿体的形态、产状、规模、矿石质量、品位及开采技术条件）、矿体连续性依照勘探精度要求已经确定，可信度高。

（2）控制的。矿床的地质特征、赋存规律（矿体的形态、产状、规模、矿石质量、品位及开采技术条件）、矿体连续性依照详查精度要求已基本确定，可信度较高。

（3）推断的。对普查区按照普查的精度，大致查明了矿产的地质特征以及矿体（点）的展布特征、品位、质量，也包括那些由地质可靠程度较高的基础储量或资源量外推部分，矿体（点）的连续性是推断的，可信度低。

（4）预测的。对具有矿化潜力较大地区经过预查得出的结果，可信度最低。

根据可行性评价分为概略研究、预可行性研究和可行性研究三个阶段。根据经济意义将固体矿产资源/储量分为经济的（数量和质量是根据符合市场价格的生产指标计算的）、边际经济的（接近盈亏界）、次边际经济的（当前是不经济的，但随技术进步、矿产品价格提高、生产成本降低，可变为经济的）、内蕴经济的（无法区分是经济的、边际经济的还是次边际经济的）、经济意义未定的（仅指预查后预测的资源量，属于潜在矿产资源）。

1.4.2 分类及编码

依据矿产勘探阶段和可行性评价及其结果、地质可靠程度和经济意义，并参考美国等西方国家及联合国分类标准，中国将矿产资源分为三大类（储量、基础储量、资源量）及 16 种类型。

（1）储量。指基础储量中的经济可采部分，用扣除了设计、采矿损失的实际开采数量表述。

（2）基础储量。查明矿产资源的一部分，是经详查、勘探所控制的、查明的并通过可行性研究、预可行性研究认为属于经济的、边际经济的部分，用未扣除设计、采矿损失的数量表达。

（3）资源量。指查明矿产资源的一部分和潜在矿产资源，包括经可行性研究或预可行性研究证实为次边际经济的矿产资源，经过勘察而未进行可行性研究或预可行性研究的、内蕴经济的矿产资源以及经过预查后预测的矿产资源。

资源/储量16种类型、编码及其含义列入表1-1。

表 1-1 中国固体矿产资源分类与编码表

类别	类型	编码	含义
储量	可采储量	111	探明的、经可行性研究的、经济的基础储量的可采部分
	预可采储量	121	探明的、经预可行性研究的、经济的基础储量的可采部分
	预可采储量	122	控制的、经预可行性研究的、经济的基础储量的可采部分
基础储量	探明的（可研）经济基础储量	111b	探明的、经可行性研究的、经济的基础储量
	探明的（预可研）经济基础储量	121b	探明的、经预可行性研究的、经济的基础储量
	控制的经济基础储量	122b	控制的、经预可行性研究的、经济的基础储量
	探明的（可研）边际经济基础储量	2M11	探明的、经可行性研究的、边际经济的基础储量
	探明的（预可研）边际经济基础储量	2M21	探明的、经预可行性研究的、边际经济的基础储量
	控制的边际经济基础储量	2M22	控制的、经预可行性研究的、边际经济的基础储量
资源量	探明的（可研）次边际经济资源量	2S11	探明的、经可行性研究的、次边际经济的资源量
	探明的（预可研）次边际经济资源量	2S21	探明的、经预可行性研究的、次边际经济的资源量
	控制的次边际经济资源量	2S22	控制的、经预可行性研究的、次边际经济的资源量
	探明的内蕴经济资源量	331	探明的、经概略（可行性）研究的、内蕴经济的资源量
	控制的内蕴经济资源量	332	控制的、经概略（可行性）研究的、内蕴经济的资源量
	推断的内蕴经济资源量	333	推断的、经概略（可行性）研究的、内蕴经济的资源量
	预测资源量	334	潜在矿产资源

注：表中编码，第1位表示经济意义，即1—经济的，2M—边际经济的，2S—次边际经济的，3—内蕴经济的；第2位表示可行性评价阶段，即1—可行性研究，2—预可行性研究，3—概略研究；第3位表示地质可靠程度，即1—探明的，2—控制的，3—推断的，4—预测的。其他符号：?—经济意义未定的，b—未扣除设计、采矿损失的可采储量。

1.4.3 矿床工业指标

用以衡量某种地质体是否可以作为矿床、矿体或矿石的指标，或用以划分矿石类型及品级的指标，均称为矿床工业指标。常用的矿床工业指标包括：

（1）矿石品位。金属和大部分非金属矿石品级，一般用矿石品位来表征。品位是指矿石中有用成分（元素或矿物）的含量，一般用质量分数（%）表示，对于金、铂等贵重金属则用 g/t 或 g/m^3 表示，它是衡量矿石质量的一个重要指标。有开采利用价值的矿产资源，其品位必须高于边界品位（圈定矿体时对单个样品有用组分含量的最低要求）和最低工业品位（在当前技术经济条件下，矿物的采收价值等于全部成本，即采矿利润率为零时的品位），而且有害成分含量必须低于有害杂质最大允许含量（对产品质量和加工过程起不良影响的组分允许的最大平均含量）。

（2）最小可采厚度。最小可采厚度是在技术可行和经济合理的前提下，为最大限度利用矿产资源，根据矿区内矿体赋存条件和采矿工艺的技术水平而决定的一项工业指标。亦称可采厚度或最小可采厚度，用真厚度衡量。

（3）夹石剔除厚度。亦称最大允许夹石厚度，是开采时难以剔除，圈定矿体时允许夹在矿体中间合并开采的非工业矿石（夹石）的最大真厚度或应予剔除的最小厚度。厚度大于或等于夹石剔除厚度的夹石，应予剔除，反之，则合并于矿体中连续采样估算储量。

（4）最低工业米百分值。对一些厚度小于最低可采厚度，但品位较富的矿体或块段，可采用最低工业品位与最低可采厚度的乘积，即最低工业米百分值作为衡量矿体在单工程及其所代表地段是否具有工业开采价值的指标。最低工业米百分值，简称米百分值或米百分率，也表示为米克/吨值。高于这个指标的单层矿体，其储量仍列为目前能利用（表内）储量。最低工业米百分值指标实际上是利用矿体开采时高贫化率为代价，换取高品位资源的回收利用。

（5）边界品位。是区分矿石与废石（或称岩石）的临界品位，矿床中高于边界品位的块段为矿石，低于边界品位的块段为废石。在计算地质储量的时候经常用到。很显然，边界品位定得越高，矿石量也就越少。因此，边界品位是一个重要参数，它的取值将通过矿石量及其空间分布影响矿山的生产规模、开采寿命和矿山开采计划。在一定的技术经济条件下，就一给定矿床而言，存在着一个使整个矿山的总经济效益达到最大的最佳边界品位。

（6）最低工业品位。是指在按边界品位圈定的矿体范围内，合乎工业开采要求的平均品位的最低值。也就是说，根据目前工业技术水平，当矿石的品位低于某个数值时，便没有利用的价值，则这一数值的矿石品位叫最低工业品位，或者说用边界品位圈定的矿体或矿体中某个块段的平均品位，必须高于最低工业品位才有开采价值，否则无开采价值。

2　矿床回采单元划分及开采顺序

2.1　开采单元的划分

矿床成因条件不同，其埋藏范围的大小也各有不同。相对来说，岩浆矿床的规模较小，走向长度通常为数百米至一两千米，而沉积矿床埋藏规模较大，为数千米至数十千米。缓倾斜及近水平的沉积矿床，其倾斜长度也较大，有的可达一两千米。开采这类规模较大的矿床，就需要将矿床沿走向和倾斜方向划分开采单元，以便有步骤有计划地进行开采。

2.1.1　矿田和井田

划归一个矿山企业开采的全部矿床或其一部分叫矿田，在一个矿山企业中划归一个矿井（坑口）开采的全部矿床或其一部分叫井田（图 2-1）。矿田有时等于井田，有时包括数个井田。

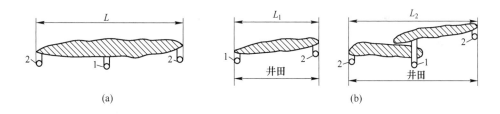

图 2-1　矿田和井田
（a）矿田等于井田；（b）矿田包括两个井田
1—主井；2—出风井；L，L_1，L_2—井田长度

井田的大小是矿床开采中的重要参数。在倾斜和急倾斜矿床中，井田尺寸一般用沿走向长度 L 和沿倾斜长度或垂直深度 H 来表示（图 2-2）。在水平和微倾斜矿床中，则用长度 L 和宽度 B 来表示（图 2-3）。

当矿床的范围不大，矿床又比较集中，为了生产管理方便，可用一个井田开采。相反，当矿床范围很大或矿体比较分散，如用一个井田开采全部矿床，则所开掘的巷道工程量大，生产地点过于分散，因而会造成经济上不合理，此时应划分为几个井田开采。

在生产实践中，往往矿床的上部用几个井田开采，而矿床的下部则用一个井田开采。当矿床范围很大，其深部尚未完全勘探清楚，并要求在最短时间开始采矿时，常采用这种方式。

井田的划分及其范围的确定，一般应根据国民经济的需要、矿床的自然条件以及技术经济的合理性综合分析来确定。

一般情况下，金属矿床的范围不大，井田大多与矿床界限相符合。另外，由于金属矿床地表地形条件复杂，在很多情况下是以地表地形条件来划分井田的界限。如地表河流、水库、湖泊、铁路干线等，都可能成为划分井田的自然界限。

当开采一个很大的矿床时，确定合理的井田范围，须考虑下列因素：

（1）国家对矿山基本建设时间和年产量的要求。一般来说，大井田基建时间长，设备需要得多而大，基建投资多。小井田则相反。因此，应根据我国国民经济发展的需要，并考虑当前设备材料供应的条件，确定合适的井田尺寸。

（2）矿床的勘探程度。当生产前勘探不够时，可能在矿井生产之后又发现大量矿体，此时井田尺寸需要加大，相应增加投资。

（3）矿床的埋藏特征。矿体数目及其厚度、有无地质破坏、有无规模较大的无矿带等。一般情况下，为使一个井田有足够的储量，并从方便生产管理出发，如果矿体走向长度为 500~800m 至 1000~1500m，深度为 500~600m，用一个井田开采是合理的。当开采极厚的埋藏较深的矿床，为便于分期建设，可采用较小的井田尺寸。

（4）矿区地表地形条件。河流、湖泊、有无铁路干线穿过矿体等。

（5）最好的经济效果。井田是独立的生产单位，因此，在划分井田时就应考虑该生产单位在基建时期的投资费达到最节省，在生产时间的经营费达到最低。

2.1.2　阶段和阶段高度

2.1.2.1　阶段与阶段高度影响因素

在开采缓倾斜、倾斜和急倾斜矿床时，在井田中每隔一定的垂直距离掘进与走向一致的主要运输巷道，将井田在垂直方向上划分为一个个矿段，这些矿段叫阶段。阶段的范围沿走向以井田边界为限，沿倾斜以上下两个主要运输巷道为限（图2-2）。

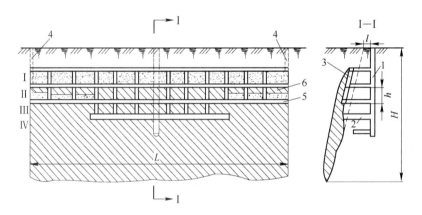

图 2-2　阶段和矿块的划分

Ⅰ—已采完阶段；Ⅱ—正在回采阶段；Ⅲ—开拓、采准阶段；Ⅳ—开拓阶段；

H—矿体垂直埋藏深度；h—阶段高度；L—矿体的走向长度；l—竖井至岩石移动界线的安全距离；

1—主井；2—石门；3—天井；4—出风井；5—阶段运输巷道；6—矿块

上下两个相邻阶段运输巷道底板之间的垂直距离，叫阶段高度（图2-2中 h）。上下两个相邻阶段运输巷道沿矿体的倾斜距离，叫阶段斜长。开采倾斜和急倾斜矿体时，一般均采用阶段高度；只有开采缓倾斜矿体时，才采用阶段斜长这一概念。

影响阶段高度的因素很多，主要有：

（1）矿体的倾角、厚度、沿走向的长度；

（2）矿岩的物理力学性质；

（3）采用的开拓方法和采矿方法；

（4）阶段开拓、采准、切割和回采时间；

（5）阶段矿柱的回采条件；

（6）每吨矿石所摊的基建开拓和采准费用；

（7）每吨矿石所摊的提升、排水及回采费用；

（8）地质勘探和生产探矿的要求、矿床勘探类型和矿体形态变化。

一般来说，增大阶段高度可减少阶段数目，使开拓、采准、切割工程量及其总费用得以相应减少，而且在一个阶段中获得的储量较多，因而一吨采出矿石所摊的开拓、采准和切割费用随之减少。许多采矿法常留阶段矿柱，回采这些矿柱的损失和贫化很大。增大阶段高度可使回采阶段矿柱所造成的损失和贫化相对减少。

但是，增加阶段高度会使采矿准备和回采工作中产生许多技术上的困难。如掘进很长的天井较为困难；在矿石和围岩不够稳固时，回采工作不安全，而且会使天井的掘进费用、材料和设备运送到采场的费用及运矿费用（自重溜放除外）等增加。

2.1.2.2　阶段高度的确定

合理的阶段高度应符合下列条件：

（1）阶段内的基建费用和经营费摊到一吨备采储量的数额应最少；

（2）保证能及时准备阶段；

（3）保证工作安全。

但是，按经济计算方法求算阶段高度，其变化范围很大，很难得出确切的数值。在设计实践中，一般均按矿体规模和当前的实际技术水平选定阶段高度。

按我国矿山实际，开采缓倾斜矿体时，阶段高度一般小于 20~25m；开采倾斜矿体时，阶段高度常采用 40、50、60m；开采急倾斜矿体时，用空场法采矿的阶段高度多为 40~60m，用崩落法或充填法采矿的阶段高度多为 60~120m。

随着生产技术的不断提高，阶段高度也在相应加大。近年我国一些大型地下矿山引入液压凿岩设备，采用大量落矿的采矿方法，为减少掘进工程量，增大阶段回采量，将阶段高度普遍增至 120~180m。在阶段中间加掘副阶段，以便用普通法掘进采场高溜井。国外大型金属矿山，普遍采用天井钻机钻凿采场高溜井，其用于崩落法或充填法开采倾斜至急倾斜矿体时，阶段高度一般超过 200m。目前天井钻机已在我国部分矿山得到实际应用，推广应用这一技术，可使我国大型金属矿山，特别是露天转地下开采的大型铁矿山，阶段高度得到进一步增大。增大阶段高度，不仅可减小开拓工程量，从而减轻矿山的开拓压力，而且可增大采场溜井的储矿量，缓解出矿与运输的制约关系，从而有效提高开采效率、降低生产成本。

总之，阶段高度的影响因素较多，除了与现有工程、矿体倾角、矿体厚度、矿岩稳固性等条件有关外，还与所用采矿方法有关，设计时需对影响阶段高度的诸多因素进行深入的调查研究，并在技术和经济上进行综合分析，以求得合理的阶段高度。

2.1.3 矿块

在阶段中沿走向每隔一定距离，掘进天井连通上下两个相邻阶段运输巷道，将阶段再划分为独立的回采单元，称为矿块（图 2-2 中 6）。根据矿床的埋藏条件，选择不同的采矿方法来回采矿块。

2.1.4 盘区和采区

2.1.4.1 盘区

在开采水平和微倾斜矿床时，如果矿床的厚度不超过允许的阶段高度，则在井田内不再划分阶段。此时，为了采矿工作方便，将井田用盘区运输巷道划分为长方形的矿段，此矿段称为盘区（图 2-3）。盘区的范围是以井田的边界为其长度，以两个相邻盘区运输巷道之间的距离为其宽度。后者主要决定于矿床的开采技术条件、所采用的采矿方法以及所选用的矿石运搬机械。

2.1.4.2 采区

在盘区中沿走向每隔一定距离，掘进采区巷道连通相邻两个盘区运输巷道，将盘区再划分独立的回采单元，这个单元称为采区（图 2-3 中 6）。

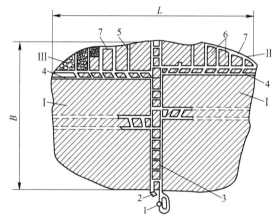

图 2-3　盘区和采区的划分

Ⅰ—开拓盘区；Ⅱ—采准盘区；Ⅲ—回采盘区；
1—主井；2—副井；3—主要运输巷道；4—盘区运输巷道；5—采区巷道；
6—采区；7—切割巷道

2.2　矿床的开采顺序

2.2.1　井田中阶段的开采顺序

阶段的开采顺序分为两种，一种是下行式，另一种是上行式。下行式的开采顺序是先采上部阶段后采下部阶段，它是自上而下地逐个阶段（或几个阶段）开采的方式；上行式则相反。

在生产实际中，一般多用下行式开采顺序。因为这种开采顺序优点较多，例如投入生产快，初期投资少，基建时间短，有探矿作用，生产安全性好，适应的采矿方法范围广泛等。

上行式开采顺序，一般在某些特殊条件下采用。如在井田中有几条矿脉时，其中有的矿脉相距较远，不受采空后岩层移动的影响，则其中一条矿脉采用上行式开采，矿块采空后，可用其他矿脉下行式开掘的上部阶段巷道所出废石充填采空区，这样废石可不必运出地表。

2.2.2 阶段中矿块的开采顺序

按回采工作相对主要开拓巷道的位置关系，阶段中矿块的开采顺序可分为三种：

（1）前进式开采。阶段巷道掘进一定距离以后，从靠近主要开拓巷道的矿块开始回采，向井田边界前进，依次回采（图2-4中Ⅰ）。这种开采顺序的优点是矿井基建时间短，缺点是增加了运输巷道的维护费用。

（2）后退式开采。阶段运输巷道掘进到井田边界后，从井田边界的矿块开始，向主要开拓巷道方向依次回采（图2-4中Ⅱ）。该种开采顺序的优缺点，与前进式开采基本相反。

（3）混合式开采。初期用前进式开采，待阶段运输平巷掘完后，改为后退式开采，或者既前进又后退同时开采。这种开采顺序利用了上述两种开采顺序的优点，但生产管理比较复杂。

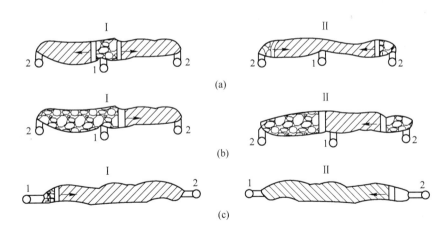

图2-4 阶段中矿块的开采顺序平面图

（a）双翼回采；（b）单翼回采；（c）侧翼回采

Ⅰ—前进式开采；Ⅱ—后退式开采

1—主井；2—出风井

在生产实际中，当矿床埋藏条件简单且矿岩稳固，要求尽早在阶段中开展回采工作时，采用前进式开采顺序比较合理；否则以采用后退式为好。前进式开采顺序有利于避免应力集中，但前进式回采顺序往往不能形成完整的通风系统即开始回采，采场净化比较困难。后退式回采顺序通风效果较好，而且双翼回采（图2-4（a））有利于开拓巷道的维护。混合式开采可以形成较长的回采工作线，获得较多的采矿量，从而可以缩短阶段的回采时间，在生产中使用较为广泛。单翼回采（图2-4（b））使用很少，侧翼回采（图2-4（c））只在受地形条件限制、矿体走向长度不大等情况下使用。当矿体走向长度较大且采用中央对角式通风时，采用前进式开采较多。

2.2.3 相邻矿体的开采顺序

一个矿床若有多个彼此相距很近的矿体，开采其中某个矿体时，将影响邻近的矿体。这时合理确定各矿体的开采顺序，对生产的安全和资源的回收都有很重要的意义，其开采顺序主要有：

（1）矿体倾角小于或等于围岩的移动角时，应采取从上盘向下盘推进的开采顺序（图2-5（a））。此时先采位于上盘的矿体Ⅱ，其采空区的下盘围岩不会移动，因此不会影响下盘矿体Ⅰ的开采。如果开采顺序相反，将使矿体Ⅱ处在矿体Ⅰ采空区的上盘移动带之内，有可能影响矿体Ⅱ的开采（图2-5（b））。

（2）矿体倾角大于围岩移动角、两矿体又相邻很近时，无论先采哪个矿体，都会因采空区围岩移动而相互影响（图2-5（c））。这时相邻矿体的开采顺序，应根据矿体之间夹石层的厚度、矿石和围岩的稳固性以及所选取的采矿方法和技术措施而定。一般是选用先采上盘矿体后采下盘矿体的开采顺序。如夹石层厚度不大而采用充填法时，也可采用由下盘向上盘的开采顺序。

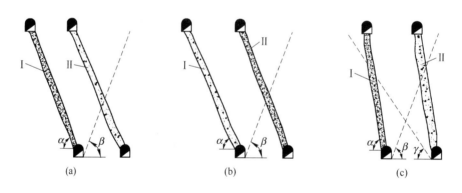

图2-5 相邻矿体的开采顺序

（a），（b）矿体倾角小于或等于围岩移动角；（c）矿体倾角大于围岩移动角

α—矿体倾角；γ—下盘围岩移动角；β—上盘围岩移动角；

Ⅰ，Ⅱ—相邻两条矿脉

必须指出，在同一个井田内的数个矿体，往往有品位不均，厚薄不匀，大小不一及开采条件难易不同等许多复杂条件。在这种情况下，确定矿体的开采顺序时，要注意贯彻贫富兼采、厚薄兼采、大小兼采、难易兼采的原则。否则，将破坏合理的开采顺序，造成严重的资源损失。

此外，对于多层位急倾斜矿体，还应结合岩移可控条件，确定适宜的开采顺序。如弓长岭铁矿东南区，出露两条平行含铁带，先用地下开采方式开采下盘含铁带矿体，在其采空区冒透地表并形成塌陷坑后，用露天开采方式开采上盘含铁带矿体，将露天剥离的废石排入塌陷坑，由此控制地表岩移危害，同时减小废石的运距。这样，地下采场放矿引起的塌陷坑，为露天剥离的废石提供排弃场地；而露天采场移走上覆矿岩，为地下采场卸压。这种露天、地下协同开采方式，取得了良好的技术经济效果。如图2-6所示。

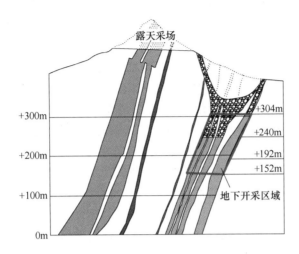

图 2-6　弓长岭铁矿东南区开采区域剖面图

平行矿带露天、井下协同开采方式，适用于开采地表高差大、间距适宜的急倾斜厚大矿体。在确保地下开采的塌陷坑不破坏上盘矿体的前提下，露天与地下回采工作面的高差保持在 150~300m 之间为宜。

2.3　矿床开采的要求

采矿工业与其他工业有别。首先，它的工作对象是岩体，作业环境和劳动条件较差，开采的矿体又是复杂多变，作业地点也经常变动；其次，采矿工业所排放的各种废料对环境构成较大的扰动，保护地下矿产资源和保护环境成为对采矿工业的特殊要求。在整个矿床开采工程中，需注意以下几点。

（1）确保开采工作的安全及良好的劳动条件。安全生产和良好的劳动条件是矿业工作者追寻的重要目标之一，是进行正常生产的前提。采矿工作是在复杂和困难的条件下进行的，因此确保采矿工作人员的工作安全和良好的劳动条件，就显得非常重要。这是评价矿床开采方法好坏的重要标准。

（2）不断提高劳动生产率。由于采矿生产的复杂性和繁重性，目前生产每吨矿石的劳动消耗较大。因此，采用高效率的采矿方法、先进技术和工艺，不断提高机械化与自动化水平，充分调动采矿工作人员的工作积极性，同时加强矿山企业的科学管理，提高劳动生产率，就显得更加重要。

（3）不断提高开采强度。提高矿床、井田、阶段、矿块的开采速度，有利于完成和超额完成生产任务，降低巷道的维修费用和生产管理费。同时，加快开采速度也是提高企业经济效益、改善安全条件的有效措施之一。

（4）减少矿石的损失和贫化。矿石的损失不仅浪费地下资源，而且还会增加矿石成本。矿石的贫化会增加矿石运输、提升和加工费用，会使选矿回收率和最终产品质量降低，使企业的金属产量降低。因此，在生产过程中减少矿石的损失和贫化，是提高矿山经济效益的基本措施之一。

（5）降低矿石成本。矿石成本是评价矿山开采工作的一项重要的综合性指标。在采矿生产中，减少材料和劳动消耗，提高劳动生产率，提高矿石产量与品位，加强生产管理，是降低矿石成本的主要途径。

（6）符合环境保护的要求，实现资源可持续发展。采矿工作往往会造成地表破坏，废石的堆放及废水的排放污染水源，废气的排放以及扇风机和空压机运转所产生的噪声污染，这些都违背保护生态环境的要求。由于环境污染已经越来越严重地威胁着人类的生存，在采矿设计时应尽量采取措施，防止或减少这些污染，实现矿产资源开发利用与环境保护的可持续发展，实现经济效益、社会效益、生态效益的统一。

（7）提高开采技术水平的要求。在矿山企业中应大力倡导采用先进科学技术，迅速提高开采技术水平和管理水平，以提高生产能力，改善劳动条件。对提高开采技术水平有以下几点要求：

1）实现或完善矿山基础生产过程的机械化或综合机械化。矿床开采的主要工作是井巷掘进和回采。实现井巷掘进的综合机械化，能提高掘进速度，改善劳动条件。回采的主要生产包括落矿、运搬和地压管理，实现回采过程的全部机械化对提高生产能力、减轻劳动强度、保证安全生产具有重要作用。

2）逐步实现工艺系统和主要生产环节的自动化。目前国外矿山在提升、运输、通风、压气、排水和破碎等设备方面的自动化程度已达到了相当高的水平，我国部分矿山也部分实现了自动化。今后各矿应推广国内外实现自动化的经验，逐步引进和发展开采工艺系统及主要生产环节的自动化。

3）研究组织管理的自动化。在矿山企业中，除逐步实现生产工艺设备的自动化运行外，还应研究组织管理的自动化。组织管理自动化是用技术手段收集和传送信息，使用电子计算机处理信息和决策，其中包括实施矿山工作计划、调度管理、矿山供应和产品销售的全部自动计算等。

3 矿床开采步骤与矿量管理

3.1　矿床开采步骤

金属矿床地下开采时，地表至矿体之间必须掘进出各种类型的巷道，以此作为从矿体中采出大量矿石之前的准备工作，而后着手进行回采。矿床地下开采的整个过程可分为开拓、采准、切割和回采四个步骤。这些步骤反映了不同的工作阶段。

3.1.1　矿床开拓

矿床开拓就是通过掘进一系列井巷工程，建立地表与矿体之间的联系，形成完整的提升、运输、通风、排水和供风、供水、动力供应等系统，以便把地下将要采出的矿石和废石运至地面，把新鲜空气送入地下并把地下污浊空气排出地表，把矿坑水排出地表，把人员、材料和设备等送入地下和运出地表。为此目的而掘进的井巷，叫做开拓巷道。

3.1.2　矿块采准

采准是指在已开拓完毕的矿床里，掘进采准工程，将阶段划分成矿块作为回采的独立单元，并在矿块内形成行人、凿岩、放矿、通风等条件。矿块采准工程包括采准和切割巷道（为进行切割工作所需掘进的巷道，含拉底巷道、切割天井等）。

由于矿床赋存条件和所采用的采矿方法不同，所需掘进的采准工程类型、数量和位置均有很大的差别。衡量采准工程量的大小，常用采准系数和采准工作比重两项指标。

采准系数 K_1，是每千吨采出矿石量所需掘进的采准、切割巷道米数，可用下式计算：

$$K_1 = \frac{\sum L}{T} \times 1000, \quad \mathrm{m/kt} \tag{3-1a}$$

式中　$\sum L$——一个矿块中采准和切割巷道的总长度，m；

　　　T——矿块的采出矿石量，t。

采准系数 K_1 只反映矿块的采准切割巷道的长度，而不反映这些巷道的断面大小（即体积大小），因此，有时用每千吨采出矿石量所需掘进的采准、切割巷道体积数除以4，从而将采准系数化成标准米，即

$$K_1' = \frac{\sum L \cdot S}{4T} \times 1000, \quad \mathrm{m/kt} \tag{3-1b}$$

式中　L——一个矿块中采准和切割巷道的长度，m；

　　　S——一个矿块中采准和切割巷道的面积，m^2；

　　　T——矿块的采出矿石量，t。

采准工作比重 K_2，是矿块中采准、切割巷道掘进中采出的矿石量 T' 与矿块采出矿石总量 T 之比，即

$$K_2 = \frac{T'}{T} \times 100\% \tag{3-2}$$

采准系数只反映矿块的采准切割巷道的长度，而不反映这些巷道的断面大小（即体积大小）；采准工作比重只反映了脉内采准切割巷道的掘进量，而未包括脉外采准切割巷道的掘进。因此，要根据具体情况，应用某个采准工作量指标，或者两项指标配合使用，互相补充，方可全面地反映出矿块的采准工作量。

采准工作量是比较采矿方法优劣的一个重要指标。但是，对于地质条件较复杂的矿体，尤其当矿体较薄，矿块采出矿石量较小时，采准工作必须为回采工作创造出良好的条件，此时不应仅仅根据采准工作量一项指标衡量采矿方法的优劣。因此，不能不加分析地认为采准工作量越小越好。

3.1.3　切割工作

切割工作是指在已采准完毕的矿块里，为大规模回采矿石开辟自由面和自由空间（通常为拉底或切割槽），有时还需要把漏斗颈扩大成漏斗形状（称为辟漏），为以后大规模采矿创造良好的爆破和放矿条件。

3.1.4　回采工作

切割工作完成之后，就可以进行大量的采矿（有时切割工作和大量采矿同时进行），称为回采工作。它包括落矿、采场运搬、出矿和采场地压管理。

落矿是以切割空间为自由面，借助凿岩爆破方法来崩落矿石。一般根据矿床的赋存条件、所选用的采矿方法及凿岩设备，选用浅孔、中深孔、深孔或硐室等落矿方法。

采场运搬是指在矿块内把崩落的矿石运搬到底部结构。运搬方法主要有两种：重力运搬和机械运搬。有时单独采用一种运搬方法，有时两种运搬方法联合使用，需要根据矿床的赋存条件、所选用的采矿方法和运搬机械来确定。

出矿是指把集于底部结构或出矿巷道内的矿石，转运到阶段运输巷道并装入矿车。这项作业通常用机械设备（电耙、装运机、铲运机等）来实现，少数情况下（如急倾斜薄矿体等）靠重力实现。

采场地压管理是指矿石采出后在地下形成的采空区，经过一段时间，矿柱和上下盘围岩就会发生变形、破坏、移动等地压现象，为保证开采工作的安全，需针对这种地压现象，采取必要的技术措施，控制地压和管理地压，消除地压所产生的不良影响。地压管理有三种：留矿柱支撑采空区、充填采空区和崩落采空区。

开拓、采准、切割和回采是按编定的采掘计划进行的。在矿山生产初期，上述各步骤在空间上是依次进行的；在正常生产时期，三者在不同的阶段内同时进行，如下阶段的开拓、上阶段的采准与再上阶段的切割和回采同时进行。

为了保证矿山持续均衡地生产，避免出现生产停顿或产量下降等现象，应保证开拓超前于采准，采准超前于切割，切割超前于回采。

3.2 三级储量

3.2.1 三级储量的意义及其划分

为保证矿山持续、均衡地进行生产，各个开采步骤之间需保持一定的互为超前关系，这一关系常用获得的矿石储量来表征。按开采准备程度，矿石储量可划分为三级，即开拓储量、采准储量和备采储量。

3.2.1.1 开拓储量

凡设计所包括的开拓巷道均已开掘完毕，构成主要运输和通风系统（提升、放矿设施及主要运输巷道铺轨架线工程）并可掘进采准巷道者，则在此开拓巷道水平以上的设计储量，称为开拓储量。

当用平硐、竖井或斜井开拓时，应完成以下开拓巷道及附属硐室。

(1) 平硐、竖井、斜井、井底车场及其附属硐室；

(2) 从竖井或斜井通往矿体的石门；

(3) 脉内或脉外主要运输巷道；

(4) 回风巷道及通风井。

3.2.1.2 采准储量

在已开掘的矿体范围内，按设计规定的采矿方法所需掘进的采准巷道均已完毕，则此矿块的储量，叫采准储量。

3.2.1.3 备采储量

已做好采矿准备的矿块，完成了拉底空间或切割槽、辟漏等切割工程，可以立即进行采矿时，则此矿块内的储量，称为备采储量。

不同的采矿方法需完成不同的采准工程和切割工程，才能获得采准储量和备采储量。我国规定，三级储量是保证矿山正常生产的一项重要的指标。如矿山三级储量不足，将会影响产量的完成；反之，如保有的三级储量过多，不仅积压资金，而且也会使某些生产经营费用，如通风、巷道维护以及生产管理等费用增加，从而使产品成本增高。

3.2.2 三级储量的计算

三级储量用生产保有期限来表示，我国提倡的三级储量保有期限定额如表 3-1 所示。由于矿岩稳固性和所采用的采矿方法不同，保证正常生产的三级储量保有期不尽相同。因此，对生产矿山来说，表 3-1 中的数值仅为参考值，应根据矿山具体条件确定合理的三级储量保有期限定额。

表 3-1　我国现行规定的三级储量保有期限定额

三级储量类别	黑色金属矿山定额	有色金属矿山定额
开拓储量	3~5 年	3 年
采准储量	1.5~2 年	1 年左右
备采储量	6~12 个月	6 个月左右

根据表 3-1 所列三级储量保有期限，可计算出各级储量。

（1）开拓储量 Q_k

$$Q_k = \frac{At_k(1-r)}{K} \qquad (3\text{-}3)$$

式中　A——矿井年产量（选厂年处理原矿石能力），t/a；

$\quad t_k$——开拓储量的保有期限，a；

$\quad r$——废石混入率（混入采出矿石中的废石量与采出矿石量之比率），%；

$\quad K$——矿石回采率（采出纯矿石量与工业储量之比率），%。

（2）采准储量 Q_z

$$Q_z = \frac{At_z(1-r)}{K} \qquad (3\text{-}4)$$

式中　t_z——采准矿量的保有期限，a。

（3）备采储量 Q_B

$$Q_B = \frac{At_B(1-r)}{K \times 12} \qquad (3\text{-}5)$$

式中　t_B——备采储量的保有期限，月。

新建矿山移交生产时，式（3-3）~式（3-5）中的储量，应为投产时必需保有的三级储量。废石混入率和矿石回采率采用设计所取的指标，选厂年处理原矿石量按选厂设计能力计算。

生产矿山计算三级储量时，废石混入率和矿石回采率采用本矿山的实际指标。

在新建矿山的设计实践中，根据式（3-3）~式（3-5）所计算出的各级储量（即按规定保有期限所要求的各级储量），在阶段地质平面图上大致圈定各级储量的计算范围；在生产矿山中则按正常生产时所完成的开拓、采准和切割所包含的各级储量范围，然后进行各级储量的试算。经试算所得结果，如符合规定的三级储量保有期限，则各级储量的圈定范围合理，即所完成的开拓、采准和切割工程符合三级储量平衡的要求。

3.3 矿石损失与贫化

在矿床开采过程中，由于某些原因造成一部分工业储量不能采出或采下的矿石未能完全运出地表而损失在地下。凡在开采过程中造成矿石在数量上的减少，叫做矿石损失。

在开采过程中损失的工业储量与工业储量之比率，叫做矿石损失率。而采出的纯矿石量与工业储量之比率，叫做矿石回采率。损失率与回采率均用百分数（%）表示。

在开采过程中，不仅有矿石损失，还会造成矿石质量的降低，叫做矿石的贫化。它有两种表示方法：其一是混入矿石中的废石量与采出矿石量之比率，叫废石混入率；其二是矿石品位降低的百分数，叫做矿石贫化率。在开采过程中，废石的混入和高品位粉矿的流失等都将造成矿石贫化，但废石混入是主要原因。

矿石损失与贫化是评价矿床开采的主要指标，分别表示地下资源的利用情况和采出矿石的质量情况。在金属矿床开采中，降低矿石损失率、废石混入率和贫化率具有重大意义。如开采一个储量1亿吨的金属矿床，矿石损失率从15%降到10%，就可以多回收500

万吨矿石。这对充分利用矿产资源，延长矿山企业的寿命，都有重要意义。同时，矿石的损失必然使采出的矿石量减少，进而导致分摊到每吨采出矿石的基建费用增加，并引起采出矿石成本的提高。此外，在开采高硫矿床时，损失在地下的高硫矿石，可能引发地下火灾。再如，一个年产 100 万吨铜矿石的矿山，采出的铜矿石品位为 1% 时，忽略加工过程的损失，每年可产 1 万吨金属铜。当采出矿石品位降低 0.1% 时，每年就要少生产 1 千吨金属铜。废石混入率的增加，必然增加矿石运输、提升和加工费用。同时，矿石品位降低会导致选矿流程的金属回收率和最终产品质量的降低。因此，矿石贫化所造成的经济损失是巨大的。

另一方面，资源损失还对矿山环境及矿区外围带来严重的污染。损失在地下的矿石，其中大量金属被溶析于排出地表的矿坑水，地表废石场废石含有品位被雨水冲洗溶析，以及选矿厂尾矿水等，直接威胁周围农田作物及河、湖、池塘鱼类的生长，污染工业与民用水源。所以，降低矿石损失与贫化是提高矿山经济效益及社会效益的重要环节。

我们应当把降低矿石损失、贫化作为改进矿山工作及提高经济效益的重要环节，竭尽全力从采用先进开采技术和加强科学管理两个方面，寻求降低矿石损失和贫化的有效措施。

3.3.1   矿石损失与贫化的原因

3.3.1.1   矿石损失的原因

按矿石损失的类别，可将矿石损失的原因大体归纳如下：

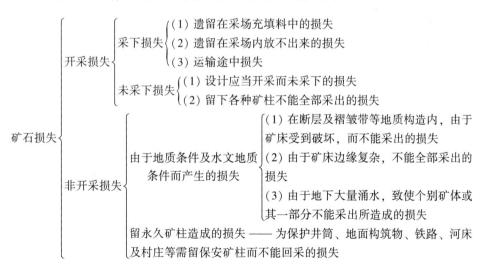

3.3.1.2   矿石贫化的原因

矿床开采过程中，产生矿石贫化的原因有以下几个方面：

(1) 采矿过程中，废石的混入；

(2) 采矿过程中，高品位粉矿损失；

(3) 矿床开采过程中，有用成分氧化或被析出等。

3.3.2　矿石损失与贫化计算

3.3.2.1　矿石损失与贫化计算公式

设　Q——矿体（矿块）工业储量，t；

　　Q_0——开采过程中损失的工业储量，t；

　　R——混入采出矿石中的废石量，t；

　　T——采出矿石量，t；

　　α——工业储量矿石的品位，%；

　　α'——采出矿石（包含纯矿石与混入的废石）的品位，%；

　　α''——混入废石的品位，%。

根据矿体（矿块）开采结果，可列出如下矿石量和金属量各自平衡的方程组：

矿石量平衡　　　　　　　　$T = Q - Q_0 + R$ 　　　　　　　　　　　　(3-6)

金属量平衡式　　　　　　　$T\alpha' = (Q - Q_0)\alpha + R\alpha''$ 　　　　　　　(3-7)

由式（3-6）$R = T - Q + Q_0$，代入式（3-7），得：

$$\frac{Q_0}{Q} = \left(1 - \frac{\alpha' - \alpha''}{\alpha - \alpha''} \times \frac{T}{Q}\right) \times 100\%　　　　　(3-8)$$

矿石损失率 q 的定义式为：

$$q = \frac{Q_0}{Q} \times 100\%（用直接法计算 q 的公式）　　　　　(3-9a)$$

或　　　　　$$q = \left(1 - \frac{\alpha' - \alpha''}{\alpha - \alpha''} \times \frac{T}{Q}\right) \times 100\%（用间接法计算 q 的公式）　(3-9b)$$

由式（3-6）$Q_0 = Q + R - T$ 代入式（3-7），得：

$$\frac{R}{T} = \frac{\alpha - \alpha'}{\alpha - \alpha''} \times 100\%　　　　　(3-10)$$

废石混入率的定义式为：

$$r = \frac{R}{T} \times 100\%（用直接法计算 r 的公式）　　　　　(3-11a)$$

或　　　　　$$r = \frac{\alpha - \alpha'}{\alpha - \alpha''} \times 100\%（用间接法计算 r 的公式）　　(3-11b)$$

矿石贫化率的定义式为：

$$\rho = \frac{\alpha - \alpha'}{\alpha} \times 100\%　　　　　(3-12)$$

废石混入率反映了回采过程中废石混入的程度，矿石贫化率反映了回采过程中矿石品位降低的程度，两者在概念上不得混淆。当混入废石不含品位（$\alpha'' = 0$）时，二者在数值上相等，即 $\rho = r$。当混入废石含有品位时，矿石贫化率小于废石混入率，即 $\rho < r$。

3.3.2.2　矿石损失与贫化计算程序

A　直接法

凡采用的采矿方法，容许地质测量人员进入采场进行实地观测，则可用直接法计算矿石损失率与废石混入率。

（1）矿石损失率，按式（3-9a）计算。矿石回采率为：

$$K = 1 - q \tag{3-13}$$

（2）废石混入率，按式（3-11a）中 $r = \dfrac{R}{T} \times 100\%$ 计算。

B 间接法

凡采用的采矿方法，地质测量人员不能进入采场进行实地观测，则只能用间接法计算，其计算项目和计算程序如下：

（1）废石混入率，按式（3-11b）计算。

（2）矿石回采率。矿石回采率是矿体（矿块）工业储量减去开采过程中损失的工业储量对工业储量之比，即

$$K = \frac{Q - Q_0}{Q} = \frac{T}{Q}(1 - r) \times 100\% \tag{3-14}$$

（3）矿石损失率，$q = 1 - K$。

（4）矿石贫化率，按式（3-12）计算。

（5）金属回收率。金属回收率是采出矿石中的金属量对工业储量中所含金属量之比，即

$$E = \frac{T\alpha'}{Q\alpha} = \frac{T}{Q}(1 - \rho) \times 100\% \tag{3-15}$$

对于单个矿块，计算废石混入率、矿石回采率、矿石贫化率等三项指标便可以了。至于金属回收率，一般可不进行计算。计算多矿块总的矿石损失贫化时，除计算废石混入率、矿石回采率和矿石贫化率等三项指标外，还要计算金属回收率。上列四项指标，可按下列公式计算。

（1）总的废石混入率

$$r_z = \frac{\sum R}{\sum T} \times 100\% \tag{3-16}$$

（2）总的矿石回采率

$$K_z = \frac{\sum Q - \sum Q_0}{\sum Q} = \frac{\sum T}{\sum Q}(1 - r_z) \times 100\% \tag{3-17}$$

（3）总的矿石贫化率

工业储量总的平均品位

$$\alpha_{z,p} = \frac{\sum Q\alpha}{\sum Q}$$

采出矿石总的平均品位

$$\alpha'_{z,p} = \frac{\sum T\alpha'}{\sum T}$$

总贫化率

$$\rho_z = \frac{\alpha_{z,p} - \alpha'_{z,p}}{\alpha_{z,p}} \times 100\% \tag{3-18}$$

（4）金属回收率

$$E_{z,j} = \frac{\sum T\alpha'}{\sum Q\alpha} = \frac{\sum T}{\sum Q}(1-\rho_z) \times 100\% \tag{3-19}$$

当 $\alpha'' = 0$ 时（即混入废石不含品位），直接对比 $E_{z,j}$ 与 K_z。

当 $E_{z,j} < K_z$ 时，表明高品位矿块的矿石损失率大于低品位矿块。

当 $E_{z,j} > K_z$ 时，与上面情况相反。在生产中力求 $E_{z,j} > K_z$。

当 $\alpha'' > 0$，（即混入废石含有品位），为了对比 $E_{z,j}$ 与 K_z 的关系，需从金属回收总量中减去混入废石中的金属量后，再计算 $E'_{z,j}$，将 $E'_{z,j}$ 与 K_z 进行对比。$E'_{z,j}$ 按下式计算：

$$E'_{z,j} = \frac{\sum T\alpha' - \sum R\alpha''}{\sum Q\alpha} \tag{3-20}$$

【例题】 开采某铁矿床，已知条件如下：

矿块工业储量 $Q = 84000t$

矿块工业储量的品位 $\alpha = 60\%$

从该矿块采出的矿石量 $T = 80000t$

采出矿石的品位 $\alpha' = 57\%$

混入废石的品位 $\alpha'' = 15\%$

试求：（1）废石混入率；（2）矿石回采率；（3）矿石贫化率；（4）金属回收率。

解：（1）废石混入率由式（3-11b）得：

$$r = \frac{\alpha - \alpha'}{\alpha - \alpha''} \times 100\% = \frac{0.60 - 0.57}{0.60 - 0.15} \times 100\% = 6.7\%$$

（2）矿石回采率由式（3-14）得：

$$K = \frac{T}{Q}(1-r) \times 100\% = \frac{80000}{84000}(1 - 0.067) \times 100\% = 88.8\%$$

（3）矿石贫化率由式（3-12）得：

$$\rho = \frac{\alpha - \alpha'}{\alpha} \times 100\% = \frac{0.60 - 0.57}{0.60} \times 100\% = 5\%$$

（4）金属回收率由式（3-15）得：

$$E = \frac{T}{Q}(1-\rho) \times 100\% = \frac{80000}{84000}(1 - 0.05) \times 100\% = 90.4\%$$

3.3.3 矿石损失与贫化的统计方法

为了保证最大限度地利用矿产资源，生产矿山需要对矿石损失贫化指标进行日常统计。统计的方法分为直接法与间接法。

3.3.3.1 直接法

直接法指所需的计算数据可由地质测量人员进入采场测取。用直接法计算矿石损失率（按式（3-9a））和废石混入率（按式（3-11a））所需的参数为开采过程中损失的工业储量（Q_0）、矿块工业储量（Q）、混入废石量（R）和采出矿石量（T）。Q_0、Q、R 是通过直接测量方法测出的，T 是用矿石称量法或装运设备计数法统计出来的。

直接法不能反映放矿过程中因围岩片落而引起的二次贫化。

3.3.3.2　间接法

间接法是指地质测量人员不能进入采场的采矿法，以出矿计量、统计和取样分析等方法所取得的数据来间接计算的方法。用间接法计算废石混入率（按式（3-11b））、矿石回采率（按式（3-14））、矿石贫化率（按式（3-12））所需的参数为工业储量矿石的品位（α）、采出矿石品位（α'）、混入废石品位（α''）、采出矿石量（T）、矿块工业储量（Q）等五项。根据取样化验资料确定 α、α''，按矿块所圈入的矿体形态计算 Q，用从装运设备内采集矿样并经样品化验统计 α'，按矿石称量法或装运设备计数法统计出 T。

使用间接法时，必须注意 α、α'、α'' 及 T 等参数的准确性，否则计算结果将不能如实反映实际情况。

3.3.4　减少矿石损失与贫化的措施

为了充分利用矿产资源和提高矿产原料的质量，应针对产生矿石损失和贫化的原因，采取有效技术措施，减少矿石损失与贫化。

（1）加强地质测量工作，及时为采矿设计和生产提供可靠的地质资料，以便正确确定采掘范围，减少废石混入量和矿石损失量。

（2）选择合理的开拓方法，尽可能避免留保安矿柱。

（3）选择合理的开采顺序，及时回采矿柱和处理采空区。

（4）选择合理的采矿方法及其结构参数，改进采矿工艺，以减少回采的损失与贫化。

（5）改革底部出矿结构，推广无轨装运卸设备和振动放矿设备，加强放矿管理，以提高矿石回采率，降低矿石贫化率。

（6）选择适宜的提升、运输方式和盛器，避免多次转运矿石，以减少粉矿损失。

4 矿床开采强度与矿井生产能力

4.1 矿床开采强度

矿床开采强度是指矿床开采的快慢程度。当矿体范围及埋藏条件一定时，矿体的开采强度取决于开拓、采准和切割的连续性以及回采的强度。

当由井筒向井田边界方向开采时，开拓和采准工作对开采强度的影响最大；而当由井田边界向井筒方向开采时，回采工作对开采强度影响最大。

为了比较矿床的开采强度，在类似的条件下常用强度指标有：回采工作年下降深度和回采系数。

4.1.1 年下降深度

年下降深度（m）这个指标是由矿山测量人员按年初及年终测定的数据、采出矿石量及矿体水平面积推算确定的。这个指标不能反映下降深度的具体位置，它是一个抽象的概念，但却是表示矿体开采强度的一个可用指标。

年下降深度可按下列公式计算：

$$h = \frac{A(1-r)}{S\gamma K} \tag{4-1}$$

式中　h——年下降深度，m；

　　　A——矿井生产能力，t/a；

　　　S——矿体水平面积，m²；

　　　γ——矿石体积密度，t/m³；

　　　r——废石混入率，%；

　　　K——矿石总回采率，%。

回采工作的年下降深度（当其他条件相同时），是随矿体厚度的减小、倾角的增大及同时开采的阶段数而增大的。

地下金属矿山矿床开采的年下降深度见表 4-1，该表是按矿体厚度 5~15m、矿体倾角 60° 作为标准条件整理的。如果条件不同，可按表 4-2 的矿体厚度修正系数 K_H 和倾角修正系数 K_q 进行修正。

单阶段回采时的年下降深度约为 10~15m，而某些高效率的采矿方法（如分段崩落法、阶段崩落法、垂直深孔球状药包落矿阶段矿房法等），可以达到 15~20m。因此，随着采矿技术的不断发展，矿山生产中改用新方法、新工艺和新设备，年下降深度也将不断增加。所以，在设计新矿井时，必须根据采矿技术水平、矿床自然条件和开采技术经济条件，合理地选取矿床开采年下降深度指标。

表 4-1　地下金属矿山矿床开采年下降深度

井田长度/m		可采面积 /m²	矿床开采年下降深度/m·a⁻¹					
			平均		最小		最大	
薄及中厚矿体	厚矿体		单阶段回采	双阶段回采	单阶段回采	双阶段回采	单阶段回采	双阶段回采
>1000	>600	12000~25000	15	20	12	18	20	25
600	300~600	5000~12000	18	25	15	20	25	30
<500~600	<300	<4000~5000	20	30	18	25	30	40

表 4-2　矿床开采年下降深度按矿体厚度和倾角的修正系数

矿体厚度/m	<5	5~15	15~25	>25
矿体厚度修正系数 K_H	1.2	1.0	0.8	0.6
矿体倾角/(°)	90	60	45	30
矿体倾角修正系数 K_q	1.2	1.0	0.9	0.8

4.1.2　开采系数

在某些情况下，用每平方米的矿体水平面积每年（或每月）采掘吨数所表示的单位面积生产能力来评价矿床的开采强度，这个指标叫做开采系数 C_k，其表达式如下：

$$C_k = A/S \tag{4-2}$$

式中　A——矿井（或矿块）年生产能力，t/a 或 t/月；

S——矿体（或矿块）水平面积，m²。

4.2　矿井生产能力

矿井生产能力是在正常生产时期，单位时间内采出的矿石量，一般按年采出矿石量计算，叫做矿井年产量。有时，也用日采出矿石量计算，叫做矿井日产量。

如果矿山企业是由采选联合企业构成的，对于黑色金属矿山，上级主管机关是按年产矿石量下达生产任务的；对于有色金属矿山，则按年产金属量下达生产任务，此时矿山应将金属量换算为精矿量，并将精矿量换算为选厂日处理合格矿石量，再换算为矿井年产矿石量。

矿井生产能力，是矿床开采的主要技术经济指标之一。它决定矿井的基建工程量、主要生产设备类型、技术构筑物和其他建筑物的规模和类型、辅助车间和选冶车间的规模、职工人数等，从而影响基本建设投资和投资效果、企业的产品成本和生产经营效果。

4.2.1　确定矿井生产能力的依据

矿井生产能力，是根据矿床地质条件、资源条件、技术经济条件，综合分析经济技术、安全和时间因素等确定的。它应具体地体现国家的技术经济政策和最大限度地满足国民经济发展的需要。

按技术可能性和经济合理性确定生产能力需考虑的因素：

（1）矿床开采自然条件：储量、品位、矿床产状及分布；

（2）市场需求；

（3）矿区开采技术经济条件：投资、水、电、设备供应、外部运输等。

在矿山企业设计中，确定矿井生产能力时，设计者可能遇到两种情况：（1）上级领导机关，根据发展国民经济计划的需要和资源条件，在设计任务书中规定出矿山企业的生产能力；（2）设计单位受上级领导机关委托确定生产能力，然后呈报上级领导机关批准，再下达设计单位。

在前一种情况下，设计者的任务是校验设计任务书规定的生产能力在技术上的可能性和经济上的合理性。在后一种情况下，设计者的任务是根据国家有关的技术经济政策，按技术上的可能性和经济上的合理性，确定矿井生产能力。两种情况确定生产能力的方法，则是相同的。

4.2.2 矿井服务年限

在井田范围已定的条件下，矿床工业储量是一定的，而矿井服务年限随矿井生产能力的变化而不同。矿床工业储量、矿井生产能力和矿井服务年限之间，有下列关系：

$$A = \frac{QK}{T(1 - r)} \tag{4-3}$$

式中　A——矿井生产能力，t/a；

　　　Q——矿床工业储量，t；

　　　T——矿井服务年限，a；

　　　K——矿石总回采率，%；

　　　r——废石总混入率，%。

随着开采技术的进步与开采强度的不断增大，经济合理的矿井服务年限也在不断变小。我国现阶段地下金属矿山的矿井生产能力和服务年限的参考值，如表4-3所示。

表4-3　矿井生产能力和服务年限参考值

矿山规模	矿井生产能力/10^4t·a^{-1}		矿井服务年限/a
	黑色金属矿山	有色金属矿山	
特大型	>500	>300	>30
大型	200~500	>100	>20
中型	60~200	30~100	>15
小型	<60	<30	>10

第2篇

矿床开拓

5 矿床开拓方法

5.1 矿床开拓及开拓巷道

为了开采地下矿床，需从地表或井下与地表相通的地点开掘一系列井巷工程，使之通达矿体，形成完整的提升、运输、通风、排水和供风、供水、动力供应系统，称为矿床开拓。为了开拓矿床而掘进的井巷，称为开拓巷道。

按开拓巷道在矿床开采中所起的作用，可分为主要开拓巷道和辅助开拓巷道。

运输矿石的主平硐和主斜坡道，提升矿石的井筒（如竖井、斜井）均有直通地表的出口，属于主要开拓巷道；作为提升矿石的盲竖井、盲斜井，虽无出口直通地表，因它也起主要开拓作用，故也称为主要开拓巷道。

其他开拓巷道，如通风井、溜矿井、充填井等，在开采矿床中只起辅助作用，故称为辅助开拓巷道。

5.2 开拓方法分类

金属矿山的地形和矿床赋存条件比较复杂，当进行地下开采时，采用的开拓方法较多。综合国内外金属矿山采用的矿床地下开拓方法，可以分为单一开拓和联合开拓两类。其中，单一开拓是指用某一种主要开拓巷道开拓整个矿床的开拓方法；而联合开拓是指有的矿体埋藏较深，或矿体深部倾角发生变化，矿床的上部用某种主要开拓巷道开拓，而下部则根据需要改用另一种开拓巷道的开拓方法。单一开拓法又可按主要开拓巷道与矿体的位置关系细分为各种典型开拓方法；联合开拓法可按主要开拓巷道的组合方式分为各种典型方法。常用的开拓方法见表5-1。

表 5-1　开拓方法分类表

开拓方法分类		主要开拓巷道类型	典型开拓方法
单一开拓法	平硐开拓法	平硐	（1）垂直矿体走向下盘平硐开拓法 （2）垂直矿体走向上盘平硐开拓法 （3）沿矿体走向平硐开拓法
	斜井开拓法	斜井	（1）脉内斜井开拓法 （2）下盘斜井开拓法
	竖井开拓法	竖井	（1）上盘竖井开拓法 （2）下盘竖井开拓法 （3）侧翼竖井开拓法 （4）穿过矿体的竖井开拓法
	斜坡道开拓法	斜坡道	（1）螺旋式斜坡道开拓法 （2）折返式斜坡道开拓法
联合开拓法	平硐与井筒联合开拓法	平硐与竖井或斜井	（1）平硐与盲（明）竖井联合开拓法 （2）平硐与盲（明）斜井联合开拓法
	明井与盲井联合开拓法	明竖（斜）井与盲竖（斜）井	（1）明竖井与盲竖井联合开拓法 （2）明竖井与盲斜井联合开拓法 （3）明斜井与盲竖井联合开拓法 （4）明斜井与盲斜井联合开拓法

5.3　平硐开拓法

平硐开拓法以平硐为主要开拓巷道，是一种最方便、最安全、最经济的开拓方法。当矿体（或其大部分）赋存在周围平地的地平面以上时，广泛地采用平硐开拓法。如果平硐过长，基建时间也较长。但我国在矿山建设中，创造了长平硐中间掘措施井的办法，可加快施工进度，从而扩大了平硐的使用范围。

采用平硐开拓方法，平硐以上各阶段采下的矿石，一般用矿车中转，经溜矿井（或辅助盲竖井）下放到平硐水平，再由矿车经平硐运出地表。上部阶段废石可经专设的废石溜井再经平硐运出地表（入废石场），或平硐以上各中段均有地表出口时，从各阶段直接排往地表。

平硐开拓法有以下三种典型开拓方法。

5.3.1　垂直矿体走向下盘平硐开拓法

当矿脉和山坡的倾斜方向相反时，则由下盘掘进平硐穿过矿脉开拓矿床，这种开拓方法叫做下盘平硐开拓法。图 5-1 为我国某矿下盘平硐开拓法示意图。该矿在+598m 水平开掘主平硐 1，各阶段采下的矿石通过主溜井 2 溜放至主平硐水平，再用电机车运出硐外。

人员、设备、材料由辅助竖井 3 提升至上部各阶段。为改善通风、人行、运出废石的条件，在 +758m 和 +678m 水平设辅助平硐通达地表。

5.3.2 垂直矿体走向上盘平硐开拓法

当矿脉与山坡的倾斜方向相同时，则由上盘掘进平硐穿过矿脉开拓矿床，这种开拓方法叫做上盘平硐开拓法。图 5-2 为上盘平硐开拓法示意图，图中 V_{24}、V_{26} 表示急倾斜矿脉。各阶段平硐穿过矿脉后，再沿矿脉掘沿脉巷道。各阶段采下来的矿

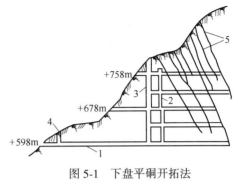

图 5-1　下盘平硐开拓法
1—主平硐；2—主溜井；3—辅助竖井；
4—进风井；5—矿脉

石经溜井 2 溜放至主平硐 3 水平，并由主平硐运出地表。人员、设备、材料等由辅助竖井 4 提升至各个阶段。

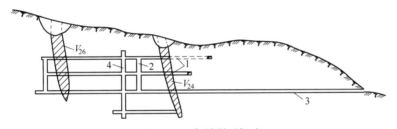

图 5-2　上盘平硐开拓法
1—阶段平硐；2—溜井；3—主平硐；4—辅助盲竖井

采用下盘平硐开拓法和上盘平硐开拓法时，平硐穿过矿脉，可对矿脉进行补充勘探；如果各阶段通往矿体的平巷工程量不大，各阶段可同时施工，特别是为上下阶段的溜井等工程施工创造了有利条件（如用吊罐法施工天井等工程），达到压缩工期、缩短基建周期的目的；同时，掘进过程中通风等作业条件也比较好。在选择方案时，理想的方案通常是平硐与矿体走向正交，也就是垂直矿体走向，使平硐最短。然而，现场条件往往不是如此。如有以下情况者，就需要考虑平硐与矿体斜交的方案：与矿体走向正交时，由于地势不利而加长了平硐长度；与矿体正交时，平硐口与外界交通十分不便，尤其是没有足够的排废石场地和外部运输条件；使平硐与矿体走向正交需要通过破碎带。一般情况下，都不得不采用平硐与矿体斜交的方案。

5.3.3 沿矿体走向平硐开拓法

当矿脉侧翼沿山坡出露，平硐可沿矿脉走向掘进，成为沿脉平硐开拓法。平硐一般设在脉内。脉内沿脉平硐开拓法如图 5-3 所示。Ⅰ阶段采下的矿石经溜井 5 溜放至Ⅱ阶段，再由主溜井 3 或 4 溜放至主平硐 1 水平。Ⅱ、Ⅲ、Ⅳ阶段采下的矿石经主溜井 3 或 4 溜放至主平硐水平，并由主平硐运出地表，形成完整的运输系统。人员、设备、材料等由辅助盲竖井 2 提升至各阶段。

这种开拓方法的优点是能在短期开始采矿；各阶段平硐设在脉内时，在基建开拓期间

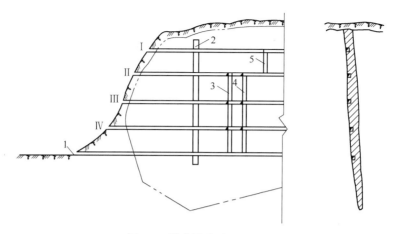

图 5-3　脉内沿脉平硐开拓法

Ⅰ～Ⅳ—上部阶段平硐；

1—主平硐；2—辅助盲竖井；3，4—主溜井；5—溜井

可顺便采出一部分矿石，以抵偿部分基建投资。平硐还可以起补充勘探作用。它的缺点是平硐设在脉内时，必须从井田边界后退回采。

当矿体厚度很大且矿石不够稳固时可将平硐布置在矿体下盘。从矿床勘探类型来看，适用于矿体产状在走向上较稳定的矿体，或者矿体勘探工程较密，对走向上的矿体产状控制程度较高。否则，会因矿体走向产状不够清楚，而造成穿脉工程大。

图 5-4 所示的下盘沿脉平硐开拓方法，由上部中段采下的矿石经溜井 4 放至主平硐 1 并由主平硐运至地表，形成完整的运输系统。人员、设备、材料等由 +85m 平巷、+45m 主平硐送至各工作地点。

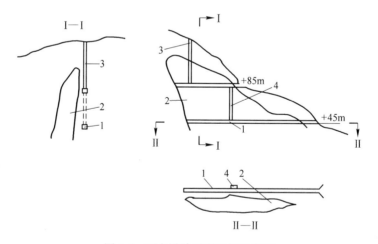

图 5-4　下盘沿脉平硐开拓示意图

1—平硐；2—矿体；3—风井；4—溜井

5.4　斜井开拓法

斜井开拓法以斜井为主要开拓巷道，适用于开采缓倾斜矿体，特别适用于开采矿体埋

藏不深而且矿体倾角为 20°~40°的矿床。这种方法的特点是施工简单、阶段石门短、基建工程量少、基建期短、见效快，但斜井生产能力低，因此更适用于中小型金属矿山，尤其是小型矿山。根据斜井和矿体的相对位置，可分为脉内斜井和下盘斜井开拓方法。

5.4.1　脉内斜井开拓法

如图 5-5 所示，斜井布置在矿体内靠近矿体下盘的位置，其倾角最好与矿体倾角相同（或相接近），这种开拓方法叫做脉内斜井开拓法。这种开拓方法的优点是：不需掘进石门，开拓时间短，投产快；在整个开拓工程中，同时采出矿石，抵消部分掘进费用；脉内斜井掘进有助于进一步探矿。其缺点是：矿体倾斜不规则，尤其是矿体下盘不规则时，井筒难于保持平直，不利于提升和维护；为维护斜井安全，要留有保安矿柱。因此在有色金属矿山和贵重金属矿山，这种方法应用不多。只有那些储量丰富且矿石价值不高的矿山，在下列情况下，可以酌情采用：

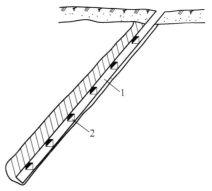

图 5-5　脉内斜井开拓法
1—脉内斜井；2—沿脉巷道

（1）矿体范围大，厚度小，下盘岩石不稳固，矿石稳固，矿石价值不高；

（2）矿井急需短期投产，争取早日见矿，并需作补充勘探；

（3）露天开采转为地下开采，斜井口至地表一段可利用露天矿的边坡，将边坡和斜井底板连成斜坡道。

5.4.2　下盘斜井开拓法

如图 5-6 所示，下盘斜井开拓法是斜井布置在矿体下盘围岩中，掘若干个石门使之与矿体相通，在矿体中（或沿矿岩接触部位）掘进阶段平巷。这种开拓方法的最大优点是不需要保安矿柱，井筒维护条件也比较好，它的石门也要比下盘竖井开拓的石门短得多。此方法在小型金属矿山应用较多，如山东省招-掖断裂带和招-平断裂带的矿床，其生产能力在 300t/d 以下的十几个金属矿山大都采用这种方法。

这种方法斜井的倾角最好与矿体倾角大致相同。但在少数情况下，也可采用伪倾斜斜井。如大型矿山，矿体走向较长，又要采用钢绳胶带输送机时，就可采用伪倾斜斜井，如图 5-7 所示。这时斜井的实际倾角与矿体倾角 α 及斜井水平投影线与走向线的夹角 β 的关系，如图 5-8 所示，其关系式如下：

$$\tan\gamma = \sin\beta \cdot \tan\alpha \qquad (5\text{-}1)$$

在确定斜井开拓方案之前，必须搞清楚矿体倾斜角度，即在设计前，除了要了解矿体有关产状等资料外，还要准确掌握矿体（尤其下盘）倾角，否则不管是下盘斜井方案或是脉内斜井方案，都会使工程出现问题。如某金矿的下盘斜井开拓方案，因钻控程度较低，只是上部较清楚，设计时按上部已清楚资料为准，完全没预料到 -30m 以下矿体倾角的变化。因此在施工中，当斜井掘到 -25m 时，斜井插入矿体，不得不为保护斜井留下保安矿柱，结果因地质资料不清楚而造成工程上的失误。要防止上述情况的发生，唯一的办法是按规程网度提交地质资料（这是起码的要求），同时要做调查工作，充分了解和掌握本地区的矿床和矿体赋存规律。而一些中小型矿山，特别是地方小矿山，矿山设计工作在地质资料尚不足或不十分充分的情况下就开始，这时设计者要充分注意矿体深部（或局部）倾角发生的变化（尤其是倾角变陡）。如果在地质资料不充分的情况下采用斜井，可考虑斜井口距矿体远些，以防矿体倾角发生变化而造成工程上的失误。

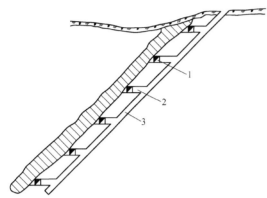

图 5-6　下盘斜井开拓法

1—沿脉巷道；2—石门；3—脉外斜井

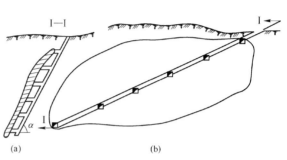

图 5-7　伪倾斜斜井开拓示意图

（a）垂直走向投影图；（b）沿走向投影图

斜井内所采用的提升方式主要取决于斜井的倾角：

当斜井倾角≥25°~30°时，一般采用箕斗或台车提升；

当斜井倾角≤25°~30°时，用串车提升；

当斜井倾角<18°时，可采用钢丝绳胶带输送机运输。

斜井采用钢丝绳胶带输送机时，生产能力大，工艺系统简单，易于实现自动化。

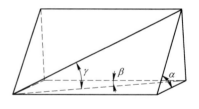

图 5-8　伪倾斜关系图

5.5　竖井开拓法

竖井开拓法以竖井为主要开拓巷道。它主要用来开采急倾斜矿体（矿体倾角大于45°）以及埋藏较深的水平和缓倾斜矿体（矿体倾角小于20°）。这种方法便于管理，生产能力较高，在金属矿山使用较普遍。

矿体倾角等是选择竖井开拓的重要因素，但是同其他开拓方法选择一样，也受到地表地形的约束。由于各种条件的不同，竖井与矿体的相对位置也会有所不同，因而这种方法又可分为下盘竖井开拓、上盘竖井开拓、侧翼竖井开拓和穿过矿体的竖井开拓方法。

5.5.1　下盘竖井开拓法

图 5-9 表示下盘竖井开拓法，V_1、V_2、V_3 表示急倾斜矿体。在矿体下盘岩石移动带以外（需留有规定的安全距离）开掘竖井，再掘阶段石门通达矿脉。这种开拓法在国内金

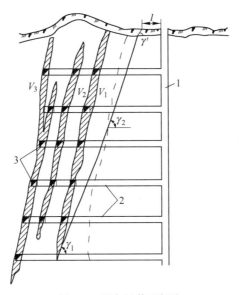

图 5-9 下盘竖井开拓法

1—下盘竖井；2—阶段石门；3—沿脉巷道；

γ_1，γ_2—下盘岩石移动角；γ'—表土层移动角；l—下盘竖井至岩石移动界线的安全距离

属矿中使用最广。

下盘竖井开拓法的优点是井筒维护条件好，又不需要留保安矿柱；缺点是深部石门较长，尤其是矿体倾角变小时，石门长度随开采深度的增加而急剧增加。一般而言，矿体倾角 60°以上采用该方法最为有利，但矿体倾角在 55°左右，作为小矿山亦可采用这种方法。因小矿山提升设备小，为开采深部矿体可采用盲竖井（二级提升）来减少石门长度。

5.5.2 上盘竖井开拓法

图 5-10 表示上盘竖井开拓法，在矿体上盘岩石移动带以外（需留有规定的安全距离）开掘竖井，再掘阶段石门通达矿体。这种开拓方法与下盘竖井开拓法比较，存在着严重的缺点。主要是上部阶段石门较长，初期的基建工程量较大，基建时间长，基建初期投资较大，只有在下列特殊条件下才考虑采用该方法。

（1）根据地面地形条件，矿体下盘是高山，而上盘地形平坦，采用上盘竖井，井筒的长度较小。

（2）根据矿区地面地形条件及矿区内部和外部的运输联系，选矿厂和尾矿库只宜布置在矿体上盘方向，这时采用上盘竖井可使运输线路缩短，从而降低了铺设

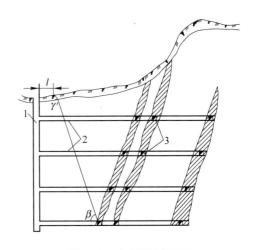

图 5-10 上盘竖井开拓法

β—上盘岩石移动角；l—上盘竖井至岩石移动界线的安全距离；γ'—表土层移动角；

1—上盘竖井；2—石门；3—沿脉巷道

运输路线的投资及运输费用。

（3）下盘地质条件复杂，不能避开破碎带或流砂层和涌水量很大的含水层。因为在这种条件下掘进井筒是很困难的。

5.5.3　侧翼竖井开拓法

图 5-11 表示侧翼竖井开拓法，其最大的特点是井筒布置在矿体侧翼。采用这种开拓法时，巷道掘进和井下运输只能是单向的，故掘进速度和回采强度受到一定的限制。一般在下列条件下采用：

（1）上、下盘地形和岩层条件不利于布置井筒，矿体侧翼有合适的工业场地，选厂和尾砂库以布置在矿体的侧翼为宜。这时采用侧翼竖井，可使地下和地面运输的方向一致。

（2）矿体倾角较缓，竖井布置在下盘或上盘时石门都很长。

（3）矿体沿走向长度小，阶段巷道的掘进时间不长，运输费用也不大。

凡采用侧翼竖井的开拓系统，其通风系统均为对角式，从而简化了通风系统，风量分配及通风管理也比较方便。小型矿山凡适用竖井开拓条件的，大都采用了侧翼竖井开拓方案。

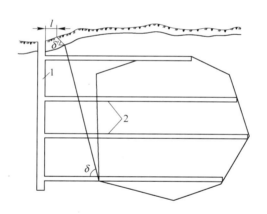

图 5-11　侧翼竖井开拓法

δ—矿体走向端部岩石移动角；l—侧翼竖井至岩层移动界线的安全距离；
δ′—表土移动角；1—侧翼竖井；2—阶段巷道

5.5.4　穿过矿体的竖井开拓法

竖井穿过矿体的开拓方法如图 5-12 所示。这种方法的优点是石门长度较短，基建时三级矿量提交较快；缺点是为了维护竖井，必须留有保安矿柱。这种方法在稀有金属和贵重金属矿床中应用较少，因为井筒保安矿柱的矿量往往是相当可观的。在生产过程中，编制采掘计划和统计三级矿量时，这部分矿量一般会被扣除。虽然保安矿柱的矿量有可能在矿井生产末期进行回采，但需要采取特殊措施，这样不仅增加了采矿成本，而且回采率极低。因此，该方法的应用受到限制，只在矿体倾角较小（一般在 20°左右），厚度不大且分布较广或矿石价值较低时方可使用。

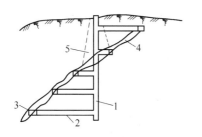
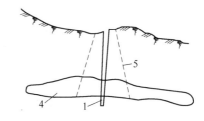

图 5-12　穿过矿体额度竖井开拓示意图
1—竖井；2—石门；3—平巷；4—矿体；5—移动界线

5.6　斜坡道开拓法

随着世界采矿业技术的发展，国外许多矿山纷纷采用采、装、运、卸等高度机械化的无轨设备，开拓方法、采矿方法也有了相应的改变，其主要变化是要开掘可供无轨设备上下通行的斜坡道。

当不设其他提升井筒时，则连通地表的主斜坡道主要用于运输矿岩（用无轨车辆），并兼作无轨设备出入、通风和运送设备材料之用，这种矿床开拓称为斜坡道开拓法；当设有提升井筒时，斜坡道主要是供无轨设备出入，并兼作通风和辅助运输之用，此时斜坡道称为辅助开拓巷道。对采用无轨设备的矿山来说，阶段间的辅助斜坡道几乎是必不可少的。它不仅可以转移铲运机等无轨设备，同时也是行人、运料和通风的通道，它仍属于辅助开拓巷道。

斜坡道根据其形式可分为螺旋式和折返式，如图 5-13 所示。

5.6.1　斜坡道的类型

（1）螺旋式斜坡道。如图 5-13（a）所示，它的几何形式一般是圆柱螺旋线或圆锥螺旋线，根据具体条件可以设计成规则螺旋线或不规则螺旋线。不规则的螺旋线斜坡道的曲率半径和坡度在整个线路中是有变化的。螺旋线斜坡道的坡度一般为 10%~30%。

（2）折返式斜坡道。如图 5-13（b）所示，它是由直线段和曲线段（或折返段）联

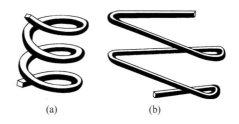

(a)　　　　(b)

图 5-13　斜坡道的类型
(a) 螺旋式；(b) 折返式

合组成的。直线段变换高程，曲线段变化方向，便于无轨设备转弯。曲线段的坡度变缓或近似水平，直线段的坡度一般不大于 15%。在整个线路中，直线段长而曲线段短。

5.6.2　斜坡道的典型开拓法

5.6.2.1　螺旋式斜坡道开拓法

图 5-14 为日本神岗矿枥原矿井五号矿体的螺旋式斜坡道开拓法。在矿体侧翼由

+200m至0m阶段掘进螺旋式斜坡道，断面为4m×3m，最小曲率半径为15m，平均坡度为21%（12°），总长1200m。由上而下开拓阶段巷道连通螺旋式斜坡道和工作面，阶段巷道的断面为4m×3m，总长2000m。

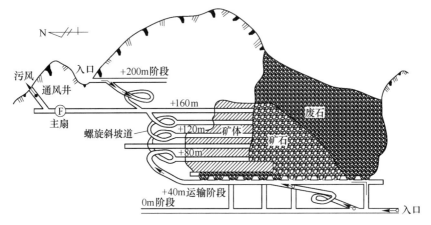

图5-14 螺旋式斜坡道开拓法

开拓工程完成后，无轨设备可从地面进入地下各个采矿阶段和开出地面，不管哪个阶段需要，随时可以调去工作。

使用的无轨设备有：瓦格纳ST-2B铲运机4台、加德纳·丹佛掘进台车2台、加德纳·丹佛采矿台车1台、瓦格纳人车1台、吉普车3台。

5.6.2.2 折返式斜坡道开拓法

图5-15为典型的折返式斜坡道开拓法。折返式斜坡道设在矿体下盘岩层移动界线以外。当斜坡道1通达某一阶段水平时即进行折返，并在每一阶段水平折返处掘石门2（或称斜坡道联络道）通达阶段运输巷道3。无轨设备可由地面经斜坡道进入各个阶段，各阶段采出的矿石则用无轨卡车运出地面。

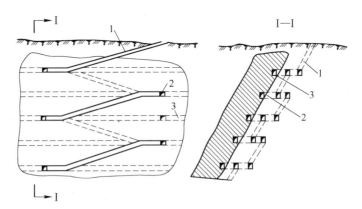

图5-15 折返式斜坡道开拓法
1—斜坡道；2—石门；3—阶段运输巷道

目前单独用斜坡道开拓法的地下矿山尚少。国内外许多矿山，在采用竖井开拓法时，都另设连通地表的辅助斜坡道，或各个阶段运输巷道间用辅助斜坡道连通，以便无轨设备由地表进入地下各个阶段或由一个阶段转移至另一个阶段工作。图5-16是加拿大科里斯登镍矿所采用的下盘竖井并辅以斜坡道的典型开拓方法图。

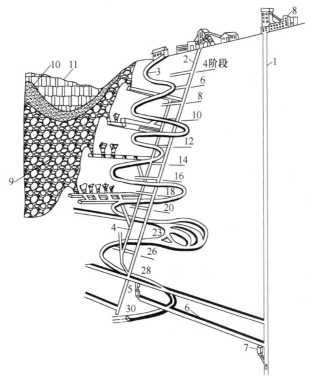

图 5-16　加拿大科里斯登镍矿开拓方法示意图
1—主井；2—3 号斜井；3—斜坡道；4—主溜井；5—破碎硐室和矿仓；6—胶带运输机；
7—装载矿仓；8—选厂；9—崩落矿石；10—崩落的地表；11—远处的地表

图中 1 是主井，选厂 8 设在主井口，斜井 2 原为副井，后又开掘螺旋式斜坡道 3，由地表往地下一直回旋到深部。斜坡道断面为 5m×3.5m，转弯半径为 7m，斜坡道底板铺混凝土，顶板用杆柱和金属网支护。无轨设备可由地面经斜坡道开往地下，用分段巷道连通全部矿块。以后深部可用斜坡道开拓，不需延深斜井，斜井已改为回风道和备用人行井。

矿石自装载点用无轨设备运至主溜井，运距 150m，生产率为 150t/h（用 ST-4 型铲运机）。矿石经破碎后由胶带运输机运送至装载硐室，再由竖井箕斗提至井口选厂。

5.6.3　螺旋式斜坡道与折返式斜坡道的对比

（1）螺旋式斜坡道的优点：

1）由于没有折返式那么多的缓坡段，故在同等高程间，螺旋式较折返式的线路短，开拓工程量小；

2）与溜井等垂直井巷配合施工时，通风和出渣较方便；

3）适合圆柱矿体的开拓。

（2）螺旋式斜坡道的缺点：

1）掘进施工要求高（改变方向、外侧超高等）；

2）司机能见距离较小，故安全性较差；

3）车辆轮胎和差速器磨损增加；

4）道路维护工作量较大。

（3）折返式斜坡道的优点：

1）施工较易；

2）司机能见距离大，行车较安全；

3）行车速度较螺旋式的快，排出有害气体量较少；

4）线路便于与矿体保持固定距离；

5）道路易于维护。

（4）折返式斜坡道的缺点：

1）较螺旋道开拓工程量大；

2）掘进时需要有通风和出渣用的垂直井巷配合。

一般来说，折返式的优点较多。但如果能解决掘进倾斜曲线段的施工困难，则亦可设计为螺旋式。这样，螺旋式斜坡道的总掘进量约可减少 25%。

5.6.4　螺旋式斜坡道与折返式斜坡道的选择

斜坡道类型的选择与下列因素有关：

（1）斜坡道的用途。如果主斜坡道用于运输矿岩，且运输量较大，则以折返式斜坡道为宜；辅助斜坡道可用螺旋式斜坡道。

（2）使用年限。使用年限较长的以折返式斜坡道为好。

（3）开拓工程量。除斜坡道本身的工程量外，还应考虑掘进时的辅助井巷工程（如通风天井、钻孔等）和各分段的联络巷道工程量。

（4）通风条件。斜坡道一般都兼作通风用，螺旋式斜坡道的通风阻力较大，但其线路较短。

（5）斜坡道与分段的开口位置。螺旋式斜坡道的上、下分段开口位置应布置在同一剖面内，折返式斜坡道的开口位置可错开较远。

总之，应结合具体条件综合考虑，选择适宜的斜坡道形式。

5.7　联合开拓法

由两种或两种以上主要开拓巷道来开拓一个矿床的方法称为联合开拓法。采用联合开拓法主要是因为矿床深部开采或矿体深部产状（尤其是倾角）发生变化而需要采用两种以上单一开拓法的联合使用，即矿床上部用一种主要开拓巷道，而深部用另一种主要开拓巷道补充开拓，形成统一的开拓系统。

由于地形条件、矿床赋存情况、埋藏深度等情况的多变性，联合开拓法很多（见表5-1），这里介绍几种常用的联合开拓方法。

5.7.1　平硐与盲竖井联合开拓法

在山岭地区，矿体的一部分赋存在地平面以上，而其下部延伸至地平面以下，此时上部用平硐开拓，而下部则用竖井开拓。图 5-17 表示平硐与盲竖井联合开拓法。

平硐与竖井联合开拓，可采用盲竖井，也可考虑采用明竖井。盲竖井开拓时，井筒和石门短，但需增掘地下调车场和卷扬机硐室工程；明竖井开拓时，井筒和石门的长度大，井口要安装井架，但掘进施工方便。在具体选择时，要根据地形地质和矿体赋存条件等进行比较，才能最终确定。

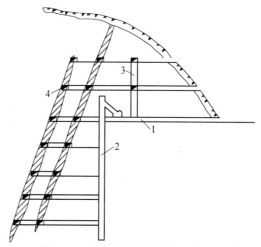

图 5-17   平硐与盲竖井联合开拓法
1—主平硐；2—盲竖井；3—溜井；4—沿脉巷道

5.7.2   平硐与盲斜井联合开拓法

这种开拓方法的适用条件为：地表地形为山岭地区，矿体上方无理想的工业场地；矿体倾角为中等（即倾角在 45°~55° 之间），为盲矿体且赋存于地平面以下；如地平面以上有矿体，但上部矿体已开采结束，且形成许多老硐者。

这种方法的优点是可以减少上部无矿段或已采段的开拓工程量，缩短斜井长度，从而达到增加斜井生产能力的目的，同时石门长度可尽量压缩，从而缩短了基建时间。

该方法的运输系统如图 5-18 所示，矿石或废石经各阶段石门，由盲斜井提到 +323m 平硐的井下车场，然后经平硐运出。

5.7.3   明竖井与盲竖井联合开拓法

这种开拓方法如图 5-19 所示，一般适用于矿体或矿体群倾角较陡，矿体一直向深部延伸，地质储量较丰富的矿山。另外，因竖井或盲竖井的生产能力较大，所以中型或偏大型矿山多用这种方法。

竖井盲竖井联合开拓法的优点是：井下的各阶段石门都较短，尤其基建初期石门较短，因此

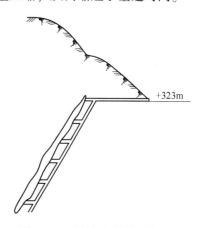

图 5-18   平硐与盲斜井联合开拓法

可节省初期基建投资，缩短基建期；在深部地质资料不清的情况下，建设上部竖井，当深部地质资料搞清后，且矿体倾角不变时，可开掘盲竖井；两段提升能力适当，能使矿山保持较长时间的稳定生产。

此外，目前国内的竖井提升深度大多在 500~600m 左右，一般不超过 1000m，而且竖井深度愈大，对提升设备功率要求亦越大，并且下部石门越长。故当开采深度超过 500m 以上时，可考虑采用联合开拓法，即矿体上部用明竖井下部改用盲竖井开拓。这样可缩短石门长度及开拓时间，但需设二段提升，多一段转运，易产生运输与提升间的不协调现象。故在设计开拓方法时，尽量加大第一段竖井的开拓深度。

5.7.4 明竖井与盲斜井联合开拓法

如前所述，当上部地质资料清楚且矿体产状为急倾斜，上部采用竖井开拓是合理的。一旦得到深部较完善的地质资料，且深部矿体倾角变缓，则深部可采用盲斜井开拓方法，如图 5-20 所示。这样可使一期工程（上部竖井部分）和深部开拓工程（下部盲斜井部分）的工程量得到最大限度压缩，缩短建设时间，使开拓方案在经济上更为合理。

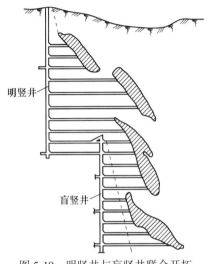

图 5-19 明竖井与盲竖井联合开拓

图 5-20 明竖井与盲斜井联合开拓
1—竖井；2—盲斜井；3—石门；4—矿体

5.8 主要开拓方法评述

为了正确地选择开拓方法，必须了解各种主要开拓巷道的优缺点。现将各种主要开拓方法的特点评述如下。

5.8.1 平硐与井筒（竖井和斜井）的比较

与井筒相比，平硐有下列优点：

（1）基建时间短。因为平硐施工简便，施工条件好，比竖井或斜井的掘进速度快得多。

（2）基建投资少。平硐的单位长度掘进费用比井筒低得多，维护费用也少。用平硐开拓时基建工程量小，没有井底车场巷道，硐口设施简单，不需建井架和提升机房，而且所需重型设备少，所以投资费用省。

（3）排水费用低。因为坑内水可通过平硐排水沟自流排出，可减少大量的坑内排水费用。

（4）矿石运输费用低。在单位长度内，平硐每吨矿石的运输费比井筒每吨矿石的提升费低得多。

（5）通风容易，通风费用低。平硐掘进时的通风比井筒容易，平硐开拓的通风费用往往比井筒开拓低。

（6）生产安全可靠。平硐的运输能力大，平硐运送人员和货载要比井筒安全可靠。

由于平硐存在以上许多优点，故埋藏在地平面以上的矿体或矿体的上部，只要地形合适，应尽量采用平硐开拓。根据我国生产实践，主平硐长度一般以 3000～4000m 以下为宜。超过此长度时，应考虑采用其他开拓方法，否则有可能拖延基建时间。

5.8.2　竖井与斜井的比较

（1）在基建工程量方面。斜井的长度比竖井长；但斜井开拓比竖井开拓的石门长度短。当矿体倾角较缓时，斜井的长度比竖井更长，但斜井开拓比竖井开拓的石门长度更短。斜井的井底车场一般比竖井的井底车场简单。

（2）在井筒装备方面。竖井井筒装备比斜井复杂，斜井内的管道、电缆、提升钢丝绳比竖井要长。

（3）在地压和支护方面。斜井承受的地压较大。当斜井穿过不良岩层时，围岩容易变形，维护费用较高。

（4）在提升方面。竖井的提升速度快，提升能力大，提升费用较低。斜井提升设备的修理费和钢丝绳磨损较大。

（5）在排水方面。斜井的排水管路较长，设备费、安装费和修理费较大，同时因摩擦损失消耗的动能较大，故斜井的排水费用比竖井要高。

（6）在施工方面。竖井比斜井容易实现机械化，采用的施工设备和装备较多，要求技术管理水平较高。斜井施工较简便，需要的设备和装备少。当斜井倾角较缓时，成井速度比竖井快。

（7）在安全方面。竖井井筒不易变形，提升过程中停工事故较少。斜井承受地压大，井筒易变形，提升盛器容易发生脱轨、脱钩等事故。

5.8.3　斜坡道与其他主要开拓巷道的比较

与竖井、斜井相比，斜坡道具有许多优点。

（1）矿体开拓快、投产早。可利用无轨设备掘进斜坡道和其他开拓巷道。如采用竖井和斜坡道平行施工，当斜坡道掘到矿体后，即使竖井尚未投入使用，可利用无轨设备通过斜坡道运出矿岩，因此可加快矿体的开拓与采准工作，缩短矿山投产时间。

（2）斜坡道可代替主井或副井。当矿体埋藏较浅时，可不掘提升井，而采用自卸卡车由斜坡道出矿，此时整个矿体由斜坡道和通风井等构成完整的运输、通风系统。当矿体埋藏较深时，可考虑采用竖井开拓法并另设辅助斜坡道；此时利用竖井提升矿石，而斜坡道作为运送设备、材料、人员并兼作通风之用，即斜坡道起副井的作用。当用平硐开拓法时，上、下阶段巷道也可用斜坡道连通，此时可不掘设备井，即斜坡道起设备井的作用。

（3）节省大量钢材。采用斜坡道时，可取消轨道，因而节省了大量钢材。

（4）产量大，效率高。便于地下开采的综合机械化。无轨设备的效率高，可提高劳动生产率，降低采矿成本。

斜坡道的缺点是当无轨设备采用柴油机为动力时，排出的废气污染井内空气，故需加大矿井通风量致使通风费用增加。此外，无轨设备的投资大，维修工作量大，这些问题有待进一步研究解决。

6 主要开拓巷道位置的选择

主要开拓巷道是矿井生产的咽喉，是联系井下与地面运输的枢纽，是通风、排水、压气及其动力设施由地面导入地下的通路。井口附近也是其他各种生产和辅助设施的布置场地。因此，主要开拓巷道位置的选择是否合适，对矿山生产有着深远的影响。此外，主要开拓巷道位置直接影响基建工程量和施工条件，从而影响基建投资和基建时间。因此，正确选择主要开拓巷道位置是矿山企业设计中一个关键问题。主要开拓巷道位置的选择，包括沿矿体走向位置的选择和垂直矿体走向位置的选择。

6.1　影响主要开拓巷道位置选择的主要因素

选择主要开拓巷道位置的基本准则是：基建与生产费用小，不留或少留保安矿柱，有方便、安全和布局合理的工业场地，掘进条件良好等。在具体选择时应考虑以下因素和要求：

（1）矿区地形、地质构造和矿体埋藏条件。

（2）矿井生产能力及井巷服务年限。

（3）矿床的勘探程度、储量及远景。

（4）矿山岩石性质及水文地质条件。井巷位置应避免开凿在含水层、受断层破坏和不稳固的岩层中，尤其应避开岩溶发育的岩层和流砂层。井筒一般均应检查钻孔，查明地质情况。选用平硐时，应制作好平硐所通过地段的地形地质剖面图，查明地质和构造情况，以便更好地确定平硐的位置、方向和支护方式。

（5）井巷位置应考虑地表和地下运输联系方便，应使运输功最小，开拓工程量最小。如果选矿厂或冶炼厂位于矿区内，选择井筒位置时，应选取最短及最方便的路线向选矿厂或冶炼厂运输矿石。

（6）应保证井巷出口位置及有关构筑物不受山坡滚石、山崩和雪崩等危害，这一点在高山地区非常重要。

（7）井巷出口的标高应在历年最高洪水位 3m 以上，以免被洪水淹没。同时也应根据运输的要求，稍高于选厂贮矿仓卸矿口的地面水平，保证重车下坡运行。

（8）井筒（或平硐）位置应避免压矿，尽量位于岩层移动带以外，距地面移动界线的最小距离应大于 20m，否则应留保安矿柱。

（9）井巷出口位置应有足够的工业场地，以便布置各种建筑物、构筑物、调车场、堆放场地和废石场等。但同时应尽可能不占农田（特别是高产良田）或少占农田。

（10）改建或扩建矿山应考虑原有井巷和有关建筑物、构筑物的充分利用。

6.2　主要开拓巷道沿矿体走向位置的选择

沿矿体走向位置的选择，在地形条件允许的情况下，主要从地下运输费用来考虑，而地下运输费用的大小决定于运输功的大小。运输功是矿石重量（t）与运输距离（km）的乘积，用吨公里表示。如果一吨公里的费用为常数，则最有利的井筒位置，其运输费用应最小或运输功最小。矿石进入阶段运输巷道时主要开拓巷道的位置有两种情况。

6.2.1　矿石集中进入的情况

如图 6-1 所示，各个矿块的矿石通过穿脉巷道 3 运到下盘岩脉巷道 2，矿石被集中到穿脉巷道和下盘沿脉巷道的交点，各个矿块的矿石都由该点经沿脉巷道运到石门 1，再运到井筒。

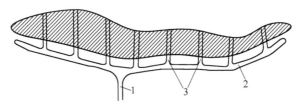

图 6-1　用下盘沿脉巷道和穿脉巷道进行阶段开拓
1—石门；2—下盘沿脉巷道；3—穿脉巷道

将矿石量（Q_1、Q_2、…、Q_n）集中点投在一条直线上，这条直线表示沿矿体走向的主要运输巷道，见图 6-2。按最小运输功条件，井筒位置应设在这样一个矿石集中出矿点上，此点的矿石量 Q_n 加其右边矿石量的总和 $\sum Q_右$，大于其左边矿石量的总和，而加其左边矿石量的总和 $\sum Q_左$，则大于其右边矿石量的总和，即：

$$\begin{cases} \sum Q_右 + Q_n > \sum Q_左 \\ \sum Q_左 + Q_n > \sum Q_右 \end{cases} \tag{6-1}$$

出矿点 n 就是最有利的井筒位置，符合最小运输功的要求。

【证明】　如图 6-2 所示，将各块段的矿石量集中点投放到一条水平直线上，从这条直线运往井筒的矿石量 Q_1、Q_2、Q_3、…、Q_n 集中于 1、2、3、…、m 各点上，各点间之距离为 l_1、l_2、l_3、…、l_{m-1}。

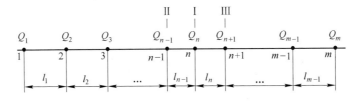

图 6-2　求最小运输功的点（1）

设符合最小运输功的井筒位置在 n 点（位置Ⅰ），并设左边所有的矿石量 $\sum Q_左$ 运到 n 点的运输功为 A，右边所有矿石量运到 n 点的运输功为 B，则全部矿石量运到 n 点的运输

功 E_n 为：

$$E_n = A + B$$

如把井筒位置向左移至相邻的点 $n-1$（位置Ⅱ）上，则全部矿石量运到该点的总运输功为：

$$E_{n-1} = A - \sum Q_左 l_{n-1} + B + \sum Q_右 l_{n-1} + Q_n l_{n-1}$$

如把井筒位置向右移至相邻的点 $n+1$（位置Ⅲ）上，则全部矿石量运到该点的运输功为：

$$E_{n+1} = A + \sum Q_左 l_n + B + Q_n l_n - \sum Q_右 l_n$$

因为前面已假设符合最小运输功的井筒位置在位置Ⅰ上，则井筒在位置Ⅱ和Ⅲ的运输功应大于在位置Ⅰ上的运输功，即：

$$A - \sum Q_左 l_{n-1} + B + \sum Q_右 l_{n-1} + Q_n l_{n-1} > A + B$$

$$A + \sum Q_左 l_n + B + Q_n l_n - \sum Q_右 l_n > A + B$$

将上列两式化简，得：

$$-\sum Q_左 l_{n-1} + \sum Q_右 l_{n-1} + Q_n l_{n-1} > 0$$

$$\sum Q_左 l_n + Q_n l_n - \sum Q_右 l_n > 0$$

分别消去上列二式中的 l_{n-1}、l_n，得：

$$\sum Q_右 - \sum Q_左 + Q_n > 0$$

$$\sum Q_左 - \sum Q_右 + Q_n > 0$$

即

$$\begin{cases} \sum Q_右 + Q_n > \sum Q_左 \\ \sum Q_左 + Q_n > \sum Q_右 \end{cases}$$

6.2.2　矿石分散进入的情况

如图6-3所示，矿石是由许多逐渐移动的点分散运至主要运输巷道（例如沿走向推进的长壁式采矿法），这些点自井田边界或由各个块段向井筒逐渐移动。在这种情况下，根据上述原理不难知道，运输功最小的井筒位置应在矿量的等分线上，即

$$Q_右 = Q_左 \tag{6-2}$$

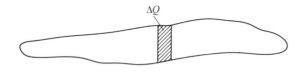

图6-3　求最小运输功的点（2）

上述按最小运输功来求合理的井筒位置的方法，也适合平硐开拓的情况。例如采用平硐相交于矿体走向方案，我们要选定它相交的合理位置。

【例题】　如图6-4所示，设两个矿体用一个下盘竖井开拓，求竖井在沿走向方向的位置，此位置应使沿脉巷道的地下运输功最小。

解：四个阶段22个矿块，设每个矿块的矿量集中在矿块中央运到运输巷道，各个矿块以千吨表示储量为 Q_1、Q_2、Q_3、…、Q_{22}，

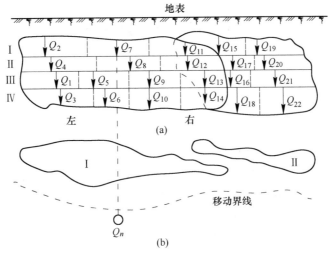

图 6-4　按最小运输功确定主井位置方法示意图

（a）纵剖面图；（b）平面图

Ⅰ～Ⅳ—分别为第一到第四阶段

则

$$Q_1 = 84 \qquad Q_2 = 120 \qquad Q_3 = 100 \qquad Q_4 = 160 \qquad Q_5 = 110$$

$$Q_6 = 90 \qquad Q_7 = 140 \qquad Q_8 = 80 \qquad Q_9 = 70 \qquad Q_{10} = 40$$

$$Q_{11} = 30 \qquad Q_{12} = 35 \qquad Q_{13} = 50 \qquad Q_{14} = 45 \qquad Q_{15} = 30$$

$$Q_{16} = 25 \qquad Q_{17} = 35 \qquad Q_{18} = 20 \qquad Q_{19} = 30 \qquad Q_{20} = 40$$

$$Q_{21} = 35 \qquad Q_{22} = 20$$

设最小运输功的出矿点为 Q_n。画一条水平线表示沿走向的主要运输巷道，将各矿块矿量投射到这条直线上，然后分别自两端向中间依次相加。

自左向右相加（到 Q_6），得：

$$\sum Q_{左} = 84+120+100+160+110+90 = 664$$

自右向左相加（到 Q_8），得：

$$\sum Q_{右} = 20+35+40+30+20+35+25+30+45+50+35+30+40+70+80 = 585$$

而

$$664(\sum Q_{左}) + 140(Q_7) = 804 > 585(\sum Q_{右})$$

$$585(\sum Q_{右}) + 140(Q_7) = 725 > 664(\sum Q_{左})$$

所以，Q_7 为最小运输功的出矿点，即为最有利的井筒位置。

以上按地下最小运输功所求的位置，也同时符合运输材料、巷道维护和通风等费用最小的要求。

最后应当指出，在选择井筒沿走向位置时，不仅需要考虑地下运输功最小，还需要考虑地面运输方向。例如当选厂在矿体一翼时，从地下及地表总的运输费用来看，井筒设在靠选厂的矿体一侧，可能使总的运输费用少。总之，应按地面运输费用与地下运输费用总和最小的原则来确定井筒的最优位置。

6.3　主要开拓巷道垂直矿体走向位置的选择

在垂直矿体走向方向上，井筒应布置在地表移动界线以外20m以上的地方，以保证井筒不被破坏。若井筒布置在移动界线以内时，必须留保安矿柱。

6.3.1　地表移动带的圈定

地下采矿形成采空区以后，由于采空区周围岩层失去平衡，引起采空区周围岩层的变形和破坏，以致大规模移动，使地表发生变形和塌陷。

按照地表出现变形和塌陷状态分为陷落带和移动带。地表出现裂缝的范围称为陷落带。陷落带的外围，即由陷落带边界起至未出现变形的地点止，称之为移动带。移动带的岩层移动（下沉）比较均匀，地表没有破裂。

从地表陷落带的边界至采空区最低边界的连线和水平面所构成的倾角，称为陷落角。同样，从地表移动带边界至采空区最低边界的连线和水平面所构成的倾角，称为移动角。在矿山设计中经常使用的是移动角和移动带。

影响岩石移动角的因素很多，主要是岩石性质、地质构造、矿体厚度、倾角与开采深度，以及使用的采矿方法等。设计时可参照条件类似的矿山数据选取。

一般来讲，上盘移动角 β 小于下盘移动角 γ，而走向端部的移动角 δ 最大。各种岩石移动角的概略数据列于表6-1。

表 6-1　岩石移动角　　　　　　　　（°）

岩石名称	垂直矿体走向的岩石移动角		走向端部移动角
	β（上盘）	γ（下盘）	
第四纪表土	45	45	45
含水中等稳固片岩	45	55	65
稳固片岩	55	60	70
中等稳固致密岩石	60	65	75
稳固致密岩石	65	70	75

图6-5绘出了矿体横剖面及沿走向剖面的陷落带和移动带。

地表移动带的圈定，是根据若干个垂直矿体走向的地质横剖面和沿矿体走向的地质纵剖面，从最低一个开采水平起（有时从最凸出部分），按所选取的各种岩层的移动角往上画，一直画到地表，得到移动界线和地表的两个交点，再将这些交点转绘在地形图上，在地形图上将这些点用均滑曲线联结起来形成一条闭合圈，便是所要圈定的地表移动带，如图6-6所示。

6.3.2　井筒垂直矿体走向位置的选定

如前所述，地表移动带内的整个区域为危险区，岩土可能发生塌陷或移动，在这个区域内布置井筒或其他建（构）筑物会有危险。为确保安全，避免因地表移动而带来损失，

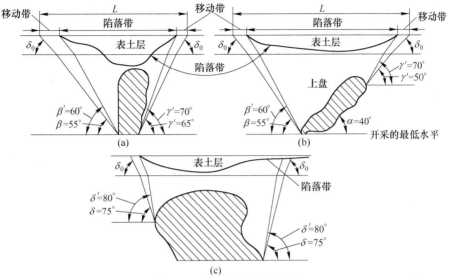

图 6-5 陷落带及移动带界线

（a）垂直走向剖面 $\alpha > \gamma$ 及 γ' 情况；（b）垂直走向剖面 $\alpha < \gamma$ 及 γ' 情况；（c）沿走向剖面

α—矿体倾角；γ'—下盘陷落角；β'—上盘陷落角；δ'—走向端部陷落角；γ—下盘移动角；

β—上盘移动角；δ—走向端部移动角；δ_0—表土移动角；L—危险带

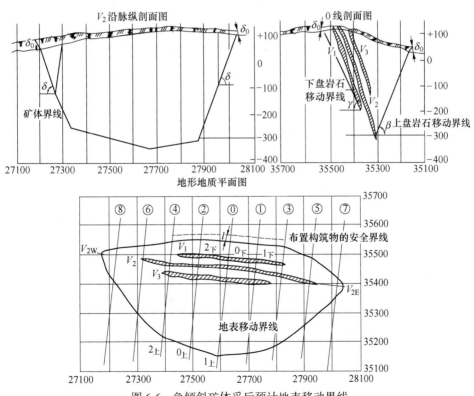

图 6-6 急倾斜矿体采后预计地表移动界线

$V_1 \sim V_3$—矿脉编号；⓪~⑧—勘探线编号；γ—下盘岩石移动角；

β—上盘岩石移动角；δ—沿矿体走向的端部岩石移动角；δ_0—表土层移动角

应将主要开拓巷道和其他需要保护的建（构）筑物布置在移动范围之外，并与地表移动带边界保持一定的安全距离（图 6-6 中的 l）。安全距离与建（构）筑物的保护等级有关，根据建筑物和构筑物的用途、服务年限及保护要求，可分为两个保护等级。凡因受到岩土移动破坏致使生产停止或可能发生重大人身伤亡事故、造成重大损失的建（构）筑物，列为Ⅰ级保护，其余则列为Ⅱ级保护。

各种建（构）筑物的保护等级及安全距离（ l ）按表 6-2 选取。

表 6-2　地表建（构）筑物保护等级及安全距离

保护等级	建（构）筑物名称	安全距离/m
Ⅰ	提升井筒、井架、卷扬机房， 发电厂、中央变电所、中央机修厂、中央空压机站、主扇机房， 车站、铁路干线路基、索道装载站， 贮水池、水塔、烟囱、永久多层公用建筑、住宅	20
	河流、湖泊	50
Ⅱ	未设提升装备的井筒——通风井、充填井、其他次要井筒， 架空索道支架、高压线塔、矿区专用铁路线、公路、水道干线、简易建筑物	10

6.4　保安矿柱的圈定

井筒、建筑物和构筑物需布置在地表移动带以外，但当受具体条件所限，需布置在地表移动带以内时，必须留足够的矿柱加以保护，此矿柱称为保安矿柱。保安矿柱的圈定，是根据建（构）筑物的保护等级所要求的安全距离，沿其周边画出保护区范围，再以保护区周边为起点，按所选取的岩石移动角向下画移动边界线，此移动边界线所截矿体范围就是保安矿柱。

保安矿柱只有在矿井结束阶段才可能回采，而且回采时安全条件差、矿石损失大、劳动生产率低，甚至无法回采而成为永久损失。所以在确定井筒位置时，应尽量避免留保安矿柱。但在特殊条件下，如适于建井部位的矿石品位较低，可不考虑回采矿柱；另外如缓倾斜矿脉，为减小开拓工程量、提前投产，必要时可将井筒布置在地表移动带内，此时必须留保安矿柱；又如矿体边缘的地表相应部位的河流或湖沼沿岸位于地表移动带内，并且如果把河流改道或围截湖水需付出巨大投资而不合理，则可留保安矿柱。

图 6-7 表示一个较规则的层状矿体保安矿柱的圈定方法。

（1）首先在井口平面图上画出安全区范围（井筒一侧自井筒边起距离 20m，另一侧自卷扬机房起距离 20m）。

（2）在此平面图上，沿井筒中心线作一垂直走向剖面Ⅰ—Ⅰ，在该剖面井筒的左侧，依下盘岩石移动角 γ 画移动界线，在井筒的右侧依上盘岩石移动角 β 画移动界线。井筒左侧和右侧移动界线所截矿层的顶板和底板的点，就是井筒保安矿柱沿矿层倾斜方向在此剖面上的边界点，即点 A_1'、B_1'、A_1、B_1。

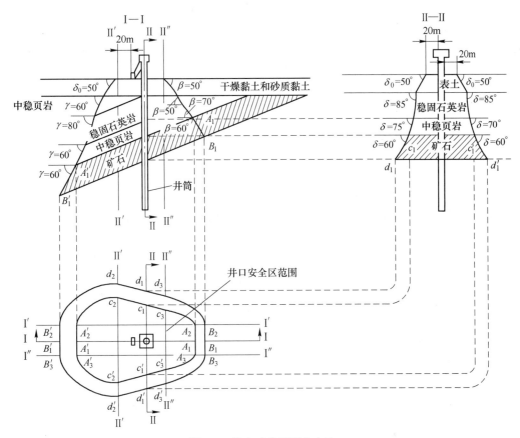

图 6-7　保安矿柱的圈定方法

（3）根据垂直走向剖面 Ⅰ—Ⅰ 所画岩层移动界线所截矿层的顶板界点 A_1' 和 A_1、底板界点 B_1' 和 B_1，投影在平面图 Ⅰ—Ⅰ 剖面线上得 B_1'、A_1'、A_1、B_1 各点，这便是保安矿柱在这个剖面倾斜方向上的边界点。用同样方法可求得 Ⅰ′—Ⅰ′ 剖面线上的边界点 B_2'、A_2'、A_2、B_2 及 Ⅰ″—Ⅰ″ 剖面线上的边界点 B_3'、A_3'、A_3、B_3。分别连接顶底板各边界点便得到相应的界线。

（4）同理，根据平行走向剖面 Ⅱ—Ⅱ 画岩层移动线，得出所截矿体的顶板边界点 c_1 和 c_1'、底板边界点 d_1 和 d_1'，将这些点转绘在平面图 Ⅱ—Ⅱ 剖面线上得 d_1'、c_1'、c_1、d_1 各点，这便是保安矿柱在这个剖面上走向方向的边界点。用同样方法还可求得 Ⅱ′—Ⅱ′ 剖面的边界点 d_2'、c_2'、c_2、d_2，以及 Ⅱ″—Ⅱ″ 剖面的边界点 d_3'、c_3'、c_3、d_3。分别连接顶底板边界点便得到相应的界线。

（5）将倾斜方向矿柱顶底板界线和走向方向矿柱顶底板界线延长、相交，或在垂直走向方向和平行走向方向上多作几个剖面，照上法求得顶底板边界点和界线，然后按实际可能移动的情况用光滑曲线连接起来，便得整个保安矿柱的界线。

6.5　辅助开拓巷道的布置

进行矿床开拓设计时，除确定主要开拓巷道的位置外，还需要确定其他辅助开拓巷道的位置。这些辅助开拓巷道，按其用途不同，有副井、通风井、溜矿井、充填井等。

当主井为箕斗井时，因箕斗在井口卸矿产生粉尘，故不能作进风井。此时应另设一个提升副井，作为上下人员、设备、材料，并提升废石及兼作进风井，再另掘专为出风的通风井，它与提升副井构成一个完整的通风系统。

当主井为罐笼井时，可兼作进风井，同时另布置一个专为出风的通风井，它与罐笼井也可构成一个完整的通风系统。

6.5.1　副井位置的选定

在确定开拓方案时，主井、副井等的位置是统一考虑研究决定的。如地表地形条件和运输条件允许，副井应尽可能和主井靠近布置，但二井筒间距应不小于 30m，这种布置叫集中布置。如地表地形条件和运输条件不允许副井和主井集中布置，两井筒相距较远，这种布置叫分散布置。集中布置有下列优点：

（1）工业场地布置集中，可减少平整工业场地的土石方量；

（2）井底车场布置集中，生产管理方便，可减少基建工程量；

（3）井筒相距较近，开拓工程量少，基建时间较短；

（4）井筒集中布置，有利于集中排水；

（5）井筒延深时施工方便，可利用一条井筒先下掘到设计延深阶段，则延深另一井筒时可采用反掘的施工方法。

集中布置也存在一些缺点：

（1）两井相距较近，若一井发生火灾，往往危及另一井的安全；

（2）主井为箕斗井，在井口卸矿时，粉尘飞扬至副井（当副井作进风井时）附近，可能随风流进入地下，故在主井口最好安设收尘设施或主副井之间设置隔尘设施。

分散布置的优缺点，正好与集中布置相反。总的来看，集中布置的优点突出，只要地表地形条件和运输条件许可，应尽量采用这种布置。如条件不允许而需进行分散布置时，此时副井位置应根据工业场地、运输线路和废石场的位置进行选择。

副井位置的选择原则与主井相同，但副井与选厂关系不大，当地表地形不允许时，副井可远离选厂。

6.5.2　风井的布置方式

按进风井和出风井的位置关系，风井有以下几种布置方式。

6.5.2.1　中央并列式

进风井和出风井均布置在矿体中央（箕斗井不应兼作进风井。混合井作进风井时，应采取有效的净化措施，以保证风源质量。主井为箕斗井时，主井为出风井；主井为罐笼井兼提矿石和运送人员时，则主井为进风井）。如图 6-8 所示，两井相距不小于 30m，如井上建筑物采用防火材料，也不得小于 20m。这种布置方式称为中央并列式。

6.5.2.2　中央对角式

按主井提升盛器类型不同，又分为下列两种情况：

（1）主井为罐笼井时，主井布置在矿体中央，可兼作进风井，而在矿体两翼各布置一条出风井，如图 6-9 所示。出风井可布置在两翼的下盘，也可布置在两翼的侧端（如图

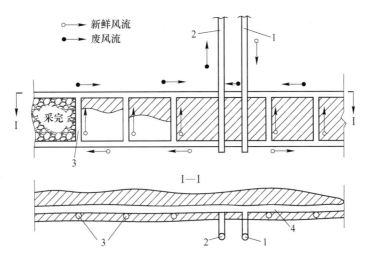

图 6-8   中央并列式
1—进风井；2—出风井；3—天井；4—沿脉运输巷道

中虚线位置）。出风井可掘竖井、也可掘斜井，依地形地质条件及矿体赋存条件而定。这种布置方式，进风井（主井）布置在矿体中央，出风井布置在两翼对角，形成中央对角式。

（2）主井为箕斗井时，箕斗井不能作进风井，故主井布置在矿体中央，应在主井附近另布置一条罐笼井，作为提升副井兼进风井，并在矿体两翼布置出风井，形成中央对角式，如图 6-10 所示。

6.5.2.3   侧翼对角式

进风井（罐笼井）布置在矿体的一翼，出风井布置在矿体的另一翼，如图 6-11 所示，形成侧翼对角式。

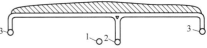

图 6-10   中央对角式（2）
1—主井；2—副井（进风井）；3—出风井

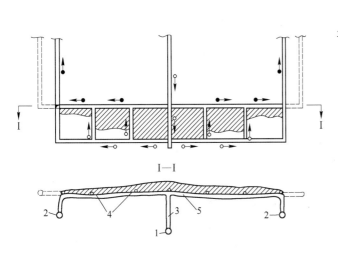

图 6-9   中央对角式（1）
1—进风井；2—出风井；3—石门；
4—天井；5—沿脉运输巷道

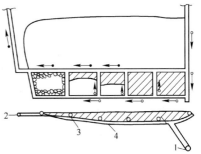

图 6-11   侧翼对角式
1—进风井；2—出风井；
3—天井；4—沿脉运输巷道

6.5.3 中央式和对角式的对比

在金属矿中，大型矿山可采用中央对角式布置，即在矿体中央布置主井和副井，此时副井兼作进风井，另在矿体两翼各布置一条出风井。

在中小型金属矿中，一般常采用对角式。因矿体沿走向长度一般不大，对角式的缺点显得不严重，而对角式通风对生产有利。同时由于金属矿床一般产状复杂，有时需要在矿体两翼掘探矿井，在生产期间就可利用它作出风井。

（1）中央式的优点：

1）地面构筑物布置集中；

2）进风井和出风井布置在岩石移动带以内时，可共留一个保安矿柱；

3）进风井和出风井掘完之后，可很快连通，因此能很快地开始回采；

4）井筒延深方便；可先下掘出风井，然后自下向上反掘进风井。

（2）中央式的缺点：

1）采用中央式通风时，风路长，扇风机所需负压大，而且负压随回采工作的推进不断变化；

2）当用前进式回采时，风流容易短路，造成大量漏风；

3）如果其他地方无安全出口，当地下发生事故时，危险性大。

（3）对角式的优点：

1）负压较小且稳定，漏风量较小，通风简单可靠而且费用较低；

2）当地下发生火灾，塌落事故时，地下工作人员较安全；

3）如果在井田两翼各布置一条出风井，一条井发生故障时，可利用另一条维持通风。

（4）对角式的缺点：

1）井筒间的联络巷道较长，而且要在回采开始之前掘好，故回采时间较迟；

2）掘两条出风井时，掘进和维持费用较大。

6.6 其他辅助开拓巷道的布置

6.6.1 溜井

6.6.1.1 溜井的应用

在我国许多地下金属矿山中，普遍采用溜井放矿。溜井的应用范围和溜矿系统可分为下列两种：

（1）平硐溜井出矿系统。采用平硐开拓时，主平硐以上各个阶段采下的矿石，均经溜井放至主平硐水平，然后再运至地面选厂，形成完整的开拓运输系统。

（2）竖井箕斗提升、集中出矿系统。采用竖井开拓时，也可采用溜井放矿集中出矿的运输系统。如竖井采用箕斗提升时，常将几个阶段采下的矿石经溜井放至下面的某一阶段。有时还在这个阶段的竖井旁侧设置地下破碎站，矿石经破碎后，装入箕斗提升至地面。图6-12表示某铅锌矿采用溜井放矿箕斗提升的集中出矿系统。该矿采用中央主、副井开拓，主井用箕斗提升矿石。+50m、0m 阶段采下的矿石，经溜井放至-40m 阶段，由-40m 阶段用电机车转运至 1 号或 2 号溜井；由-40m、-80m、-120m 阶段采下的矿石均用电机车转运至 1 号或 2 号溜井，溜放至-160m 阶段后转运至主、副井附近的 3 号溜井，集中进入-220m 水平的地下破碎站，将最大块度为 500mm 的矿石破碎到 180~200mm 以下。粗碎后的矿石经贮矿仓运至主井计量装矿站，用箕斗提至地表，然后用双线架空索道运至选厂。

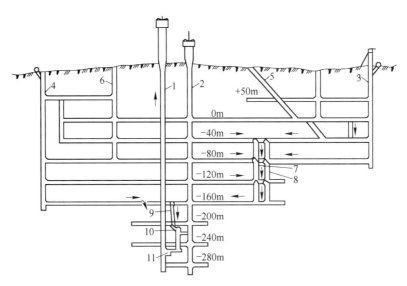

图 6-12　某铅锌矿溜井放矿箕斗提升的集中出矿系统

1—主井；2—副井；3—东风井；4—南风井；5—斜井；6—废石井；7—1 号溜井
8—2 号溜井；9—3 号溜井；10—破碎站；11—箕斗装矿站

6.6.1.2　溜井位置的选择

在设计开拓运输系统时，如需采用溜井放矿，就应确定溜井的位置。在选择溜井位置时，应注意以下基本原则：

（1）根据矿体赋存条件使上下阶段运输距离最短，开拓工程量小，施工方便，安全可靠，避免矿石反向运输。

（2）溜井应布置在岩层坚硬稳固、整体性好、岩层节理不发育的地带，尽量避开断层、破碎带、流砂层、岩溶及涌水较大和构造发育的地带。

（3）溜井一般布置在矿体下盘围岩中，有时可利用矿块端部天井放矿。

（4）溜井装卸口位置，应尽量避免放在主要运输巷道内，以减少运输干扰和矿尘对空气的污染。

为保证矿山正常生产，在下列情况下要考虑设置备用溜井。

（1）大、中型矿山，一般均设备用溜井。

（2）当溜井穿过的岩层不好或溜井容易发生堵塞时，应考虑备用溜井。

（3）当矿山有可能在短期内扩大规模时，应考虑备用溜井及其设置位置。

备用溜井的数目应按矿山具体条件确定，一般备用 1~2 个。

6.6.1.3　溜井放矿能力

溜井放矿能力的波动范围很大。它主要取决于卸矿口的卸矿能力、放矿口的装矿能力及巷道的运输能力。为了使溜井能持续出矿，保证矿山正常生产，溜井中必须贮存一定数量的矿石。此外，应使卸矿口的卸矿能力大于放矿口的放矿能力。放矿口的装矿能力主要取决于下部巷道的运输能力；卸矿口的卸矿能力主要取决于上部水平的运输能力和采场出矿能力。因此，溜井放矿生产能力主要取决于上、下阶段的运输能力。

溜井放矿生产能力，可按下式估算：

$$W = 3600 \frac{\lambda F \alpha \gamma v \eta}{K} \tag{6-3}$$

式中　W——溜井放矿生产能力，t/h；

　　　λ——闸门完善程度系数，一般为 0.7~0.8；

　　　F——放矿口的断面积，m^2；

　　　α——矿流收缩系数，一般为 0.5~0.7；

　　　γ——矿石实体重，t/m^3；

　　　v——矿流速度，m/s，通常取 0.2~0.4 m/s；

　　　η——考虑到堵塞停歇时间等因素的放矿效率，通常取 0.75~0.8；

　　　K——矿石松散系数，一般为 1.4~1.6。

国内矿山生产实践证明，当溜井中贮备一定数量的矿石，各运输水平的运输能力能满足放矿口及卸矿口的能力时，则溜井的生产能力是很大的。正常情况下，每条溜井每天可放矿 3000~5000t。

6.6.1.4　溜井的形式

国内金属矿山的主溜井，按外形特征与运转设施，有以下几种主要形式：

（1）垂直式溜井。从上至下呈垂直的溜井，如图 6-13（a）所示。各阶段的矿石由分支斜溜道放入溜井。这种溜井具有结构简单、不易堵塞、使用方便、开掘比较容易等优点，因此国内金属矿山应用比较广泛；它的缺点是贮矿高度受限制、放矿冲击力大、矿石容易粉碎、对井壁的冲击磨损较大。因此，使用这种溜井时，要求岩石坚硬、稳固、整体性好，矿石坚硬不易粉碎，同时溜井内应保留一定数量的矿石作为缓冲层。

（2）倾斜式溜井。从上到下呈倾斜的溜井，如图 6-13（b）所示。这种溜井长度较大，可缓和矿石滚动速度，减小对溜井底部的冲击力。只要矿石坚硬不结块，也不易发生堵塞，皆可使用。溜井一般沿岩层倾斜布置，可缩短运输巷道长度，减少巷道掘进工程量。但倾斜式溜井中的矿石对溜井底板、两帮和溜井贮矿段顶板、两帮冲击磨损较严重。因此，其位置应选择在坚硬、稳固、整体性好的岩层或矿体内。为了有利于放矿，溜井倾角应大于 60°。

（3）分段直溜井。当矿山多阶段同时生产，且溜井穿过的围岩不够稳固，为了降低矿石在溜井中的落差，减轻溜放矿石对井壁的冲击磨损及井中矿石的夯实，而将各阶段溜井的上下口错开一定的距离。其布置形式又分为瀑布式溜井和接力式溜井两种，见图 6-13（c）、（d）。瀑布式溜井的特点是上阶段溜井与下阶段溜井用斜溜道相连，从上阶段溜井溜下的矿石经其下部斜溜道转放到下阶段溜井，矿石如此逐段转放下落，形若瀑布。接力式溜井的特点是上阶段溜井中的矿石经溜口闸门放转到下阶段溜井，用闸门控制各阶段矿石的溜放。因此当某一阶段溜井发生事故时不致影响其他阶段的生产；但每段溜井下部均要设溜口闸门，因此生产管理、维护检修较复杂。

（4）阶梯式溜井。这种溜井的特点是上段溜井与下段溜井相互距离较大，故中间需要转运，如图6-13（e）所示。这种溜井仅用于岩层条件较复杂的矿山。例如为避开不稳固岩层而将溜井开成阶梯式，或在缓倾斜矿体条件下，为缩短矿块底部出矿至溜井的运输距离时采用。

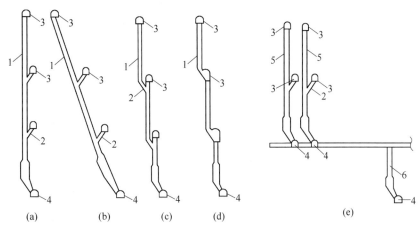

图 6-13　溜井形式图

（a）垂直式溜井；（b）倾斜式溜井；（c）瀑布式溜井；（d）接力式溜井；（e）阶梯式溜井
1—主溜井；2—斜溜道；3—卸矿硐室；4—放矿闸门硐室；5—上端溜井；6—下段转运溜井

6.6.2　充填井

采用充填采矿法，或用充填法处理空场法采空区时，需要布置充填井，以便下放充填材料。

6.6.2.1　充填井的类别

充填井按其所运送的充填材料分为以下几种：

（1）废石井。井筒垂直或急倾斜，借重力溜放地表堆积的废石或由采石场采下的碎石。干式充填时采用。

（2）管道井。井筒垂直或倾斜，其内安设溜槽或管道，借充填材料自重或动力（水力或风力）输送砂石、尾砂或混凝土，管道还可运送水泥干粉。水力或胶结充填时采用。

（3）充填钻孔。由地表向地下钻大口径钻孔，孔径一般为 $200 \sim 300 \mathrm{mm}$，钻孔需设在岩质坚硬且无裂隙的岩层中。一般用水力输送砂石或尾砂，水砂或尾砂充填时采用。

6.6.2.2　充填井的布置

无论何种充填井，都是用来将地面各种充填料输送到井下某个主要阶段，然后再接运或转运至采空区或采场。图6-14表示干式充填的输送系统示意图。

充填井的位置应符合下列条件：

（1）布置在矿体的中央位置。若矿体分布范围大或有几个矿体，则按采区或按矿体布置几个充填井，使充填料运输功最小。

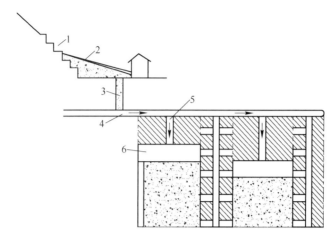

图 6-14　干式充填系统示意图

1—露天采石场；2—电耙；3—主充填井；4—运输巷道；5—矿房充填井；6—采空区

（2）由采石场（或尾砂库）至充填井再达所辖充填采空区或采场，构成顺向运输，尽量减小充填料的运输功。

（3）地面地形条件应对运送充填料有利。

（4）直接借充填料重力溜放的废石井或借水力运送砂石、尾砂的充填钻孔，要求其所通过的岩层坚硬、稳固、无裂隙，工程地质条件良好。

（5）地下各阶段间运转充填料的充填井，可利用岩层整体性好、耐磨性强的探矿天井。

（6）各采空区或采场的充填井，一般靠近其中央位置。

阶段运输巷道的布置

阶段运输巷道的布置或称阶段平面开拓设计，是矿床开拓的一部分。如从开拓巷道的空间位置来看，可将矿床开拓分为立面开拓和平面开拓两个部分。立面开拓主要是确定竖井、斜井、通风井、溜井和充填井的位置、数目、断面形状及大小以及与它们相连接的矿石破碎系统和转运系统等。阶段平面开拓主要是确定阶段开拓巷道的布置（包含井底车场和硐室）。

7.1　运输阶段和副阶段

阶段平面开拓分为主运输阶段和副阶段。主运输阶段需开掘一系列巷道如井底车场、石门、运输巷道及硐室等，将矿块和井筒等开拓巷道连接起来，从而形成完整的运输、通风和排水系统，以保证将矿块中采出来的矿石运出地表；将材料、设备运送至工作面；从进风井进来的新鲜空气顺利地流到各工作面，给井下人员创造良好的工作环境；将地下水及时排至地表以保证工作人员的安全。

主运输阶段巷道是以解决矿石运输为主，并满足探矿、通风和排水等要求。因此，阶段运输巷道布置是否合理，直接影响到地下工作人员的安全和工作条件、开拓工作量的大小、运输能力及矿块的生产能力等。为此，正确地选择和设计阶段运输巷道是十分重要的。

副阶段是在主运输阶段之间增设的中间阶段，一般是因主阶段过高致使回采产生困难或因地质和矿床赋存条件发生变化而加设的阶段。副阶段一般不连通井筒。副阶段只掘部分运输巷道，并用天井、溜井与下主阶段贯通。

7.2　阶段运输巷道布置的影响因素和基本要求

阶段运输巷道的布置需考虑下列影响因素和基本要求：

（1）必须满足阶段运输能力的要求。阶段运输巷道的布置，首先要满足阶段生产能力的要求，亦即应保证能将矿石运至井底车场。其次，阶段运输能力应留有一定余地，以满足生产发展的需要。一般阶段生产能力大时，多采用环形布置；阶段生产能力小时，可采用单一沿脉巷道布置。

（2）矿体厚度和矿岩稳固性。矿体厚度小于 $4 \sim 15 \text{m}$，采用一条沿脉巷道。厚度在 $15 \sim 30 \text{m}$，多采用一条（或两条）下盘沿脉巷道加穿脉巷道，或两条下盘沿脉加联络巷道。极厚矿体多采用环形运输。阶段运输巷道应布置在稳固的围岩中，以利于巷道维护、矿柱回采和掘进比较平直的巷道。

（3）应贯彻探采结合的原则。阶段运输巷道的布置，要既满足运输要求，又要满足探矿的要求。

（4）必须考虑所采用的采矿方法。例如崩落法一般需布置脉外巷道，并且要布置在下阶段的移动界线以外，以保证下阶段开采时作回风巷道。有些采矿方法不一定要布置脉外巷道。此外，矿块沿走向或垂直走向布置以及底部结构形式等，决定矿块装矿点的位置、数目及装矿方式。

（5）符合通风要求。阶段巷道的布置应有明确的进风和回风路线，尽量减少转弯，避免巷道断面突然扩大或缩小，以减少通风阻力，并要在一定时间内保留阶段回风巷道。

（6）系统简单，工程量小，开拓时间短。这就要求巷道平直，布置紧凑，一巷多用。

（7）其他技术要求。如果涌水量大，且矿石中含泥较多，则放矿溜井装矿口应尽量布置在穿脉内，以避免主要运输巷道被泥浆污染。

7.3　阶段运输巷道的布置形式

7.3.1　单一沿脉巷道布置

按线路布置形式又分为单线会让式和双线渡线式。单线会让式，如图 7-1（a）所示，除会让站外，运输巷道皆为单线，重车通过、空车待避，或者相反，因此其通过能力小，多用于薄或中厚矿体中。如果阶段生产能力较大，采用单线会让式难以完成生产任务，在这种情况下应采用双线渡线式布置，如图 7-1（b）所示，即在运输巷道中设双线路，在适当位置用渡线连接起来。

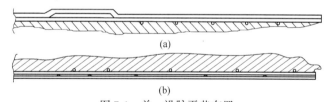

（a）

（b）

图 7-1　单一沿脉平巷布置

（a）单线会让式；（b）双线渡线式

按巷道与矿脉的关系可分为脉内布置和脉外布置。在矿体中掘进巷道的优点是能起探矿作用和装矿方便，并能顺便采出矿石，减少掘进费用，但矿体沿走向变化较大时，巷道弯曲多，对运输不利，因此脉内布置适用于规则的中厚矿体，且应产量不大、矿床勘探不足、矿石品位低、不需回收矿柱。如果矿石稳固性差、品位高、围岩稳固时，采用脉外布置有利于巷道维护，并能减少矿柱的损失。对于极薄矿脉，应使矿脉位于巷道断面中央，以利于掘进适应矿脉的变化；如果矿脉形态稳定，则将巷道布置在围岩稳固的一侧。

单一沿脉巷道布置形式多用于年产量 $(20 \sim 60) \times 10^4 t$ 的矿山。

7.3.2　下盘双巷加联络道布置

这种布置如图 7-2 所示，沿走向下盘布置两条平巷，一条为装车巷道，一条为行车巷道，每隔一定距离用联络道联结起来（环形联结或折返式联结）。这种布置是从双线渡线式演变来的，其优点是行车巷道平直利于行车，装车巷道掘在矿体中或矿体下盘围岩中，巷道方向随矿体走向而变化，利于装车和探矿。装车线和行车线分别布置在两条巷道中，安全、方便，巷道断面小有利于维护；缺点是掘进量大。这种布置多用于中厚和厚矿体中。

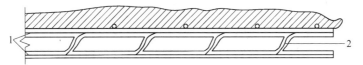

图 7-2　下盘沿脉双巷加联络道布置
1—沿脉巷道；2—联络道

7.3.3　脉外平巷加穿脉布置

这种布置如图 7-3 所示，一般多采用下盘脉外巷道和若干穿脉配合。从线路布置上讲，采用双线交叉式，即在沿脉巷道中铺设双线，穿脉巷道中铺单线。沿脉巷道中双线用渡线联结，沿脉和穿脉用单开道岔联结。

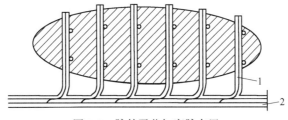

图 7-3　脉外平巷加穿脉布置
1—穿脉；2—脉外巷道

这种布置的优点是阶段运输能力大，穿脉巷道装矿安全、方便、可靠，还可起探矿作用。缺点是掘进工程量大，但比环形布置工程量小。这种布置多用于厚矿体，阶段生产能力为（60~150）×10^4 t/a。

7.3.4　上下盘沿脉巷道加穿脉布置

这种布置如图 7-4 所示。从线路布置上讲设有重车线、空车线和环形线，环形线既是装车线，又是空、重车线的联结线。从卸车站驶出的空车，经空车线到达装矿点装车后，由重车线驶回卸车站。环形运输的最大优点是生产能力很大。此外，穿脉装车安全方便，也可起探矿作用。缺点是掘进量。这种布置通过能力可达（150~300）×10^4 t/a，所以多用在规模大的厚和极厚矿体中，也可用于几组互相平行的矿体中。当开采规模很大时，也可采用双线环形布置。

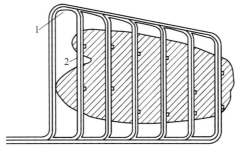

图 7-4　环形运输布置
1—环形运输巷；2—穿脉

7.3.5 平底装车布置

这种布置方式是由于采用平底装车结构和无轨装运设备的出现而发展起来的。矿石装运一般有两种方式：一是由装岩机将矿石装入运输巷道的矿车中，再由电机车拉走；二是由铲运机在装运巷道中铲装矿石，运至附近的溜井卸载。这种布置如图7-5所示。

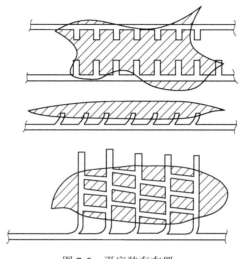

图7-5 平底装车布置

以上所述是阶段运输的一些基本布置形式。由于矿体形态、厚度和分布等往往是复杂多变的，实际布置形式应按生产要求，灵活运用。

8 井底车场

井底车场连接着井下运输与井筒提升，提升矿石、废石和下送材料、设备等，都要经由井底车场转运。因此，要在井筒附近设置储车线、调车线和绕道等。此外，井底车场也为升降人员、排水及通风等工作服务，所以相应地还要在井筒附近设置一些硐室，例如水泵房与水仓、井下变电站、候罐室等。井底车场就是这些巷道和硐室的总称。

井底车场根据开拓方法的不同，可分为竖井井底车场和斜井井底车场两大类。

8.1 竖井井底车场

8.1.1 竖井车场的线路和硐室

组成井底车场的线路和硐室如图 8-1 所示。主、副井均设在井田中央，主井为箕斗井，副井为罐笼井，两者共同构成一个双环形的井底车场。

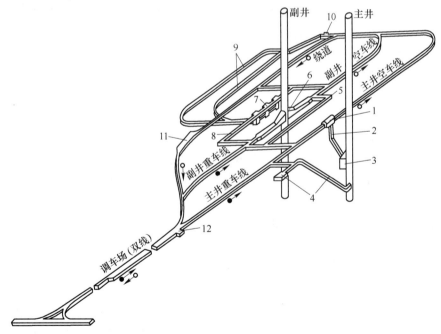

图 8-1 井底车场结构示意图

1—卸矿硐室；2—溜井；3—箕斗装载硐室；4—回收撒落碎矿的小斜井；5—候罐室；6—马头门；7—水泵房；8—变电整流站；9—水仓；10—清淤绞车硐室；11—机车修理库；12—调度室

8.1.1.1 井底车场线路

（1）储车线路。在其中储放空、重车辆，包括主井的重车线与空车线、副井的重车线与空车线，以及停放材料车的材料支线。

（2）行车线路。即调度空、重车辆的行车线路，如连接主、副井的空、重车线的绕道，调车场支线。此外，供矿车出进罐笼的马头门线路，也属于行车路线。

除上述主要线路外，还有一些辅助线路，如通往各硐室的线路及硐室内线路等。

8.1.1.2　井底车场硐室

根据提升、运输、排水和升降人员等项工作的需要，井底车场内需设各种硐室，硐室的布置主要取决于硐室的用途和使用上的方便。如图 8-1 所示，与主井提升有关的各种硐室，如卸矿硐室、贮矿仓、箕斗装载硐室、清理撒矿硐室和斜巷等，须设在主井附近的适当位置上，构成主井系统的硐室。副井系统的硐室一般有马头门、水泵房、变电室、水仓及候罐室等。此外，还有一些硐室，如设在车场进口附近的调度室、设在便于进出车地点的电机车库及机车修理硐室等。

8.1.2　井底车场形式

井底车场按使用的提升设备分为罐笼井底车场、箕斗井底车场、罐笼-箕斗混合井井底车场和以输送机运输为主的井底车场；按服务的井筒数目分为单一井筒的井底车场和多井筒（如主井、副井）的井底车场；按矿车运行系统分为尽头式井底车场、折返式井底车场和环形井底车场三种。

（1）尽头式井底车场。尽头式井底车场如图 8-2（a）所示，用于罐笼提升。其特点是井筒单侧进、出车，空、重车的储车线和调车场均设在井筒一侧，需从罐笼拉出空车后，再推进重车。这种车场通过能力小，主要用于小型矿井或副井。

（2）折返式井底车场。折返式井底车场如图 8-2（b）所示，其特点是井筒或卸车设备（如翻车机）的两侧均铺设线路，一侧进重车，另一侧出空车，空车经过另外铺设的平行线路或从原线路变头（改变矿车首尾方向）返回。当岩石稳固时，可在同一条巷道中铺设平行的折返线路；否则，需另行开掘平行巷道。

折返式井底车场的主要优点是：提高了井底车场的生产能力；由于折返式线路比环形线路短且弯道少，因此车辆在井底车场逗留时间显著减少，加快了车辆周转；开拓工程量较小；由于运输巷道多数与矿井运输平巷或主要石门合一，弯道和交叉点大大减少，简化了线路结构；运输方便、可靠，操作人员减少，为实现运输自动化创造了条件；列车主要在直线段运行，不仅运行速度高，而且运行安全。

（3）环形井底车场。环形井底车场如图 8-2（c）所示，它与折返式相同，也是一侧进重车，另一侧出空车，但其特点是由井筒或卸载设备出来的空车经由储车线和绕道不变头（矿车首尾方向不变）返回，形成环形线路。

在大、中型矿井，由于提升量较大，可分别开掘主、副井筒，且为了便于管理，主、副井经常集中布置在井田的中央，形成双井筒井底车场。图 8-3（b）是双井筒的井底车场，主井为箕斗井，副井为罐笼井，主、副井的运行线路均为环形，构成双环形井底车场。

为了减少井筒工程量及简化管理，在生产能力允许的条件下，也可用混合井代替双井筒，即用箕斗提升矿石，用罐笼提升废石并运送人员和材料、设备等。此时线路布置与采用双井筒时的要求相同。图 8-3（c）为双箕斗-单罐笼的混合井井底车场线路布置，其中

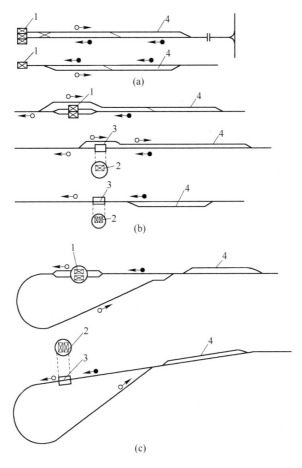

图 8-2　井底车场形式示意图

（a）尽头式；（b）折返式；（c）环形

1—罐笼；2—箕斗；3—翻车机；4—调车线路

箕斗提升采用折返式车场，罐笼提升采用尽头式车场。图 8-3（a）也是双箕斗-单罐笼混合井井底车场的线路布置，其中箕斗线路为环形车场，罐笼线路为折返式车场，通过能力比图 8-3（c）形式大。

8.1.3　竖井井底车场形式的选择

选择合理的井底车场形式和线路结构，是井底车场设计中的首要问题。影响选择井底车场的因素很多，例如生产能力、提升容器类型、运输设备和调车方式、井筒数量、各种主要硐室及其布置要求、地面生产系统要求、岩石稳定性以及井筒与运输巷道的相对位置等。因此，选择井底车场形式时，需要全面考虑各种相关因素。

生产能力大的矿井应选择通过能力大的车场形式。年产量在 50 万吨以上的可采用环形车场，10 万~50 万吨的可采用折返式车场，10 万吨以下可采用尽头式车场。

当采用箕斗提升时，固定式矿车用翻车机卸载。年产量较小时，可用电机车推顶矿石列车进翻车机卸载，卸载后立即拉走，亦即采用经原进车线返回的折返式车场。在阶段产量较大并用多台电机车运输时，翻车机前可设置推车机或采用自溜坡，此时可采用另设返

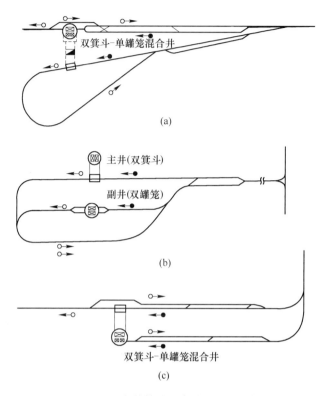

图 8-3　两个井筒或混合井的井底车场

（a）双箕斗-单罐笼混合井环形-折返式井底车场；（b）主井双箕斗、副井双罐笼双环形井底车场；
（c）双箕斗-单罐笼混合井折返-尽头式井底车场

回线的折返式车场。

当采用罐笼井并兼做主、副提升时，一般可用环形车场，当产量小时也可用折返式车场。副井采用罐笼提升时，根据罐笼数量和提升量确定车场形式。如果是单罐且提升量不大时，可采用尽头式井底车场。

当采用箕斗-罐笼混合井或者两个井筒（一主一副）集中布置时，应采用双井筒的井底车场。在线路布置上，须使主、副提升的两组运输线路相互结合，在调车线路的布置上应考虑共用问题。又如当主提升箕斗井车场为环形时，副提升罐笼井底车场在工程量增加不大的条件下，可使罐笼井空车线路与主井环形线路连接，构成双环形井底车场。

总之，选择井底车场形式时，应在满足生产能力要求的条件下，尽量使结构简单，以节省工程量，方便管理，生产操作安全可靠，并且易于施工与维护。

8.2　斜井井底车场

斜井井底车场按矿车运行系统可分为折返式车场和环形车场两种形式。环形车场一般适于用箕斗或胶带提升的大、中型斜井。金属矿山，特别是中、小型矿山的斜井多用串车提升，串车提升的车场均为折返式。

串车斜井井筒与车场的连接方式有三种：第一种是旁甩式（图 8-4（a）），即由井筒一侧（或两侧）开掘甩车道，串车经甩车道由斜变平后进入车场；第二种斜井顶板方向出车，经吊桥变平后进入车场（图8-4（b））；第三种，当斜井不再延深时，由斜井井筒直接过渡到车场，即所谓的平车场（图8-4（c））。

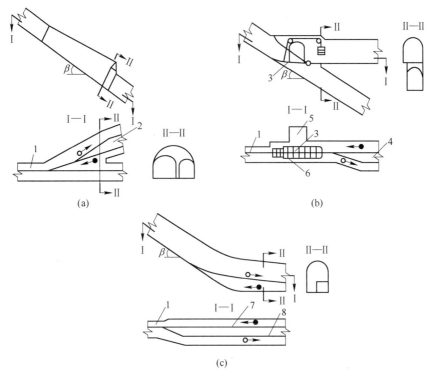

图 8-4　串车提升斜井与车场的连接方式

（a）甩车道；（b）吊桥；（c）平车场

1—斜井；2—甩车道；3—吊桥；4—吊桥车场；5—信号硐室；

6—人行口；7—重车线；8—空车线

8.2.1　斜井甩车道与平车场

图8-5（a）为斜井甩车道车场线路示意图。如果从左翼运输巷道来车，在调车场线路1调转电机车头，将重车推进主井重车线2，再去主井空车线3拉空车；空车拉至调车场线路4，调转车头将空车拉向左翼运输巷道。若从右翼来车，在调车场调头后，将重车推进主井重车线，再去空车线将空车直接拉走。副井调车与主井调车相同。

图8-5（b）为主井平车场，斜井为双钩提升。如果从左翼来车，在左翼重车调车场支线1调车后，推进重车线2，电机车经绕道4进入空车线3，将空车拉到右翼空车调车场5，在支线6进行调头后，经空车线拉回左翼运输巷道。

由上述可知，串车斜井井底车场由下列各部分组成：

（1）斜井甩车道（或吊桥）。用它将斜井与车场连接起来，并使矿车由斜变平。一般在变平处进行摘空车挂重车（摘挂钩段）。

（2）储车场。储车场紧接摘挂段，内设空、重车储车线（图8-5中2、3）。

（3）调车场。电机车在此处调头，以便将重车推进重车线，以及改变牵引空车的运行方向。图 8-5（b）设两个调车场，左翼为重车调车场，右翼为空车调车场。

（4）绕道与各种连接线路。

（5）井筒附近的各种硐室。

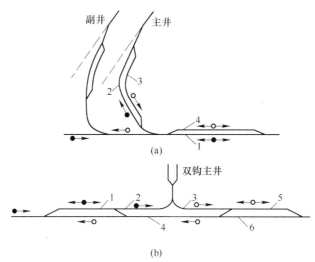

图 8-5   串车斜井折返式车场运行线路图
(a) 甩车道车场；(b) 平车场

从斜井顶板出车的平车场，同甩车场相比，具有很多优点。如钢丝绳磨损小，矿车很少掉道，提升效率高，巷道工程量小，交叉处的宽度小，易于维护等。但是这种平车场仅用于斜井最末的一个阶段。

8.2.2   斜井吊桥

在矿山生产实践中创造的斜井吊桥，既具有平车场的优点，又解决了平车场不能多阶段作业的问题。吊桥连接与平车场一样，也从斜井顶板出车，矿车经过吊桥来往于斜井与阶段井底车场之间。当起升吊桥时，矿车可通过本阶段而沿斜井上下。

吊桥类型如图 8-6 所示。图 8-6（a）为普通吊桥，它的工程量最小，结构简单，但由于空重车线摘挂钩在同一条线路上，增加了推车距离和提升休止时间，并且难以实现矿车自动滚行。此外，在斜井与车场线路的连接上，由斜变平比较陡急，下放长材料比较困难，有时需在斜井中卸车，再用人力搬运到水平巷道。为此，有的矿山改为吊桥式甩车道，如图 8-6（b）所示。此时重车通过吊桥上提，空车经过设在斜井一侧的甩车道进入储车线。与前面讲过的甩车道相比，这种调车方式既消除了甩车道的缺点，又保留了甩车道的优点，既可实现矿车自动滚行，又可解决长材料下放问题。在双钩提升的斜井中，有的矿山使用高低差吊桥，如图 8-6（c）所示。这时采用两个单独吊桥，除了重车线吊桥之外，空车线也设吊桥，并且均按矿车自动滚行设置。从斜井进入吊桥之前，需铺设渡线道岔或两个单开道岔，以便重车进入斜井中任一条线路和空车进入吊桥。

采用吊桥时，斜井倾角不能太小；否则，吊桥尺寸过长，重量太大，安装和使用均不方便，同时井筒与车场之间的岩柱也不易维护。根据实际经验，当斜井倾角大于 20°时，使用吊桥较好。吊桥上常有人行走，所以在吊桥上要铺设木板（或铁板）。因此，当吊桥

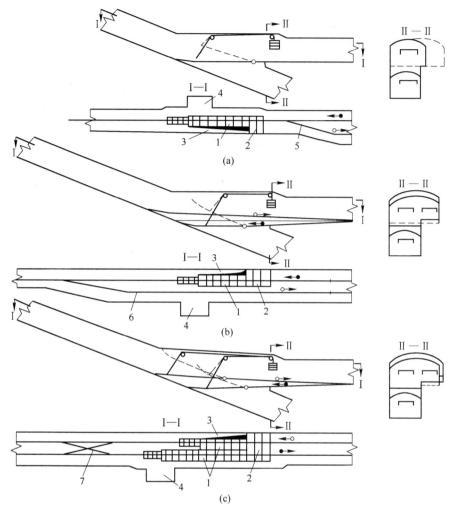

图 8-6 斜井吊桥类型

（a）普通吊桥；（b）吊桥式甩车道；（c）高低差吊桥

1—吊桥；2—固定桥；3—人行口；4—把钩房（信号硐室）；5—车场道岔；6—甩车道；7—渡线道岔

升起时就会影响上阶段的通风，下放时又会影响下阶段通风，需采取适当措施，以保证正常通风要求。

8.3 地下硐室

地下硐室的布置，决定于矿井的生产能力、井筒提升类型、主要阶段运输巷道的运输方式以及生产上和安全上的要求。

地下硐室按其用途不同，有地下破碎及装载硐室、水泵房和水仓、地下变电所、地下炸药库及其他服务性硐室等。

地下主要硐室，一般多布置于井底车场附近。各种硐室的具体位置，随井底车场布置形式的不同而变化。这些硐室除满足工艺要求外，应尽量布设在稳固的岩层中，以使生产上方便、技术上可行、经济上合理，并能保证工作安全。

8.3.1　地下破碎及装载硐室

随着采矿业的发展，已广泛采用深孔落矿的采矿方法。由于崩落矿石块度不均匀，不合格大块产出率高，使二次破碎量显著增加，从而严重地影响劳动生产率和采场生产能力的提高。

减少二次破碎工作量有两种方法：一种是正确选择落矿的爆破参数，使大块产出率降低，但靠这种方法降低大块产出的作用是有限的；另一种方法是增大出矿的允许块度，在地下设置破碎站，将采下的矿石运到地下破碎站，用破碎机进行破碎，实践证明，这对减少采场二次破碎量、提高采场生产能力是一种有效的方法。

8.3.1.1　地下破碎的优缺点及适用条件

地下破碎的主要优点有：

（1）可减少二次破碎工作量，节省爆破材料，提高放矿劳动生产率和采场生产能力；

（2）可减少放矿巷道中由于二次爆破所产生的炮烟及矿尘，改善劳动条件，提高工作安全性；

（3）矿石经地下破碎机破碎后，块度较小，可增加箕斗的有效载重，减轻装卸时的冲击力和对设备的冲击磨损，增加生产的可靠性，有利于实现提升设备自动化，提高矿井的提升能力。

地下破碎的主要缺点有：

（1）必须设地下破碎硐室，破碎机上部需设长溜井（贮矿仓），下部需设粗碎矿仓，增加了基建工程量和投资；

（2）地下破碎硐室的通风防尘较困难，需采取专门的措施解决；

（3）地下破碎机的管理和维修不如地面方便；

（4）地下采、装、运设备均需与破碎机相配套，才能充分发挥地下破碎机的作用。

根据以上优缺点，在下列条件下采用地下破碎是比较合理的：

（1）阶段储量较大的大型矿山适于设置地下破碎站，下降速度快的中小型矿山不宜设置；

（2）采用大量落矿的采矿方法，或矿石坚硬大块产出率高；

（3）采用箕斗提升，地面用索道运输。

8.3.1.2　地下破碎站的布置形式

地下破碎站的布置形式一般为：旁侧式和矿体下盘集中式，旁侧式可分散或集中布置。

（1）分散旁侧式。分散旁侧式如图 8-7（a）所示，每个开采阶段都独立设置破碎站，随着开采阶段的下降，破碎站也随之迁至下部阶段。其优点是第一期井筒及溜井工程量小，建设投产快。缺点是一个破碎站只能处理一个阶段的矿石，每下降一个阶段都要新掘破碎硐室，总的硐室工程量大，总投资较高。分散旁侧式只适用于开采极厚矿体或缓倾斜厚矿体，阶段储量特大和生产期限很长的矿山。

（2）集中旁侧式。集中旁侧式如图 8-7（b）所示，将几个阶段的矿石通过主溜井溜放到下部阶段箕斗井旁侧的破碎站进行集中破碎。其优点是破碎硐室工程量较小，总投资较少。缺点是矿石都集中到最下一个阶段，第一期井筒和溜井工程量较大，并增加了矿石的提升费用。集中旁侧式适用于多阶段同时出矿，国内矿山采用较多。

（3）矿体下盘集中式。矿体下盘集中式如图 8-8 所示，各阶段的矿石经矿体下盘分支溜井溜放到主溜井下的破碎硐室，破碎后的小块矿石经胶带输送机至箕斗井旁侧的贮矿仓，然后再由箕斗提至地表；当采用平硐溜井开拓时，破碎后的矿石即由胶带输送机直接运至地表。其优点是省掉了各阶段的运输设备和设施；缺点是分支溜井较多，容易产生大块堵塞事故。矿体下盘集中式适用于矿体比较集中，走向长度不大，多阶段同时出矿的矿山。

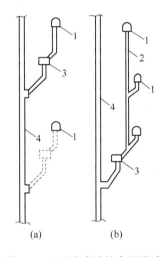

图 8-7　地下破碎站的布置形式

（a）分散旁侧式；（b）集中旁侧式
1—运输阶段卸矿车场；2—主溜井；
3—破碎硐室；4—箕斗井

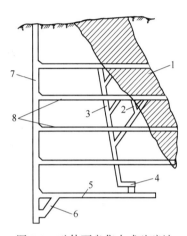

图 8-8　矿体下盘集中式破碎站

1—矿体；2—分支溜井；3—主溜井；
4—破碎站；5—转运巷道；6—贮矿仓；
7—箕斗井；8—阶段巷道

8.3.1.3　地下破碎与装载配置系统

地下破碎装置，按矿石品种和往外提运形式，可分为单一矿石经计量装置装矿和多种矿石经胶带输送机装矿的配置系统。

单一矿石破碎后经计量装置装矿的典型配置系统如图 8-9 所示，固定式矿车经翻车机 1 将矿石卸入溜槽 9 中；启开指状闸门 2，矿石由板式给矿机 3 送给固定筛 4。筛上大块矿石溜入颚式破碎机 5 破碎后溜放至矿仓 10 中，筛下合格矿石则直接下落到矿仓 10，矿仓内的矿石经箕斗计量装置 7 装入翻转式箕斗 8，再提出地表。

多种矿石往胶带输送机装矿的配置系统，是矿车在卸载站将不同矿石品种分别卸入各自的溜井，各溜井内的矿石再经各自的板式给矿机送入溜槽溜放至颚式破碎机破碎，然后分别卸入各自的矿仓。矿仓内的矿石由电振给矿机送给胶带输送机，经计重装置装入箕斗，提出地表。

8.3.1.4　地下装载硐室

采用箕斗提升矿石时，必须在地下设矿仓和装载硐室，以便安装设备向箕斗内装矿。当采用翻转式箕斗时，一般多采用计量漏斗装矿和定点装矿。

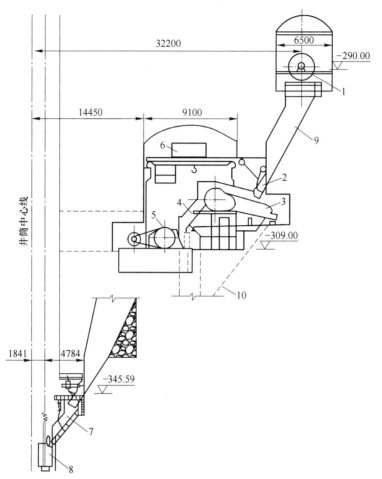

图 8-9　单一矿石破碎后经计量装置装矿的配置系统

1—2m³固定式矿车双车翻车机；2—1600×1100 手动指状闸门；3—1500×4000 重型板式给矿机；

4—1500×3000 固定筛；5—900×1200 颚式破碎机；6—15/3t 电动桥式起重机；

7—4m³箕斗计量装置；8—4m³翻转式箕斗；9—溜槽；10—矿仓

在多绳提升中采用底卸式箕斗较多，一般底卸式箕斗常采用计量漏斗装矿。

箕斗装矿系统有以下两种：一种是在设有地下破碎的矿山，多用电振或板式给矿机，经胶带输送机送入用压磁式测力计计重的计量漏斗，然后再装入箕斗，如图 8-10 所示；另一种是在无地下破碎的矿山，应尽量不设胶带输送机，可用板式给矿机代替。

8.3.1.5　粉矿回收

采用箕斗提升的井筒，在装载过程中以及地下水流入井底水窝时，都有不同程度的粉矿落入井底，需要经常清理回收这些粉矿。否则，不仅损失矿石，而且会影响生产的正常进行。因此，凡采用箕斗提升的矿井，必须设置粉矿回收设施。

（1）利用副井回收粉矿。这种粉矿回收方式如图 8-11 所示。粉矿落入粉矿仓，待积蓄到一定的数量后，通过粉矿仓漏斗放入装矿硐室的矿车中，从粉矿运输平巷推入副井罐笼中提升至地表。这种方式的主要优点是粉矿回收巷道工程量小，使用和管理方便；缺

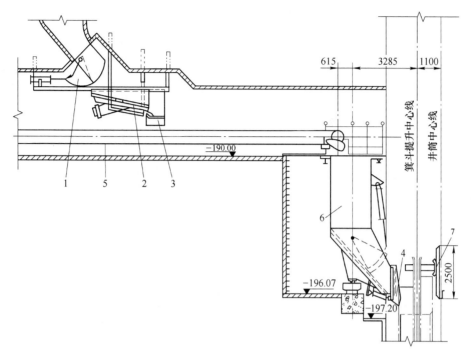

图 8-10　某铜矿计量漏斗单箕斗装矿系统图

1—闸门；2—电振给矿机；3—溜槽；4—活动溜槽，缩回后计量斗口与箕斗壁间隙为 185mm，
外伸长度为 280mm，装矿时伸入箕斗 95mm；5—胶带输送机；6—计量漏斗；7—支撑木

点是副井井底水窝清理需要单独进行。该方式适合于主、副井之间距离较短（50m 左右），副井比主井超前延深一个阶段，副井采用罐笼提升，副井需要延深等情况。

（2）利用主井回收粉矿。这种粉矿回收方式如图 8-12 所示。粉矿落入矿仓，待积蓄一定数量后，经粉矿仓闸门，装入矿车中，矿车从粉矿回收绕道推入主井的罐笼中提升至地表或至上一阶段水平，再经卸矿硐室、矿仓及装载硐室装入箕斗提升至地表。

这种方式的主要优点是粉矿回收设施的工程量小，简化了井底水窝的清理工作。其缺点是箕斗尾绳和罐道钢丝绳要通过粉矿仓。用混合井提升时，在罐笼提升深度超前箕斗提升深度的情况下，适合采用这种回收粉矿设施。

（3）利用小竖井回收粉矿。这种粉矿回收方式如图 8-13 所示。粉矿落入粉矿仓，待积蓄一定数量后，粉矿经粉矿仓漏斗装入矿

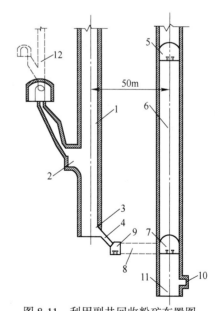

图 8-11　利用副井回收粉矿布置图

1—主井；2—装矿硐室；3—粉矿仓；
4—粉矿仓漏斗；5—卸矿水平；6—副井；
7—阶段水平；8—粉矿运输平巷；9—粉矿装车硐室；
10—井底水泵硐室；11—井底水窝；12—溜井

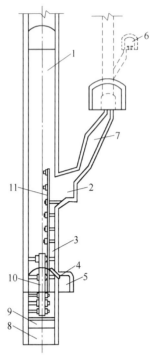

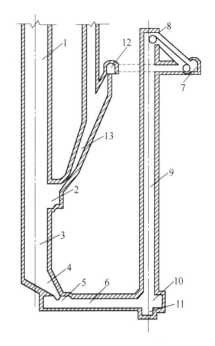

图 8-12　利用主井回收粉矿布置图

1—混合井；2—装载硐室；3—粉矿仓；4—粉矿仓闸门；
5—粉矿回收绕道；6—卸矿硐室；7—矿仓；8—井底水窝；
9—水泵及重锤检修台；10—重锤；11—罐道

图 8-13　利用小竖井回收粉矿布置图

1—主井；2—装矿硐室；3—粉矿仓；4—粉矿仓漏斗；
5—粉矿仓闸门硐室；6—平巷；7—卷扬机硐室；
8—天轮硐室；9—小竖井；10—井底水泵硐室；
11—井底水窝；12—卸矿硐室；13—矿仓

车，经平巷推入小竖井的罐笼中提升至卸矿水平，再经卸矿硐室卸入矿仓，经装矿硐室装入箕斗提升至地表。

这种方式的主要优点是不影响主副井的提升能力，对下阶段掘进有利。其主要缺点是开拓工程量大，多一套提升设备，管理也不方便。但避免了箕斗尾绳和罐道钢丝绳要通过粉矿仓的缺点。这种方式适用于主、副井相距较远或主井超前副井和副井采用双罐笼提升等情况。

8.3.2　地下水泵房和水仓

当进行地下开采时，由于地下水从含水岩层或裂隙中不断涌出，除地平面以上的矿床或矿床上部采用平硐开拓时矿坑水可沿平硐一侧排水沟自流排出地表外，当采用竖井、斜井、斜坡道开拓时，均需在地下设置水仓和水泵房，将矿坑水汇流至水仓并导流至水泵房吸水井中，由安设在水泵房的水泵，经铺设在水泵房、管子道及副井中的专用排水管道排出地表。

矿井排水系统和矿床开拓有密切的联系，当进行矿床开拓设计时，就应考虑排水的要求。排水系统还有其自身的特点，合理地选择排水系统，对保证排出矿坑地下水从而对矿井安全生产有很重要的意义。

矿井排水系统可分为直接排水系统、分段排水系统和主水泵站排水系统。

直接排水系统是在单阶段开采时，在井底车场附近设置水泵房，矿坑水流入水仓经水泵直接排出地表。当多阶段开采时，各个阶段均设水泵房，各个阶段的矿坑水经各个阶段的水泵直接排出地表，即各个阶段独立排水。这种排水系统要求在每个阶段均需开掘水泵房和水仓，排水设备分散，排水管道多。若阶段数目较多，在技术和经济上均不合理，故很少采用。

分段排水系统也可视为串接排水系统。当开采阶段数目不多时，各个阶段均设水泵房，将下阶段的矿坑水排至上一阶段，连同上一阶段的矿坑水排至再上一阶段，最后集中排出地表。

多阶段开拓时，在设计中几乎普遍采用主水泵站（房）排水系统。即选择涌水量较大的阶段设置永久水泵房，其上部未设水泵房阶段的矿坑水沿放水管道或放水井下流至主水泵站阶段，最后连同主水泵站阶段的矿坑水排出地表。

深部阶段主水泵站将矿坑水排至上部主水泵站阶段，再转排至地表。如图 8-14 所示，某矿−80m 阶段之水量经−80m 水泵站排至 0m，−40m 阶段之疏干放水量由−40m 疏干泵站排至 0m，+50m 阶段之水量经放水井下流至 0m，然后由 0m 水泵站经基建期提升井转排至地表；−40m 阶段之水量由−40m 水泵站经东风井排至地表；−120m 阶段之水量下流至−160m阶段，−200m、−240m、−280m 阶段之水量由−280m 水泵站排至−160m 阶段连同−160m阶段之水量由−160m 水泵站经副井直排地表。

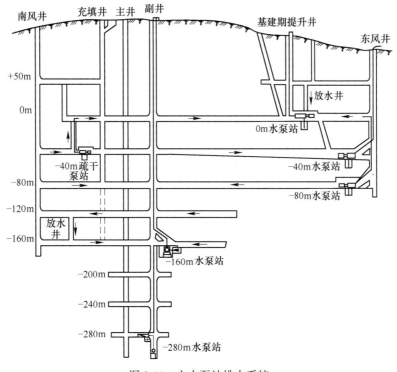

图 8-14 主水泵站排水系统

图 8-15 表示主水泵站阶段排水系统总图。由其他阶段导排至本阶段的矿坑水和本阶段涌水经排水沟汇流至外、内水仓内，再导流至吸水井。水流量由闸阀控制。水泵房设两套排水管道，经管子斜道、副井排出地表。

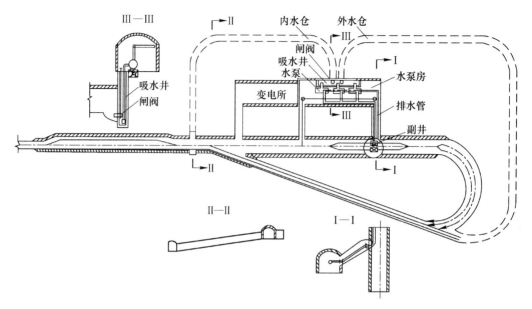

图 8-15　主水泵站阶段排水系统

8.3.3　地下变电所

地下变电所一般与水泵房相邻（见图 8-15），或设在井筒附近，并接近电负荷中心，以减少电缆及基建工程量。当变电硐室长度大于 10m 时，应有两个出口，一个与水泵房相连，另一个与井底车场相通。变电硐室的底板标高应高出井底车场轨面标高 0.5m；如果变电硐室与水泵房相邻时，其底板标高应高出水泵房底板 0.3m。

变电硐室的规格，需根据电气设备的配置外形尺寸及考虑设备的维修和行人安全间隙而定。硐室内各设备间应留通道，宽度应满足运送硐室中最大设备的需要，但不得小于 0.8m。设备与墙间应留安装通道，宽度不小于 0.5m。如果设备无需在后面或侧面进行检修，可不受上述条件限制。

8.3.4　地下炸药库

地下炸药库的位置应选择在运输方便、岩层稳定、干燥、通风良好的地方。

地下炸药库的形式如图 8-16 所示，除设有存放炸药的硐室外，尚有雷管检查硐室、

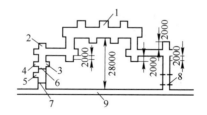

图 8-16　地下炸药库

1—库房；2—雷管检查室；3—放炮工作室；4—炸药发放室；5—电气设备室；

6—防火门；7—栅栏；8—铁门；9—运输巷道

雷管加工硐室、放炮工具室、炸药发放室、电气设备室及消耗工具室等辅助硐室，这些硐室一般可利用通向库房巷道的尽头。

地下炸药库距井筒、井底车场和主要硐室不得小于 100m，距经常行人的巷道不小于 25m，距地表不小于 30m。

炸药库不应直接和主要运输巷道相通，一般应通过不少于三条互相连通的并互成直角的巷道与主要运输巷道相通。炸药库应设有两个出口，采用单独风流，照明用低电压并用防爆型及矿用密闭型。

矿床开拓方案选择

在矿山设计中，选择矿床开拓方案是总体设计中十分重要的内容，包括确定主要开拓巷道和辅助巷道的类型、位置、数目等，涉及矿山总平面布置、提升运输、通风、排水等一系列问题。矿床开拓方案一经选定并施工后，很难改变。本章对矿床开拓方案选择的基本要求、影响因素和步骤作简要说明。

9.1 矿床开拓方案选择的基本要求及其影响因素

9.1.1 选择矿床开拓方案的基本要求

在选择矿床开拓方案时，应遵循以下基本要求：

（1）确保工作安全，创造良好的地面与地下劳动卫生条件，建立良好的提升、运输、通风、排水等系统；

（2）技术上可靠，并有足够的生产能力，以保证矿山企业均衡生产；

（3）基建工程量最少，尽量减少基本建设投资和生产经营费用；

（4）确保在规定时间内投产，在生产期间能及时准备出新阶段；

（5）不留和少留保安矿柱，以减少矿石损失；

（6）与开拓方案密切关联的地面总布置，应不占或少占农田。

9.1.2 影响矿床开拓方案选择的因素

影响矿床开拓方案选择的因素主要有：

（1）矿体赋存条件，如矿体的厚度、倾角、偏角、走向长度和埋藏深度等；

（2）地质构造，如断层、破裂带等；

（3）矿石和围岩的物理力学性质，如坚固性、稳固性等；

（4）矿区水文地质条件，如地表水（河流、湖泊等）、地下水、溶洞的分布情况；

（5）地表地形条件，如地面运输条件、地面工业场地布置、地面岩体崩落和移动范围，外部交通条件、农田分布情况等；

（6）矿石工业储量、矿石价值、矿床勘探程度及远景储量等；

（7）选用的采矿方法；

（8）水、电供应条件；

（9）原有井巷工程存在状态；

（10）选厂和尾矿库可能建设的地点。

9.2　选择矿床开拓方案的步骤

对于一个矿山，往往有几个技术上可行而在经济上不易区分的开拓方案，矿床开拓设计是从中选出最优方案。由于矿床开拓设计内容广泛，它涉及井田划分、地下采矿方法、地表选厂和尾矿库的相关位置以及地面总平面布置等一系列问题，往往不能轻易地判断方案的优劣。因此，必须用综合分析比较方法，才能选出最优的矿床开拓方案。

9.2.1　开拓方案初选

在全面了解设计基础资料和对矿床开拓有关的问题进行深入调查研究的基础上，根据国家技术经济政策和下达的设计任务书，充分考虑前述影响因素，提出在技术上可行、经济上合理的若干方案，对各个方案拟订出开拓运输系统和通风系统，确定主要开拓巷道类型、位置和断面尺寸，绘出开拓方案草图，从其中初选出 3~5 个可能列入初步分析比较的开拓方案。

在本步骤中，既不要遗漏技术上可行的方案，又不必将有明显缺陷的方案列入比较。

9.2.2　开拓方案的初步分析比较

对初选出的开拓方案，进行技术、经济、安全、建设时间等方面的初步分析比较，删去某些无突出优点和难于实现的开拓方案，从中选出 2~3 个在技术经济上难于区分的开拓方案，列为进行技术经济比较的开拓方案。

9.2.3　开拓方案的技术经济比较

对初步分析比较选出的 2~3 个开拓方案，进行详细的技术经济计算，综合分析评价，从中选出最优的开拓方案。在技术经济比较中，通过对一系列相关技术经济指标的计算，衡量矿床开采的技术经济效益，估算出矿床开采的盈利指标。参与计算和对比的技术经济指标一般包括：

（1）基建工程量、基建投资总额和投资回收期；

（2）年生产经营费用、产品成本；

（3）基本建设期限、投产和达产时间；

（4）设备与材料（钢材、水泥、木材）用量；

（5）采出的矿石量、矿产资源利用程度、留保安矿柱的经济损失；

（6）占用农田和土地的面积；

（7）安全与劳动卫生条件；

（8）其他值得参与技术经济比较评价的项目。

【选择示例】　某铅锌矿床，属第三勘探类型中温热液充填矿床。矿区附近为丘陵山地，南部为山势陡峻连绵不断的花岗岩山地，北部、西部为平缓的丘陵地带，东部为地势较高的山地。矿区中部是狭长的冲积盆地，较为平坦。地表高差最大为 30~50m。

矿床走向为 N75°E，走向长为 3000m，分东西两个矿体，中间有 600m 长的无矿带。东部矿体地表出露长度为 650m，深部长度为 1800m，平均厚度为 7.93m。西部矿体地表出露长度为 200m，深部长度为 1900m，平均厚度为 12.86m。矿体向北倾斜，倾角为 30°～45°，随埋藏深度的增加而变缓。矿体沿倾斜方向延深约为 600m。

矿体上盘为不透水的千枚岩、砂岩和板岩，坚固性系数 $f=3\sim5$，不稳固。矿体下盘为千枚岩（硅化强烈），$f=10\sim12$，较为稳固；但在裂隙发育地段及绢绿化地带，$f=4\sim6$，稳固性较差。矿体为角砾化含矿带，$f=7\sim8$，稳固。矿石容重为 2.75t/m³，围岩容重为 2.6t/m³。

东部矿体位于新墙河的下部，含矿带顶板距河底仅 20～30m。小港河亦流经矿区上部，然后注入新墙河。矿石由方铅矿、闪锌矿和萤石组成。选用阶段强制崩落法。阶段高度为 40m，工业储量为 2066×10^4t。矿山企业生产能力为 120×10^4t/a，服务年限为 20a。

选厂位于矿区西北。在上盘方向 6km 处，有准轨铁路与矿区相通。

（1）开拓方案初选。

根据矿床赋存条件、地表地形条件、地表设施（选厂等）分布、矿山企业生产能力等因素，在初选开拓方案时，首先考虑分区开拓方案（分为东西两个井田开拓）和集中开拓方案（东西两个矿体合为一个井田开拓）。

分区开拓方案，由于矿山企业生产能力较大，必须同时开采两个井田。这就需要两套技术装备，要有两个工业场地，占用大片农田，生产管理分散，选厂与矿区的运输线路复杂，在技术经济上明显不合理。故删去分区开拓方案，而采用集中开拓方案。

根据矿床赋存条件，采用竖井开拓为宜。对于集中开拓的竖井位置，因为矿体下盘（矿区南部）为高山，不宜开掘竖井，不能布置工业场地。另外，竖井布置在下盘，与选厂交通不便。如果将竖井布置在矿体侧翼，由于矿体长度大，只能采用单向回采和运输，矿床开采速度缓慢。同时，通风线路过长，通风困难。因此，竖井布置在侧翼是不合理的。根据矿体分布、地表地形和选厂运输等条件，将竖井布置在矿体上盘的中央是合理的。在这种情况下，采矿工作可以向东西两翼发展，能保证实现较大的矿山生产能力。同时，地下运输功也较小，通风条件也比较好。

上盘中央布置竖井，可有两个方案（图 9-1）：

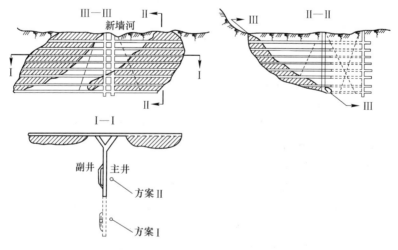

图 9-1　某铅锌矿开拓方案示意图

第 Ⅰ 方案：主、副井布置在沿矿体走向中央无矿带处，并位于上盘岩石移动带（按岩石移动角为70°圈定）以外50~60m。主、副井相距42m。地面用长5.1km的准轨铁路与选厂相连。井口标高为81m。

第Ⅱ方案：主、副井布置在沿矿体走向中央无矿带处，并位于上盘岩石移动带以内。竖井深部穿过矿体。主井与副井相距45m。地面用5.62km的准轨铁路与选厂相连。井口标高73.5m。留保安矿柱保护井筒和地面设施，该保安矿柱在矿床开采最后时期用充填法部分回采。

（2）开拓方案初步分析比较。

第Ⅰ方案，地表运输距离少0.52km，不需留保安矿柱，工业场地也比较宽阔。但是，石门长度多2831m，基本建设期限也较长。

第Ⅱ方案，由于石门较短、基建期限也较短，同时基建时间可得到400t副产矿石。但是，需要留保安矿柱（储量为188144t），增加了矿石损失与贫化。

由于两个方案各有优缺点，难于判断优劣，需进行技术经济比较评价。

（3）技术经济比较评价。

两个开拓方案的基建工程量列于表9-1。按基建工程量、地表征地与房屋拆迁等计算基本建设投资，同时计算生产经营费用、可采出矿石量的经济效益等（一般比较这三项技术经济指标，并按净现值法计算出最终盈利额，选出最优方案）。

表 9-1　矿床开拓方案基建工程量比较表

工程项目	第Ⅰ方案			第Ⅱ方案			Ⅰ-Ⅱ/m³
	面积/m²	长度/m	体积/m³	面积/m²	长度/m	体积/m³	
井巷工程							
主井	16.61	357	5930	16.61	349.5	5805	
副井	31.16	326	10158	31.16	318.5	9924	
井底车场			42860			50215	
石门	15.02	2299	34531	15.02	238	3575	
石门	8.83	3145	27770	8.83	2375	20971	
脉外巷道	6.46	635	4102				
合计			125351			90490	34861
地面工程							
宽轨铁路					520		
窄轨铁路		875			930		
公路		1310			930		
工业场地土方			57700			18400	39300
工业场地石方			134600			51200	83400
工业场地填方夯实			25500			82800	-53700
合计			217800			152400	65400

第Ⅰ方案与第Ⅱ方案相比，井巷工程量多34861m³，地面土石方工程量多65400m³，

阶段石门长 2831m，由此造成阶段开拓采准时间和基建时间较长，建设投资与生产经营费较大。第Ⅱ方案虽然地面工业场地不如第Ⅰ方案，但地面布置仍属合理；地面运输距离多0.52km，但地下运输距离相应缩短；留保安矿柱虽造成矿量损失，但仅占总储量0.91%且保安矿柱绝大部分可用充填法回采，而在基建时间回收的副产矿石和节约的生产经营费用，可以弥补留保安矿柱的经济损失。

根据上述技术经济比较评价，从基建工程量、地面与地下运输功、基建投资、生产经营费用、基建期限等各方面，第Ⅱ方案均比第Ⅰ方案优越。只在工业场地布置、保安矿柱的经济损失等方面不如第Ⅰ方案，但是这些缺点都能得到弥补和克服。因此，最终决定选取第Ⅱ开拓方案。

第3篇

回采工作

10 回采落矿

回采工作中，将矿石从矿体分离下来并破碎成一定块度的过程，称为落矿。

落矿时需要遵循以下原则：工作安全；在设计范围内崩矿完全，而对其外部破坏最小；矿石破碎块度均匀，尽量减少需要二次破碎的大块数量；满足矿块生产能力的要求；落矿费用最低（应综合考虑其他过程的要求）。

大多数金属矿床矿石坚硬，因此，通常采用凿岩爆破方法落矿。

凿岩爆破方法落矿可分为浅孔落矿、中深孔落矿、深孔落矿和药室落矿四种。

（1）浅孔落矿。是最早出现的炮孔落矿方法，使用轻型凿岩机凿孔，孔径一般为30~46mm，孔深小于3~5m。

（2）中深孔落矿。1932年在前苏联克里沃洛格铁矿区最先使用，并得到推广。由于使用中型或重型凿岩机和接杆钎子钻凿中深孔，因此也称为接杆炮孔落矿。孔径为50~70mm，孔深一般不超过15m。实际上，随着凿岩设备和凿岩工具的改进，孔深有的已经超过15m，但习惯上仍称之为中深孔，例如部分无底柱分段崩落法扇形中深孔。

（3）深孔落矿。使用专用钻机钻孔，孔径一般大于90mm，孔深大于15m。这种落矿方法的推广，对采矿方法参数产生了重要影响，显著地提高了落矿效率，于20世纪60年代几乎完全取代了药室落矿方法。

（4）药室落矿。在矿体中掘进专用的巷道和硐室，进行集中装药落矿。这种落矿方法，由于巷道工程量大，崩矿块度不均匀（易产生大块和粉矿），作业条件恶劣，除极坚硬的矿石外，目前已很少使用。

在坚硬矿石中，预测在相当长的时期内，凿岩爆破方法仍将是主要的落矿方法。此外，还有机械落矿、水力落矿和溶解落矿等。

机械落矿仅在中硬以下的软矿石中使用，20世纪初采用风镐落矿，从20世纪60年代以来试验和应用采矿机落矿。水力落矿是利用高压水射流，将脆而软的矿石击落，再用水或其他方式运出破碎的矿石，常用于采煤，称水力采煤法。溶解落矿是利用水作溶剂，将有用矿物溶于水中，运出水溶液，再从中将有用矿物分离出来，例如开采岩盐就经常利用这种方法。水力落矿和溶解落矿，与爆破法落矿有本质的区别，属特殊落矿方法。本章将主要介绍爆破法落矿。

10.1 爆破法落矿的特点

爆破法是中硬以上矿石落矿的基本方法，其各工序的费用比重为：中硬矿石的凿岩占20%～30%，炸药占40%～60%，装药和爆破占20%～40%；硬矿石的凿岩占60%～70%，炸药占20%～30%，装药和爆破占10%～20%。为了减少落矿费用，必须降低费用最高工序所占比重。在中硬矿石中，宜用价格便宜的炸药；在硬矿石中，应完善凿岩工具和方法，使用能产生最大破碎效果的、能降低凿岩费用的炸药。

评价落矿的技术经济效果，常用下列指标：凿岩工劳动生产率，以崩矿量表示，t/工班或 m³/工班；每米炮孔（浅孔或深孔）崩矿量，以 m³/m 或 t/m 表示，它的倒数为单位凿岩消耗量 m/m³ 或 m/t；单位炸药消耗量为 kg/t 或 kg/m³；不合格大块产出率，以质量分数表示。

影响崩矿指标的主要因素有以下几种：

（1）矿石坚固性。一般单位炸药消耗量和单位凿岩消耗量与矿石坚固性几乎成正比，随矿石坚固性增加，凿岩速度也明显地降低。矿石的坚固性不同，凿岩工劳动生产率定额应有相应的差异。

（2）矿石的裂隙性。具有密集裂隙（间距小于 0.5～1.0m）的矿石，在凿岩爆破工作量不大时，仍能获得良好的破碎效果。相反，裂隙间距较大时，即使加密炮孔，也要产生大量的大块。

（3）矿体厚度。矿体厚度对崩矿效率有重要影响。窄工作面凿岩的孔数，一般高于宽工作面，每米炮孔崩矿量少、单位炸药消耗量多。这是由于爆破夹制性及边孔崩矿量小所致。考虑避免夹制性和减少矿石损失和贫化等要求，各种落矿方法适合的最小矿体厚度为：浅孔落矿时为 0.4～0.5m，中深孔和深孔落矿时为 5～8m，药室落矿时为 10～15m。

（4）自由面数目。与巷道掘进不同，回采时工作面常有 2、3 甚至 4 个自由面。增加自由面数目，可以降低需要的炮孔数目，减少炸药消耗量。随工作面宽度增加，自由面数目对落矿效率的影响也减小。

10.2 矿石合格块度

爆破崩矿时，矿石破碎到适合放矿和运输条件的最大允许块度，叫做矿石合格块度。大于合格块度的大块矿石，称为不合格大块（简称大块），这部分矿石需要在放矿过程中进行二次破碎。不合格大块数量与全部崩落的矿石数量之比，称为不合格大块产出率（以质量分数表示）。

矿石合格块度决定于放矿巷道的断面，运搬、运输和提升矿石设备的类型和尺寸，提升前有无地下破碎装置等。

放矿巷道宽度与矿石块度横断面尺寸的比例，大致为 1.8∶1～5∶1。对容易通过或在堵塞时容易排除的放矿巷道部位，选取较小数值；相反，对影响整个矿山或其区段生产能力，而又难于处理的地方（如主溜井），取 4∶1 或更高的数值。放矿巷道、运搬和运输设备最大允许的矿石块度，变化在 250～300mm 到 800～1000mm 之间。

平硐开拓或多阶段同时开采，需将矿石转放下部水平运输时，通过深溜井（150~300m）溜放矿石，多数大块降落时互相撞击而破碎。这种情况可使矿石合格块度适当增大。

块度不大于400~500mm时，才可能采用箕斗提升。通常，多数矿井于地下设破碎装置，将矿石破碎到200mm以下的块度。这就允许增大合格块度，而不受箕斗提升条件的限制。但由于地下破碎硐室工程量大和破碎设备费用高，一般在生产能力大的矿山，才能使用。

开采薄矿脉并应用留矿采矿法时，由于大块矿石在采场暂留矿石中，容易成拱而造成空硐，矿石合格块度不宜选取过大。

在矿块内对不合格大块进行二次破碎过程，会降低矿石运搬的生产能力，产生粉尘和有毒气体，污染工作环境，特别是处理大块堵塞漏斗时，工作十分危险，并且在漏口闸门中破碎大块，往往发生崩坏闸门和破坏电缆线等事故。可见不合格大块对回采过程的不良影响，是十分严重的。

减少或者消除不合格大块产出率，是落矿和放矿过程的重要研究内容。目前，有两种途径解决这个问题：第一，改善落矿时矿石破碎质量；第二，采取必要的技术措施，增大矿石合格块度尺寸。

在一般情况下，增加落矿的单位炸药消耗量（q_1），能降低不合格大块产出率，从而减少二次破碎单位炸药消耗量（q_2）。如图10-1所示，用小孔径（小于90mm）和孔深较小（小于10~20m）的深孔落矿时，q_2能降到零（曲线Ⅰ）；用大直径（大于100mm）和孔深较大（大于20m）的深孔落矿时，q_2降到最小值后还将增大（曲线Ⅱ）。这是因为在矿体裂隙之间的矿石未被破碎，同时由于q_1的增加，未爆破部分产生新的裂隙，致使部分深孔报废。在大多数情况下，q_2等于零或具有最小值时，落矿的单位炸药消耗量最为合适。这是因为曲线Ⅰ的a~b段和曲线Ⅱ的a'~b'段内，q_1+q_2＝常数。在该段上将q_1提高到某种数值几乎能使q_2降低同样数值。它与崩矿的补加费用相比，能增加经济效益。

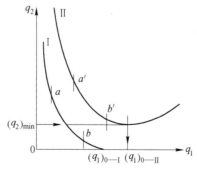

图10-1　二次破碎单位炸药消耗量q_2与落矿单位炸药消耗量q_1的关系曲线
Ⅰ—深孔孔径小于90mm，孔深小于10~20m；Ⅱ—深孔孔径大于100mm，孔深大于20m；
a~b和a'~b'两段$q_1+q_2\approx$常数；$(q_1)_{0-Ⅰ}$，$(q_1)_{0-Ⅱ}$点的q_2值最小

在改善深孔落矿破碎质量方面，球状药包爆破技术可使矿石破碎均匀，不合格大块产出率小。此外，挤压爆破能明显改善矿石破碎效果，减少大块产出率。

增加矿石合格块度尺寸，就要增大放矿巷道的断面尺寸、矿石运搬和运输设备的功率、矿车的规格以及设置地下破碎站等。实践表明，将合格块度从400mm增大到800~

88

1000mm，不合格大块数量可降到 1/15～1/20。由于开采费用降低了，能在 2～4 年内收回基建投资。因此，在一些大型地下矿山，有增加矿石合格块度尺寸的趋势。

10.3　浅孔落矿

同巷道掘进相比，回采时浅孔落矿的最大特点，就是与采矿方法结合，与回采工艺密切相关，回采工作面的自由面至少有两个，在一个自由面上凿孔，向另一个自由面方向崩矿。

在开采缓倾斜薄矿体时（矿体厚度小于 2.5～3m），用单层回采，一般凿水平炮孔（图 10-2（a））。缓倾斜中厚矿体，则需分层回采，采用上向梯段或下向梯段工作面（图10-2（b）、（c））。开采急倾斜矿体时，可采用下向分层回采（图 10-2（d））或上向分层回采（图 10-2（e））。前者一般用水平炮孔落矿，而后者可用水平炮孔或上向垂直（近垂直）炮孔落矿。水平炮孔落矿，爆破后工作面顶板较平整，但同时爆破的炮孔数量受限制；此法在矿石稳固性较差时应用。上向垂直炮孔落矿，凿岩工作线长，允许同时爆破孔数多，落矿量大，但矿石顶板不规整，易形成浮石；因此这种落矿方式在较稳固的矿石中才能采用。

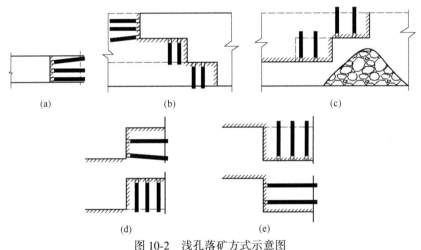

图 10-2　浅孔落矿方式示意图

（a）单层回采水平炮孔；（b），（c）下向梯段和上向梯段工作面；
（d）下向分层回采；（e）上向分层回采

炮孔布置方向，应尽量与矿体层理和裂隙面垂直，以提高破碎质量，减少大块产出率。

炮孔的深度和直径，是影响落矿效果的重要因素。增加炮孔深度和直径，可减少每立方米矿石所需炮孔长度，增加爆破能的利用率。在一定的矿床地质条件下，炮孔深度和直径有一个合理的范围。当矿体厚度小，围岩不稳固时，深孔大直径爆破，常使工作面工作不安全，而且增加矿石的损失与贫化。此时，采用小直径浅孔爆破，能获得良好的效果。

浅孔凿岩。水平或微倾斜炮孔，一般用手持式或气腿式凿岩机，如 YT-25、7655 等；上向垂直炮孔用伸缩式凿岩机，如 YSP-45 等。钎头直径一般为 30～46mm，最小抵抗线为钎头直径的 25～30 倍。为提高凿岩效率，在水平或近水平厚矿体中可采用自行凿岩台车钻凿水平或微倾斜炮孔，同时也大大改善了凿岩工的劳动条件。

浅孔落矿评价：这种落矿方法适用于厚度在 5~8m 以下的不规则矿体，可使矿体与围岩接触面处的矿石回采率达到最高，而贫化最小。此外，矿石破碎良好，大块产出率低。然而，浅孔落矿材料和劳动消耗大，在顶板暴露面下作业，工作安全性差，粉尘高，每次爆破矿石量少。

10.4　中深孔落矿

中深孔（接杆深孔）落矿，于 1954 年在我国华铜铜矿首先使用，以后迅速得到推广。这种落矿方法，引起了采矿方法结构的改革，提高了矿块的生产能力，并改善了劳动安全条件。

炮孔布置方式，一般为上向扇形及水平扇形两种，目前前者应用较多（图 10-3）。在设计爆破范围内，以凿岩巷道中所确定的凿岩中心为起点，作放射状布置，先布置边角孔（图 10-4 中 1、4、8、11 孔），再按选用的孔底距（最大孔间距）均匀地添布其余炮孔。

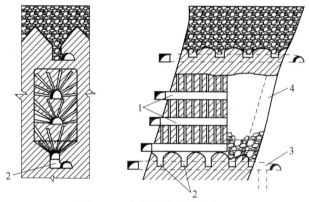

图 10-3　上向扇形中深孔布置

1—凿岩巷道；2—放矿漏斗；3—电耙巷道；4—切割立槽

多凿岩巷道布孔时，炮孔排面间应保持一定衔接关系。同排同段爆破的两条凿岩巷道（图 10-5），应使炮孔分布均匀，以减少大块的产出率。同排不同段（图 10-6（a））或既不同排又不同段（图 10-6（b））的炮孔衔接时，通常在相邻炮孔控制范围的边界，留 0.8~1m 的间隔。在同一平面上的炮孔，但爆破方向互相垂直，其间应留 1~1.5m 的间隔（图 10-6（c））。凡留有间隔带的地方，在其附近都需增设一排加强炮孔，以消除间隔带。

中深孔凿岩常使用 YG-40、YG-80、YZ-90、YGZ-90 等凿岩机。YG-40 型凿岩机安装在立柱上，属中型导轨式凿岩机，但因功率小，机械化程度低，凿孔深度受到限制（小于 10m），凿

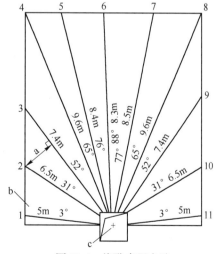

图 10-4　炮孔布置方法

a—孔底距；b—爆破范围；c—凿岩中心

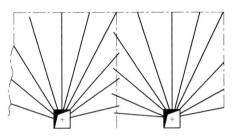

图 10-5　两条凿岩巷道同排同段炮孔布置

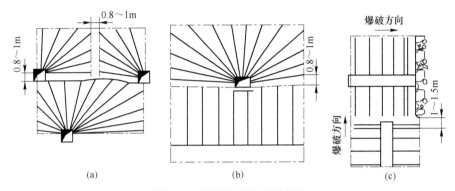

图 10-6　相邻炮孔间布置方法

（a）同排不同段爆破；（b）不同排不同段爆破；（c）炮孔方向互相垂直

岩效率较低，劳动强度较大。YG-80、YGZ-90 和 YZ-90 属重型导轨式凿岩机，一般装配在 CZZ-700 型胶轮自行单机凿岩台车上。

CZZ-700 凿岩台车一般凿上向扇形炮孔，也可凿平行炮孔。它移动灵活，操作方便，机械化程度高，劳动强度低，凿岩效率高，平均效率为 30～50m/台班，其外貌如图 10-7 所示，技术性能见表 10-1。

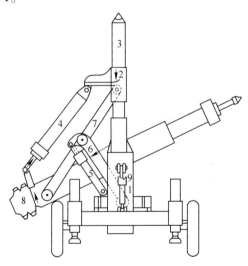

图 10-7　CZZ-700 型凿岩台车示意图

1—下轴架；2—上轴架；3—顶向千斤顶；4—推进器扇形摆动液压缸；5—叠形架摆动液压缸；

6—摆臂；7—中间拐臂；8—推进器托盘；9—叠形架起落液压缸

表 10-1 CZZ-700 型凿岩台车技术性能

特 征	型号或尺寸
长度：推进器放到运输位置时/mm	3980
推进器在工作位置时/mm	2780
高度：推进器放到运输位置时/mm	2115
推进器在中间位置时/mm	2800
宽度/mm	1810
车轮轮距/mm	1570
车轮轴距/mm	1570
凿扇形孔时巷道最小断面/m²	2.5×2.8
前轮转向角/(°)	左右各 21
总重（包括凿岩机）/kg	2750
推进器的推进力/kg	600~800
推进器延伸长度/mm	1420
行走电机功率/kW	2×3.7
油泵电机功率/kW	2
压气工作压力/kPa	490.5
油泵工作压力/kPa	9810
油箱油量/L	25
液压系统总油量/L	75
油泵型号	CB-F10C

　　国产 CTC/400-2 型胶轮自行双机凿岩台车，配有两台 YZ-90 型凿岩机。这种台车除具有 CZZ-700 型台车优点外，还装有自动调整孔位的装置，是一种半自动化的凿岩台车，凿岩效率比 CZZ-700 型台车还高。

　　我国中小型矿山还使用一种配有 YG-80、YZ-90 型凿岩机的 FJY-24 型圆环雪橇式凿岩台架（图 10-8），其技术规格列于表 10-2。

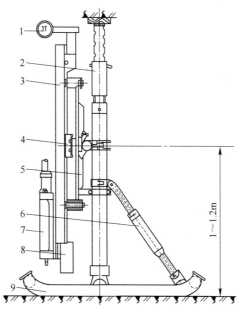

图 10-8　FJY-24 型圆环雪橇式凿岩台架

1—夹钎器；2—伸缩腿；3—推进器；4—骨架；5—放射盘；6—拉杆；7—凿岩机；8—推进风动马达；9—支架

表 10-2 FJY-24 型圆环雪橇式凿岩台架技术规格

项目	单位	型号或尺寸
外形尺寸（工作时）：		
长（不包括操纵台）	mm	1990
宽	mm	900
最大高度	mm	3645
最小高度	mm	2400
使用巷道最小断面	m²	2.5×2.5
推进器推进长度	mm	1380
推进器马达型号		TM_1B-1
推进器风马达功率	kW	0.7
扇形炮孔范围	(°)	360
手摇绞车最大牵引力	kg	600

这种台架是由柱架、推进器、夹钎器、手摇绞车、操纵台等部分组成。它对巷道断面要求较小，结构简单，制造容易，维修量小，利用凿岩机的正反转与夹钎器配合，可实现半机械化装卸钎杆；但搬迁、定位调整仍需手工操作，且不便于钻凿 55°以下的炮孔，比台车的凿岩效率一般要低 25%~30%。

近年来，我国一些大型金属矿山引进国外液压凿岩台车，大幅度提高了中深孔凿岩的效率。北洺河铁矿中深孔凿岩采用 Simba-H1354 型凿岩台车，最大孔深 25m，台班效率达到 180m 左右；梅山铁矿采用 Simba-H252、Simba-H1354 与 M4C 型凿岩台车，在矿岩硬度系数 $f=10~14$、钻凿孔径 76~89mm、最大凿岩深度 28m 条件下，凿岩效率为 50000~70000m/a。

炮孔药包（柱）中心到最近自由面的最小距离，称之为最小抵抗线，常用 W 表示。中深孔落矿的最小抵抗线 W，一般为钎头直径 d 的 23~30 倍，扇形孔的孔底距为（0.85~1.2）W。孔深一般不超过 15m。

目前我国金属矿山，中深孔落矿广泛使用装药器装药，它是提高粉状炸药装药密度的有效措施（可从人工装药密度 0.5~0.6g/cm³ 提高到 0.9~1g/cm³）。常用的装药器有 FZY-10 型和 AYZ-150 型，其结构见图 10-9 和图 10-10。FZY-10 型是 FZY-1 型的改进，药桶的容积由 45L 增到 150L。这种装药器设有手动搅拌器，可装水分较高的炸药，重量轻，高度低，上药及装药较省力。AYZ-150 型装药器，无搅拌装置，要求使用较干松的炸药，有行走胶轮，运搬方便，输药管直径较大，可装较大直径的炮孔。

FZY-10 型和 AYZ-150 型装药器的生产能力为 600kg/h，其技术性能见表 10-3。

我国使用装药器的实践表明，当坑内大气相对湿度大于 85%，用半导体输药管并使装药器接地，压气装药后再装入起爆药包等条件，完全可以保证装药安全。当输药管直径、工作风压、炸药粒度和湿度选取适合，操作配合熟练，使用装药器时的返粉率，可控制在 5% 以下。

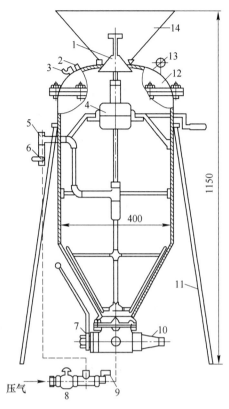

图 10-9　FZY-10 型装药器

1—下料钟；2—安全阀；3—放气阀；4—搅拌装置；
5—调压阀；6—进气阀；7—底阀（给药阀）；
8—总进风阀；9—吹气阀；10—输药嘴；11—支架；
12—桶体；13—风压表；14—漏斗

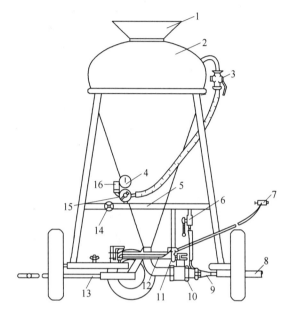

图 10-10　AYZ-150 型装药器

1—装料口；2—缸体；3—缸体风阀；4—风压表；
5—分风管；6—吹风管；7—操作阀；8—输药管；
9—出药嘴；10—排药阀；11—控制阀；12—气缸；
13—拉杆；14—风接头；15—减压阀；16—安全阀

表 10-3　常用气动装药器技术性能

项目	FZY-10 型	AYZ-150 型
长度/mm	980	1275
宽度/mm	760	1160
高度/mm	1280	1540
重量/kg	85	125
药桶容积/L	150	150
工作风压/kPa	196.2~392.4	
输药管内径/mm	25.32	32.36
最小回转半径/m		1.525
承受最大压力/kPa	686.7	

应用中深孔落矿时，由于扇形布孔，炸药分布不均，爆破后容易产生大块。为了降低

大块产出率，国内外出现一种小抵抗线的爆破技术。它的实质是在保持孔网面积 $S = a \times W$（孔底距×最小抵抗线）和单位炸药消耗量 q 基本不变的情况下，减少最小抵抗线 W，增大孔底距 a，使炮孔的密集系数 m（$m = \dfrac{a}{W}$）为 $3 \sim 6$（普通爆破法 $m = 0.8 \sim 1.2$）。

小抵抗线爆破，反射波能增强，增加自由面矿石的片裂作用，也加强了径向裂隙的延伸，为后排孔爆破创造良好的破碎条件。但是，减少抵抗线要有个合理界限，抵抗线过小，不能保证有较大的破碎体积，甚至炮孔之间可能残留脊部矿石。我国试验研究表明，最佳的抵抗线应为一般爆破法抵抗线值的 $1/2$ 左右。这种爆破技术，能显著地减少大块产出率，从而提高出矿效率，降低采矿成本。

中深孔落矿评价：中深孔落矿是我国地下矿山应用极为广泛的落矿方法，它是在分段巷道中凿岩和天井中凿岩的主要方法。提高这种落矿方法效率的途径是：引进与研制全液压凿岩台车，进一步提高机械化程度，为增加炮孔凿岩深度和凿岩效率创造良好条件。

10.5　深孔落矿

中深孔凿岩，随孔深的增加，其凿岩速度大约按双曲线关系下降。为了消除这种冲击凿岩的缺点，前苏联于 1949~1951 年首先提出将冲击器放入孔底的支架式潜孔凿岩设备，我国的地下矿山于 20 世纪 50 年代末引进。1972 年西方国家研制出安装于自行式车架上液压传动的潜孔凿岩设备，这种设备可钻凿直径 100~200mm、深达 150m 的深孔。

深孔落矿方法的出现，大大简化了采矿方法结构，减少采准巷道工程量，提高了凿岩工劳动生产率，并为大量落矿创造了条件。

10.5.1　深孔布置方式

深孔可按垂直、倾斜和水平三种方式布置，每种又可分扇形、平行或束状布孔（图 10-11）。

平行布置能充分利用深孔长度，炸药分布均匀，矿石破碎效果较好；缺点是掘进凿岩巷道工程量较大，需经常移动凿岩设备，辅助作业时间多。扇形布置时，凿岩巷道工程最小，每个凿岩位置可钻若干（一个排面）深孔；但扇形布孔的总长度，比平行布孔要增加 50%~60%。目前扇形布置应用较为广泛，因为使用高效率的凿岩设备，凿岩增加的费用要比增加掘进凿岩巷道便宜得多。

束状布置，是从一个凿岩硐室钻凿几排扇形深孔，如第一排的排面倾角为 5°~8°，第二排为 10°~15°，第三排为 50°~60°，使崩落矿石层厚达 6~8m。这种布孔一般用于崩落顶柱和间柱，而回采矿房应用很少。

10.5.2　深孔布置与矿体和围岩的接触面关系

当接触面明显且容易分离时，凿岩硐室可布置在接触面内，孔底距上盘接触面 10~20cm，以防崩落围岩，增加矿石贫化。当接触面不明显时，凿岩硐室可布置在下盘中 0.5~1m，将边孔布置在下盘接触面上，而孔底向上盘围岩超钻 0.2~0.4W（图 10-12）。为防止下盘接触面处残留矿石，应避免将凿岩硐室布置在上盘，孔底布置在下盘侧。

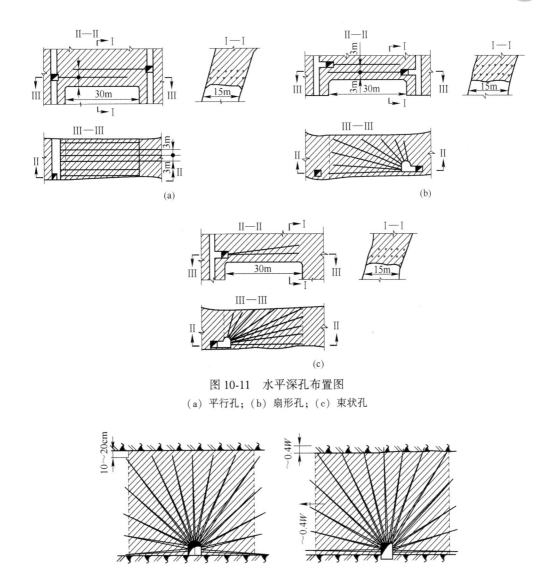

图 10-11　水平深孔布置图
（a）平行孔；（b）扇形孔；（c）束状孔

图 10-12　按矿体与围岩接触面条件布置深孔
（a）接触面明显易分离；（b）接触面不明显不易分离

10.5.3　深孔凿岩

　　我国目前使用 YQ-100A 型潜孔钻机，可钻凿水平扇形深孔，钻头直径为 $95 \sim 105 \mathrm{mm}$，最小抵抗线为钎头直径的 $25 \sim 35$ 倍。扇形孔的孔底距为 $1 \sim 1.3W$，孔深一般小于 $25 \sim 30 \mathrm{m}$。20 世纪 70 年代以来，美国、加拿大、澳大利亚等国，广泛使用直径为 $150 \sim 200 \mathrm{mm}$ 高风压的潜孔钻机，少量应用直径为 $170 \sim 228 \mathrm{mm}$ 的牙轮钻机。

　　用潜孔钻机和牙轮钻机在地下矿山钻凿大直径深孔落矿，是目前落矿方法发展的一个新成就。采用高风压（$1716.5 \mathrm{kPa}$）潜孔钻机，比普通风压（$686.7 \mathrm{kPa}$）的钻机，凿岩速度可提高 2 倍多。因为孔径大、孔数少，故可节省凿岩和装药时间，提高落矿效率，改善作业环境。同时，大孔径凿岩技术应用后，也为试验和推广垂直深孔球状药包落矿阶段矿房法创造有利的条件。

10.5.4　深孔落矿评价

深孔落矿与浅孔、中深孔落矿比较，可提高劳动生产率，减少采准工程量，改善劳动条件和工作安全性（指浅孔和在天井凿岩的中深孔）。但这种落矿方法大块产出率高，矿体与围岩接触面处矿石损失大（主要发生在下盘），矿石贫化高（主要来自上盘）。此外，应用深孔落矿时，要求矿体厚度大于 5～8m，矿体形态规整，矿体与围岩接触面容易分离。

10.6　深孔挤压落矿

深孔挤压落矿是 20 世纪 60 年代以后，推广应用于崩落采矿法中的落矿方法。这种落矿方法和自由空间落矿不同，是在较小的补偿空间条件下落矿，崩落的矿石不能充分松散；由于爆破的作用，矿石向相邻的松散介质碰撞和挤压，以获得补偿空间和辅助破碎。自由空间爆破的补偿空间，一般为 20%～30%，而挤压爆破只有 12%～20%。

10.6.1　挤压落矿的实质

自由空间爆破时，在爆破的第一阶段，自由面附近的矿石被自由面反射的拉应力波破坏。此时直射（入射）波能几乎完全变为反射波能，剥离下的碎块抛向自由空间。爆破的第二阶段，在膨胀的气体压力下，矿体内形成的裂隙扩大破裂，并将碎块抛掷出去，进而碎块互撞以及与矿体碰撞进一步破碎。

挤压爆破中，爆破第一排深孔时，直射波的部分能量（25%）进入相邻松散介质，第一阶段破碎矿石的反射波能相应降低。另一方面，在工作面前方的松散介质，能延缓矿体中裂隙的形成，延长爆破应力的作用时间，致使矿石能较均匀地得到破坏。由于应力波的作用，首先沿装药连接线形成裂隙。爆破第二阶段膨胀的气体使裂隙破坏，并将破碎矿体向松散介质推移和挤压，在此过程中矿石获得再次破碎。

第一排深孔爆破后，在工作面前方形成一条空隙（图 10-13（b））。第二排和以后各排深孔爆破时，在重新形成的工作面和崩落矿石之间短时间形成空隙。随着爆破排数的增加，靠近工作面的空隙逐渐消失，将前部松散介质压实到极限程度（松散系数为 1.1），反射波不能使矿石产生断裂。此时，具有较大压力的膨胀气体，将部分崩落的矿石抛向凿岩巷道。另外，由于前次爆破所积聚的高压气体，爆破冲击波可能破坏后面未爆矿体，出现反冲破坏现象。这些都为以后回采作业造成极大的困难。

10.6.2　深孔挤压落矿工艺

挤压落矿方案有两种，分别是向相邻松散介质挤压落矿以及限定空间（小补偿空间）挤压落矿。

10.6.2.1　小补偿空间挤压落矿

在设计回采的矿体中，掘进少量的切割工程（切割巷道和切割天井，矿石稳定时也

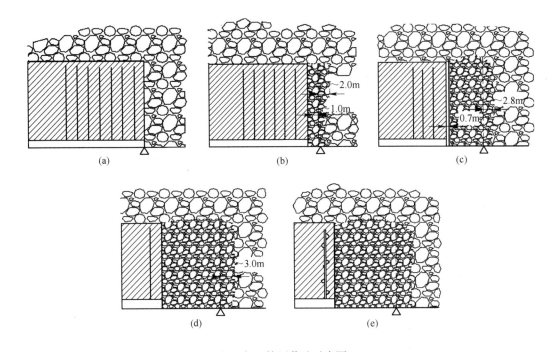

图 10-13　挤压落矿示意图

（a）爆破前；（b），（c）第一排和第四排爆破后；（d）第六排爆破后（工作面前方无空隙）；
（e）第七排爆破后（深孔打筒）

仅开小切割槽）。小切割槽作为补偿空间（10%～20%），使落矿工作在挤压状态下进行，达到减少切割工程量和改善矿石破碎效果的目的。

这种挤压落矿方案，可适用于任何情况，并为向相邻矿岩挤压落矿方案创造初始回采条件。每次爆破矿量，不受限制。该方案和自由空间爆破相比较，不但减少了切割工程量，而且降低了大块产出率，特别在稳定性较差的矿石条件下，以切割井巷代替切割槽，优越性尤为明显。

10.6.2.2　向相邻崩落矿岩挤压落矿

在已经形成一定长度的崩落矿石或岩石条件下，可采用这种挤压落矿方案。

（1）松动放矿。这是实现向相邻松散介质挤压爆破的必要条件。通过松动放矿，使受挤压而被压实的崩落矿石，达到正常的松散状态，以便为以后爆破提供挤压空隙的条件。否则，可能产生"过挤压"现象，对以后放矿和放矿巷道的稳定将产生不良影响。

根据我国金属矿山多年的生产经验，松动放矿量以控制在15%～20%为宜。松动放矿范围应不小于一次挤压崩矿的厚度，在此范围内的全部漏斗，都应进行松动放矿。松动放矿后，应立即组织挤压爆破，以免间隔太久，松动状态变坏，影响爆破效果。

（2）第一排炮孔。第一排炮孔是影响挤压爆破效果的重要因素。研究和生产实践都表明，第一排炮孔需要有较大的爆破能量，以弥补爆破应力波进入松散介质而被部分吸收所造成的能量损失，并为推移和挤压松散介质提供必要的初始能量。

此外，第一排炮孔爆破条件往往不好，例如为减少上次爆破的影响，将第一排的抵抗线加大；上次爆破崩落矿石大量涌入凿岩巷道，使第一排装药条件变坏；上次爆破工作面轮廓不易掌握，第一排部分炮孔与工作面的距离不相适应；第一排部分炮孔为上次爆破所破坏（变形、错动）等等。这些不利因素，都会影响第一排爆破的质量。

为了解决上述问题，一般在第一排炮孔后 0.4~0.6m 处，增加一排炮孔，其参数完全和第一排相同，并与第一排同段爆破。

（3）一次崩落矿层厚度。增加一次崩矿层厚度，可减少爆破次数，增加每次爆破矿量。但是，随着崩矿层厚度的增加，从松散介质获得的补偿空间将逐渐减少。影响崩矿层厚度有地质条件和技术条件两方面因素。

矿体厚度（M）影响爆破的夹制性。根据胡家峪铜矿经验，当 $M<7~8$m 时，一般不宜采用挤压爆破；8m$<M<15$m 时，一次崩矿层厚度在 12m 左右；$M=15~30$m 时，为 $18~20$m；$M>30$m 时，夹制性没有影响。

根据地质构造情况，调整一次崩矿层厚度，尽量将每次爆破的第一、二排炮孔避开构造破坏地段。

当矿体厚度 $M>20~30$m 时，电耙巷道常垂直走向布置，而爆破方向往往沿走向方向。此时，一次崩矿层厚度应为电耙巷道间距的整倍数，如篦子沟铜矿为 15m（一条电耙道），易门铜矿狮山坑为 20m（两条电耙道）。

10.6.3　挤压爆破评价

应用挤压爆破时，要求一定的适用条件和回采工艺。在合适的条件和工艺下，应用这种落矿方法有明显的优越性。它可降低大块产出率，从而提高出矿效率；可减少切割工程量，提高回采强度。

10.7　药室落矿

药室落矿是在专门开凿的巷道和硐室内，大量集中装药爆破的落矿方法。由于其存在巷道工程量大、崩下的矿石块度难于控制、充填工作量大以及劳动条件恶劣等缺点，近年来这种落矿方法几乎完全被深孔落矿所代替。目前，仅在极坚硬矿石或节理极其发育条件下，且深孔落矿效率很低或易塌陷、堵塞时，才选用药室落矿。此外，作为一种辅助的方法，也可利用已有巷道回采顶底柱、崩落围岩处理采空区等。

药室落矿方案分两种，一种是带药室和填塞的，另一种是无药室和无填塞的（图10-14）。第一种方案因劳动强度太大，现在很少采用。第二种方案，直接在巷道上每隔5~8m 装药且不填塞，可获得较好的爆破效果，且巷道工程量降低，劳动条件可得到改善，但单位炸药消耗量需增加 50%，爆破对周围巷道的破坏作用也增大。

最小抵抗线一般为 8~10m。崩落矿柱药室间距为（0.8~1.2）W，崩落围岩为（1~1.5）W，边界装药离崩矿设计边界的距离为（0.3~0.4）W。

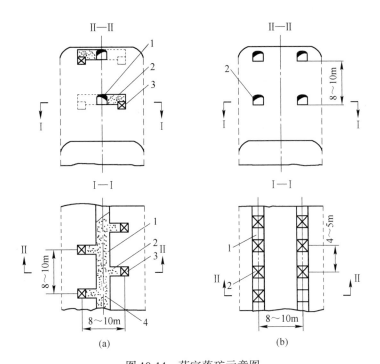

图 10-14 药室落矿示意图

（a）带药室的；（b）无药室的

1—断面 1.5m×1.8m 的药室巷道；2—断面 1.2m×1.8m 药室；

3—深 0.5m 的药井；4—用矿石碎块填塞

11 矿 石 运 搬

将回采时崩落的矿石，从工作面运搬到运输水平的过程，称为矿石运搬。这项作业在回采过程中占有重要地位，它的劳动和材料费用，为回采总费用的30%~50%。矿石运搬的生产率，决定着回采强度的大小以及回采作业的集中程度。因此，对这项工作过程的基本要求，就是提高生产率和降低生产费用。

矿石运搬方法有重力运搬、机械运搬、爆力运搬和水力运搬等。前两种方法应用较多，爆力运搬应用范围有限，而水力运搬应用极少。机械运搬方法又分为电耙运搬、振动给矿机和输送机运搬、自行设备运搬。矿石运搬方法和采矿方法密切相关，在采矿方法选择同时确定矿石运搬方法。

从回采工作面到运输水平的装矿点，完全依靠重力运搬矿石，只是在少数采矿方法中应用。通常，矿石在矿场中靠重力溜到采准巷道，然后用机械方法将矿石运搬到矿石溜井中，再靠重力装入矿车。溜井起暂时贮矿的作用，以减少运搬和阶段运输之间的相互影响。如果经本阶段运输矿石时，则溜井很短，其长度只有几米；若经下部阶段集中运输矿石，则溜井长度可达数十米，甚至数百米。

有时也可采用自行设备铲装采场自溜的矿石（或回采工作面的矿石），并运至井筒附近的溜井或直接运至地面，连续完成运搬、运输和提升等工作过程。

11.1 矿石二次破碎

回采落矿后所产生的不合格大块，在矿石运搬过程中需进行破碎至所要求的块度，称为二次破碎。矿石二次破碎费用与落矿方法有关：浅孔落矿时，二次破碎费用与落矿费用的百分比为0~30%；深孔落矿时，一般大于50%。

矿石二次破碎地点：浅孔落矿时，在回采工作面和放矿闸门处或振动放矿机上（图11-1（b））；深孔落矿时，一般都在二次破碎巷道和放矿漏斗中。通常用矿石运搬设备将大块推至一侧，间隔一定时间或每班中间休息时，集中进行爆破破碎。

矿石二次破碎方法：主要用覆土爆破法，对于韧性大的矿石，覆土爆破效果不好时，也采用浅孔破碎。覆土爆破法，工作简单、迅速，但炸药消耗量大，并且在放矿巷道中产生大量有毒气体，破碎的碎矿石四处飞散。

国内外一些矿山用风动锤或液压锤破碎不合格大块，但它只能破碎从放矿漏斗流至放矿巷道上的部分大块，而无法消除堵塞漏斗的大块。后者破碎量大，且安全性差。对在放矿过程中大块矿石相互挤卡在放矿漏斗颈部形成的矿石堵塞，常用炮杆捆以裸露药包排除堵塞，如图11-1（a）所示。

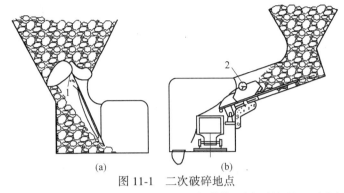

图 11-1　二次破碎地点

（a）用裸露药包 1 排除漏斗堵塞；（b）用覆土装药 2 在振动放矿机上破碎大块

11.2　重 力 运 搬

　　回采崩落的矿石在重力作用下，沿采场溜至矿块底部放矿巷道，直接装入运输水平的矿车中。这种从落矿地点到运输巷道全程上的自重溜放矿石方法，称为重力运搬。

　　重力运搬矿石方法，在开采急倾斜薄和极薄矿脉，应用非常广泛。此时，一般用浅孔落矿，崩落矿石大块较少，不设二次破碎巷道。少量不合格大块，在采场或漏斗闸门中进行破碎。崩落矿石沿采场靠自重溜向矿块底部，经放矿漏斗和闸门装入矿车（图 11-2），或经人工架设的漏斗闸门装入矿车（图 11-3）。

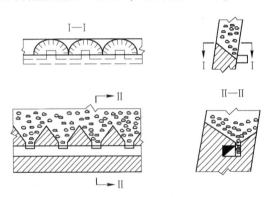

图 11-2　普通放矿漏斗放矿

　　经放矿漏斗和闸门放矿时，底柱高度一般为 5~8m，漏斗间距从 4~6m 至 6~8m，漏斗坡面角为 45°~50°。这种放矿结构简单，底柱矿量较少，但放矿能力较低，放矿闸门维修工作量大。

　　人工构筑的放矿闸门，不留矿柱，可提高矿石回采率，简化底部结构。它适用于围岩和矿石均稳固的急倾斜极薄矿脉。

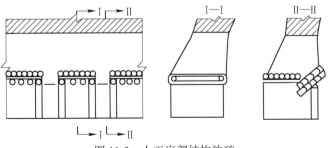

图 11-3　人工底部结构放矿

　　开采急倾斜厚矿体或缓倾斜极厚矿体时，某些情况下采用有格筛破碎硐室的重力运搬结构。其特点是崩落的矿石，借矿石自重沿采场溜至放矿漏斗，通过格筛硐室后，再溜至放矿溜井和闸门，装入运输巷道的矿车中（图 11-4）。从放矿漏斗流出的大块矿石，在格筛上进行二次破碎后，再流入放矿溜井中。这种放矿结构，底柱高度为 12～18m，底柱矿量占全矿块矿量的 20%～30%。安装的格筛，应略向破碎硐室倾斜 2°～3°。从漏斗流出的矿石堆，不应超过格筛总面积的三分之二。

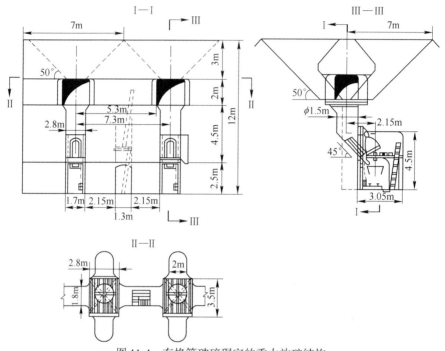

图 11-4 有格筛破碎硐室的重力放矿结构

有格筛破碎硐室的重力运搬结构，放矿能力大，放矿成本低。但由于采准工作量大，底柱矿量多，以及放矿劳动条件恶劣等严重缺点，目前仅在少数矿山使用。

采场矿石重力运搬方法的应用范围，主要受矿体倾角、矿石性质和回采工艺等因素的影响。当用空场采矿法时，矿体倾角一般不小于 50°～55°，才能应用重力运搬；用崩落采矿法时，矿石能沿 65°～80° 的倾斜面借重力向下滚动。当矿体倾角小于上述数值时，应用重力运搬的条件是，矿体厚度较大，可以在底板岩石中开掘放矿漏斗。

在采场中应用重力运搬，矿石从放矿口流出后，用机械运搬，再经放矿溜井中重力运搬；或者在回采工作面用机械运搬，再经放矿溜井中重力运搬。虽然其中部分过程也属重力运搬，但由于机械运搬为该过程的不可少的重要环节，故将这些运搬方法按其主要特点命名，如电耙运搬、自行设备运搬或爆力运搬等。此时，在采场中重力运搬应用条件，和全过程重力运搬相同。溜井中重力运搬，其倾角不小于 55°～60°。在个别情况下，如溜井上部不需贮存矿石时，这段溜井的倾角可为 45°～50°。

11.3 电耙运搬矿石

11.3.1 电耙

电耙具有构造简单、设备费用少、移动方便、坚固耐用、修理费用低和适用范围广等优点，因此电耙机械运搬矿石在我国金属矿山广泛应用。同时，电耙运搬也存在一些缺点：运矿工作间断、钢绳磨损很大、电能消耗较多、矿石容易粉碎、耙运距离增加时生产率急剧下降等。

目前我国制造的电耙绞车功率为 5.5~55kW，国外有达 100~130kW 的绞车。在采准巷道掘进中用 5.5 或 7kW，在小采场中应用 14 或 28（30）kW，而在专用放矿巷道中用 28（30）或 55kW 或更大的电耙绞车。电耙绞车分双绞筒和三绞筒两种，可根据耙运矿石方式选取。

耙斗常为箱形和篦形，每种又分刃板和刃齿两种形式。箱形耙斗用于耙运松软碎块矿石（图 11-5），坚硬矿石则用篦形耙斗（图 11-6）。耙斗容积变化在 0.1~0.6m³ 之间，常用 0.2~0.3m³。耙运的矿石块度和耙斗容积关系，列于表 11-1 中。国外耙斗容积有的达 2m³，此时耙运矿石块度达 1200mm。

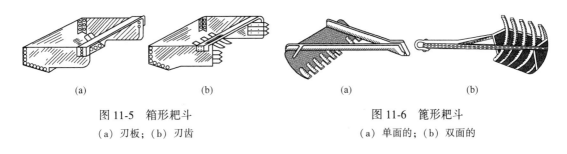

(a)	(b)	(a)	(b)

图 11-5　箱形耙斗　　　　　　　图 11-6　篦形耙斗
（a）刃板；（b）刃齿　　　　　　（a）单面的；（b）双面的

表 11-1　矿石块度和电耙绞车功率及耙斗容积关系

电耙绞车功率/kW	耙斗容积/m³	耙运矿石块度/mm
15	0.17~0.2	<400
28、30	0.3	<500
55	0.5~0.6	<650

为了将电耙尾绳悬起，一般应用滑轮。常用的滑轮直径为 200~350mm，电耙用钢绳直径为 9~19mm。

11.3.2　电耙使用条件

（1）运搬距离一般为 10~60m；当使用小型电耙绞车时，可减至 5~10m。

（2）耙矿工作在一般水平或微倾斜的平面上进行；在特殊需要时，也可沿 25°~30° 倾角的底板向下或沿 10°~15°倾角向上耙运。

（3）电耙运行所经过的巷道或采场的高度不应小于 1.5~1.8m。

（4）在储量不大的缓倾斜矿体，其厚度小于 1.5~2m，且矿石稳固性差、地压大、巷道维护困难等条件下，电耙运搬矿石方法更为合适。

在地下开采过程中，电耙运搬矿石应用于采场时，多沿采场底板耙运直接装车或耙运至溜井中（图 11-7）；还可以用于专门的耙矿巷道中，将自重流入巷道的矿石耙至溜井中或经装车平台直接耙入矿车中（图 11-8）。

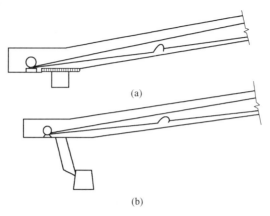

图 11-7　缓倾斜矿体电耙运搬

（a）电耙运搬直接装车；（b）电耙运搬至溜井后装车

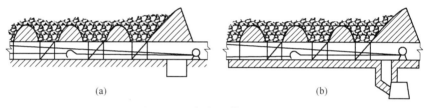

图 11-8　急倾斜矿体电耙运搬

（a）电耙运搬直接装车；（b）电耙运搬至溜井后装车

11.3.3　电耙运搬的生产率

电耙运搬的生产率决定于电耙绞车的功率、耙斗容积、耙运距离、矿石块度及漏斗堵塞次数和耙矿条件（水平、上坡或下坡）等。

缩短耙运距离能显著提高运搬的生产率。但是，需要增加运输巷道、矿石溜井、漏口和移动电耙绞车的次数。因此，水平的耙运距离一般不超过 $40\sim50$m（最优距离在 $20\sim30$m 以下），倾角小于 $25°\sim30°$ 的倾斜向下耙运距离不超过 $50\sim60$m（最优在 $30\sim40$m 以下）。目前我国地下矿山耙运距离一般为 $30\sim50$m，耙斗容积为 $0.2\sim0.5$m^3，电耙绞车功率为 $15\sim55$kW，生产率为 $150\sim500$t/d。

据统计，电耙运搬的纯作业时间仅为 $30\%\sim40\%$，二次破碎占 $30\%\sim40\%$，设备故障占 $15\%\sim25\%$，其他占 $15\%\sim25\%$。因此，增加耙矿作业时间，减少二次破碎、设备故障及运输等的影响，是提高电耙运搬生产率的重要途径。

11.3.4　耙矿巷道和受矿巷道

采场中矿石借自重经受矿巷道，流入耙矿巷道。受矿巷道分为漏斗式、堑沟式和平底式三种形式。

11.3.4.1　漏斗式受矿巷道

漏斗式受矿巷道适用于各种矿石条件。由于对底柱切割较少，其稳固性较好，是目前应用最广泛的形式（图 11-9）。底柱高度为 $8\sim15$m，底柱矿量占全矿块的 $16\%\sim20\%$。漏斗间距为 $5\sim7$m，每个漏斗担负的放矿面积为 $30\sim50$m^2，漏斗斜面角为 $45°\sim55°$。

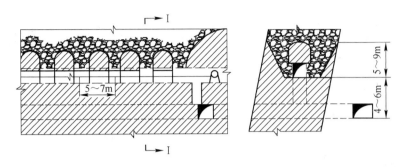

图 11-9　漏斗式受矿巷道

　　漏斗的形状有方形和圆形，对于受矿条件没有本质上的影响。为保证底柱的稳固性，漏斗颈和漏斗斜面的交点，应在电耙巷道顶板以上 1.5～2m。漏斗颈和斗穿的规格为 1.8m×1.8m 或 2m×2m。为减少漏斗堵塞，有些矿山加大到 2.5m×2m 或 2.5m×2.5m。漏斗颈与电耙巷道的关系，应使溜下的矿石自然堆积的斜面占耙道宽度的 1/2～2/3，此时电耙出矿最为有利（图 11-10）。

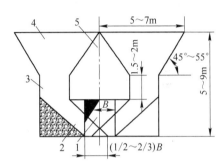

图 11-10　漏斗细部图
1—电耙巷道；2—斗穿；3—漏斗颈；
4—漏斗；5—桃形矿柱

　　在电耙巷道两侧布置漏斗时，可对称或交错布置（图 11-11）。交错布置时，漏斗分布较均匀，漏斗脊部残留矿石少，对底柱破坏较小，流入耙道的矿堆高度较低，便于耙斗运行，故在实际中应用较多。但当用木棚或金属支架维护耙道时，耙道与斗穿交叉处支护困难，流入耙道的矿堆迫使耙斗折线运行，易将支护拉倒。

11.3.4.2　堑沟式受矿巷道

　　它将各漏斗沿纵向连通，形成一个 V 形槽（图 11-12）。这就把拉底和扩漏两项作业结合一起，可用上向中深孔同时开凿，故能提高切割工作效率。但堑沟对底柱切割较多，降低了底柱的稳固性。因此，它适用于矿石中等稳固以上的条件。这种受矿巷道的放矿口宽度为 2～3.5m，漏口堵塞次数较少，漏口单侧布置较多。

11.3.4.3　平底式受矿巷道

　　平底式受矿巷道的特点是拉底水平和电耙巷道在同一高度上，采下的矿石在拉底水平形成三角矿堆，上面的矿石借自重经放矿口流入耙道中（图 11-13）。放矿口尺寸为 2.5～3m，常布置在电耙巷道一侧。当矿石极稳固时，也可双侧布置放矿口。适用于矿石稳固的条件。

　　这种受矿巷道，结构简单，采准工作量较小，切割工作效率高，放矿条件好，底柱矿量小。但放矿结束后，残留于采场的三角矿堆，要待下阶段回采时才能回收，且矿石损失与贫化均大。

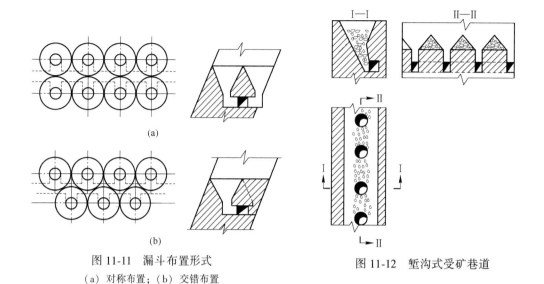

图 11-11　漏斗布置形式　　　　　　　　　图 11-12　堑沟式受矿巷道

（a）对称布置；（b）交错布置

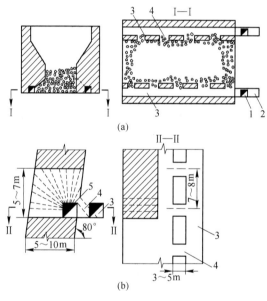

图 11-13　平底式受矿巷道

（a）两条电耙巷道；（b）一条电耙巷道

1—溜井；2—电耙绞车硐室；3—电耙巷道；4—放矿口；5—拉底巷道

11.3.5　电耙巷道的位置

电耙巷道的位置一般布置在运输巷道上部 3~6m，电耙运搬的矿石流入溜井中，使耙矿与运输工作互不干扰。溜井的容量应不小于一列车的容量。电耙巷道也可直接布置在运输巷道顶板上，耙运的矿石经装车台直接装入矿车中。此时因耙矿与运输干扰很大，故这种方式在个别情况才使用。为了减少底柱矿量，也有将耙矿巷道与运输巷道布置在同一水平的，耙运的矿石经溜井放至下一阶段运输巷道集中出矿。

11.4　自行设备运搬矿石

从 20 世纪 30 年代起，地下矿山开始使用自行设备运搬矿石。自行设备又可分为无轨自行设备和有轨自行设备，目前无轨自行设备应用极为广泛，有轨自行设备仅在少数中小型矿山应用。因此，习惯上将无轨自行设备称为自行设备。

运搬矿石的自行设备主要有：装运机、铲运机、电铲和自卸卡车、装岩机和自行矿车等。

11.4.1　装运机运搬矿石

我国地下矿山应用的装运机主要有 ZYQ-14 和 ZYQ-12 两种型号。ZYQ-12 装运能力小，外形尺寸也小，多用于小断面回采巷道或采场中装运矿石。ZYQ-14 铲斗容积 $0.3m^3$，车箱容积 $1.8m^3$，最小工作断面 $2.8m \times 3.0m$。用铲斗将矿石装入自身带有的自卸车箱中，运至溜井卸矿（图 11-14）。每台设备由一名司机操作，完成装、运、卸三种作业。

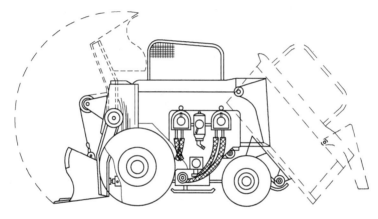

图 11-14　ZYQ-14 型装运机

这种设备操作灵活可靠，装运效率较高，曾在我国地下矿山广泛使用，但拖有风绳，限制了运搬距离（平均运距不超过 50m），且风绳磨损大，磨损严重处容易爆裂；使用较好的矿山，平均台班效率为 120~150t，台年效率为 $8 \times 10^4 t$。近年来，由于这种设备在铲装与运输中的严重缺点，逐渐被铲运机所取代。

11.4.2　铲运机的应用

铲运机将矿石铲入铲斗后，将铲斗提起运至溜井处，翻转铲斗卸出矿石。铲运机车体为前后两半，中央铰接，液压转向，操作轻便，转弯灵活，前后轴均为驱动轴，爬坡能力大（最大可达 30%）。除了其正常运矿岩的功能外，还可用于清理道路、搬运材料、向卡车装卸等。

铲运机经过不断改进发展，推出各种新的型号，已被公认为是生产可靠、高效、低成本的地下矿用设备。由于其成功地应用于苛刻的采矿环境，能爬较陡的坡度，能作长距离快速运行，能使用低矮的采矿空间，因而在目前的地下采矿中广泛应用。斗容 $2m^3$ 的铲运机外形，如图 11-15 所示。

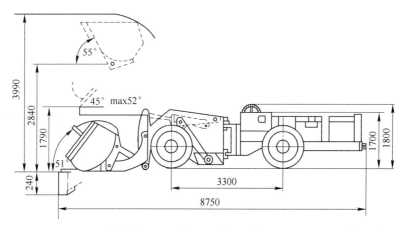

图 11-15 铲运机外形示意图

铲运机按驱动方式不同可分为柴油驱动与电动两类。柴油驱动设备的主要问题是废气净化，虽然这种设备均装有废气净化装置，但对有害气体净化不完全，须以大量风流给予冲淡。使用柴油驱动设备的矿山，最低风量标准为每一制动马力供给 $2.1m^3/min$，实际上远远超过这一标准。因此，近年采场出矿多用电动铲运机。电动铲运机价格稍高，灵活性稍差，但用于采场短距离固定点装运矿石比较合适。

此外，应用铲运机时，还有维修工作量大、轮胎磨损严重、要求巷道规格大等问题。

铲运机的规格通常是以铲斗的容积或铲斗有效载重来表示。目前最小的柴油铲运机为 $0.75m^3$，最大的为 $9m^3$；最小的电动铲运机为 $2m^3$，最大的 $10m^3$。

因为大型铲运机速度高、生产能力大、总费用较低，目前有向大斗容铲运机发展的趋势。另外，国内外部分矿山应用遥控铲运机进入采空区等高危区域进行出矿作业，像芬兰沃诺斯铜矿、日本丰羽铅锌矿、我国凡口铅锌矿 VCR 法采场等，既可保证生产安全，又能充分运出矿石，因此遥控铲运机也是未来矿山铲运机革新的重要方向。

11.4.3 电铲的应用

在水平或缓倾斜厚矿体采场中，用 $1\sim2m^3$ 小型电铲装矿，20t 自卸汽车将矿石运至溜井处卸矿或直接运至地面，配以推土机集矿。这套运搬设备在美国、前苏联应用较多，由于我国这类矿体很少，至今尚未应用。

11.4.4 自行矿车的应用

用蟹爪式装载机或其他类型装矿机，将矿石装入自行矿车中，接通电源后，自动绕放电缆卷筒上的电缆，使矿车在一定距离内自动运行，将矿石卸入溜井。我国向山硫铁矿用华-1 型装岩机装矿，配以自制的自行矿车运矿，在中小型矿山获得良好的效果。

前苏联研制的胶轮梭式自行矿车，车箱容积 $2.5\sim10m^3$，在车箱底部装有链板输送机，装矿和卸矿方便，并能充分利用车箱容积，但输送坚硬矿石时输送机磨损严重，电耗大，卸矿时间长，灵活性差。因此，应用受到很大限制。

11.4.5 自行运搬设备装矿巷道

回采的矿石借自重落到矿块的底部，经堑沟或平底的放矿口溜到装矿巷道的端部，用自行运搬设备出矿。当用装载机出矿时，装矿巷道断面 2.2m×2.2m，间距为 6~8m，长度为 6~10m（图 11-16）。

当用装运机或铲运机出矿时，装矿巷道规格较大，一般高为 3~3.2m，宽为 3~5m，其长度为 8~10m，曲率半径为 10m（图 11-17）。

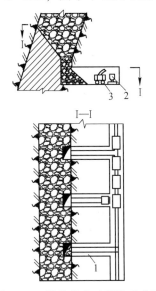

图 11-16　装载机出矿的装矿巷道
1—装矿巷道；2—矿车；3—装矿机

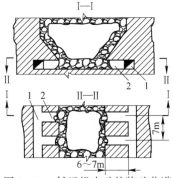

图 11-17　铲运机出矿的装矿巷道
1—运输巷道；2—装矿巷道

11.4.6 自行设备运搬矿石的评价

用自行设备特别是无轨铲运机运搬矿石，具有突出的优点：（1）多用性。同一种设备可用于回采和采准工作，铲运机还能清路、运送材料等。（2）机动灵活。可在同一阶段或分段，或在不同阶段的几个工作面使用，调动方便。（3）生产率高。无需拆装等辅助时间，设备功率大，效率高。（4）安全性好。能减轻体力劳动，减少井下工人数量，实现综合机械化，降低生产费用。

自行设备运搬矿石主要缺点是：（1）设备及零件昂贵，设备使用期限短；（2）柴油驱动设备所需风量增加 0.5~1 倍，电耗大；（3）装矿巷道断面较大，当矿岩稳固性差时，支护工作量较大；（4）维修工作量大，操作水平要求较高。

自行设备运搬矿石，在世界各国应用日益广泛，适用的采矿方法也多，如房柱采矿法、分段和阶段矿房法、上向分层充填法、无底柱分段崩落法等。

11.5　振动出矿机的应用

振动出矿机是一种在振动作用下使松散矿石获得流动的设备。这种设备在前苏联应用极为广泛，特别适用于连续出矿工艺。我国于 1974 年研制成功第一台振动出矿机，随后得到快速发展。

振动出矿机应用于下列条件：（1）矿块底部放矿时，由振动出矿机向矿车、自卸汽车、溜井、输送机、电耙巷道给矿；（2）端部放矿时，振动出矿机向输送机给矿；（3）在溜井下部代替漏口闸门，由振动出矿机向矿车装矿。

振动出矿机，分为无向的和有向的两种（图 11-18）。

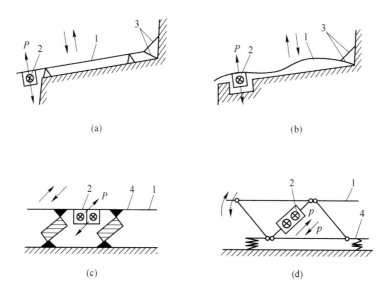

图 11-18　振动给矿机结构示意图
（a），（b）无向振动；（c），（d）有向振动
1—振动台；2—振动器；3—固定用钢绳；4—缓冲器

无向振动机向矿车装矿时，振动机台面的倾角为 12°～（15°—17°）；向溜井送矿时，其倾角达 22°～24°。倾角越大，生产率越高。但倾角大于 24°时，大块矿石可能自行滚动。振动器用电力驱动，电动机安装在基础上，如用风力驱动，则驱动装置固定在振动机的下面。振动机用钢绳固定在岩帮上。常用刚性结构的金属振动台。某型振动机向矿车装矿，如图 11-19 所示。

有向振动设备不仅能沿下坡移动矿石，还能沿水平（甚至沿较小的上坡）移动矿石。工作机构固定在减震器上或弹性吊架上。端部放矿时，可采用有向振动出矿机向输送机给矿，再送至溜井。振动机装有大拉力的油缸，可将振动机从崩落区拉出，进行下一步距的放矿。

振动出矿机的评价：振动机出矿时，矿石流动性大为改善，可减少矿石堵塞次数，出矿效率显著提高。如能增大矿石合格块度，大块率可进一步降低，出矿强度还会大幅度的提高。目前我国振动出矿机已广泛用于溜井放矿，并开始用于采场；振动机的机型和功能研究方面，也均有新的发展。

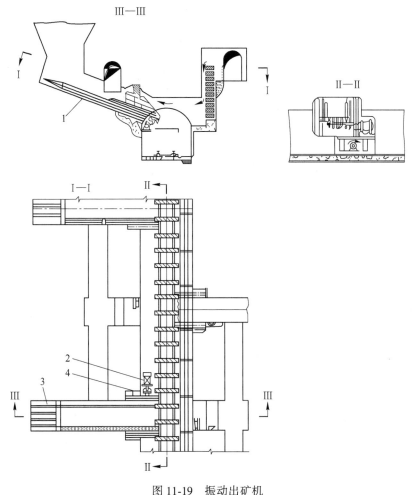

图 11-19　振动出矿机

1—振动出矿机；2—电动机；3—固定钢绳；4—用输送机皮带做的弹性联轴节

11.6　爆力运搬矿石

爆力运搬是利用深孔爆破时产生的动能，使崩下的矿石沿采场底板移运，抛到受矿巷道中。当矿体倾角小于 50°~55° 时，用一般的爆破方法，崩落的矿石部分残留在底板岩石上，不能借重力放出。矿体倾角小于 25°~30° 时，可以采用机械方法搬运矿石。倾角在 30°~55° 之间，矿石既不能重力运搬，而用机械运搬又有困难。在这种条件下，先用爆力将崩落矿石抛掷一段距离后，再靠惯性力和自重沿底板滑移一段距离（图 11-20）。

11.6.1　爆力运搬应用条件

经矿山实践表明，当矿体倾角在 0°~55° 范围内均可使用爆力运搬法，但倾角在 30°~55° 时，爆力运搬可获得较好的技术经济效果；倾角小于 30°~35° 时，必须使用电耙或推土机清理底板。矿体的厚度应为 3~30m，但以不小于 5~6m 为宜。因为矿体薄时，爆破的夹制作用大，抛掷距离也受到限制，会造成大量矿石损失。倾角为 15°～20° 时，爆力运搬距离为 30～40m，倾角为 30°～40° 时，为 60～80m。此外，要求矿岩接触面平整，且较稳固。

11.6.2　爆力运搬矿石的工艺特点

（1）一般扇形布置深孔，凿岩天井位于下盘接触线处，深孔排面与矿体垂直，近下盘的炮孔是水平的，爆破后应使底板保持平整；

（2）单位炸药消耗量比一般爆破增加 15%～25%；

（3）每次爆破 1～2 排炮孔，且第二排炮孔延发时间不小于 50～100ms，以保证第一排炮孔爆破后已将矿石抛出；

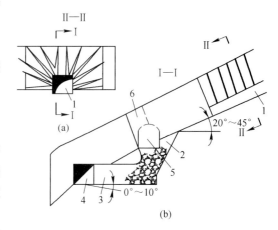

图 11-20　爆力运搬矿石
1—深孔凿岩天井；2—受矿巷道；3—装矿巷道；4—运输巷道；
5—开凿受矿堑沟的巷道；6—切割天井

（4）下部受矿巷道（漏斗或堑沟）的容积，应容纳每次崩下的全部矿石；

（5）受矿巷道中和矿房底积留的矿石，在下次爆破前应予清除。

11.6.3　爆力运搬在我国的应用

我国从 20 世纪 60 年代开始，在一些矿山应用爆力运搬矿石取得较好的效果。中条山有色金属公司胡家峪铜矿，是我国应用爆力运搬较早、使用时间较长的矿山。该矿矿体倾角为 35°～45°，厚度为 8～10m，矿石和围岩稳固（图 11-21）。采准系数为 8.3m/kt，出矿效率 220～250t/d（28kW 电耙出矿），矿房回采贫化率 10.4%，损失率 9.5%。

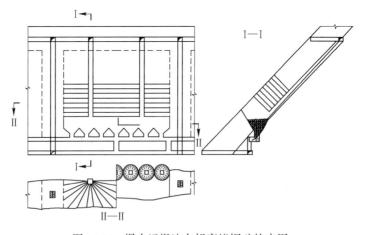

图 11-21　爆力运搬法在胡家峪铜矿的应用

杨家杖子矿务局岭前矿 5 号矿体，倾角 40°～42°，水平厚度 8～12m，矿石和围岩稳固。应用爆力运搬矿石，底板基本不存矿，提高了采矿效率（采场能力达 240～300t/d）

和矿石回采率（86%）。

11.6.4　爆力运搬的评价

与底板漏斗重力运搬方法比较，可节省采准工作量，提高劳动生产率和降低成本；与房柱采矿法机械运搬方案比较，显著地减少或不需要机械运搬，无需工人进入采空区作业，因而可保证工作安全。但爆力运搬也存在一些缺点，如回采间柱困难，矿石损失率大，单排爆破矿石破碎质量变坏，工作组织复杂，单位炸药消耗量大，凿岩天井维修量大以及通风条件不好等。

11.7　水力运搬矿石

水力运搬主要用于薄和中厚倾斜矿体，可采用冲洗重力运搬、机械运搬或爆力运搬底板残留的矿石或矿粉。图11-22为前苏联斯米尔诺夫矿的水力运搬矿石的例子。矿块沿走向用连续工作面回采，用水枪喷出的压力水移动矿石。水枪长0.9m，水流入喷嘴（直径为20mm）时的压力为784.8~981kPa，水的耗量为15~30m³/h。工作面上部蓄水池容积为100m³，由主给水管路供水，水泵电动机功率为26kW。

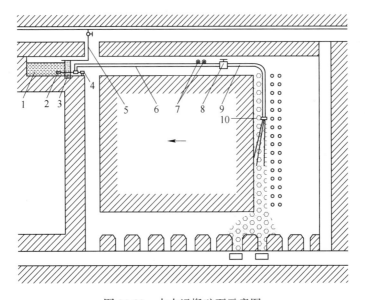

图11-22　水力运搬矿石示意图

1—蓄水池；2—吸水管；3—混凝土挡墙；4—水泵及电机；5—矿山主给水管路；
6—输水管；7—流量计；8—阀门；9—尼龙软管；10—手提式水枪

从工作面下部开始，分段用水枪喷出的压力水运搬矿石。784.8kPa的压力水，足以冲下停留在底板上的矿石。沿25°~30°斜面可运搬20m，最大生产率达26t/h（水耗量为850L/t）。倾角增到45°时，生产率为30t/h。

为了使矿石流集中，工作面上部超前回采，使其有一个不大的（10°）的倾斜。工作面与底板相交处，形成一个槽，使矿石流集中。放矿时矿石流入矿车，部分矿浆通过漏口缝隙流入排水沟。流失的矿浆中矿粉达50%，其中金属含量比矿石高0.5~1倍。因此，应设法回收矿粉。

第一种回收矿粉的方法是，使矿石流先进入 4°~8° 斜坡的巷道。随矿石的堆积，沿斜坡将矿石耙至溜井，在此过程中矿石即可脱水。脱出的水排入运输巷道的水沟中，将剩在斜巷底板上的矿粉和矿泥耙入矿车。

第二种回收矿粉的方法是设矿石过滤层。放矿巷道中先装入 3~4m 高的矿石，然后用水枪向放矿巷道冲运 15~20t 矿石。经过 10~15min 后，矿浆渗过矿石层（过滤层），矿粉和矿泥留在矿石层中，渗透的水排入水沟。当水流尽时，将矿石放入矿车。这种方法矿粉损失不超过 1%~2%。

我国有少数矿山（如五龙金矿，多罗山钨矿等），用水冲运残留在底板的矿石，获得较好的效果。

11.8　向矿车装矿

矿石运搬到运输水平时，应向矿车装矿。常用的装矿方式，是从放矿溜井通过漏口闸门或振动出矿机，有时电耙运搬通过装车平台（缓倾斜矿体或电耙巷道直接位于运输巷道顶板）装车，极少情况可从放矿巷道底板用装载机将矿石装入矿车。这项生产作业，称为装矿，它对放矿效率和运输工作，都有很大的影响。

11.8.1　漏口闸门

多数运搬方法是通过漏口闸门进行装矿。漏口闸门形式很多，选择它的形式要根据下列因素：通过漏口的放矿数量及使用时间、放矿强度、矿石块度及其形状、矿车规格及容积、运输巷道的规格和支护方法等。

放矿漏口闸门的结构，应满足下列要求：

（1）闸门动作可靠，关闭和开启迅速，关闭后不漏粉矿，不飞块矿。

（2）闸门的主要构件必须简单可靠，维修方便。

（3）漏口规格需与矿车尺寸相适应。

（4）漏口装置必须保证装矿工作的安全。

放矿漏口由闸门、底板和侧壁三部分组成。漏口底板倾角通常为 30°~50°，这要根据矿石性质决定：当矿石块度较大时，底板倾角为 30°~40°；如果块度较小且有粉矿时，其倾角为 40°~50°；对于干燥矿石底板倾角可小些，而潮湿矿石则要求大些。

根据规程要求，漏口底板的末端，应伸入矿车内 150~200mm，且应高出矿车 200mm（图11-23）。漏口宽度主要根据矿石的合格块度和矿车长度决定，一般等于矿石合格块度的 3~4 倍，即当合格块度为 400mm 时，漏口宽度为 1.2~1.6m；合格块

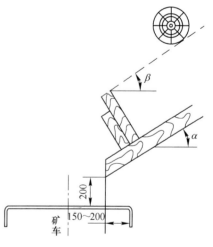

图 11-23　装矿漏口构造示意图

α—底板倾角；

β—顶板倾角（β≤矿石自然安息角）

度为 500~600mm 时，其宽度为 1.5~2m。此外，漏口的宽度要保证在矿车不移动位置情况下，就能将矿车装满。

漏口闸门的开闭，可用人力直接操纵或以压气为动力进行操纵。目前我国地下矿山最常用的闸门结构有木板和金属棍闸门、扇形闸门、指状闸门和链状闸门。

（1）木板漏口闸门。如图 11-24 所示，闸门可用木质横板、圆木或金属棍。这种闸门结构简单、制造容易、安装方便，在生产能力不大和漏斗负担放矿量较小、矿石块度均匀时，应用这种结构较多。但劳动强度较大，装车速度慢，作业条件较差。

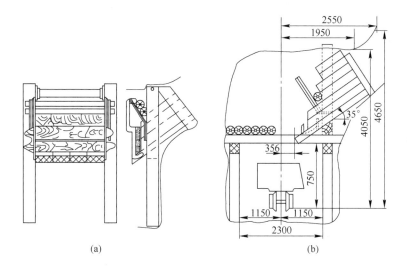

(a)   (b)

图 11-24　木板漏口闸门

（a）横板闸门；（b）带装车台的横板闸门

（2）扇形漏口闸门。这是一种结构比较完善的应用较广的闸门形式（图 11-25），碎块矿石或大块矿石，大产量或小产量，大矿车或小矿车，皆能适用。矿石块度较小时，用单扇形闸门；矿石块度较大时，用双扇形闸门。闸门结构比较简单，构件标准化，容易开闭，装车工作快，工作安全，不易撒漏矿石，坚固耐用。

（3）指状漏口闸门。当生产量大，矿石块度大，装矿用大型矿车时，多采用指状漏口闸门（图 11-26）。矿车容积小于 4m³ 时，矿石块度应小于 600mm；矿车容积再大时，可装 800~1000mm 块度的矿石。闸门由钢轨弯成指状，用气缸提起，借外加的配重下落而关闭。

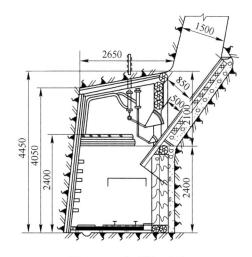

图 11-25　扇形漏口闸门

这种闸门放矿强度大，能放出大块矿石，常用于集中溜井放矿，但它的缺点是易从指缝中漏出细碎矿石。为防止粉矿和小块矿石撒出，有时在指状闸门下部，安装一个小型扇形闸门。

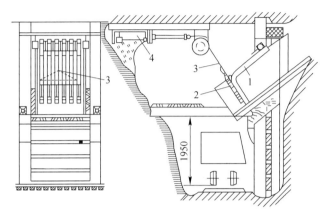

图 11-26 指状漏口闸门
1—钢轨；2—链子；3—钢丝绳；4—气缸

（4）链式漏口闸门。这种闸门由 5~7 根长 1.2~1.6m 链条组成（图 11-27）。链条上端连接在漏口的钢梁上，下端有重锤。铁链和重锤靠气缸提起，靠其自重关闭。这种闸门同指状闸门比较，工作可靠，构造简单，能更好地挡住粉矿。但在矿石中含水和泥浆较大时，容易冲开链条发生跑矿事故。此外，排除矿石堵塞较为困难。

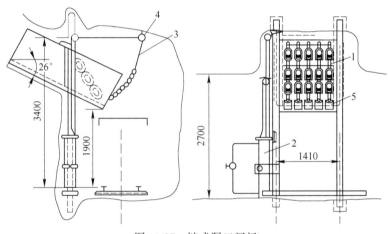

图 11-27 链式漏口闸门
1—铁链；2—气缸；3—钢丝绳；4—滑轮；5—重锤

11.8.2 漏口给矿机装矿

过去漏口装矿普遍使用闸门形式，从 60 年代起前苏联和我国漏口给矿机装矿已在相当范围内采用。目前应用较多的是振动式给矿机，较少地使用滚筒叶片式给矿机。

前苏联研制的振动式给矿机 BKBC 和 AШЛ 型（图 11-28），可用于任何硬度和易结块的矿石。我国目前采用的振动给矿机的电机功率为 1.5~30kW，长宽尺寸为 1830mm×810mm~5200mm×1360mm，机重 300~4000kg，振动台面倾角 10°~20°，设计生产能力 300~750t/h。

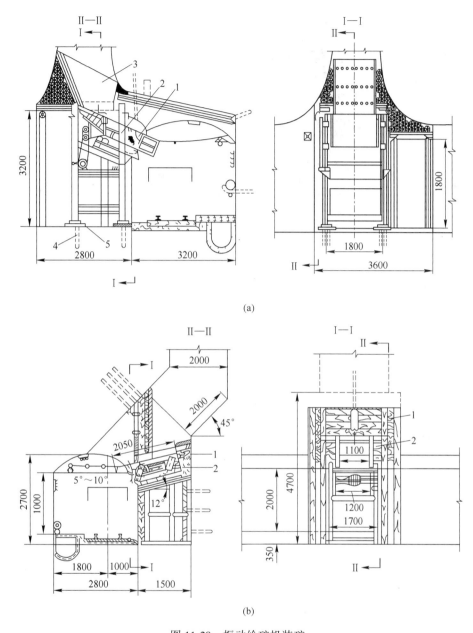

图 11-28 振动给矿机装矿

(a) АШЛ 给矿机(1—给矿机;2—组合式框架;3—侧面钢板;4—锚杆;5—混凝土);

(b) 带闸板的 ВКВС 给矿机(1—闸门的风动气缸;2—闸板)

滚筒叶片式漏口给矿机是保加利亚制造的(图 11-29)。紧靠近倾斜的溜槽下方安装一个直径不大的带短叶片的滚筒,滚筒转动时矿石沿溜槽滚动。为防止矿石自行滚落,在漏口上面的一根横轴上悬吊几段钢轨,钢轨末端压在矿石上面。轴的一端应加长,在排除溜槽堵塞时,应使全部钢轨移至该端轴上。

矿石块度小于 400mm 时,这种给矿机装满一辆容积为 1.7m³ 矿车需 7~8s。

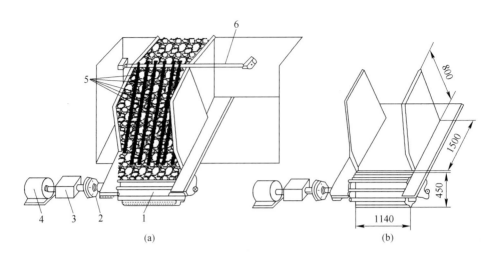

图 11-29 滚筒叶片式给矿机装矿

（a）全貌（1—带叶片的滚筒，30r/min；2—联轴节；3—减速器；4—驱动电动机，5kW；

5—钢轨；6—轴的一部分，排除堵塞时钢轨移至这部分轴上）；

（b）溜槽和滚筒叶片装置尺寸（适于合格块度 400mm）

采场地压管理

　　未开挖的岩体或不受开挖影响的岩体部分，称为原岩体。原岩体中的岩石在上覆岩层重量以及其他力的作用下，处于一种应力状态，一般把这种应力状态称为原生应力场。

　　岩体被开挖以后，破坏了原岩应力平衡状态，岩体中的应力重新分布，产生了次生应力场，使巷道或采场周围的岩石发生变形、移动和破坏，这种现象称为地压显现。使围岩变形、移动和破坏的力，称为地压或矿山压力。

　　地压使开采工艺复杂化，并要求采取相应的技术措施，以保证安全生产。为保证正常回采，而采取的减少或避免地压危害的措施，或积极利用地压进行开采，这种工作就是地压管理。为进行地压管理所采取的各种技术措施，称为地压管理方法。

　　采场区别于水电、铁路、国防等地下工程的突出特点，在于开采范围较大；开挖的形状随矿床的形态而变化，极其复杂；开采的地点没有选择性，有时在坚硬稳固的岩体中，有时在松散破碎的地区；采场的范围和形状随生产的开展不断变化，岩层受到多次重复的扰动，呈现极其复杂的受力状态；岩层变形、移动和破坏的规律，短时间内难以认识。这些都给研究采场地压及控制采场地压带来较大的困难。矿山一旦出现破坏性的地压活动，不仅威胁矿山安全生产，而且使国家地下矿产资源受到很大损失。因此研究采场地压的活动规律是十分必要的。

　　在实践中，通过长期的矿山现场的调查研究和仪器观测，总结出采场地压活动规律，采取多种有效的地压控制方法，进行采场地压管理。

　　采场地压管理的基本方法：

　　(1) 利用矿岩本身的强度和留必要的支撑矿柱，以保持采场的稳定性；

　　(2) 采取各种支护方法，支撑回采工作面，以维持其稳定性；

　　(3) 充填采空区，支撑围岩并保持其稳定性；

　　(4) 崩落围岩，使采场围岩应力降低，并使其重新分布，达到新的应力平衡。

　　本章侧重介绍与回采工艺有密切联系的采场地压管理办法。

12.1　采场暴露面和矿柱

12.1.1　采场暴露面的稳定性评价

　　影响采场暴露面积大小的主要因素有：矿石和围岩的力学性质、开采深度、施加在开采空间顶板的上覆岩层高度、暴露面维持的时间、暴露面的几何形状等。

　　坚硬致密的岩石允许有较大的暴露面积；裂隙发育的或松软的岩石，暴露面积要小，有时还要进行支护。

　　在地下进行开采时，覆盖岩层重量有多大比例作用在开挖的暴露面上，一直是采矿界所重视的问题。

覆岩总重假说认为，在水平或缓倾斜矿体中，开采空间承受的载荷 P，是开采空间上部直达地表全部覆岩重量的总和（图 12-1）即：

$$P = SH\gamma = bLH\gamma \tag{12-1}$$

式中 γ——覆岩容重；

其余符号参见图 12-1。

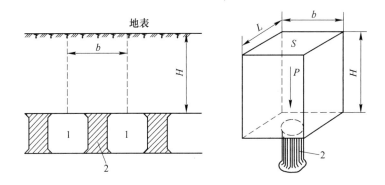

图 12-1 覆岩总重假说示意图

1—水平开采空间；2—圆形矿柱；H—开采深度；S——一个矿柱支撑的覆岩面积，$S = bL$；
P—作用在一个矿柱上的载荷

拱形假说以松散体力学为理论基础，认为在上部覆岩的压力作用下，松散的岩石从开采的顶板向下冒落，形成自然平衡拱。作用在矿柱上或支架上的载荷，仅是冒落拱内岩块的重量，与开采空间埋藏深度无关。M. M. 普洛托基雅柯诺夫证明，自然平衡拱具有抛物线形状，其方程式为：

$$y = \frac{x^2}{af} \tag{12-2a}$$

式中 a——平衡拱跨度之半；

f——岩石坚固性系数，由试验确定，$f = \tan\varphi$；

φ——岩石内摩擦角。

令 b 为冒落拱高，则得：

$$b = \frac{a^2}{af} = \frac{a}{f} = \frac{a}{\tan\varphi} \tag{12-2b}$$

当开采空间两壁塌落所引起的暴露面跨度不大时，可用公式（12-2b）计算。

许多研究结果说明，开采空间上部岩体所承受的载荷，不是其上部整个覆岩的重量，而仅是其中的一部分。如果施加在开采空间顶板上面的岩层高度为 H_b，则：

$$H_b = kH \tag{12-3}$$

式中 H——开采深度；

k——载荷系数，k 与岩石性质有关，也与 H/L 的比值有关（L 为开采空间沿走向或沿倾斜的短边尺寸）。当 $H/L < 1$ 时，$k = 1$；当 $H/L > 2$ 时，$k = 0.4 \sim 0.8$；$1 < H/L < 2$ 时，k 取前两种情况的中间值。

生产实践证明，开采暴露面的稳固性，不仅取决于面积大小，而且还决定于暴露面积的形状。当暴露面长（l）宽（a）尺寸接近时，即其长度小于 2 倍宽度时，稳固性决定于面积大小；当暴露面长度远远大于其宽度（大于 2 倍以上）时，其稳固性就决定于宽度，而长度（或面积）已经不是决定的因素。例如，宽 3m、长 10m 的巷道是稳固的；在宽度不变长度增加很多（即面积增加很大）时，巷道仍呈稳定状态。因此，开采空间暴露面的稳定性条件是：

当 $l < 2a$ 时，$l \cdot a < S_u$；当 $l > 2a$ 时，$a < a_u$。a_u 为暴露的极限跨度，S_u 为极限暴露面积。

又可用等效跨度 a_e 表示，由 $S = l \cdot a = 2a_e \cdot a_e$ 得

$$a_e = \sqrt{\frac{l \cdot a}{2}} \tag{12-4}$$

因此，当 $l < 2a$ 时，$a_e < a_u$。

为了保持开采空间暴露面的稳固性，开采空间的跨度不得超过极限跨度或其面积不得超过极限暴露面积。

暴露面保持的时间，对于稳定性也有很重要的影响。尽管载荷不增加，但在长期静载荷作用下，岩石由于蠕变，变形迅速增加，能使岩石破坏。因此，在相同条件下，提高开采强度，缩短开采空间的暴露时间，往往能够获得良好的开采效果。

12.1.2 矿柱

12.1.2.1 矿柱的形状对其强度的影响

采场主要靠围岩本身的稳固性和矿柱的支撑能力维护回采过程中形成的采空区。矿柱的强度与其形状有关。矿柱的宽度越大，高度越小（即矿柱的宽高比越大），矿柱处于三向压缩状态的部分越大，则矿柱的强度越高。

根据美国曾经的研究，矿柱的矿石立方形试件抗压强度为 68.6MPa 时，如果矿柱的宽度（c）小于其高度（h），在不大的载荷下矿柱即破坏；但当 $c>7h$ 时，矿柱却能承受实际可能施加的载荷而不破坏。

棱柱形矿柱的抗压强度为：

$$\sigma_1 \approx \sigma_f \cdot k_f \tag{12-5}$$

式中　　σ_1 ——立方形矿柱的抗压强度，98.1kPa；

k_f ——矿柱形状系数，取决于宽高比，可近似为：当 $c<h$，$k_f = \sqrt{\dfrac{c}{h}}$；当 $c > h$，

$k_f = \dfrac{c}{h}$（圆形矿柱 c 等于直径，矩形矿柱 c 等于其短边，条带矿柱 c 等于其宽度减去巷道宽度）。

12.1.2.2 水平和缓倾斜矿体矿柱计算

用房柱法开采水平或缓倾斜矿体时，一般留有采区矿柱和支撑矿柱。前者多为较宽的连续矿柱，用以承受采区范围的上部覆岩载荷，并保护其中的上山；后者多为间断的圆形或矩形矿柱，用以限制各矿房回采允许跨度（暴露面积）。有时不留采区矿柱，而留矿房

间柱。此时矿柱呈宽度较小的连续或间断的圆形或矩形，用以承受矿房开采范围的上覆岩层载荷。

保证矿柱强度必需的截面，按许用承载强度计算：

$$\frac{S\gamma Hk}{s} \leqslant \frac{\sigma_0 k_f}{n}$$

式中　S——矿柱支撑的上部覆岩面积，m^2；

　　　γ——上部覆岩平均容重，t/m^3；

　　　H——开采深度，m；

　　　k——载荷系数，k 与岩石性质有关，也与开采深度 H 和开采空间短边尺寸 L（沿走向或沿倾斜）的比值有关：当 $H/L < 1$ 时，$k = 1$；当 $H/L > 2$ 时，$k = 0.4 \sim 0.8$；

　　　s——矿柱的截面积，m^2；

　　　σ_0——矿柱矿石立方形试件单向抗压强度，$\sigma_0 = 9.81kPa$（考虑了矿柱的存在时间，即蠕变的影响）；

　　　n——安全系数（考虑不同矿柱之间载荷分布的不均匀性和矿柱截面应力分布的不均匀性），对于永久矿柱，取 $3 \sim 5$，临时矿柱，取 $2 \sim 3$。

由上式得出矿柱相对面积为：

$$\frac{s}{S} \geqslant \frac{\gamma Hkn}{\sigma_0 k_f} \tag{12-6}$$

根据上式计算矿柱相对面积时，因矿柱宽 c 为未知数，可先假设 k_f 值；若算出 s 后所求出的 k_f 值与假设的差距过大，应重新假设 k_f 值进行计算，使其基本一致。

最终选定的矿柱尺寸，必须大于下列条件所限定的矿柱最小宽度：

（1）为防止矿柱被爆破崩坏，应使 $c \geqslant 2W$（W 为炮孔最小抵抗线）；

（2）为防止矿柱纵向弯曲，要求 $c \geqslant (1/4 \sim 3/4)h$（较坚硬的致密矿石取小值）；

（3）采用爆破崩矿时，要求 $c \geqslant 3 \sim 5m$，以保持矿柱中心部位稳固；

（4）如果顶板岩石强度低于矿石强度，为防止矿柱压入顶板，应加大矿柱的面积：

$$\frac{s}{S} \geqslant \frac{\gamma Hkn}{\sigma_d} \tag{12-6a}$$

式中　σ_d——顶板岩石抗压强度。

各矿柱承载比例与各矿柱断面大小有关。当开采面积很大，而且各矿柱的规格又都相同，则 k 为常数。若矿体垂直厚度为 10m 时，采区矿柱的宽度一般增加到 $20 \sim 40m$，则采区矿柱可称为隔离矿柱。隔离矿柱中矿石大部分处于三向压缩状态，其强度很大，而支撑矿柱很小，属塑性的，它只承受部分上覆岩层重量。当开采深度为采区宽度的 $1.5 \sim 2$ 倍时，对于坚硬弹性矿石 $k = 0.6 \sim 0.8$；对于软弱塑性矿石 $k = 0.35 \sim 0.45$，其余的覆岩重量传给隔离矿柱。因此，隔离矿柱的载荷为其上覆岩层总重量加上支撑矿柱的上覆岩层的部分重量。此时，计算支撑矿柱时，可不考虑载荷的不均匀性，取安全系数为 $2 \sim 3$。采区回采后，部分支撑矿柱可能破坏，并引起顶板冒落，其冒落范围不会超出隔离矿柱限定的范围。

12. 1. 2. 3　急倾斜矿体矿柱计算

开采急倾斜矿体时，一般留有顶柱、底柱和间柱。底柱因受放矿巷道切割严重，对围岩的支撑能力很差；顶柱因受剪应力和弯曲应力，只能承受部分载荷。因此，顶柱和底柱的支撑能力，仅按安全系数考虑。间柱由于其厚大且连续，呈三向受力状态，是支撑围岩的主体部分。

（1）按覆岩压力计算间柱宽度。这种计算方法和缓倾斜矿体矿柱计算方法相同，即：

$$\frac{s}{S} = \frac{c}{a + c} \geq \frac{\gamma H k n}{\sigma_0 k_f} \tag{12-6b}$$

式中　a——矿房宽度，m；

　　　c——间柱宽度，m。

在急倾斜矿体中，间柱的宽度远远小于其高度 h，因此，$k_f = \sqrt{\dfrac{c}{h}}$

于是

$$\frac{c}{a + c} \geq \frac{\gamma H k n}{\sigma_0 \sqrt{\dfrac{c}{h}}} \tag{12-6c}$$

在计算时，先取 c 的近似值，进行试算，直至基本满足要求为止。k 值与缓倾斜矿体矿柱计算相同，但此处 L 值是矿体开采范围横断面的短边在水平面上的投影值。

计算的间柱宽度，还应满足下列要求：

$$c \geq 2W；c \geq (1/3 \sim 1/5)h；c \geq 4 \sim 8m$$

式中　W——矿房落矿炮孔最小抵抗线。

（2）按滑动棱柱体计算间柱宽度。图 12-2 为滑动棱柱体上的力系分析图。图中 Q 为沿走向单位长度上的滑动棱柱体重量；R_2 为上部松散楔形体施加于棱柱体上的作用力之合力；R_1 为棱柱体下部原岩对棱柱体下滑的反作用力之合力；P' 为间柱对所受载荷的反作用力，它与棱柱体下滑力 P 大小相等，但方向相反。由于滑动面上有摩擦力，R_2 与 R_1 两力与法线的交角为内摩擦角 φ。

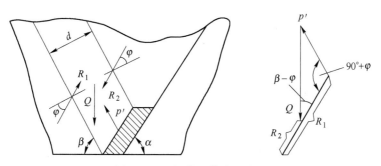

图 12-2　顶板棱柱体力系分析图

根据正弦定律：

$$P = \frac{Q \cdot \sin(\beta - \varphi)}{\cos\varphi}$$

式中　β——上盘岩石的移动角。

间柱中的正应力，应小于或等于矿柱的许用应力 $[\sigma_0]$，即：

$$\frac{P(a+c)}{c \cdot d} \leqslant [\sigma_0]$$

式中 a——矿房宽度，m；

       c——间柱宽度，m；

       d——下滑棱体的宽度，m。

间柱宽为：

$$c \geqslant \frac{P \cdot a}{[\sigma_0]d - P} \tag{12-7}$$

12.1.3 支承压力

开采空间上部覆岩的重量，由其两侧围岩（或矿柱）支撑，因而两侧围岩所承受的压力比开挖前要高，升高的压力称为支承压力，压力升高的范围称为支承压力区。图12-3为圆形开挖空间支承压力图。在 I—I 线上作用的有垂直应力（切向应力）σ_1、水平应力（径向应力）σ_2 和剪应力 τ。σ_2 在开采空间边界上为零，随着远离开采空间而逐渐升高，直至达到原岩应力的正常值 $\frac{\mu}{1-\mu}\gamma H$ 为止（μ 为岩石的泊松比）。σ_1 在靠近开采空间处达最大值，以后逐渐降低到原岩应力的正常值 γH。剪应力 τ 和垂直应力 σ_1 保持一定关系。

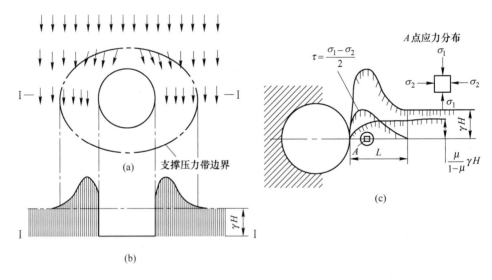

图 12-3 圆形开采空间支承压力图

(a) 示意图；(b) 沿 I—I 线的压力图；(c) σ_1、σ_2 和 τ 应力图

单一巷道和缓倾斜开采空间两侧的支承压力区内应力升高范围的面积，等于 γH 与开采空间跨度之半的乘积（图12-4）。

时间因素对支承压力区的范围和最大值也有影响，随着时间的推移，当开采空间的围岩强度发生弱化时，最大值将逐渐向背离开采空间的方向偏移。

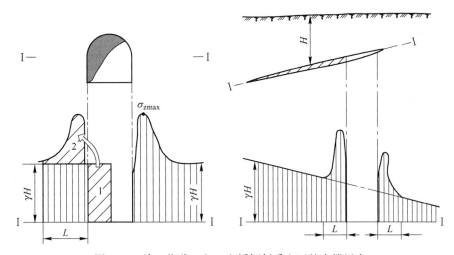

图 12-4　单一巷道（左）和缓倾斜采空区的支撑压力

（面积 2 等于面积 1，即面积 1 代表的重量与半边巷道上部岩石重量相等）

用应力集中系数 K，表示支承压力升高的程度：

$$K = \frac{\sigma_{z,\ max}}{\gamma H} \tag{12-8}$$

式中　　$\sigma_{z,\ max}$——最大垂直应力。

如果开挖两条巷道或相邻两个开采空间，还要考虑其相邻部位的应力叠加问题（图 12-5）。

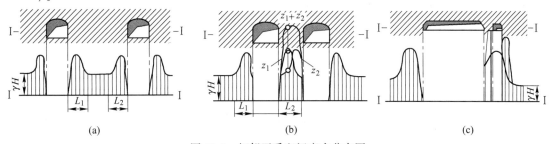

图 12-5　相邻开采空间应力分布图

（a）开采空间间距大于 $L_1 + L_2$；（b），（c）开采空间间距小于 $L_1 + L_2$

L_1，L_2 —各开采空间应力集中区的长度

当巷道间距大于 L_1+L_2 时，其应力分布规律和单一开采空间相同（图 12-5（a））；当其间距小于 L_1+L_2 时，相邻部位的应力比单一巷道支承力要大，产生应力叠加情况（图 12-5（b）、（c））。

在采场附近布置巷道时，应该根据岩性和岩体构造情况，充分考虑上述情况。

12.2　支　护

当回采不够稳固的矿体或围岩时，有时应用支柱或支架支护采空区，以保证回采工作的安全。20 世纪 60 年代以前，广泛采用木材进行支护，如立柱、棚子、方框支架等。实践表明，木支护有不少缺点：易发生火灾、易腐朽、强度不大、成本高，特别是我国木材较缺，因此应用逐渐减少。20 世纪 50 年代出现锚杆支护、锚杆桁架和长锚索等支护形式，逐渐在金属矿山中推广应用，目前已发展成适用多种岩性的系列支护形式。此外，20 世纪 80 年代后期，广泛在煤矿应用的金属支柱和液压掩护支架，也在金属矿山得到不少应用。

12.2.1　木材支护

12.2.1.1　横撑支柱和立柱

开采急倾斜薄矿脉（厚度小于 2~3m）时，用横撑支柱支护两帮围岩，并在其上架设木板或圆木，作为凿岩爆破的工作台（图 12-6）。一般支柱近垂直地架设于上下盘围岩之间（上盘侧稍向上偏斜）。由于坑木消耗量大，支柱的作用又仅为架设工作台，开采这类矿体目前我国多用留矿采矿法代替。

在开采缓倾斜薄矿体时，可用立柱支护不稳固的顶板，采幅高度一般不大于 2.5~3m。根据顶板稳固程度，采用带帽立柱或立柱加背板（图 12-7）。

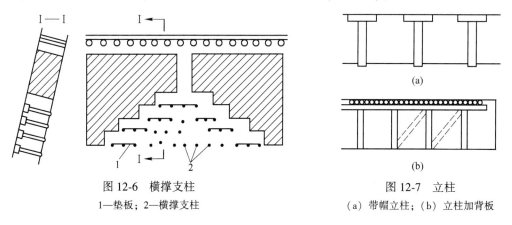

图 12-6　横撑支柱　　　　　　　　　　　图 12-7　立柱
1—垫板；2—横撑支柱　　　　　　（a）带帽立柱；（b）立柱加背板

12.2.1.2　木垛

用于厚度不大而地压较大的缓倾斜矿体或在充填体上面支护顶板（图 12-8）。木垛常

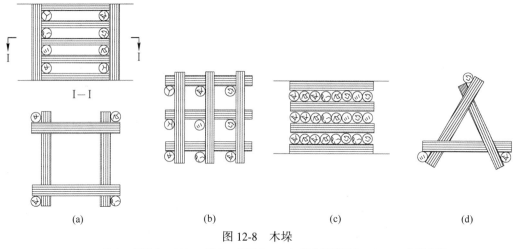

图 12-8　木垛

（a）一排内 2 根圆木；（b）一排内 3 根圆木；（c）密实铺设圆木；（d）三角形木垛

用的木料长度为 1.5~2.5m，直径 120~200mm。水平矿体所用木垛中木料最小长度不得小于高度的 1/4，以保证其稳定性。

12.2.1.3 方框支架和木棚

方框支架是一个矩形平行六面体的木结构，随回采工作面推移，由下盘向上盘逐个架设，由下向上逐层建造（图 12-9）。一般在方框中充满充填料，这种支护主要用于开采贵重且不稳固的厚矿体。由于木材消耗大、劳动生产率低，目前已很少使用。在不稳固的围岩和矿石中，用回采巷道回采时，常用间隔的或密集的木棚支护。

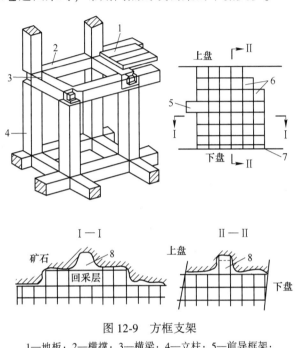

图 12-9　方框支架

1—地板；2—横撑；3—横梁；4—立柱；5—前导框架；
6—边角框架；7—框架的楔块；8—上引框架

12.2.2 锚杆和锚杆桁架支护

12.2.2.1 锚杆支护

自 20 世纪 50 年代锚杆支护出现以来，其结构形式、组成材料和施工技术等方面，都有很大的进展。综合国内外应用的锚杆的结构形式，可将其分类如图 12-10 所示。

锚杆种类很多，根据其锚固的长度可划分为集中（端头）锚固类锚杆、全长锚固类锚杆和混合锚固类锚杆。

集中（端头）锚固类锚杆是指锚杆装置和杆体只有一部分与锚杆孔壁接触的锚杆，如楔缝式锚杆、金属胀壳锚杆、金属倒楔锚杆、树脂锚杆等。全长锚固类锚杆指的是锚固装置或锚杆杆体在全长范围内全部与锚杆孔壁接触的锚杆，如钢筋、钢丝绳砂浆锚杆、快硬水泥锚杆、管缝式锚杆、水压膨胀锚杆、压缩木锚杆等。

根据锚杆锚固方式可分为机械锚固型和黏结锚固型。锚固装置或锚杆杆体和锚杆孔壁接触，依靠摩擦阻力起锚固作用的锚杆，属于机械锚固型锚杆。锚杆杆体部分或锚杆杆体全长利用树脂、砂浆、水泥等胶结材料，将锚杆杆体和锚杆孔壁黏结、紧贴在一起，靠黏

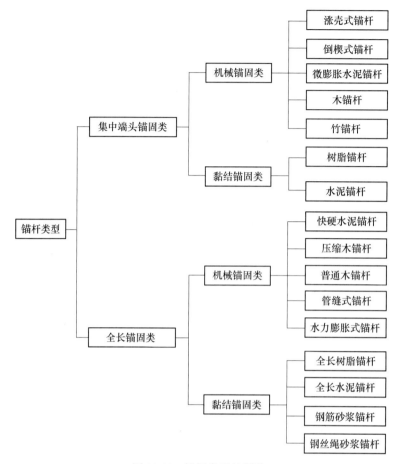

图 12-10　锚杆类型的划分

结力起锚固作用的锚杆，属于黏结锚固型锚杆。

　　根据材质不同锚杆可分为钢丝绳、钢筋、螺纹钢、玻璃钢、木、竹锚杆等。

　　A　机械式锚杆

　　机械式锚杆一般属于端头锚固式，并且锚杆的安装需要施加预应力，属于主动式锚杆。常见锚头类型包括胀壳式、楔缝式和倒楔式等，常用金属杆体直径 14～22mm，也有 30～32mm 的，杆体长度 0.65～5.25m。

　　a　胀壳式锚杆

　　常见的胀壳式锚杆由胀壳、锥形螺母、杆体及螺帽等组成（图 12-11）。标准的胀壳式锚头为沿纵向分割为两瓣或四瓣的一段短管，另一段为未分割的刚性部分。胀壳外表面加工成锯齿状，胀壳内插入一个有内丝扣的锥形空心螺母。组装好的锚杆送入孔底后，旋转杆体，使锥形螺母向下滑动，迫使胀壳张开，嵌入孔壁，使锚杆锚固在岩体中。

　　胀壳式锚杆的锚固力主要取决于胀壳与孔壁的接触情况、岩石性质及锚固点附近岩石的完整性。由于锚头与孔壁接触情况较楔缝式或倒楔式锚杆好，锚固可靠。所以，锚固力较大，设计锚固力一般取 50kN，实测锚固力可达 40～130kN，杆体可以回收使用。但当岩体质量较差时，锚固点附近岩石局部破碎将引起锚杆滑移。这种锚杆机械加工量大，成本较高。

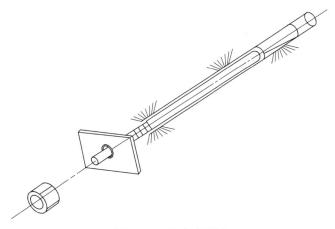

图 12-11　胀壳式锚杆

b　金属楔缝式锚杆

金属楔缝式锚杆由杆体、楔子、垫板和螺帽组成（图 12-12），其中楔子和杆头组成锚固部分，垫板、螺帽和杆体下部组成承托部分。杆体一般用普通低碳钢制成，直径 16~25mm、长度 1.5~2m，杆体内锚头上有长 150~200mm、宽 2~5mm 的纵向楔缝，外锚头带有 100~150mm 的标准螺纹。楔子一般用软钢或铸铁制成，比楔缝短 10~20mm，其宽度等于杆体直径或略小 2~3mm。楔子尖端厚度取 1.5~2mm，楔尾厚 20~25mm，垫板常用厚为 6~10mm 钢板作成方形，其边长为 140~200mm，有时也可以用铸铁制成各种形状的垫板，以适应凹凸不平的岩面。

安装时，先把楔子插入楔缝中送入孔底，然后在杆体外露端加保护套，锤击使楔子挤入楔缝，从而使杆体端部张开与孔壁围岩挤压固紧。最后在锚杆的外露端套上垫板，将螺帽拧紧。金属楔缝式锚杆结构简单、加工容易、使用可靠、锚固力大，但不能回收，孔深要求比较严格，在软岩中不宜使用。

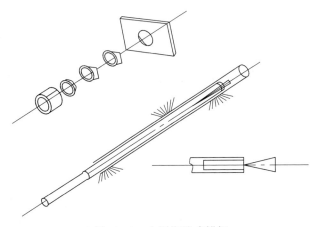

图 12-12　金属楔缝式锚杆

c　金属倒楔式锚杆

倒楔式锚杆由杆体、固定楔、活动倒楔、垫板、螺帽组成（图 12-13）。杆体用 $\phi=$ 12~16mm 的圆钢制作，固定楔、倒楔、垫板都可用铸铁制作。安装时，先将倒楔楔头的下部与杆体绑在一起，轻轻插入钻孔中，然后采用扁形长冲头沿杆体一侧送入孔内顶柱活动楔，并用锤撞击使活动楔沿固定楔斜面滑动，造成楔体横截面增大，并嵌入孔壁，然后装上垫板，拧紧螺帽，使锚杆固定在岩体中。这种锚杆比楔缝式可靠，对钻孔要求不严，结构简单，易于加工，安装后可立即发挥支护作用，还可回收利用。金属倒楔式锚杆的锚固力一般可达 30~50kN。在围岩松软、破碎时，锚固效果差，不宜采用。

未经注浆的机械锚固锚杆一般属于端头锚固，在安装后能立即拉紧并提供支护力，锚杆处于轴向拉伸状态，沿杆体全长拉应力均等，所以锚固力就等于拉拔力。在理论分析中，通常将受力特

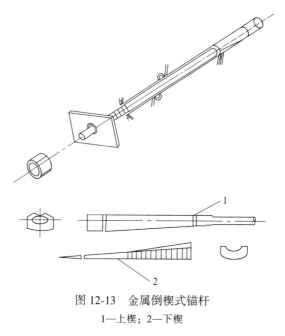

图 12-13　金属倒楔式锚杆
1—上楔；2—下楔

征简化为在锚杆内、外锚头处作用一对集中力。在黏结式锚杆中，端头锚固式锚杆的受力状态及计算简化方法与机械锚固锚杆基本相同。

在质量良好的中硬以上岩层中，机械锚固锚杆具有很好的锚固性能，且安装简便迅速，安全可靠。在比较软弱的岩石中，由于机械锚头与岩石接触面积小，易使岩石进一步破碎而且降低锚固效果。在极软弱的页岩、泥岩和胶结差的砂岩中，一般不用机械锚固锚杆。

B　黏结式锚杆

黏结式锚杆主要可分为水泥砂浆锚固钢筋锚杆、水泥或树脂锚固钢筋锚杆两大类。前者属于被动式锚杆，这类锚杆只有当围岩产生变形时，锚杆才能受载。显然，它们必须紧跟掘进工作面安装，因为当锚杆的安装进度远远落后于开挖工作时，围岩会在短时间内出现较大的变形，这时再安装锚杆，已很难充分发挥锚固作用；后者属于主动式锚杆，在安设后短期内即可迅速固化并拉紧，例如树脂锚固锚杆和水泥锚固锚杆，安装迅速方便，锚固力大，并能防腐防锈，在软弱破碎岩石中也能可靠工作，属于主动式支护。按照黏结剂锚固长度，也可将黏结式锚杆分成全长和端头黏结式，通常前者的锚固力为后者的数倍。

a　树脂锚固钢筋锚杆

树脂锚固钢筋锚杆由树脂胶囊、杆体、托板和螺母组成，树脂锚杆及锚固剂如图12-14 所示。

树脂锚杆的锚拉杆材料一般选用 HRB335 或 HRB400 钢筋，其直径为 16~32mm，杆体锚固段结构应满足锚固力、工艺操作等要求。锚固段部分杆体应横向砸扁，如图 12-15 所示。砸扁顶端宽度 B 比钻孔直径小 4~6mm，砸扁部分长度为 6~8d（d 为钢筋直径），砸扁部分采用反螺旋方向（左旋）沿杆体纵轴均匀扭转 180°，形成麻花状。在锚固段与非锚固段分界处设置挡圈，以防止锚固剂外流，其厚度 2~4mm，挡圈外径与砸扁顶端的宽度 B 相等，锚杆锚固段长度要符合设计要求，误差为±5mm，锚拉杆头部应扯出 200mm长的普通螺纹扣，以便用螺母锁紧锚杆。

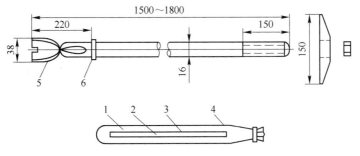

图 12-14 树脂锚杆及锚固剂

1—树脂胶泥；2—固化剂；3—固化剂胶袋；4—聚酯薄膜；5—锚杆的麻花部分；6—挡圈

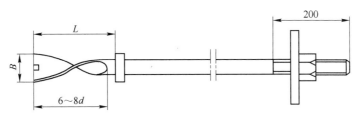

图 12-15 拉杆尺寸图

目前普遍采用矿用螺纹钢锚杆，内端不做麻花状处理，如图 12-16 所示。杆体外锚头的螺纹应由滚丝机滚制而成，以便提高螺纹段强度，用这种钢筋制作杆体可以不需加工，直接安装螺帽，可以作为端头锚固锚杆，也可作为全长锚固锚杆。这种杆体不但可以提高锚杆黏结度，而且便于安装和进行长度调节。

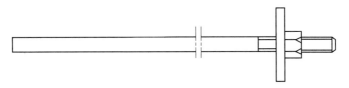

图 12-16 螺纹钢锚杆

树脂锚固剂通常将树脂、固化剂和促凝剂严密包装在胶囊中，制成一定长度和直径的锚固剂胶囊。由于促凝剂可促进树脂与固化剂的反应，加快凝固速度，为了防止这些成分在使用前接触，树脂和促凝剂装在一起，固化剂要与其隔离。我国生产的树脂锚固剂将固化剂与促凝剂两室密封，共同包装在塑料薄膜袋中。中速锚固剂固化时间按 4~6min，快速锚固剂固化时间为 0.5~1min。

树脂锚固钢筋锚杆的锚固力受多种因素影响，岩体种类及质量对锚固力将产生很大的影响；钻孔直径与杆体尺寸的配合关系对锚固力也有重要的影响。实验表明，最佳直径差为 6mm，一般取 4~6mm，此间隙可以保证树脂胶囊被充分搅碎和很好混合，保证达到最大锚固力。

树脂锚杆的锚固方式有端部锚固、部分锚固、全长锚固，我国目前普遍采用端部锚固。

树脂锚杆安装的过程可以分为：钻孔、放置药卷、搅拌药卷、插入注浆管路系统、施加预应力，有的还进行非锚固段注浆。在操作过程中要注意严格掌握孔深，认真清孔，按要求搅拌。

与其他锚杆相比，树脂锚杆优点如下：

（1）承载快，锚固力大。树脂锚杆的锚固剂为高分子合成材料，它具有固化时间快（几十秒到几分钟），强度发展快（一般半小时后强度可达 65%～90%），强度高（最终强度达 60～120MPa）。

（2）移动量小，能及时控制围岩离层与变形。由于树脂锚固段很牢靠，杆体的位移量主要是由杆体本身弹塑性变形而产生的。因此，树脂锚杆能够及时阻止围岩膨胀、变形与离层。

（3）安装方便、支护效率高。水泥锚杆及机械式金属锚杆安装要求严格、操作复杂，工人不宜掌握；而树脂锚杆安装比较方便，工人易于掌握，质量有保证，效率也高。

（4）适应性强、使用范围广。树脂锚杆可以用于各类围岩条件，均可达到理想的锚固效果，特别是节理、裂隙发育或岩石松软的条件。

树脂锚杆支护解决了回采巷道因围岩松软、强度低、受回采动压影响、围岩非均质、变形量大等影响而难以支护的问题。原有的刚性支护（工字钢棚等）不能适应回采巷道变形大的特点，折损现象严重，维护费用高，使用树脂锚杆支护可以很好地解决这一问题。这种锚杆的缺点是锚固剂成本高，储存期短（6个月）。

b　水泥锚固锚杆

水泥锚固锚杆是以快硬水泥卷代替树脂胶囊，其黏结方式也有端头粘固和全长粘固两种。水泥卷内包装的胶结材料是国产早强水泥和双快水泥按一定的比例混合而成的。如果在水泥中添加外加剂，还可制成快硬膨胀水泥卷，它具有速凝、早强、减水、膨胀等作用，特别是膨胀水泥的膨胀率 1h 可达 0.4%～0.6%，8h 可达 0.7%～0.8%，1d 可达 1.1%～1.3%，从而有助于杆体与孔壁的黏结，提高锚固力。

各类水泥锚固锚杆都是通过锚杆锚头将水泥挤入钻孔裂隙，并快速黏结杆体与岩壁，由体积膨胀达到产生较大锚固力的目的。直径 16mm 的杆体采用快硬水泥卷做端头锚固，0.5h 后锚固力可达到 50kN 以上，具有较好的锚固性能。

水泥锚固锚杆具有适应性较好、锚固迅速可靠、可以施加预应力、抗震动和冲击等特点，且价格低廉、施工简便，是一种较适合我国矿山应用的锚杆类型。但是，它的锚固力及其他的技术指标不如树脂锚杆，因此在永久支护中，尤其是在淋水或渗水的巷道中应用受到限制。

c　水泥砂浆锚杆

水泥砂浆锚杆由水泥砂浆、杆体、托板和螺母组成（图 12-17），这是一种全长粘固式锚杆。

水泥砂浆锚杆杆体一般采用 Q235 钢，直径 16～25mm。为增加锚固力，也可以与机械式锚头配合使用。水泥砂浆一般用 P. O32.5 号以上硅酸盐水泥，沙子粒径不大于 2.5mm。砂浆配合比（质量比）一般为水泥：沙＝1：1，水灰比约为 0.38～0.45。

这种锚杆的水泥砂浆依靠压力注眼器注入钻孔内，水泥砂浆凝固后，将锚杆与钻孔壁黏结在一起，在岩体发生变形之前安装。其优点是结构简单、价格低廉、锚固力较高、抗冲击和振动性能好，曾被矿山工程广泛采用。但是，由于安装锚杆时水灰比难以控制，以

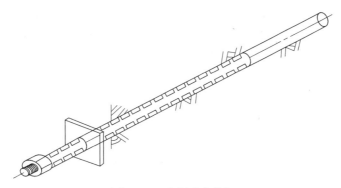

图 12-17 水泥砂浆锚杆

及锚杆孔注不满等原因，使安装质量难以保证，如今这种锚杆的用量已不断减少。

目前，利用硫铝酸盐早强水泥掺加 TZS 型早强剂，水、沙以一定配比拌和均匀，制成了早强砂浆黏结剂，使早强砂浆锚杆具有早期强度高、承载快的优点。砂浆钢筋锚杆可用于井下永久性工程或采区主要硐室中。

C 摩擦式锚杆

按锚固原理它也是一种机械式锚杆。通过钢管与孔壁之间的摩擦作用达到锚固目的，故多为全长锚固式，主要包括缝管锚杆、水胀管锚杆、爆固管锚杆和液压力顶板销钉等。

a 缝管式锚杆

缝管式锚杆又称管缝式锚杆，属于摩擦式锚杆（图 12-18），1973 年由美国密苏里-罗兰矿业工程学院 James J. Scott 教授提出，并与英格索-兰德公司共同研制而成。我国于 1981 年引进，现在已有不少矿山应用。这种锚杆的杆体全长是一根纵向开缝可压缩的高强度空心钢管，外锚头焊有挡环。杆体开缝宽度 10 ~ 15mm，外径 30~45mm，比孔径大 1~3mm，锚杆壁厚 2.2~3mm，长 1.6~2.0m 或更长。

由于缝管式锚杆的外径比钻孔直径大，需用强制方法将锚杆压入孔内，锚杆壁即与孔壁紧密接触，而杆体为恢复原始状态，则对孔壁周围施加一种初始的径向载荷，从而产生抵抗岩层移动的摩擦力，从而阻止围岩松动和变形

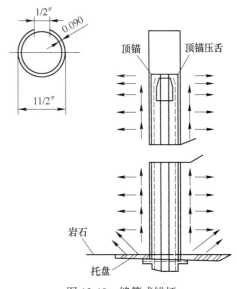

图 12-18 缝管式锚杆

而增加围岩的稳定性；另外，安装推进锚杆时，垫板紧压孔口岩石，使锚杆下段围岩形成梨形应力体，使围岩在一定范围内产生"三向压力区"，从而提高围岩的自承载能力。开缝管一般用冲击法装入钻孔，为了便于安装，锚头部分制成圆锥形，在开缝管外锚头处安装托板。

缝管锚杆具有全长锚固的特点，安装后立即提供预应力，锚固力随围岩变形而增大，随时间推移而增长，适应性好，在软弱破碎岩体中均能使用，锚固可靠，锚固力可达 50 ~

70kN。另外，这种锚杆构造简单，安装方便、快速，易于实现机械化。但由于杆体为空心结构，打入围岩后可产生透水通路，而且管体易遇水锈蚀，因此不能用于含水量大的岩层和含膨胀性矿物的软岩岩层。

　　b　水压膨胀式锚杆

　　由瑞典 Atlas Copco 公司研制的水压膨胀式锚杆，现已在巷道和采场中应用。这种锚杆由杆体、带夹头的杆形安装设备和高压水泵组成。锚杆用外径44mm、壁厚2mm的钢管制成，加工好的锚杆外径只有25~28mm，锚杆长度为0.6~3.6m（图12-19）。

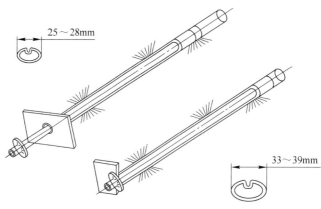

图12-19　水压膨胀式锚杆膨胀过程

　　安装时，把锚杆装入33~39mm的钻孔中，将高压水（30MPa）经过套管注入杆体。在水压作用下，折叠的钢管全长膨胀并压紧孔壁，依靠管壁与孔壁之间的摩擦力和挤压力实现支护目的。同时，管体的膨胀伴随着纵向收缩，使托板紧贴岩面产生预应力。在异型钢管前端上装有短接套管，外锚头为带小孔的短接管，与异型钢管严密焊接，在短接管与杆体相连处是金属托板。这种锚杆的拉拔力可达98.1~196.2kN。

　　水胀管锚杆结构简单，安装迅速，作业安全，抗震动性能好，锚固力大，锚固可靠。

　　D　预应力锚索

　　a　胀壳式钢绞线预应力锚索

　　这种锚索由胀壳式内锚头、钢绞线（锚杆体）、星形锚具外锚头等组成（图12-20），并经注浆而成。

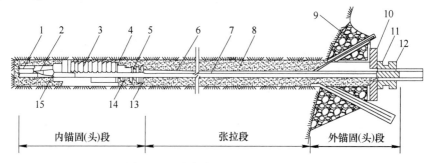

图12-20　胀壳式钢绞线预应力锚索

1—导向帽；2—六棱锚塞；3—蛇皮外夹片；4—挡圈；5—顶簧；6—套管；7—排气管；8—砂浆；
9—混凝土支墩；10—垫板；11—锚环；12—锚塞；13—托圈；14—顶簧套筒；15—锥筒

锚索的内锚头由导向帽、锥筒、六棱锚塞、蛇皮外夹片、挡圈、顶簧、顶簧套筒和托圈等组成。外锚头有垫板、锚环、锚塞和现场浇的混凝土支墩组成。

安装时将钢绞线穿过顶簧套筒，再通过锥筒，用六棱锚塞卡紧固定在锥筒内；钢绞线的端头插入导向帽，利用胀壳嵌入钻孔岩壁产生的锚固力，采用双千斤顶拉紧杆体；然后，锁定外锚头，形成预应力锚索。

这种锚索的预应力值一般为600kN。它具有施工工序紧凑、简单、安装方便、迅速等特点，可在较小施工现场使用，施工中应及时注浆，以便保持设计预应力。胀壳式钢绞线预应力锚索适应于中硬以上岩体中大跨度采场顶板的加固，也可与普通锚杆配合使用。

b 砂浆黏结式预应力锚索

砂浆黏结式预应力锚索（图12-21）由于采用水泥砂浆黏结内锚固段，除内锚头与胀壳式钢绞线预应力锚索不同外，其余部分基本相同。

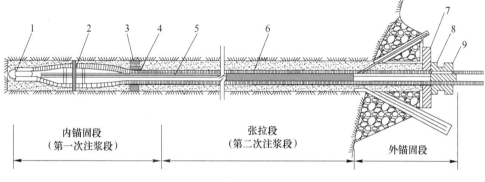

图 12-21 砂浆黏结式预应力锚索

1—导向帽；2—扩张环；3—定位止浆环；4—固线塞；5—排气管；6—套管；7—垫板；8—锚环；9—锚塞

砂浆黏结式锚索具有预应力大、锚固力高等优点，适应各种复杂工程条件。缺点是施工工序复杂，质量难以保证，安装后不能立即拉紧，施工周期长等。这种锚索适用于各种岩体地表与地下永久性工程的加固。

锚杆是一种积极预防的支护方式，它是通过锚入岩石内的锚杆，改变围岩本身的力学状态，在巷道周围形成一个整体而稳定的承压带，从而达到维护巷道安全的目的。

锚杆支护的主要优点是：适用范围广，适应性强；有利于一次成巷施工和加快施工进度；施工工艺简单，有利于机械化施工，可以减轻棚架、砌碹的笨重体力劳动；减少了材料的运输量。其缺点是：不能预防围岩风化；不能防止锚杆与锚杆之间裂隙岩石的剥落。因此，锚杆常常与金属网、喷浆或喷射混凝土等联合使用。

锚杆选型的基本原则：

（1）锚杆的锚固力与锚固力特性曲线，须与围岩的位移、压力相适应，以确保获得良好的支护效果，维护量小，保障井巷的安全使用；

（2）应根据围岩类型、稳定性及使用条件，选择相适应的锚杆类型；

（3）锚杆类型、耐久性能及防腐性能须与工程服务年限相适应；

（4）应考虑安装的方便性与机械化安装，提高支护效率。

锚杆的力学作用。通过科学实验和生产实践，认为锚杆有以下几种作用：

（1）悬吊作用。在块状结构或碎裂结构的岩层中，锚杆将不稳固的岩块或岩层，悬吊在松动区以外的稳固的岩层上，阻止岩块或岩层塌落（图 12-22（a））。

（2）组合作用。在层状结构的岩层中，锚杆如同联结螺栓，将薄层组合成厚梁，使围岩承载能力大大提高（图 12-22（b））。

（3）挤压作用。在松软岩层中，以某种参数系统布置预应力锚杆群，在围岩内形成一个承载拱，以提高围岩的承载能力（图 12-22（c））。

上述三种作用，对于地质条件复杂的岩体，有的是一种作用为主导，有的几种作用同时发生，应根据具体条件进行分析。

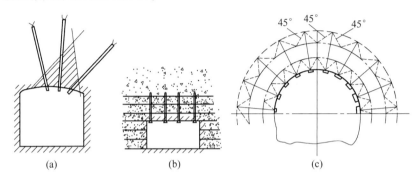

图 12-22　锚杆的力学作用

（a）悬吊作用；（b）组合作用；（c）挤压作用

此外，还可应用长锚索加固岩体支护技术。在矿体或围岩中，按一定网度钻凿大直径深孔，在深孔中放 1~3 根钢丝绳，然后注入水泥砂浆，提高岩体的强度，防止顶板围岩冒落。我国凤凰山铜矿实验长锚索和锚杆联合支护方法，获得良好加固顶板的效果。

12.2.2.2　锚杆桁架支护

锚杆桁架比锚杆支护具有更多的优越性。1966 年在美国研制成功，以后应用于煤和非煤矿山的宽巷道、斜坡道的顶板支护，还用于房柱法的矿房顶板支护上。

锚杆桁架是用高强度钢杆（直径为 18mm、25mm）、两个涨壳式锚杆（一般为两个）、拧紧装置和木楔组成。由于施加预紧力，在支护范围内的顶板岩层中，形成压缩带，代替拉应力区，恰似结构力学上的桁架，从而对顶板岩层起加固作用（图 12-23）。一般在顶板锚杆悬吊作用失效或顶板锚杆之间有岩石窜落处使用锚杆桁架。

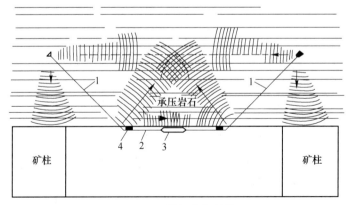

图 12-23　锚杆桁架结构

1—涨壳式锚杆；2—钢杆；3—拧紧装置；4—垫块；阴影—压应力区

用光弹模拟实验获得的等色线分布，如图 12-24 所示。由图可看出，由于安装了锚杆桁架，在矿房顶板岩层中，产生了压缩应力。这种结果在工程实践中，经实测也得到了证实。

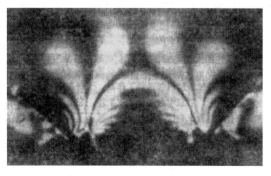

图 12-24　锚杆桁架等色线图

12.2.3　混凝土和喷射混凝土支护

在采场地压控制中，混凝土支护主要用于电耙巷道，喷射混凝土支护广泛用于采矿巷道。

12.2.3.1　混凝土支护

混凝土支护主要是使用素混凝土，但在一些关键部位（如斗穿与耙道相交处）采用配以钢筋或钢轨、工字钢等整体浇灌的支护方式。它具有承压大、整体性好、适应各种漏斗布置形式、支护表面平整利于耙矿等优点；但无可塑性，抗爆破冲击震动性能差，需较长的养生期，底柱回采后弯曲的钢筋不利放矿。应用混凝土搅拌输送机，可减轻施工的体力强度和提高浇灌工作效率。

12.2.3.2　喷射混凝土支护

喷射混凝土（砂浆）是一种强度高、黏结力强、抗渗性好的支护形式。按其施工工艺可分为干式喷射法和湿式喷射法两种。干喷法是按比例将已搅拌好的干料（砂、石、水泥、速凝剂等混合物）送入喷射机，用压气沿输料管送到工作面，干料在喷嘴的混合室内与水混合，以高速喷射到所支护的岩壁上，形成喷射混凝土支护体。湿喷法是将拌好的混凝土通过压浆泵送至喷嘴，再用压缩空气进行喷射。和浇灌混凝土相比，它把输送、浇灌和捣固等工序结合起来，提高施工速度两倍以上，减少掘进工程量 15%～20%，节省劳动力 50%，节约混凝土 50%，降低成本 50%。

干喷法喷射作业时粉尘大，水灰比不易控制，回弹量大；湿喷法回弹和粉尘都较少，材料配合易于控制，工作效率比干喷混凝土高，但易堵管，施工时宜用随拌随喷的方法，以减少稠度变化。

喷射混凝土是一种柔性支护结构，具有封闭围岩防止风化、有效补强并防止围岩松动的作用。由于该支护方法与被支护的岩壁有很高的黏结力，能充填岩壁较大的裂隙，从而提高了岩体的稳固性和承载能力。喷射混凝土与岩壁共同作用，构成统一的受力体系，成为主动的承载结构。

喷射混凝土不仅可以单独作为一种支护手段，而且常常与锚杆支护结合使用，即喷锚支护，支护效果更好。

12.2.3.3　锚喷（网）支护

锚喷网支护中，网的作用是维护锚杆间比较破碎的岩石，阻止岩块掉落，以提高锚杆支护的整体作用效果。网的种类主要有铁丝网、钢筋网和塑料网等。其中铁丝网一般为 3～4mm 的镀锌钢丝编织而成，其能防止松动岩块掉落，但对巷道顶板的主动支护能力较差；钢筋网由钢筋焊接而成，网格较大，网的强度和刚度均较大，其能有效防止松动岩块掉落并增强锚杆支护的整体效果；塑料网成本低、轻便、抗腐蚀，但强度和刚度较低。矿山井巷锚喷网支护中，基本都是采用钢筋网。

12.2.3.4　钢纤维和塑料纤维喷射混凝土支护

钢纤维喷射混凝土是在普通砂浆或混凝土中掺入分布均匀且离散的钢纤维，依靠压缩空气高速喷射在结构表面的一种新型复合材料，广泛应用于道路、桥梁、水工、矿山、隧道等工业和民用建筑工程领域，适用于对抗拉、抗剪、抗折强度和抗裂、抗冲击、抗震、抗爆等各项性能要求较高的结构工程或局部部位。对于矿山支护，既可用于浇筑混凝土，也可用于喷射混凝土。用于混凝土的纤维分为钢纤维和合成纤维，目前矿山主要应用钢纤维。

喷射混凝土中掺入钢纤维，为混凝土提供了微型配筋，可增强与混凝土之间的握裹力和锚固力，显著改善混凝土的抗裂性、延性、韧性及抗冲击性能。同一般喷射混凝土相比，它具有韧性好、适应变形能力强和良好的抗渗性、耐久性等优点，起到代替钢筋网或钢筋的作用，并与围岩及时、完全结合，充分发挥围岩自承能力，从而减少围岩变形、达到围岩稳定，不但技术先进、施工速度快，同时具有良好的施工安全性，经济上更有利。

12.2.4　金属支架支护

金属支架在地下开采中的应用逐渐增加，具有强度大、使用期限长、可多次复用、安装容易、耐火性好等优点。但这种支架重量大、成本高、搬运和修理较困难，因此，多用于开拓和采准巷道的支护中，而采场中应用较少。

12.2.4.1　梯形金属支架

梯形金属支架用 18～24kg/m 钢轨、16～20 号工字钢或矿用工字钢制作，由两腿一梁构成，其常用的梁、腿连接方式如图 12-25 所示。型钢棚腿下焊一块钢板，以防止其陷入巷道底板，有时还可在棚腿之下加设垫木。

钢轨不是结构钢，就材料本身受力而言，用它制作支架不够合理，但轻型钢轨取材方便，所以仍在使用。理想情况应采用矿用工字钢制作这种支架。

这种支架通常用于回采巷道，在断面较大、地压较严重的其他巷道也可使用。

12.2.4.2　拱形可缩性金属支架

拱形可缩性金属支架是用特殊型钢制作，其结构如图 12-26 所示。每架棚子由三个基本构件组成：一根曲率为 R_1

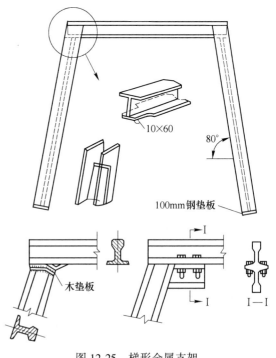

图 12-25　梯形金属支架

的弧形顶梁和两根上端部带曲率为 R_2 的柱腿。弧形顶梁的两端插入或搭接在柱腿的弯曲部分上，组成一个三心拱。梁腿搭接长度约为 300~400mm，该处用两个卡箍固定。柱腿下部焊有 150mm×150mm×10mm 的铁板作为底座。

支架的可缩性可以用卡箍松紧程度进行调节和控制，通常要求卡箍上的螺帽扭紧力矩约为 150N·m，以保证支架初撑力。拱梁和柱腿的圆弧段的曲率半径 R_1 和 R_2 的关系是 $R_1/R_2 = 1.0~1.5$（常用的比值是 1.25~1.30）。在地压作用下，拱梁曲率半径 R_1 逐渐增大、R_2 逐渐变小。当巷道地压达到某一限定值后，弧形顶梁即沿着柱腿弯曲部分产生微小的相对滑移，支架下缩，从而可缓和顶板岩层对支架的压力。这种支架在工作中可多次退缩，可缩性比其他形式的支架都大，一般可达 30~35cm。在设计巷道断面选择支架规格时，应考虑留出适当的变形量，以保证巷道后期使用要求。

拱形可缩性金属支架适用于地压大、围岩变形量大的巷道，支护断面一般不大于 12m²。支架棚距一般为 0.5~1.0m，棚子之间应用金属拉杆通过螺栓、夹板等互相紧紧拉住，或打入撑柱撑紧，以加强支架沿巷道轴线方向的稳定性。这种支架成本较高，应在与喷锚支护进行综合比较后采用。

12.2.4.3　掩护支架

在开采顶板不稳定的缓倾斜薄矿体时，探索性地移植了煤矿液压式掩护支架（图 12-27）。随回采工作面向前推进，不断移动掩护支架以支撑工作面附近的顶板。在支架的后方，直接顶板可自然冒落。但由于金属矿石较坚硬，通常使用凿岩爆破法落矿，故掩护支架需有防爆措施。此外，尚应研制与掩护支架配套的采场运搬设备。实践证明，用掩护支架支护顶板时，采取电耙运搬矿石极为不便。

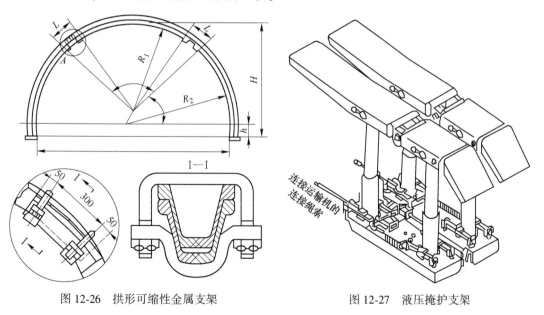

图 12-26　拱形可缩性金属支架　　　　图 12-27　液压掩护支架

12.3　充　　填

在开采有色金属、金矿或稀有金属矿时，广泛地采用充填采空区的支护方法。这种支护方法，可以有效控制采场地压，减缓岩层移动和地表下沉的程度；能同时开采相邻矿房，允许多阶段回采和安全地回采矿柱，从而保证回采过程的矿石损失和贫化最低；对于易燃矿石，没有火灾危险。但充填工作的劳动消耗远比其他支护方法大，充填费用也较高。

根据采空区充填的程度，可分为全部充填和局部充填；按照回采工作和充填工作的顺序，分为同时充填和随后充填。在回采矿房或矿块时，分层回采和充填交替进行，用充填材料支撑围岩和矿柱，这种情况称为同时充填。回采结束后，一次完成的充填工作称为随后充填，其目的一是消除采空区，控制地压，二是为了有效地回采矿柱，提高矿石回采率。

按照充填材料的成分和输送方法不同，可分为干式充填（重力充填、机械充填和风力充填）、水力充填和胶结充填。干式充填使用最早，需用矿车、机械或风力将废石送入采场，以充填采空区。由于这种充填劳动强度大、充填效率低和充填质量差，逐渐为后来发展的水力充填所代替。后者是将碎石、炉渣或尾矿用水混合后，沿管路输送到充填地点，水在采空区中渗出，充填材料充填采空区。20 世纪 60 年代出现了胶结充填，在对充填体的强度有特殊要求时，可应用胶结充填。

采空区充填以后，充填材料逐渐压实下沉。沉降的程度，称为沉缩率（P），用百分数表示：

$$P = \frac{V_1 - V_2}{V_1} \times 100\% \tag{12-9}$$

式中　V_1——充填材料刚充填时的体积；

V_2——充填材料压实后的体积。

充填材料的性质及其湿度、矿体的倾角及围岩的压力、采用的充填方法等，都对充填体的沉缩率有影响：干式充填的沉缩率为 15% ~ 25%，水力充填为 10% ~ 15%，风力充填为 10% ~ 12%。

12.3.1　干式充填

金属矿山应用干式充填时，多在距井筒不远设露天采石场或废石场，将破碎到一定块度的岩石经主充填井溜至井下，然后送到充填地点。干式充填的过程如下：

采石场或废石场→破碎→地面运输→主充填井→井下水平运输→采场充填井→采场内运搬、铺平

当开采深度不大，地表采石条件方便，可采取多充填井下料，以减少水平运输距离。充填料的地面运输，一般采用汽车；井下水平运输，一般采用矿车和电机车；沿主溜井和采场充填井下料时，则利用自重溜放。

按采场内运送废石的方式，干式充填分为自重、机械和风力三种。

自重充填主要用于随后充填，但当采用倾斜分层回采时，也可用于同时充填。为使充填体达到较好的密度，废石块度不宜超过 150 ~ 200mm。自重充填的生产率高，成本低，但沉缩率大，采空区上部充填不满。

机械充填是用自行设备、电耙或输送机在采场内分布充填材料。曾试验过抛掷式充填机，但未能推广。分层充填时，应用电耙在采场内铺平废石，此时耙矿和耙运充填料可共用一台电耙绞车。电耙坚固耐用，但运距小（仅为 10 ~ 30m），充填体的密度不高（沉缩

率达 20%~30%），充填不能接顶。

近年来自行设备也广泛用于充填工作。如果载重量为 1.5~3t，运距 25~50m，则台班效率 100~150t，如果载重量为 12~20t，运距 50~100m，则台班效率可达 500~700t。运输机很少用于充填，因为经常要移动设备。德国个别矿山，使用分节式振动输送机，充填 2~3m 厚急倾斜矿脉。

风力充填应用较少。它是利用压气使充填料沿管路送向充填地点。此时要求充填料破碎到 5~80mm 块度，且为非研磨性岩石，并混入 10%~15% 的黏土。风力充填的密度较高，可进行接顶充填，但灰尘大，管路磨损严重，且压风消耗很大（1m³ 充填料的压风耗量达 150m³）。

由于干式充填效率低，充填工作劳动消耗大，充填不够致密，因此逐渐为水力充填所代替。但对中小型矿山，因为投资少，不需另添置设备，故仍有使用价值。

12.3.2　水力充填

水力充填是用水作媒介，使充填料沿管道或钻孔输送到充填地点（图 12-28）。其输送动力，主要是充填系统进口和出口之间高差所形成的自然压头，或者用砂泵加压。

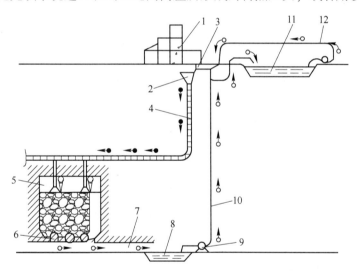

图 12-28　水力充填系统示意图

1—料仓；2—混砂沟；3—水枪；4—充填管路；5—采空区；6—滤水墙；7—设排水沟的巷道；
8—水池；9—水泵；10—水管；11—沉淀池；12—向水枪供清水的管路

充填工艺包括充填料的选择和加工、砂浆制备和输送、充填和脱水以及废水处理等。

12.3.2.1　充填材料的选择和加工

水力充填材料有河砂、山砂、卵石、炉渣、采掘的岩石以及选厂的尾砂等。充填料的最大粒径不应超过管径的 1/3，且其含量不超过总量的 15%。充填料的含泥量（粒径小于 1mm），不得超过 10%~15%。含少量的泥质，可减少对管路的磨损，有利于管路输送。充填料应有较好的渗透性，即能在充填后 4h 内将水渗滤出去，脱水后形成密实的充填体，沉缩率不得超过 10%~15%。

砂浆的浓度用固体和液体的体积比或重量比表示。为了减少排水费用，固液比应控制在 1：3.5 以内。

应严格控制尾砂的硫化物的含量：黄铁矿含量不得超过 8%，磁黄铁矿不应超过 4%。否则，应进行脱硫处理。此外，必须对尾砂中有用成分含量进行分析，对目前尚难回收的稀有或贵重元素的尾砂，要经有关部门审批后，方能作充填料使用。

12.3.2.2 充填料的制备

为了使充填料能在管道中顺利输送，充填料在进入管道前，必须和水均匀混合成砂浆，这就是砂浆制备。其目的是将充填料配制成合格的粒级组成，控制细泥含量和砂浆浓度，以保证顺利输送和达到必要的充填能力。

当采用粗粒充填料时，砂浆制备工艺包括破碎、筛分、贮存、搅拌和注砂等过程。应用尾砂充填时，砂浆制备工艺包括脱泥（有时还脱硫）、贮存、搅拌和注砂。目前我国脱泥的主要设备，是水力旋流器（图 12-29）。尾砂的制备工艺简单，输送也容易，因此，国内外应用尾砂进行水力充填日益广泛。

12.3.2.3 砂浆的水力输送

制备好的砂浆，需用管道输送至充填地点。利用管道进行水力输送充填料，是属两相流问题。管道由垂直和水平部分组成。垂直部分的砂浆柱要有一定高度（自然压头），保证水平部分的砂浆以必要的速度（临界速度或略大一些）移运充填料。这一速度能使小颗粒充填料（小于 2~3mm）处于悬浮状态，大颗粒跳跃式地移动。尾砂的临界速度一般为 1.5~1.65m/s，河砂为 2~2.5m/s，碎石为 3~4m/s。低于临界速度时，将产生固体颗粒沉淀而堵管。超过临界速度太多，则管路磨损太大。

充填管路多采用无缝钢管，壁厚为 10~12mm，每节长 2.5~3m，用法兰盘连接。近年一些矿山，用聚乙烯氯化物（PVC）管材代替无缝钢管，效果良好。PVC 系列管材，具有质量轻、不腐蚀结垢、加工能耗低、热胀系数大等突出优点。其中高抗冲派克管（PVC-M 管），韧性和抗冲击性能很强，而且采用整模硫化成型的密封圈连接，整体性能好，在南非深部开采的黄金矿山应用，能够适应深达 5000m 的恶劣环境。

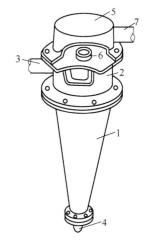

图 12-29 水力旋流器示意图
1—锥形容器；2—圆柱体；
3—进料管；4—排砂器；
5—顶盖；6—溢流器；
7—导管

国内外有些矿山，采用钻孔代替垂直管道。它的好处是基建和维修费用低，不占巷道空间；但钻孔发生堵塞时，不易处理和修复。

12.3.2.4 充填体的形成与脱水

应用水力充填时，大量的水随充填料流入采场。为了迅速形成具有一定强度的充填体，应使充入采场内的水尽快排出，这个过程称为脱水。目前国内外应用的脱水方法有两种：一为溢流脱水，一为渗透脱水。前者使充填料自然沉积下来，上部澄清的水经溢流管或溢流孔排出采场。后者利用在充填体内的滤水构筑物将水渗滤出采场。实践证明，充填料的粒级在 19~27μm 以上时，宜用渗滤脱水；对于 19~27μm 以下的细粒充填料，则只能用溢流脱水。

　　渗滤脱水，细泥流失量大，渗出的水中含有 3%～5% 或更大的细泥（粒级小于0.05mm），可能沉降于巷道的排水沟和沉淀池中，需经常进行清理。此外，大量的细泥容易附在过滤材料表面，使过滤性能下降，造成采场积水，影响正常回采作业。

　　溢流脱水主要用于随后充填的采场，而渗滤脱水经常用于同时充填的采场。

12.3.2.5　排泥

　　从采场渗滤出的废水，含有 3%～5% 或更多的泥砂，流入排水沟和沉淀池后澄清。当废水中含泥量较少或水仓容积很大，也可不设沉淀池，废水直接进入水仓澄清。沉淀池或水仓内沉淀的泥砂，必须定期清理，这个过程称排泥。

12.3.2.6　水力充填评价

　　与干式充填比较，水力充填工作可实现全面机械化，劳动生产率高、充填能力大、充填体密度大，但污染巷道、基建费用较高。与胶结充填比较，充填费用较低（占采矿直接成本的 15%～25%，而胶结充填则占 35%～50%），但充填体具有松散性，沉缩率较大（7%～10% 或更大）。对充填体强度没有特殊要求时，水力充填有明显的优点。

12.3.3　胶结充填

12.3.3.1　充填材料

　　目前常用的充填料有混凝土胶结充填料和尾砂胶结充填料两类。混凝土胶结充填料包括胶凝材料、粗骨料、细骨料和水。胶凝材料主要是用 300～500 号普通硅酸盐水泥。在充填成本中，水泥费用占 40% 以上。因此，寻求价廉的水泥代用材料，是当前重要的研究课题。可以利用的水泥代用材料，有高炉炉渣和火力发电厂的粉煤灰等。

　　粗骨料是指粒径为 5～50mm 粗粒级料，其最大粒径不得大于管径的三分之一。粗骨料的抗压强度应为胶结充填体标号的 2 倍以上。在骨料中，粗骨料占 60%～70%。细骨料中的黏土质（粒径小于 0.05mm）的含量，不应超过 5%。细骨料的料径为 0.15～5mm 的砂粒。在骨料中，细骨料占 30%～40%。

　　尾砂胶结充填不用粗骨料。与混凝土胶结充填比较，水泥消耗量大，但输送效率高，运距远，容易改变配比。目前国内外很重视这一技术的发展。尾砂中不应含有使充填体强度降低的矿物（如云母等）。选厂的尾砂需要进行脱泥，使水泥包裹全部尾砂表面，形成整体。

12.3.3.2　胶结充填料的配比

　　混凝土胶结充填料，应具有较好的流动性，便于向采场输送和浇注。实践证明，为保证矿柱回采，充入采场的充填体强度应达到 2943～4905kPa，而人工假底的强度应达 6867～9810kPa。因此，$1m^3$ 混凝土中水泥用量应在 180～250kg 范围内，水灰比一般为 1～1.6，根据输送方式和距离，用水量为 250～350kg/m^3。用浇注机输送时，细骨料可取 0.3～0.4m^3/m^3，粗骨料为 0.6～0.7m^3/m^3。用电耙、矿车或汽车运输时，细骨料为 0.1～0.3m^3/m^3，粗骨料为 0.7～0.9m^3/m^3。

　　尾砂胶结充填料的配比，主要指水泥和尾砂重量比和输送浓度。当前，水泥和尾砂比一般控制在 1∶30～1∶5 的范围内，采场随后充填的灰砂比为 1∶30～1∶20，浇注采场假底时为 1：6~1：5。尾砂比重为 2.6 时，输送浓度可取 65%~68%；尾砂比重在 2.8 以上时，输送浓度可取 70%~72%。输送浓度大，可以提高充填体的强度。

12.3.3.3　胶结充填料的制备和输送

目前国内各矿山采用混凝土的制备方式，必须与输送工艺密切结合，主要有间歇式搅拌系统、连续式搅拌系统以及半分离制备系统。

间歇式搅拌系统是将水泥和骨料按一定配比送入搅拌机内加水搅拌；连续式搅拌系统是用输送机将水泥和骨料连续送入连续作业的搅拌机中搅拌；半分离制备系统是将骨料和水泥浆分别送至井下待充地点搅拌站内，进行搅拌，使混凝土的输送距离达到最短，以减少离析现象。

第一种制备方式，一般采用机械输送（如电耙、矿车或汽车等），有时也用风力输送（混凝土输送机或压气罐），但压气消耗大，输送成本高。后两种制备方式，一般采用管路自溜输送，但要求粗骨料的最大粒径不得大于管径的 1/4，细骨料（小于 5mm 的粒径）的含量应大于 60%。另外，要求竖直管段内混凝土柱高度所产生的压力，能克服在一定流速（应大于 0.1m/s）下水平管段的全部阻力。

尾砂胶结充填料的制备和输送方式有：（1）水泥粉经流量计装置加入尾砂浆搅拌桶内搅拌，制成水泥尾砂浆后，借重力或砂泵经管路送到采场（图 12-30）；（2）将水泥浆加入尾砂浆内，搅拌后借自重或砂泵经管路送至充填地点（图 12-31）。

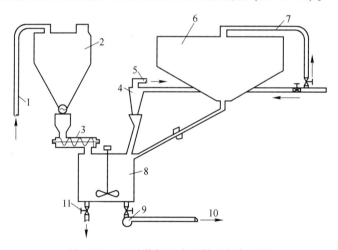

图 12-30　尾砂浆加入水泥粉的制备系统

1—压气吹送水泥入库；2—水泥库；3—螺旋喂料机；4—水力旋流器；5—溢流；
6—尾砂池；7—尾砂供应管；8—搅拌桶；9—砂泵；10—至充填采场；11—自流充填入采场的阀门

12.3.3.4　胶结充填的评价

与混凝土胶结充填比较，尾砂胶结充填的充填料，便于管道输送，制备工艺简单，效率高，投资少，但其充填体强度较低。国内外实践证明，应用絮凝剂可以防止水泥离析现象，以提高充填体强度。

12.3.4　充填体的作用

目前对充填体在金属矿床地下开采控制地压的力学作用，有两种截然不同的看法：一

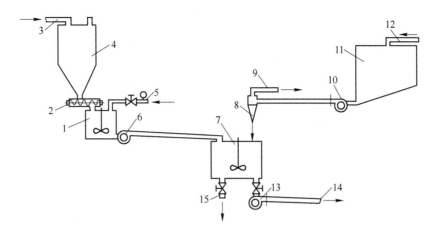

图 12-31 尾砂浆中加入水泥浆的制备系统

1—水泥浆搅拌桶；2—螺旋喂料机；3—散装水泥入库道；4—水泥库；5—供水；6—砂泵扬送水泥浆；
7—水泥尾砂浆搅拌桶；8—水力旋流器；9—溢流；10—向水力旋流器供应尾砂浆的砂泵；11—尾砂池；
12—尾砂来路通道；13—输送充填料至充填地点的砂泵；14—至采场的充填管道；15—自流充填管道

种认为对控制地压与限制围岩变形的作用不大，另一种认为充填体可以有效地控制地压。就充填体能减少矿石损失率和贫化率的作用，却得到一致认识，而且被生产实践所证实。

12.3.4.1 充填体对矿柱的作用

由于充填体的强度低、刚度小，只采用充填料不能有效地防止围岩的移动。实践证明，在正确选取矿块参数的条件下，留适量的矿柱，再充填矿房，能有效地控制地压和限制围岩移动，保持开采空间的稳固性。

充填体的力学作用，可从两个方面分析。

充填体包裹矿柱，可对矿柱施以侧向压力，使矿柱由单向或双向受力状态，变为三向受力状态，从而提高其强度。矿柱的三向抗压强度为：

$$\sigma_c = \sigma_0 + k\sigma_a$$

式中　σ_c——矿柱三向抗压强度；

　　　σ_0——矿柱单向抗压强度；

　　　σ_a——矿柱侧向压力；

　　　k——与矿柱内摩擦角有关的系数：

$$k = \frac{1 + \sin\varphi}{1 - \sin\varphi}$$

　　　φ——矿石内摩擦角。

此外，考虑到充填体加强了矿柱表面破碎矿石层的支撑能力，以及由于充填料的沉缩、压实，矿柱受到的侧向压力还可以继续增加，故矿柱的强度还可能进一步提高。

12.3.4.2 充填体对围岩应力分布的影响

目前所应用的任何一种充填采矿法，都不能防止由于开采所引起的应力重新分布状态。因为矿体一经开挖，就破坏了原岩的应力平衡，就产生应力降低区和应力升高区。充填工作总是落后于回采一段时间，待到充填时，在开挖空间上部和围岩中应力重新分布已经完成，这就不能防止围岩和矿柱在这段时间内发生一定程度的变形或破坏。另外，由于充填体的强度低和弹性模量小，它对围岩不可能产生主动压力，因此，充填后不能恢复原岩应力场，也还允许围岩有一定的变形。

充填的作用在于限制围岩和矿柱变形的发展，减缓岩层移动的危害和降低地表的下沉程度。充填工作速度越快，围岩变形受限制的时间越早，越有利于开采空间的稳定。不同强度的充填体，充入采空区所产生的应力分布状态基本相同，但应力值有些差别（图 12-32）。

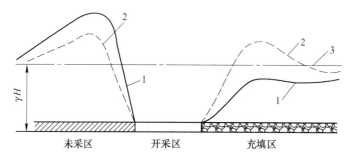

图 12-32　不同强度的充填体对应力分布的影响
1—采用松散充填；2—采用胶结充填；3—原岩垂直应力

当采用间隔开采和胶结充填，以及在接顶又较为理想的条件下，第一步骤回采矿柱的应力分布曲线，如图 12-33（a）所示；第二步骤回采矿房时，原矿房上部的支承压力转移到人工矿柱上面，使回采工作处于应力降低区，故可保证回采作业的安全，如图 12-33（b）所示。

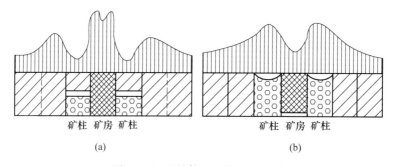

图 12-33　充填体承压作用示意图
（a）第一步骤回采矿柱时期；（b）第二步骤回采矿房时期

12.4　崩落围岩

在回采过程中或回采结束后，还可采用自然方式或强制方式崩落围岩充满采空区的方法，以改变围岩应力分布状态，达到有效地控制地压的目的（详见第 15.7 节）。

第4篇

采矿方法

 采矿方法分类

13.1 采矿方法分类的目的及要求

在金属矿床地下开采时，首先把井田（矿田）划分为阶段（或盘区），然后再把阶段（或盘区）划分为矿块（或采区）。矿块（或采区）即为独立的回采单元。

采矿方法就是研究矿块的开采方法，它包括采准、切割和回采三项工作。根据回采工作的需要，设计采准和切割巷道的数量、位置与结构并加以实施，开掘与之相适应的切割空间，为回采工作创造良好的条件。反之，采准和切割工作在数量上和质量上不能满足回采工作要求时，则必然影响回采矿石的效果。因此，为了很好地回采矿石而在矿块中所进行的采准、切割和回采工作的总和，就称为采矿方法。

由于金属矿床赋存条件复杂，矿石和围岩性质多变，开采技术不断完善和进步，在生产实践中应用了种类繁多的采矿方法。为了便于使用采矿方法，研究和寻求新的采矿方法，应对现有的采矿方法进行科学分类。

采矿方法分类应满足下列基本要求：

（1）分类应反映采矿方法最主要的特征。

（2）分类应简单明了，防止庞杂和繁琐，但要包括国内外目前应用的主要采矿方法，而对于以前使用过的现已被淘汰的或仅在个别条件下使用的某些采矿方法，应从分类表中删去。

（3）分类必须反映采矿方法的实质，作为选择和研究采矿方法的基础；每类采矿方法要有共同的适用条件和基本一致的特征；各类采矿方法的特征，要有明显的差异。

13.2 采矿方法分类的依据及其分类

根据上述采矿方法分类的目的和要求，我国通常以回采时的地压管理方法作为采矿方法分类依据，因为地压管理方法是以矿石和围岩的物理力学性质为依据，同时又与采矿方法的使用条件、结构和参数、回采工艺等有密切关系，并且最终影响到开采的安全、效率和经济效果，所以以此为依据将地下采矿方法划分为三大类：充填采矿法、空场采矿法和崩落采矿法。

国际上通常也把地下采矿方法分为三大类：自然支撑采矿法、人工支撑采矿法和无支撑采矿法。虽然我国和国际上常用的采矿方法分类不尽相同，但是总体分类的依据基本一致。两者都是以采矿生产过程中采空区的维护方式进行采矿方法分类的。为了便于理解，通常可以把空场采矿法等同于自然支撑采矿法，充填采矿法等同于人工支撑采矿法，崩落法等同于无支撑采矿法。

在回采过程中，当顶板岩石自身强度不足以维持采场稳定性时，为了确保采矿作业安全，必须采取系统的人工支护措施，这类采矿方法属于充填采矿法或人工支撑采矿法，最常见的人工支护措施是在采空区内排放各种充填料；在回采过程中，自然或强制崩落采场顶板岩石或顶板矿石，采场出矿总是在覆盖岩石或矿石下进行，这类采矿方法就是崩落采矿法或无支撑采矿法；在回采过程中，依靠顶底板岩石和矿体自身的强度保持采空场的稳定状态，使得采矿作业能安全进行，这类采矿方法就属于空场法或自然支撑采矿法。实际生产中，空场采矿法也不是完全不需要人工支护，只是空场采矿法采用的支护一般只局限于局部少量的支柱、锚杆或锚索支护等。三大类采矿方法中各类采矿方法分类见表 13-1。

表 13-1　金属矿床地下开采方法分类表

类　别	组　　别	典型采矿方法
空场采矿法	全面采矿法 房柱采矿法 留矿采矿法 分段矿房法 阶段矿房法	（1）全面采矿法 （2）房柱采矿法 （3）留矿采矿法 （4）分段矿房法 （5）水平深孔落矿阶段矿房法 （6）垂直深孔落矿阶段矿房法 （7）垂直深孔球状药包落矿阶段矿房法
充填采矿法	单层充填采矿法 分层充填采矿法 分采充填采矿法 支架充填采矿法	（8）壁式充填采矿法 （9）上向水平分层充填采矿法 （10）上向倾斜分层充填采矿法 （11）下向分层充填采矿法 （12）分采充填采矿法 （13）方框支架充填采矿法
崩落采矿法	单层崩落法 分层崩落法 分段崩落法 阶段崩落法	（14）长壁式崩落法 （15）短壁式崩落法 （16）进路式崩落法 （17）分层崩落法 （18）有底柱分段崩落法 （19）无底柱崩落法 （20）阶段强制崩落法 （21）阶段自然崩落法

第一类，空场采矿法。该类将矿块划分为矿房和矿柱，分两步骤开采。回采矿房时所

形成的采空区，可利用矿柱和矿岩本身的强度进行维护。因此，矿石和围岩均稳固，是使用本类采矿方法的基本条件。在回采矿房时期暂留矿石的留矿法也划归本类，是因为暂留矿石不能作为支撑围岩的主要手段，且当其放出后的一定时间内，仍靠矿柱和矿岩本身的强度维护采空区。因此，留矿不能作为独立的地压管理方法而单分一类。

第二类，充填采矿法。该类大部分采矿方法，也是分为两步骤进行回采。回采矿房时，随回采工作面的推进，逐步用充填料充填采空区，防止围岩片落，即用充填采空区的方法管理地压。个别条件下，还用支架和充填料配合维护采空区，进行地压管理。因此，无论矿石和围岩稳固或不稳固，均可采用该类采矿法。

第三类，崩落采矿法。该类采矿法为一个步骤回采，并且随回采工作面的推进，崩落围岩充满采空区，从而达到管理和控制地压的目的。

14 空场采矿法

空场采矿法在回采过程中，将矿块划分为矿房和矿柱（图 14-1），第一步骤先采矿房，第二步骤再采矿柱。在回采矿房时，采场以敞空形式存在，仅依靠矿柱和围岩本身的强度来维护。矿房采完后，要及时回采矿柱和处理采空区。在一般情况下，回采矿柱和处理采空区同时进行；有时为了改善矿柱的回采条件，用充填料将矿房充填后，再用其他采矿法回采矿柱。

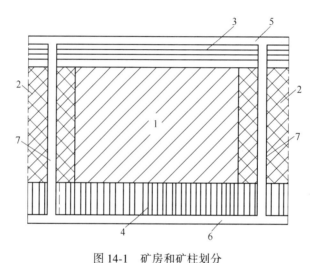

图 14-1 矿房和矿柱划分

1—矿房；2—间柱；3—顶柱；4—底柱；5—回风巷道；6—运输巷道；7—天井

应用空场采矿法的基本条件，是矿石和围岩稳固，采空区在一定时间内，允许有较大的暴露面积。这类采矿方法在我国应用最早、最广泛，在技术上也最成熟。

根据目前国内外矿山实践，空场采矿法中应用较广泛的采矿方法有：全面采矿法、房柱采矿法、留矿采矿法、分段矿房法和阶段矿房法。本章除了分别介绍上述采矿方法外，还专节介绍矿柱回采和采空区处理问题。

14.1 全面采矿法

在矿石和围岩均稳固的薄和中厚（小于 5~7m）缓倾斜（倾角一般小于 30°）矿体中，应用全面采矿法。它的特点是，工作面沿矿体走向或沿倾斜全面推进，在回采过程中将矿体中的夹石或贫矿（有时也将矿石）留下，呈不规则的矿柱以维护采空区，这些矿柱一般作永久损失，不进行回采。个别情况下，用这种采矿法回采贵重矿石，也可不留矿柱，而用人工支柱（混凝土支柱、木垛及木支柱等）支撑顶板。

14.1.1　结构和参数

水平和微倾斜矿体（倾角小于 5°）时，将井田划分为盘区，工作面沿盘区的全宽向其长轴方向推进。用自行设备运搬时，盘区的宽度取 200~300m；用电耙运搬时，取 80~150m。盘区间留矿柱，其宽度为 10~15m 到 30~40m。

缓倾斜矿体，将井田划分为阶段。阶段高度为 15~30m，阶段斜长为 40~60m，阶段间留矿柱 2~3m。

全面采矿法的变形方案，是将阶段再划分为矿块，其长为 50~60m，留矿块间柱。采场中还留不规则矿柱，一般为圆形，直径为 3~6m 到 6~9m，矿体厚度大取大值，否则取小值；矿柱间距 8~20m。

14.1.2　采准与切割工作

这种采矿法的采准和切割工作比较简单。掘进阶段运输巷道，在阶段中掘 1~2 个上山，作为开切自由面；在底柱中每隔 5~7m 开漏口；在运输巷道另一侧，每隔 20m 布置一个电耙绞车硐室（图 14-2）。

当采用前进式回采顺序时，阶段运输巷道应超前于回采工作面 30~50m。

14.1.3　回采工作

回采工作自切割上山开始，沿矿体走向一侧或两侧推进。当矿体厚度小于 3m 时，全厚一次回采；矿体厚度大于 3m 时，则以梯段工作面回采（图 14-3）。此时，一般在顶板下开出 2~2.5m 高的超前工作面，用下向炮孔回采下部矿体。

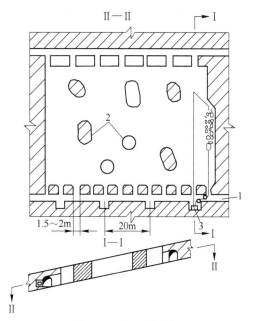

图 14-2　全面采矿法
1—运输巷道；2—支撑矿柱；3—电耙绞车

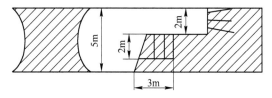

图 14-3　下向梯段工作面回采

当矿体厚度较小时，一般采用电耙运搬。矿体厚度较大且倾角又很小时，也可采用无轨自行设备运搬矿石。运距小于 200~300m，采用载重为 20t 或更大的铲运机，运距更大时，宜用载重量 20~60t 自卸汽车和装矿机配套。

根据顶板稳固情况，留不规则矿柱支撑顶板。此外，有时也安装锚杆维护顶板，锚杆长度为 1.5~2m，网度为 0.8m×0.8m~1.5m×1.5m。

因采空区面积较大，应加强通风管理。例如封闭离工作面较远的联络道，使新鲜风流较集中地进入工作面，污风从上部回风巷道排出。

14.1.4　评价

全面采矿方法是工艺简单、采准和切割工作量小、生产率较高、成本较低的采矿方法。但由于留下矿柱不回采，矿石损失率在 10%~15% 以上，顶板暴露面大，并要求严格的顶板管理和通风管理。对于贵重矿石，应寻求机械化施工的人工矿柱方法，以代替自然矿柱。

全面采矿法的改进方向：

（1）采用无轨设备。全面法采用气腿式凿岩机凿岩和电耙出矿时，生产能力低，劳动强度大；而采用无轨设备，包括凿岩台车、铲运机、锚杆台车等，采场生产能力和劳动生产率可以得到大幅度提高，单层开采的矿体厚度可提高到 7.5~9m。

（2）采用锚杆、锚杆金属网、锚索、预注浆等支护技术加固顶板，保证作业安全。

（3）与留矿法相结合用于倾角较陡的矿体，形成留矿全面法。

国内矿山在提高全面法回采效率与扩大应用范围方面做了很多尝试，如在贺兰山磷矿自切割天井开始，向两翼推进形成扇形工作面，增加了采场作业面和回采效率；在铜官山铜矿，首先沿矿体顶板将超前回采 2~2.5m 高的第一分层顶板切开，并站在下层未采矿石上对顶板岩石有断裂、破碎等不稳固的地段进行锚杆支护护顶，然后依次回采下面各分层，直至矿房回采结束。预控顶技术增加了全面法在开采厚大矿体的潜力。在彭县铜矿、新冶铜矿和哈图金矿都采用全面留矿法成功开采了倾角 40°~50° 左右的矿体，取得了较好的技术经济指标。目前国内应用无轨设备开采的全面法还不常见，但国内无轨设备的生产已相对成熟，一些厂家已经生产微型铲运机，如中钢集团衡阳重机有限公司生产的 CYE0.4 型电动铲运机，浙江路邦工程机械有限公司生产的 WJ-0.5 型内燃铲运机，这些微型无轨设备的出现，使小型全面法矿山机械化开采成为可能。

14.2　房柱采矿法

房柱采矿法用于开采水平和缓倾斜的矿体，在矿块或采区内矿房和矿柱交替布置，回采矿房时留连续的或间断的规则矿柱，以维护顶板围岩。因此，它比全面采矿法适用范围广，不仅能回采薄矿体（厚度小于 2.5~3m），而且可以回采厚和极厚矿体。矿石和围岩均稳固的水平和缓倾斜矿体，是这种采矿法应用的基本条件。

14.2.1　结构和参数

矿房的长轴可沿矿体走向、沿倾斜或伪倾斜布置，主要决定于所采用的运搬设备和矿体的倾角。我国大多数金属地下矿山采用电耙运搬矿石，矿房一般沿倾斜布置。矿房的长度决定于采用的运搬设备有效运距。应用电耙运搬时，一般为 40~60m。矿房的宽度，根据矿体的厚度和顶柱的稳固性确定，一般为 8~20m。矿柱尺寸：直径 3~7m，间距 5~8m。

分区的宽度，根据分区隔离矿柱的安全跨度和分区的生产能力确定，变化在 80~150m 到 400~600m。分区矿柱一般为连续的，承受上覆岩层的载荷，其宽度与开采深度和矿体厚度有关，与全面采矿法相同。

14.2.2　采准和切割工作

阶段运输巷道可布置在脉内或底板岩石中。后者有很多优点：可在放矿溜井中贮存部分矿石，从而减少电耙运搬和运输之间的相互影响；有利于通风管理；当矿体底板不平整时，可保持运输巷道平直，有利于提高运输能力。其缺点是增加了岩石的掘进工程量。目前，我国金属矿山多采用这种布置方式（图14-4）。

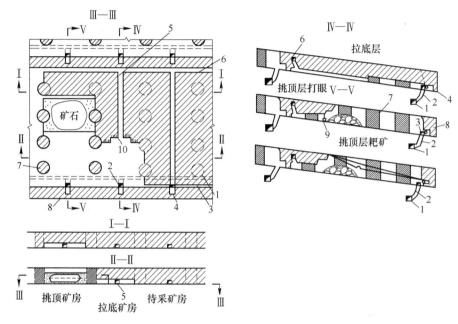

图14-4　房柱采矿法

1—运输巷道；2—放矿溜井；3—切割平巷；4—电耙硐室；5—上山；6—联络平巷；
7—矿柱；8—电耙绞车；9—凿岩机；10—炮孔

从图14-4看出，房柱采矿法的采准巷道有：自底板运输巷道1，向每个矿房的中心线位置掘进放矿溜井2；在矿房下部的矿柱（顶底柱）中掘进电耙硐室4；沿矿房中心线并紧贴底板掘进上山5，以利行人、通风和运搬设备或材料，并作为回采时的自由面；各矿房间掘进联络平巷6；在矿房下部边界处掘进切割平巷3，既可作为起始回采时的自由面，又可作为去相邻矿房的通道。

14.2.3　回采工作

矿房的回采方法，根据矿体厚度不同而异：矿体厚度小于2.5~3m时，则一次采全厚；矿体厚度大于2.5~3m时，则应分层回采。

当矿体厚度小于8~10m，并采用电耙运搬时，一般使用浅孔先在矿房下部进行拉底，然后用上向炮孔挑顶。拉底是从切割平巷与上山交叉口处开始，用柱式凿岩机或气腿式凿岩机打水平炮孔，自下而上逆倾斜推进。拉底高度为2.5~3m，炮孔排距0.6~0.8m，间距1.2m，孔深2.4~3m。随着拉底工作面的推进，在矿房两侧按规定的尺寸和间距，将矿柱切开。

整个矿房拉底结束后，再用 YSP-45 型凿岩机挑顶，回采上部矿石。炮孔排距 0.8~1m，间距 1.2~1.4m，孔深 2m。当矿体厚度小于 5m 时，挑顶一次完成；矿体厚度为 5~10m 时，则以 2.5m 高的上向梯段工作面分层挑顶，并局部留矿，以便站在矿堆上进行凿岩爆破工作。

用上述落矿方式采下的矿石，采用 14 或 30kW 的电耙绞车，将矿石耙至放矿溜井中，放至运输巷道装车。双滚筒电耙绞车，只能直线耙矿；三滚筒绞车，耙斗可在较大范围内耙矿（图 14-5）。

当矿体厚度大于 8~10m 时，应采用深孔落矿方法回采矿石。先在顶板下面切顶，然后在矿房的一端开掘切割槽，以形成下向正台阶的工作面（图 14-6），切顶的高度根据所采用的落矿方法和出矿设备确定，一般为 2.5~5m。切顶空间下部矿石，采用下向平行深孔落矿。

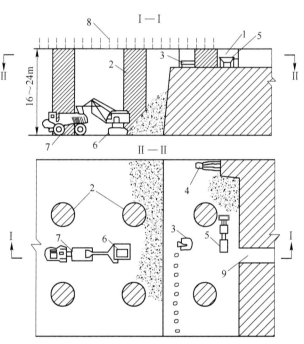

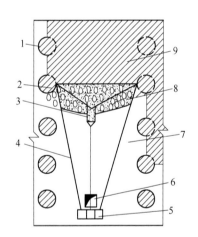

图 14-5　三滚筒电耙绞车运搬矿石
1—矿柱；2—滑轮；3—耙斗；4—钢绳；
5—电耙绞车；6—放矿溜井；7—矿房已采
部分；8—采下矿石；9—待采矿房矿石

图 14-6　厚矿体无轨自行设备开采方案
1—切顶工作面；2—矿柱；3—履带式凿岩台车；4—轮胎式
凿岩台车；5—2.7m³ 前端式装载机；6—1m³ 短臂电铲；
7—20~25t 卡车；8—护顶杆柱；9—顶板切割巷道

在外国应用房柱采矿法时，广泛采用履带式或轮胎式凿岩、装载和运搬设备。如加拿大加斯佩斯铜矿，矿体平均厚 33.5m，采用露天型无轨自行设备，崩下的矿石用 1.1~1.9m³ 电铲装入 18t 或 30t 的卡车运到主溜井。

当顶板局部不稳固，可留矿柱。顶板整体不稳固时，应采用锚杆进行维护，故房柱采矿法的应用范围得到扩大。我国锡矿山锑矿就是应用楔缝式锚杆维护顶板的典型例子（图 14-7）。

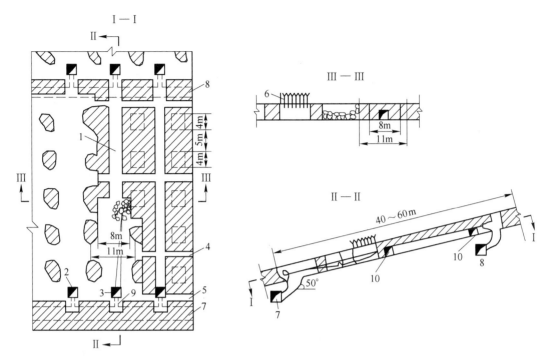

图 14-7　锚杆房柱采矿法

1—上山；2，3—放矿溜井；4—切割平巷；5—切割槽；6—锚杆；7—运输巷道；
8—回风巷道；9—电耙绞车硐室；10—联络巷道

14.2.4　评价

房柱采矿法是开采水平和缓倾斜矿体最有效的采矿方法。它的采准切割工程量不大，工作组织简单，坑木消耗少，通风良好，矿房生产能力高。但矿柱矿量所占比重较大（间断矿柱占 15%～20%，连续矿柱达 40%）。且一般不进行回采。因此，矿石损失较大。

用房柱采矿法开采贵重矿石时，可以采用人工混凝土矿柱代替自然矿柱以提高矿石回采率，或者改连续矿柱为间断矿柱，在可能条件下，再部分地回采矿柱，以减少矿柱矿量损失。

应用锚杆或锚杆加金属网维护不稳固顶板，可扩大房柱采矿法在开采水平或缓倾斜厚和极厚矿体方面的应用。如果广泛使用无轨自行设备，则使这种采矿方法的生产能力和劳动生产率，达到较高的指标（采矿工效 30～50t/工班）。

14.3　留矿采矿法

留矿采矿法是空场采矿法的一种。它的特点是工人直接在矿房暴露面下的留矿堆上面作业，自下而上分层回采，每次采下的矿石靠自重放出三分之一左右（有时达 35%～40%），其余暂留在矿房中作为继续上采的工作台。矿房全部回采完毕后，暂留在矿房中的矿石再行大量放出，叫最终放矿或大量放矿。

在回采矿房过程暂留的矿石经常移动，不能作为地压管理的主要手段。当围岩不稳固时，留矿不能防止围岩片落，特别是在大量放矿时，围岩的暴露面逐渐增加，往往引起围岩大量片落而增大矿石贫化。崩落的大块岩石，常常堵塞漏斗造成放矿困难，增加矿石损失。

根据以上特点，留矿法适用于开采矿石和围岩稳固，矿石无自燃性，破碎后不易再行结块的急倾斜矿床。在薄和中厚以下的脉状矿床中，使用很广泛。

14.3.1　结构和参数

留矿法的矿块结构如图 14-8 所示，其主要参数包括阶段高度、矿块长度和宽度、矿柱尺寸及底部结构等。

阶段高度应根据矿床的勘探程度、围岩稳固情况、矿体倾角等因素来确定。总结我国应用留矿法的经验，开采薄矿脉或中厚矿体并属于第四勘探类型的矿床，段高宜采用 30~50m。

矿块长度主要考虑矿石和围岩的稳固性，一般为 40~60m。

开采薄矿脉时，间柱宽 2~6m，顶柱厚 2~3m，底柱高 4~6m；中厚以上矿体间柱宽 8~12m，顶柱厚 3~6m，底柱高 8~10m。

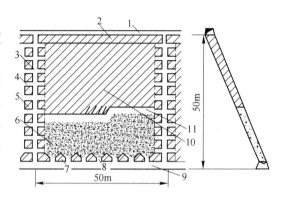

图 14-8　留间柱和顶底柱的留矿法
1—回风巷道；2—顶柱；3—天井；4—联络道；
5—间柱；6—存留矿石；7—底柱；8—漏斗；
9—阶段运输巷道；10—未采矿石；11—回采空间

开采极薄矿脉时，由于矿房宽度很小，一般不留间柱，只留顶柱和底柱，矿块之间靠天井的横撑支柱隔开，并对围岩起支护作用。图 14-9 表示在矿块一侧掘先进天井、另一侧设顺路天井的留矿法结构。图 14-10 表示在矿块中央掘先进天井、两侧设顺路天井的留矿法结构。

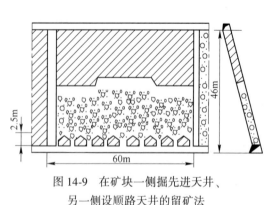

图 14-9　在矿块一侧掘先进天井、
另一侧设顺路天井的留矿法

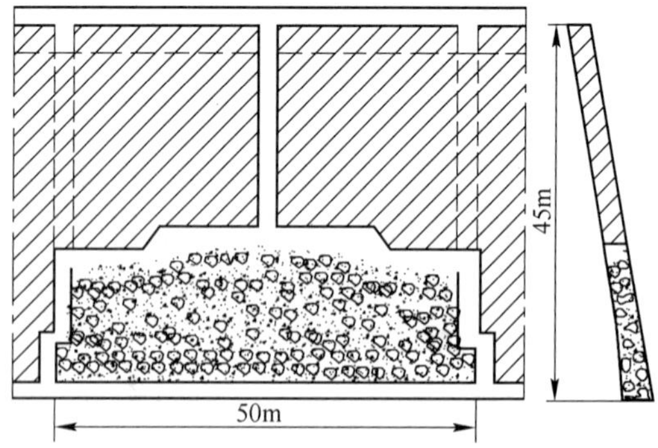

图 14-10　在矿块中央掘先进天井、
两侧设顺路天井的留矿法

14.3.2　采准工作

采准工作主要是掘进阶段运输巷道、先进天井（作为行人、通风之用）、联络道、拉底巷道和漏斗颈等。如图 14-8 所示，先进天井布置在间柱中，在垂直方向上每隔 4~5m 掘联络道，与两侧矿房贯通。

在矿房中每隔 5~7m，设一个漏斗。为了减少平场工作量，漏斗应尽量靠近下盘。由于采用浅孔落矿，一般不设二次破碎水平，少量大块直接在采场工作面进行破碎。

14.3.3　切割工作

切割工作比较简单，以拉底巷道为自由面，形成拉底空间和辟漏，它的作用是为回采工作开辟自由面，并为爆破创造有利条件。

拉底高度一般为 2~2.5m，拉底宽度等于矿体厚度；在薄和极薄矿脉中，为保证放矿顺利，其宽度不应小于 1.2m。

拉底和辟漏的施工，按矿体厚度不同，采用下列三种方法。

14.3.3.1　不留底柱的切割方法

湖南、江西等矿山的钨锡矿脉，广泛使用无底柱（人工假底）的底部结构，其切割步骤见图 14-11。

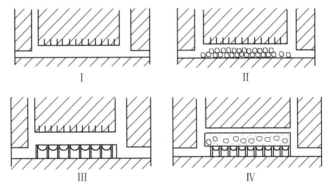

图 14-11　无底柱留矿法拉底步骤

（1）在阶段运输巷道中打上向垂直炮孔，孔深 1.8~2.2m，所有炮孔一次爆破（图 14-11 中Ⅰ）。

（2）站在第一分层崩下的矿堆上，打第二层炮孔，孔深 1.5~1.6m（图 14-11 中Ⅱ）。然后将一分层崩下的矿石装运出去，同时架设人工假底（包括假巷和木质漏斗，图 14-11 中Ⅲ）。

（3）在假底上铺设一层茅草之类的弹性物质后，爆破第二分层炮孔；崩下的矿石从漏斗中放出一部分，平整和清理工作面，拉底工作即告完成（图 14-11 中Ⅳ）。

14.3.3.2　有底柱拉底和辟漏同时进行的切割方法

这种切割方法，适用于矿脉厚度大于 2.5~3m 的矿体条件（图 14-12）。

（1）在运输巷道一侧以 40°~50° 倾角，打第一次上向孔，其下部炮孔高度距巷道底板 1.2m，上部炮孔在巷道顶角线上与漏斗侧的钢轨在同一垂直面上（图 14-12 中Ⅰ）。

（2）爆破后站在矿堆上，一侧以 70° 倾角打第二次上向孔（图 14-12 中Ⅱ）。第二次爆破后将矿石运出，架设工作台再打第三次上向孔。装好漏斗后爆破（图 14-12 中Ⅲ）并将矿石放出，继续打第四次上向孔（图 14-12 中Ⅳ），爆破后漏斗颈高可达 4~4.5m。

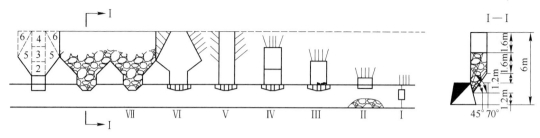

图 14-12　有底柱拉底和辟漏同时进行的切割方法

（3）在漏斗颈上部以 45°倾角向四周打炮孔，扩大斗颈，最终使相邻斗颈连通，同时完成辟漏和拉底工作（图 14-12 中 V、Ⅵ、Ⅶ）。

14.3.3.3　有底柱掘进拉底巷道的切割方法

这种方法适用于厚度较大的矿体。从运输巷道的一侧向上掘漏斗颈，从斗颈上部向两侧掘进高 2m 左右、宽 1.2～2m 的拉底巷道，直至矿房边界。同时从拉底水平向下或从斗颈中向上打倾斜炮孔，将上部斗颈扩大成喇叭状的放矿漏斗（图 14-13）。

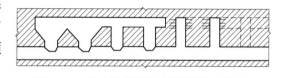

图 14-13　有底柱掘进拉底平巷的切割方法

按上述切割方法形成的漏斗斜面倾角，一般为 45°～50°，每个漏斗担负的放矿面积为 30～40m²，最大不应超过 50m²。

14.3.4　回采工作

留矿法的回采工作包括：凿岩、爆破、通风、局部放矿、撬顶平场、大量放矿等。

回采工作自下而上分层进行，分层高度一般为 2～3m。在开采极薄矿脉时，为了作业方便和取得较好的经济效益，采场的最小工作宽度为 0.9～1m。

14.3.4.1　凿岩

当矿石较稳固时，采用上向炮孔；矿石稳固性较差时，可采用水平炮孔。打上向炮孔时，可采用梯段工作面或不分梯段的整层一次打完。梯段工作面长度为 10～15m。长梯段或不分梯段的工作面，可减少撬顶和平场的时间，并便于回采工作组织，目前使用比较广泛。打水平炮孔时，梯段工作面长度为 2～4m，高度为 1.5～2m，炮孔间距 0.8～1m。

炮孔排列形式根据矿脉厚度和矿岩分离的难易程度确定。目前常用的排列形式有下列几种：

（1）一字形排列。这种排列方式适用于矿石爆破性较好，矿石与围岩容易分离，矿脉厚度为 0.7m（图 14-14（a））的条件下。

（2）之字形排列。适用于矿石爆破性较好，矿脉厚度为 0.7～1.2m 的条件下。这种炮孔布置，能较好地控制采幅的宽度（图 14-14（b））。

（3）平行排列。适用于矿石坚硬，矿体与围岩接触界线不明显或难于分离的厚度较大的矿脉（图 14-14（c））。

（4）交错排列。用于矿石坚硬、厚度大的矿体。用这种布置方法崩下的矿石，块度均匀，在生产中使用非常广泛（图 14-14（d））。

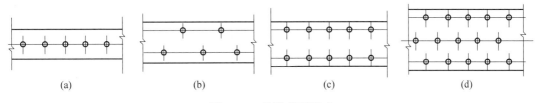

图 14-14　炮孔排列形式

（a）一字形排列；（b）之字形排列；（c）平行排列；（d）交错排列

14.3.4.2　爆破

一般采用 2 号岩石乳化炸药非电导爆管爆破系统，效果良好。

14.3.4.3　通风

由于我国常用留矿法开采充填型或矽卡岩型矿床，凿岩爆破作业产生的粉尘中游离二氧化硅粒子含量很高，对工人的健康危害很大。因此，工作面通风的风量应保证满足排尘和排除炮烟的需要。在采掘工作面中，空气的含氧量不得少于 20%，风速不得低于 0.15m/s。矿房的通风系统，一般是从上风流方向的天井进入新鲜空气，通过矿房工作面后，由下风流方面的天井排到上部回风巷道。电耙巷道的通风，应形成独立的系统，防止污风串入矿房或运输巷道中。

14.3.4.4　局部放矿

一般采用重力放矿。在局部放矿时，放矿工人应与平场工人密切联系，按规定的漏斗放出所要求的矿量，以减少平场工作量和防止在留矿堆中形成空硐。如果发现已形成空硐，应及时采取措施处理。其处理方法有：

（1）爆破震动消除法。在空硐的上部，用较大的药包爆破，将悬空的矿石震落。

（2）高压水冲洗法。在漏斗中向上或在空硐上部矿堆面向下，用高压水冲刷。此法对处理粉矿结块形成的空硐，效果良好。

（3）采用土火箭爆破法消除空硐。

（4）从空硐两侧漏斗放矿，使悬空的矿石垮落。

除自重出矿外，留矿法常用如下几种出矿方法：

（1）电耙出矿。如图 14-15 所示，在矿房下部阶段运输巷道 1 之上 3~4m 处，沿矿房长轴方向掘电耙道 2；在厚度小于 7m 的矿体中，沿电耙道一侧，在厚度大于 7m 的矿体中，沿电耙道两侧掘斗穿和漏斗 3 通达矿房底部。电耙道与阶段运输巷道之间掘放矿溜井 4 连通。放矿时，矿石沿漏斗流入电耙道，用电耙耙入放矿溜井经漏口闸门溜放到阶段运输巷道中的矿车内。

开采极薄矿脉时，使用电耙出矿的无底柱结构如图 14-16 所示。将沿脉运输巷道上盘扩帮加宽，然后由沿脉巷道一侧直接向上回采。在沿脉巷道出矿一侧架设栅栏，以控制矿流。在沿脉巷道内安设电耙，将溜放到巷道中的矿石耙入转运天井（即下阶段的采准天井），溜放到下一阶段装车运出。此时矿房底部沿脉运输巷道用作耙矿巷道，不再通行电机车，故在阶段上只能采用后退式开采。这种底部结构不留底柱，不设漏斗，采准切割工作量少。

当矿体倾角小于 55°~45°时，矿石不能自重溜放，国内某些矿山创造了在矿房内使用电耙耙运出矿的方法。如图 14-17 所示，采用上向倾斜工作面（倾角约 10°~25°）分层崩矿，每次崩下的矿石，由安装在矿房的电耙耙至矿房底柱中预先掘好的短溜井，然后由阶段运输巷道装车运走。由于矿房为倾斜工作面且使用电耙耙运出矿，故平场工作量很小。

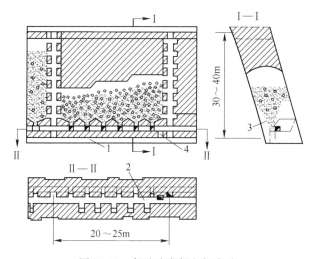

图 14-15　留矿法底部电耙出矿

1—阶段运输巷道；2—电耙道；3—漏斗；4—放矿溜井

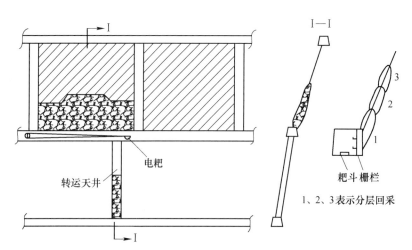

图 14-16　留矿法底部电耙出矿耙入转运天井

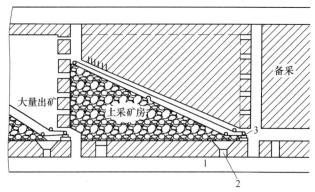

图 14-17　留矿法矿房用电耙耙运出矿

1—阶段运输巷道；2—放矿短溜井；3—电耙绞车

大量出矿时电耙在空区耙运，矿房暴露空间逐渐增大，应及时检查上盘围岩的稳定情况。如有浮石应及时处理，必要时对局部欠稳固地段可采用锚杆支护。

（2）装岩机出矿。如图14-18所示，距脉内沿脉巷道侧帮5~6m掘下盘沿脉巷道，沿此巷道每隔5~6m掘装载巷道横穿脉内沿脉巷道。脉内沿脉巷道作为拉底层，可直接向上回采。采下的矿石自重溜放到装车巷道内，用装岩机装入下盘沿脉平巷的列车内。随着装岩机不断装载，矿房内留存的矿石跟随自重溜放。这种底部结构不留底柱，放矿口断面大，矿石不易堵塞，底部结构尤为简化。

（3）铲运机出矿。现今国外矿山使用的留矿法中，采用铲运机出矿的极为广泛。图14-19为加拿大克利格律矿采用铲运机出矿的留矿法实例。下盘沿脉运输巷道距矿体11.5m，由此掘装运巷道通达矿体，其间距为11.5m。巷道断面按使用的铲运机型号确定：当用ST-4型铲运机时为4.6m×4.1m；用ST-2型铲运机时为3.8m×3.6m，该断面有足够的空间安装通风管。如果装运巷道内不安装通风管，巷道断面可小些，用ST-4型铲运机时为3.9m×2.9m。用ST-2型铲运机时为3.8m×2.9m。穿脉巷道布置在间柱中，它是由沿脉运输巷道向矿体掘进的。由穿脉巷道侧面向上掘矿房先进天井。

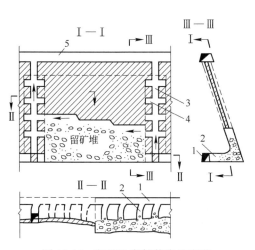

图14-18　留矿法底部装岩机出矿

1—下盘沿脉巷道；2—装载巷道；3—先进天井；

4—联络道；5—上阶段脉内回风巷道

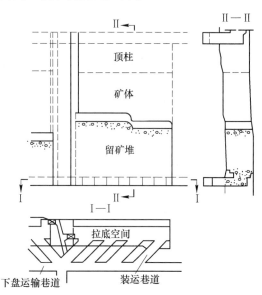

图14-19　留矿法用铲运机出矿

（4）振动放矿机出矿。急倾斜薄和极薄矿脉使用留矿法时，多在矿房底部漏斗内安装振动放矿机取代木漏斗，由重力自溜放矿变为强制振动放矿。从而改善了矿石的流动性，取得了良好的经济效益。在矿房底部漏斗内安装振动放矿机的结构如图14-20所示。

由于振动放矿机的部分台面埋设在漏斗口内的碎矿堆中，并由振动台面产生简谐运动，故矿石在激振力和重力的共同作用下，可形成连续的强制矿流，并且振动波在松散矿石中传播，可改善矿石的流动性，使之不易形成平衡拱。此外，由于振动作用，出矿口可获得比重力放矿大得多的有效流通高度，并可使大块矿石改变流动方向，因而可提高大块通过能力，减少漏口堵塞现象。振动放矿时，出矿口的有效作用范围扩大，故局部放矿时，矿房留矿堆表面能保持水平均匀下降，能减少平场工作量。

生产实践证明，当极薄矿脉倾角小于60°～55°时，单借重力放矿会造成放矿堵塞。如用振动放矿机配合重力放矿，则矿房存留矿石可全部放出。

14.3.4.5　平场、撬顶和二次破碎

为了便于工人在留矿堆上进行凿岩爆破作业，局部放矿后应将留矿堆表面整平，这叫平场。平场时，应将顶板和两帮已松动而未落下的矿石或岩石撬落，以保证后续作业的安全，这叫撬顶。崩矿和撬顶时落下的大块，应在平场时破碎，以免卡塞漏斗，这叫二次破碎。

14.3.4.6　最终放矿及矿房残留矿石的回收

矿房采完后，应及时组织最终放矿，也叫

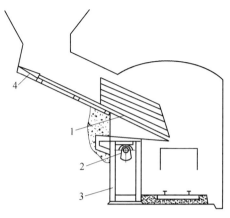

图 14-20　振动放矿机（矩形机架）
1—振动台面；2—振动器；
3—机架；4—固定用钢绳

大量放矿，即放出存留在矿房内的全部矿石。放矿时，应避免存留矿石中产生空洞或悬拱现象。在放矿时如漏斗堵塞，应及时处理，以提高放矿强度，防止围岩片落，减少二次贫化。

由于矿房底板粗糙不平，特别是底板倾角变缓之处，常积存一部分散体矿石和粉矿不能放净。采用水力冲洗法可把残存在矿房底板的散体矿石和粉矿冲洗下来。水力冲洗的工艺系统如图 14-21 所示。利用水泵产生的高压水，经过水管输送，供给高压水枪，产生高压射流，并借散体矿石和粉矿自重，使之从矿房冲运放出。水力冲洗顺序是先从矿房两侧天井用水枪由下而上分层向下冲洗，最后在矿房顶柱中预先掘好的冲洗小井向矿房强力冲洗。

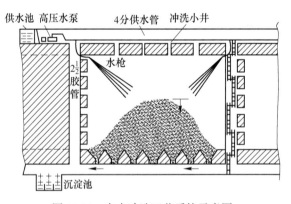

图 14-21　水力冲洗工艺系统示意图

采用高压水冲洗矿房底板散体矿石和粉矿之前，应在矿房底部出矿口或受矿结构设置脱水设施，以免粉矿流失。此外，在阶段巷道的适当位置设沉淀池，以回收矿泥，净化水质。采用高压水冲洗矿房时，应高度重视安全工作。首先应检查天井中的支护情况，必要时予以加固，并采取安全技术措施，注意保证操作人员的安全。

14.3.5　评价

14.3.5.1　适用条件

（1）围岩和矿石均稳固，即围岩无大的断层破碎带，在放矿过程中，围岩不会自行崩落。如果围岩不稳固或有断层破碎带，在回采和放矿过程中发生片帮，不但造成矿石贫化，而且片落的大块常造成矿房或漏口堵塞，使放矿发生困难。顶板矿石必须足够稳固，在回采过程中不会自然冒落，才能确保人身安全和顺利地进行上采。

（2）矿体厚度以薄和极薄矿脉为宜。中厚以上的矿体，若采用留矿法，因顶板暴露面积大，回采安全性较差，撬顶、平场及二次破碎等工作量显著增大，因而技术经济效果不好。

（3）矿脉倾角以急倾斜为宜。用留矿法开采极薄矿脉，矿脉倾角应在65°以上，倾角为60°~65°的矿脉，采高超过25~30m时，放矿即发生困难。倾角小于60°的矿脉，一般应采取辅助放矿措施。如国内某些矿山在矿房底部安装振动放矿机进行放矿，改善了矿石的流动性，当矿脉倾角为60°~55°时，可显著提高崩落矿石的放出量。当倾角为55°~45°时，国内有的矿山用电耙在采场内耙运出矿，收到了良好的效果。

（4）矿石无结块和自燃性。矿石中不应含有胶结性强的泥质，含硫量也不能太高，以防止矿石结块和自燃。

14.3.5.2　优缺点

留矿法具有结构及生产工艺简单，管理方便，可利用矿石自重放矿，采准工程量小等优点。但若用留矿法开采中厚以上矿体，矿柱矿量损失贫化大；工人在较大暴露面下作业，安全性差；平场工作繁重，难于实现机械化；积压大量矿石，影响资金周转，因此在中厚以上矿体中，现今多不采用留矿法。

14.3.5.3　主要技术经济指标

留矿法的主要技术经济指标，列于表14-1中。

表14-1　留矿法主要技术经济指标表

指标	矿　山					参考指标
	小西南岔	乳山	五龙	二道沟	金厂峪	
采场生产能力/t·d⁻¹	35~50	50	50~120	40~52	50~150	100~150
工作面工效/t·(工班)⁻¹	6~10	5.0	11~16.5	7.91	17.43	8~20
矿石损失率/%	10~13	9.7	6.6~30	10~15	4.88	10~15
矿石贫化率/%	30~40	19	13~40	30~35	23.67	15~25
炸药消耗/kg·t⁻¹	0.37	0.48	0.48~0.55	0.38	0.32	0.3-0.5
坑木消耗/m³·(10⁴t)⁻¹	0.03	0.03	0.27	0.04	0.6	

14.3.5.4　发展方向

我国中小型矿山，用留矿法开采薄和极薄矿脉，至今仍极为广泛。但下列问题，有待研究解决：

（1）采用留矿法需掘先进天井及其联络道，天井高度在60m以内时，通常采用吊罐法和普通法掘进。吊罐法掘进劳动强度较低、安全条件较好，但也存在发生跑罐事故的风险；普通法劳动强度大，安全条件差。为此，需研制先进天井及其联络道的安全高效掘进设备。

（2）研制轻型液压凿岩机，寻求合理的凿岩爆破参数，研究控制采幅的有效技术措施，降低废石混入率。

（3）研制适合于开采脉状矿体的采掘设备、平撬设备、二次破碎设备，以及浅孔装药机械设备，从而减轻工人的体力劳动，改善作业条件，提高采矿强度。

（4）研制和推广必要的顶板安全观测或监测装置，保障矿房暴露面下的作业安全。

（5）矿脉倾角在 $55° \sim 60°$ 时，研制轻型振动放矿机配合矿石自重出矿，以提高出矿效率和矿石回采率。

（6）对于薄矿脉至厚度小于 6.5m 的矿脉，应推广电耙出矿底部结构，或采用小型铲运机出矿，不留底柱，简化底部结构，提高出矿效率。

（7）对于极薄矿脉，应研究混采和分采（选别回采）的合理界线，以提高采、选的综合经济效果。

（8）研究采场地压管理方法。我国采用留矿法的矿山，开采深度已达 $500 \sim 700m$。由于用留矿法回采所形成的采空区未作处理，剧烈的地压活动已先后在许多矿山出现，急需运用岩体力学理论研究采空区的地压活动规律。对于已形成的采空区，应采用最经济而有效的办法进行处理；新设计矿山或开采深部矿床时，对划分阶段、矿块及其结构参数、回采顺序和未来采空区的处理方法等，应进行全面系统的研究。

14.3.6 改进方案实例

浅孔留矿法工艺简单，在国内有色金属和黄金矿山应用广泛，创造了多种改进方案，这里介绍两种用于稳固性较差的急倾斜矿脉的改进方案。

14.3.6.1 极薄矿脉横撑支柱留矿法

湘东钨矿矿脉平均厚度 0.55m，倾角 $68° \sim 80°$，矿岩中等稳固，围岩节理比较发育，有局部片冒现象，采用横撑支柱支护采场的改进方案。阶段高度 40m，采场长 $60 \sim 70m$，采幅宽 $1.4 \sim 1.5m$，漏斗间距 $3.5 \sim 4.5m$。采场一般不留顶、底、间柱，采场底部采用混凝土假底，天井上部留有点柱。先进天井布置在采场的一端或中间，在另一端或两端布置顺路天井，采场结构如图 14-22 所示。

切割工作是从脉内沿脉巷道顶板上挑 $1.8 \sim 2.0m$，出矿后，砌筑混凝土假底。为便于支柱运搬、架设和维修，采用直线回采工作面，上向炮孔，每分层采高 $1.2 \sim 1.4m$。采用规则横撑支柱支撑上、下盘围岩，支柱水平间距与漏斗间距一致，且位于漏斗脊部成一竖直线排列，以利于放矿。回采工作一昼夜一个循环。

14.3.6.2 支护围岩部分留矿采矿法

陕西东桐峪金矿，主矿脉倾角 $70° \sim 80°$，平均厚度 2.62m，平均品位 7.41g/t，矿体赋存于控矿构造带内，上、下盘围岩均不稳固。应用普通浅孔留矿法开采，因回采过程中上、下盘围岩大量脱落，出矿品位仅 $1.56 \times 10^{-6} \sim 2.51 \times 10^{-6}$，矿石贫化率 57% ~ 75%，且片落围岩经常堵塞漏斗，不仅消耗大量木材和炸药，而且使部分已采矿石不能放出，矿石损失率 32%。针对上述问题，该矿试验改进方案，试验采场长 30m，矿体倾角 78°，不留

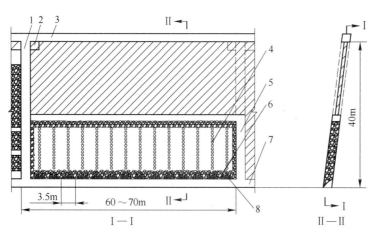

图 14-22　湘东钨矿支柱留矿法
1—先进天井；2—矿柱；3—回风平巷；4—支柱；5—顺路天井；
6—放矿漏斗；7—运输平巷；8—混凝土假底

矿柱，采用下盘脉外平底式电耙结构。其工艺特点是：在矿房上采过程中，崩落矿石的一部分留于采场支护上、下盘围岩，剩余部分通过设在采场联络道中的电耙耙到与联络道相通的专用临时放矿溜井；由于矿岩较破碎，选用水平炮眼控制爆破落矿技术，使采场工作面形成拱形。在回采过程中，对上、下盘围岩进行水泥卷锚杆加固，锚杆长度 2.5～3.0m，待整个采场回采结束，在采场底部电耙巷道均衡出矿，使采场崩落矿石均衡下降，减少出矿二次贫化。改进方案的矿房出矿品位由过去不足 $2.0×10^{-6}$ 提高到 $4.28×10^{-6}$，贫化率由 66% 降至 17.55%，损失率由 32% 降到 11.48%，此外，矿房台效与生产能力均有所提高。

14.4　分段矿房法

分段矿房法是按矿块的垂直方向，再划分为若干分段；在每个分段水平上布置矿房和矿柱，各分段采下的矿石分别从各分段的出矿巷道运出。分段矿房回采结束后，可立即回采本分段的矿柱并同时处理采空区。

这种采矿方法是由于无轨设备的推广使用，才出现的空场采矿法方案。它的特点是以分段为独立的回采单元，因而灵活性大，适用于倾斜和急倾斜的中厚到厚矿体。同时由于围岩暴露较小、回采时间较短，相应地可适当降低对围岩稳固性的要求。

14.4.1　结构和参数

阶段高度一般为 40～60m，分段高度为 15～25m。每个分段划分为矿房和间柱，矿房沿走向长度为 35～40m，间柱宽度为 6～8m。分段间留斜顶柱，其真厚度一般为 5～6m。

14.4.2　采准工作

如图 14-23 所示，从阶段运输巷道掘进斜坡道连通各个下盘分段运输平巷 1，以便行驶无轨设备、无轨车辆（运送人员、设备和材料）；沿矿体走向每隔 100m，掘进一条放矿溜井，通往各分段运输平巷。在每个分段水平上，掘下盘分段运输平巷1，在此巷道沿走向每隔10~12m，掘装运横巷2，通到靠近矿体下盘的堑沟平巷3，靠上盘接触面掘进凿岩平巷4。

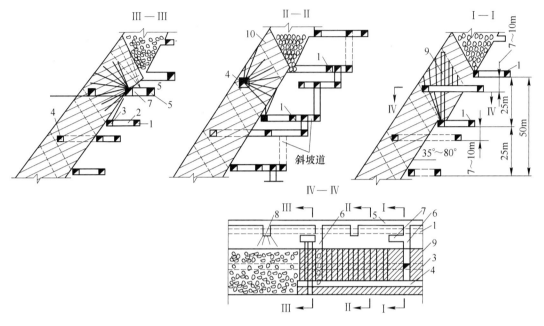

图14-23　分段矿房法典型方案

1—分段运输平巷；2—装运横巷；3—堑沟平巷；4—凿岩平巷；5—矿柱回采平巷；
6—切割横巷；7—间柱凿岩硐室；8—斜顶柱凿岩硐室；9—切割天井；10—斜顶柱

14.4.3　切割工作

在矿房的一侧掘进切割横巷6，连通凿岩平巷4与矿柱回采平巷5，从堑沟平巷3到分段矿房的最高处，掘切割天井9。在切割巷道钻环形深孔，以切割天井为自由面，爆破后便形成切割槽（图14-23中Ⅰ—Ⅰ）。

14.4.4　回采工作

从切割槽向矿房另一侧，进行回采。在凿岩平巷中钻环形深孔，崩下的矿石，从装运巷道用铲运机运到分段运输平巷最近的溜井；溜到阶段运输巷道装车运出（图14-23中Ⅱ—Ⅱ）。

当一个矿房回采结束后，立即回采一侧的间柱和斜顶柱。回采间柱的深孔凿岩硐室，布置在切割巷道靠近下盘的侧部（图14-23中7）；回采斜顶柱的深孔凿岩硐室，开在矿柱回采平巷的一侧（图14-23中8），对应于矿房的中央部位。间柱和斜顶柱的深孔布置，如图14-23的Ⅲ—Ⅲ剖面所示。回采矿柱的顺序是：先爆间柱并将崩下矿石放出，然后再爆破顶柱；因受爆力抛掷作用，顶柱崩落的大部分矿石溜到堑沟内放出。

矿石总回采率在80%以上，贫化率不大。沿走向每隔200m划为一个回采区段，每个区段有一个矿房正在回采，一个回采矿柱，一个进行切割。使用铲运机出矿时，矿房日产量平均为800t，区段的月产能力达（4.5~6）×10^4t。

14.4.5　评价

分段矿房法适用于矿石和围岩中等稳固以上的倾斜和急倾斜中厚和厚矿体。由于分段回采，可使用高效率的无轨装运设备，应用时灵活性大，回采强度高。同时，分段矿房采完后，允许立即回采矿柱和处理采空区，既提高了矿柱的矿石回采率，又处理了采空区，从而为下分段回采创造了良好的条件。

分段矿房法的主要缺点是采准工作量大，每个分段都要掘分段运输平巷、切割巷道、凿岩平巷等。但是，分段矿房法对于倾斜中厚和厚的难采矿体，是一种非常有效的采矿方法，因此国内外矿业工作者做了大量研究。在无轨采矿的推动下，近些年来分段空场采矿法的主要进展是：（1）采场底部改用铲运机平底出矿，不必开凿放矿漏斗，减少了卡矿事故，提高了出矿效率；（2）深孔凿岩设备不断改进，炮孔精确度显著提高，分段高度相应加大，采准工程量随之减少；（3）使用长锚索对围岩和顶柱进行预加固，减少了矿石贫化和损失，扩大了分段空场法在欠稳固矿体的应用范围；（4）对于薄至中厚的急倾斜矿体创造了端部出矿的无底柱分段矿房采矿法与分段空场崩落组合法（图14-24），由于采矿工艺简单、作业安全、机械化程度高，往往用来代替浅孔留矿法；（5）对于矿岩稳固的厚矿体，创造了无间柱连续回采的分段空场法，由于一步骤回采，矿石损失相应减少，采矿强度和劳动生产率显著提高。

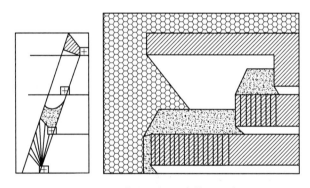

图14-24　"分段空场—崩落"组合法

14.5　阶段矿房法

阶段矿房法是用深孔回采矿房的空场采矿法。根据落矿方式不同，阶段矿房法可分水平深孔阶段矿房法和垂直深孔阶段矿房法。前者要求在矿房底部进行拉底，后者除拉底外，尚需在矿房的全高开出垂直切割槽。

14.5.1　水平深孔落矿阶段矿房法

水平深孔落矿阶段矿房法，是在凿岩硐室中，钻水平扇形深孔，向矿房底部拉底空间崩矿（图14-25）。

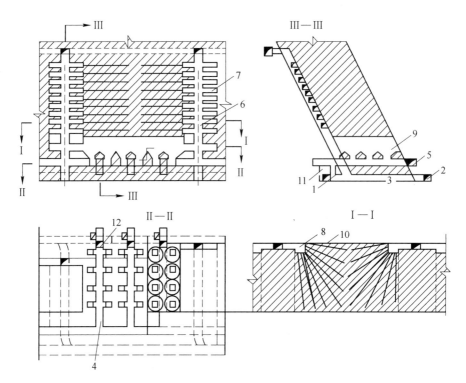

图 14-25　水平深孔落矿阶段矿房法

1—下盘沿脉运输巷道；2—上盘沿脉运输巷道；3—穿脉巷道；4—电耙巷道；5—回风巷道；6—凿岩天井；
7—凿岩联络平巷；8—凿岩硐室；9—拉底空间；10—炮孔；11—行人天井；12—溜井

14.5.1.1　结构和参数

阶段高度为 40~60m，沿走向布置的矿房长度为 20~40m，垂直走向布置的矿房宽度为 10~30m，间柱宽度为 10~15m，顶柱厚度 6~8m，底柱高度：漏斗底部结构为 8~13m、平底结构为 5~8m。

14.5.1.2　采准工作

如图 14-25 所示，阶段运输巷道一般布置在脉外；在厚矿体中布置上、下盘脉外沿脉运输巷道，构成环形运输系统。在脉外运输巷道间柱中心线位置穿脉巷道（采用环形运输系统时，此穿脉巷道与上、下盘沿脉运输巷道贯通），在阶段运输水平之上 4~5m 掘电耙巷道。由于应用深孔落矿，二次破碎工作量较大，一般电耙巷道应设专用回风系统。在穿脉巷道一侧（间柱中心位置）掘凿岩天井，在天井垂向按水平深孔排距（一般为 3m）掘凿岩联络平巷通达矿房，然后再将其前端扩大为凿岩硐室（平面直径 3.5~4m，高约 3m）。

14.5.1.3　切割工作

主要是开凿拉底空间和辟漏。浅孔拉底和辟漏方法与留矿法相似，一般常用中深孔或深孔方法形成拉底空间。如图 14-26 所示，先在矿房底部一侧，用留矿法采出切割槽，然后在凿岩巷道中，钻上向扇形中深孔或深孔，爆破后形成拉底空间。随着扇形孔逐排爆破，超前向下辟漏，以便矿石溜入电耙道，由电耙耙运至溜井。

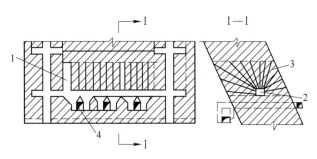

图 14-26　中深孔（深孔）拉底方法
1—切割槽；2—凿岩巷道；3—扇形炮孔；4—电耙巷道

深孔拉底方法具有效率高作业安全等优点；但对底柱的破坏性较大，矿石和围岩很稳固时可以采用。中深孔拉底对底柱的影响较小，一般应用较多。

14.5.1.4　回采工作

切割工作完成以后，在凿岩硐室中钻水平扇形深孔（图 14-25），最小抵抗线为 2.5~3m。一般先爆 1~2 排（层）深孔，以后逐渐增加爆破排数。每次崩下的矿石，可全部放出，亦可暂留一部分在矿房中，但不能作为维护围岩的手段，只起调节出矿作用。

深孔落矿的大块率较高，达 20%~30%，因此，必须在二次破碎巷道中进行二次破碎，再由溜井放出。二次破碎水平中，应设有专用回风道，保证二次破碎后，能很快排出炮烟，并带走粉尘。

14.5.2　垂直深孔落矿的阶段矿房法

根据所选取的凿岩设备，可分为分段凿岩和阶段凿岩。目前国内地下金属矿山，多使用分段凿岩。

本法的特点是：回采工作面是垂直的，回采工作开始之前，除在矿房底部拉底、辟漏外，必须开凿垂直切割槽，并以此为自由面进行落矿，崩落的矿石借自重落到矿房底部放出。随着工作面的推进，采空区不断扩大。矿房回采结束后，再用其他方法回采矿柱。

14.5.2.1　矿块布置和结构参数

根据矿体厚度，矿房长轴可沿走向或垂直走向布置。一般当矿体厚度小于 15m 时，矿房沿走向布置；在矿石和围岩极稳固的条件下，这个界限可增大至 20m。

阶段高度取决于围岩的允许暴露面积，因为这种采矿方法回采矿房的采空区是逐渐暴露出来的，可采取较大的数值，一般为 50~70m。国外一些矿山应用本采矿法时，其阶段高度有增加的趋势。增加阶段高度，可增加矿房矿量比重和减少采准工作量。分段高度决定于凿岩设备凿岩能力，用中深孔时为 8~13m，用深孔时为 15~20m。

矿房长度根据围岩的稳固性和矿石允许暴露面积决定，一般为 40~60m。矿房宽度，沿走向布置时，即为矿体的水平厚度，垂直走向布置时，应根据矿岩的稳固性决定，一般为 15~20m。间柱宽度，沿走向布置时为 8~12m，垂直走向布置时为 10~14m。顶柱厚度根据矿石稳固性确定，一般为 6~10m；底柱高度（采用电耙底部结构时）为 7~13m。

14.5.2.2　采准工作

如图 14-27 所示，采准巷道有：阶段运输巷道、通风人行天井、分段凿岩巷道、电耙巷道、溜井、漏斗颈和拉底巷道等。

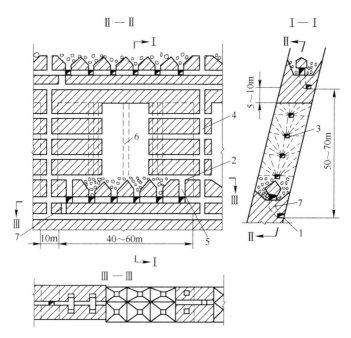

图 14-27　沿走向布置的分段凿岩阶段矿房法
1—阶段运输巷道；2—拉底巷道；3—分段凿岩巷道；
4—通风人行天井；5—漏斗颈；6—切割天井；7—溜井

　　阶段运输巷道一般沿矿体下盘接触线布置，通风人行天井多布置在间柱中，从此天井掘进分段凿岩巷道和电耙巷道。对于倾斜矿体，分段凿岩巷道靠近下盘，以使炮孔深度相差不大，从而提高凿岩效率。对于急倾斜矿体，分段凿岩巷道则布置在矿体中间。

14.5.2.3　切割工作

　　切割工作包括拉底、辟漏及开切割槽等。切割槽可布置在矿房中央或其一侧。

　　由于回采工作是垂直的，矿房下部的拉底和辟漏工程，不需在回采之前全部完成，可随工作面推进逐次进行。一般拉底和辟漏超前工作面 1～2 排漏斗的距离。拉底方法一般用浅孔从拉底巷道向两侧扩帮。辟漏可从拉底空间向下或从斗颈中向上开掘。

　　开掘的切割槽质量，直接影响矿房落矿效果和矿石损失、贫化的大小。开掘切割槽的方法如下：

　　（1）浅孔拉槽法。用浅孔开立槽时，一般是先开切割井，后开分段平巷。分段巷道和切割井贯通，有利于开立槽。在拉槽部位用留矿法上采，切割天井作为通风人行天井，采下矿石从漏斗溜到电耙巷道，大量放矿后便形成切割槽。切割槽宽度为 2.5～3m。此法易于保证切割槽的规格，但效率低、劳动强度大。

　　（2）垂直深孔拉槽法。如图 14-28 所示，拉槽时先掘切割巷道，在切割巷道中打上向平行中深孔，以切割天井为自由面，爆破后形成立槽，切割槽炮孔，可以逐排爆破、多排同次爆破或全部炮孔一次爆破。为简化拉槽工序，目前多采用多排同次爆破。

　　（3）水平深孔拉槽法。如图 14-29 所示，拉底后在切割天井中打水平扇形中深孔（或深孔），分层爆破后形成切割槽，其宽度为 5～8m。这种拉槽方法，由于拉槽宽度较大，爆破夹制性较小，容易保证拉槽质量。此外，用深孔落矿效率较高，作业条件较好。

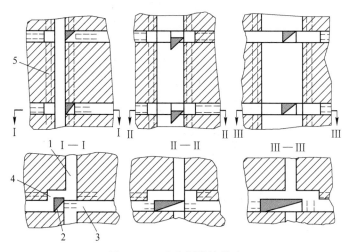
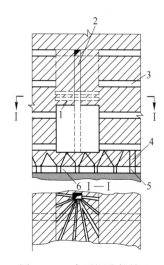

图 14-28 垂直深孔拉槽法

1—分段巷道；2—切割天井；3—切割巷道；

4—环形进路；5—中深孔

图 14-29 水平深孔拉槽法

1—中深孔（或深孔）；2—切割天井；

3—分段凿岩巷道；4—漏斗颈；

5—斗穿；6—电耙巷道

14.5.2.4 回采工作

在分段巷道中打上向扇形中深孔（最小抵抗线为 1.5~1.8m）或深孔（最小抵抗线为 3m）。全部炮孔打完后，每次爆破 3~5 排孔，用秒差或微差雷管或导爆管分段爆破，上下分段保持垂直工作面或上分段超前一排炮孔，以保证上分段爆破作业的安全。

崩落的矿石借重力落到矿房底部，经斗穿溜到电耙道。电耙绞车能力为 30kW 或 55kW，耙斗容积为 0.3m³ 或 0.5m³。

矿房回采时的通风，必须保证分段凿岩巷道和电耙巷道风流畅通。当切割槽位于矿房一侧时，矿房通风系统如图 14-30（a）所示；当工作面从矿房中央向两翼推进时，通风系统如图 14-30（b）所示。为了避免上下风流混淆，多采用分段集中凿岩（打完全部炮孔）、分次爆破，使出矿时的污风不致影响凿岩工作。

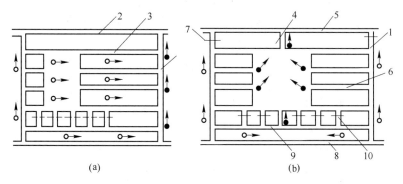

图 14-30 分段凿岩阶段矿房法通风系统

（a）切割槽在矿房一侧；（b）切割槽在矿房中央

1—天井；2，5—回风巷道；3—检查巷道；4—回风小井；6—分段凿岩巷道；

7—风门；8—阶段运输巷道；9—电耙巷道；10—漏斗颈

当开采厚和极厚急倾斜矿体时，矿房长轴垂直走向布置，如图14-31所示。此时的矿房长度即为矿体水平厚度，矿房宽度根据岩石和围岩稳固程度而定，一般为8~20m。

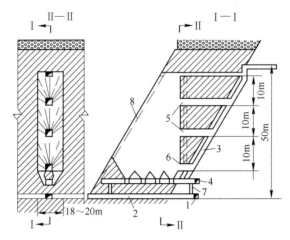

图14-31 矿房垂直走向布置分段凿岩阶段矿房法
1—阶段运输巷道；2—穿脉运输巷道；3—通风行人天井；4—电耙巷道；
5—分段凿岩巷道；6—拉底巷道；7—放矿溜井；8—切割天井

采准和切割工作与沿走向布置的方案类似。切割槽靠上盘接触面布置，向上盘方向崩矿。

14.5.3 垂直深孔球状药包落矿阶段矿房法

垂直深孔球状药包落矿阶段矿房法（VCR法），是球状装药爆破技术在采矿工程中的具体应用。

美国C. W. 利文斯顿对球状药包爆破机理进行了长期的试验研究，提出了球状药包漏斗爆破理论。加拿大工业公司L. C. 朗在此基础上结合采矿应用提出了爆破漏斗概念，并与加拿大国际金属公司合作，试验成功了垂直深孔球状药包落矿阶段矿房法。该法的特点是在矿房上部水平开掘凿岩硐室或凿岩巷道，打下向大直径深孔，然后自孔的下端开始以自下向上的顺序用球状药包逐层向矿房下部预先开掘好的拉底空间崩矿，崩落的矿石由矿房底部装运巷道运出。

生产实践证明，垂直深孔球状药包落矿阶段矿房法具有矿石破碎质量好、效率高、成本低、工艺简单、作业条件安全、切割工程量小等一系列优点。该法在围岩稳固、矿石中稳至稳固，倾斜至急倾斜的中厚和厚矿体中均可应用。

14.5.3.1 垂直深孔球状药包落矿阶段矿房法的理论基础

根据C. W. 利文斯顿的研究成果，所谓球状药包是钻孔直径与装药长度之比不小于1∶6，即长度与直径之比小于6的药包，此时破碎原理和效果与球状药包相似。

球状药包的几何形状和崩矿过程与柱状药包大不相同，因而爆破效果也大不一样。柱状药包爆破时，气体压力所产生的全部能量绝大部分冲向垂直于炮孔轴线的横向，只有一小部分能量作用于柱状药包的两端；而球状药包起爆时，膨胀气体所产生的能量自药包中心向径向方向呈整体球形均匀放射，见图14-32。两种药包不只是形状不同，球状药包爆破岩石的体积也比柱状药包大得多。

过去，只用球状药包向水平自由面进行正漏斗爆破，并在露天爆破中得到一些应用。如图 14-33 所示，在某种介质水平自由面以下的某一适宜深度上，起爆一个球状药包。由于只有一个自由面，爆炸能自药包中心向四周传播，并在爆力作用下使周围介质受到破坏，形成一个漏斗，称为爆破漏斗。由于是向上抛掷介质，又称正爆破漏斗。它由三个近似同心圆带所组成，即真漏斗、破碎带、应力带。真漏斗内的介质完全破碎且容易挖出；破碎带内

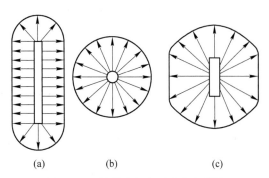

图 14-32　柱状药包与球状药包爆炸
气体的作功形式
（a）柱状药包；（b）真球状药包；（c）亚球状药包

的介质比真漏斗中的块度大，较难挖出；应力带内的介质略微出现裂缝，与原岩仍紧密相连。

以后国外有些学者在矿山巷道或矿房顶板做了上向垂直孔内装入球状药包的试验，由顶板向下爆破形成下向漏斗，如图 14-34 所示。重力作用使破碎带内的矿石冒落，加大了爆破漏斗尺寸；应力带中的介质视矿石类型、性质和地质构造不同也将有不同程度的裂开和冒落。这个倒爆破漏斗所形成的硐穴高度，一般要超过球状药包最佳埋置深度的好几倍。这种球状药包倒漏斗爆破的新概念，便成为垂直深孔球状药包落矿阶段矿房法的理论基础。

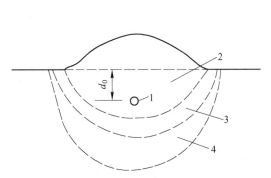

图 14-33　正爆破漏斗结构
1—球状药包；2—真漏斗；3—破碎带；
4—应力带；d_0—药包最佳埋置深度

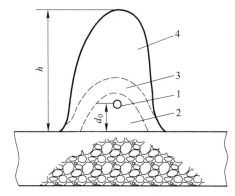

图 14-34　倒爆破漏斗结构
1—球状药包；2—真漏斗；3—破碎带；
4—应力带；h—硐穴高度

球状药包的爆破效果，取决于药包的埋置深度。当药包爆下的矿石体积最大和破碎的矿石块度最优时，则此时的药包埋置深度称为最佳埋置深度（d_0）。

C. W. 利文斯顿根据试验把炸药能量与受到药包位置影响的介质体积，用应变能方程关联起来，提出了应变能经验方程：

$$d = EQ^{1/3} \tag{14-1}$$

式中　d——药包临界埋置深度，在此深度上埋置药包刚好未爆成漏斗，只在自由面出现

碎裂现象，通常凭目测确定此值；

    E——与炸药介质的性质有关的应变能系数，在炸药与矿石条件一定时，它是一个常数；

    Q——药包重量。

上式表达了药包埋置深度与药包重量之间的关系，即临界深度与药包重量的立方根成正比。利用此式可求出 E 值。

设药包的最佳埋置深度以 d_0 表示，令 d_0 与 d 的比值为最佳埋深比，以 Δ_0 表示，即 $\Delta_0 = \dfrac{d_0}{d}$（$\Delta_0$ 为无因次量），则最佳埋置深度为：

$$d_0 = \Delta_0 E Q^{1/3} \tag{14-2}$$

【例题】 在某种岩石中，一个 4.5kg 的球状药包，其最佳埋置深度通过试验可知是 $d_0 = 1.5\text{m}$，临界埋置深度为 $d = 3\text{m}$，则可求出：

$$E = d/Q^{1/3} = 3/(4.5)^{1/3} = 1.82$$

$$\Delta_0 = \frac{d_0}{d} = \frac{1.5}{3} = 0.5$$

现设在同一岩石中使用 34kg 的球状药包，即 $Q = 34\text{kg}$，则最佳埋置深度应为：

$$d_0 = \Delta_0 E Q^{1/3} = 0.5 \times 1.82 \times 34^{1/3} \approx 3\text{m}$$

在生产爆破设计中，除按爆破漏斗试验所得资料算出药包最佳埋置深度外，还应确定孔距，一般可用下式分别求出药包最佳埋置深度和漏斗半径，然后再按漏斗半径选定孔距。

$$\frac{D_0}{d_0} = \frac{Q^{1/3}}{q^{1/3}} \quad 和 \quad \frac{R_0}{r_0} = \frac{Q^{1/3}}{q^{1/3}} \tag{14-3}$$

式中 d_0，r_0，q——分别表示爆破漏斗试验中的最佳埋置深度、漏斗半径和药包重量；

    D_0，R_0，Q——分别表示生产爆破中可用的最佳埋置深度、漏斗半径和药包重量。

生产爆破中的孔距可取等于或小于计算得出的漏斗半径 R_0 值。用多排孔球状药包爆下的矿石量与矿层条件密切相关，爆下的分层高度往往等于或大于球状药包的最佳埋置深度。如药包埋置深度过大，炮孔可能爆成药壶状，就应在下次爆破前修改设计；药包埋置深度太浅将会降低炸药利用率和增加飞石和空气冲击波的程度。此外，孔距过大可能使爆破漏斗之间的矿石不能崩落或使顶板形成爆坑而不平整，崩矿量降低；如孔距过小，则增加单位炸药消耗量并使矿石过于粉碎。综上所述，球状药包的最佳埋置深度和孔距是生产爆破设计中最重要的参数。

14.5.3.2 矿块布置、结构和参数

根据矿体厚度，矿房可沿走向或垂直走向布置。当开采中厚矿体时，矿房沿走向布置；开采厚矿体时，则矿房垂直走向布置。此时可先采间柱，采完间柱放矿完了后进行胶结充填，再采矿房，矿房采完、放矿完成后，可用水砂或尾砂充填。

阶段高度取决于围岩和矿石的稳固性及钻孔深度，按照国内外生产实践，阶段高度一般以 40~80m 为宜。

矿房长度根据围岩的稳固性和矿石允许的暴露面积确定，一般为 40~100m。矿房宽

度，沿走向布置时，即为矿体的水平厚度；垂直走向布置时，应根据矿岩的稳固性确定，一般为 8~14m。

间柱宽度，沿走向布置时为 8~12m；垂直走向布置且先采间柱时，其宽度一般为 8m。

顶柱厚度根据矿石稳固性确定，一般为 6~8m。底柱高度按出矿设备确定，当采用铲运机出矿时，一般为 6~7.5m。也可不留底柱，即先将底柱采完形成拉底空间，然后分层向下崩矿，整个采场采完和铲运机在装运巷道出矿后，采用遥控技术，遥控铲运机进入采场底部，将留存在采场平底上的矿石铲运出去。

14.5.3.3　采准工作

当采用垂直平行深孔时，在顶柱下面掘凿岩硐室（图 14-35），硐室长度比矿房长度大 2m，硐室宽度比矿房宽 1m，以便钻凿矿房边孔时留有便于安置钻机的空间，并使周边孔距上、下盘围岩和间柱垂面有一定的距离，以控制矿石贫化和保持间柱垂面的平直稳定。钻机工作高度一般为 3.8m。为充分利用硐室自身的稳固性，一般硐室墙高 4m，拱顶处全高为 4.5m，形成拱形断面。当矿体稳固性差时，凿岩硐室中要留设矿柱，每一排炮孔间留一个矿柱。

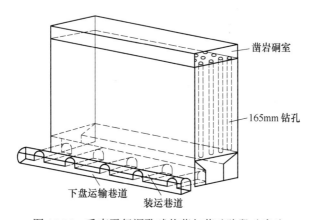

图 14-35　垂直平行深孔球状药包落矿阶段矿房法

为了增强硐室的安全性，可采用锚杆加金属网护顶。锚杆网度为 1.3m×1.3m，呈梅花形，锚杆长 1.8~2m，锚固力为 68670~78480N。

当采用垂直扇形深孔时，在顶柱下面掘凿岩平巷，便可向下钻垂直扇形深孔（图 14-36）。

当采用铲运机出矿时，由下盘运输巷道掘装运巷道通达矿房底部的拉底层，与拉底巷道贯通。装运巷道间距一般为 8m，巷道断面为 2.8m×2.8m，曲率半径为 6~8m。为保证铲运机在直道状态下铲装，装运巷道长度不小于 8m。

14.5.3.4　切割工作

拉底高度一般为 6m。可留底柱、混凝土假底柱结构或平底结构。留底柱时，在拉底巷道矿房中央向上掘高 6m、宽约 2~2.5m 的上向扇形切割槽，然后自拉底巷道向上打扇形中深孔，沿切割槽逐排爆破，矿石运出后，形成堑沟式拉底空间（图 14-35 或图 14-36）。采用混凝土假底柱时，则自拉底巷道向两侧扩帮达上、下盘接触面（指矿房沿走向

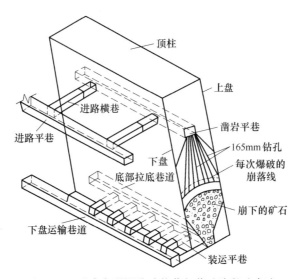

图 14-36 垂直扇形深孔球状药包落矿阶段矿房法

布置时）。然后再打上向平行孔，将底柱采出，再用混凝土造成堑沟式人工假底柱（图 14-37）。若不设人工假底柱，则成为平底结构。

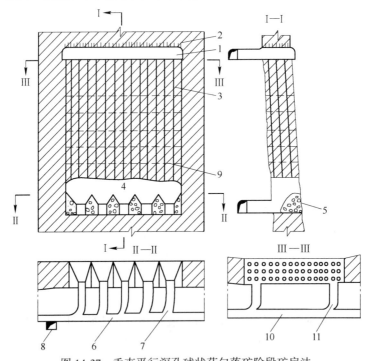

图 14-37 垂直平行深孔球状药包落矿阶段矿房法

1—凿岩硐室；2—锚杆；3—钻孔；4—拉底空间；5—人工假底柱；6—下盘运输巷道；
7—装运巷道；8—溜井；9—分层崩矿线；10—进路平巷；11—进路横巷

14.5.3.5 回采工作

A 钻孔

现今多采用大直径深孔，炮孔直径多为 165mm（少数矿山用 150mm），但未有全面论证这是最优孔径，仅凭现场试验获得。

炮孔排列有垂直平行深孔和扇形孔两种。在矿房中采用垂直平行深孔有下列优点：能使两侧间柱立面保持垂直平整，为下部回采间柱创造良好条件；容易控制钻孔的偏斜率；炮孔利用率高，矿石破碎较均匀。但凿岩硐室工程量大；而扇形孔所需的凿岩巷道工程量显著减少，一般在回采间柱时可考虑采用。

采用垂直平行深孔的孔网规格一般为 3m×3m，按矿石的可爆性确定。各排平行深孔交错布置或呈梅花形布置，周边孔的孔距适当加密。垂直平行深孔的炮孔排列参见图 14-36。

钻孔设备采用深孔大直径钻机。为提高钻孔速度，防止钻孔偏斜，供风网路风压需达到 981~1471.5kPa，高风压可迫使钻头高速穿过非均质矿石而使炮孔不易偏斜。为此，多在靠近钻孔地点的供风网路上联设增压机，与潜孔钻机配套使用。

B　爆破

a　球状药包所用炸药

必须采用高密度（1.35~1.55g/cm³）、高爆速（4500~5000m/s）、高威力（以铵油炸药为 100 时，应为 150~200）的炸药。国外 20 世纪 70 年代主要采用高含量 TNT 的浆状炸药，后已发展为乳化炸药。我国生产的乳化炸药为 CLH 系列。乳化炸药的配方列于表 14-2，其主要性能列于表 14-3。

表 14-2　CLH 系列乳化炸药配方　　　　　　　　　　　　　　　　（%）

牌号	硝酸铵	硝酸钠	尿素	水	十二烷基硫酸钠	乳化剂	复合蜡	地蜡	柴油或机油	添加剂 I	添加剂 II
CLH-1	55~65	15~20	0~5	6~12	0~0.5	1~2	1~4	0~0.5	0.5~3	0~5	5~10
CLH-2	55~65	15~20	0~5	6~12	0~0.5	1~2	1~4	0~0.5	0.5~3	0~5	5~10
CLH-3	50~60	15~25	0~5	6~10	0~0.5	1~2	1~4	0~0.5	0.5~3	0~5	5~15
CLH-4	50~60	15~25	0~5	6~10	0~0.5	1~2	1~4	0~0.5	0.5~3	0~5	5~15

表 14-3　CLH 系列乳化炸药的主要性能

项目	CLH-1	CLH-2	CLH-3	CLH-4
岩石爆破漏斗体积/m³	2.48	4.29	3.67	
密度/g·cm⁻³	1.35~1.40	1.40~1.45	1.45~1.50	1.48~1.55
爆速/m·s⁻¹	4500~5500	4500~5500	4500~5500	4500~5500
临界直径/mm	60	60	60	60
传爆长度/m	≥3.5	≥3.5	≥3.5	≥3.5

b　分层爆破参数的确定

（1）选定药包重量。根据球状药包的概念，药包长度不应大于药包直径的 6 倍。如采用耦合装药，则药包直径应与孔径相同，故当药包直径为 165mm 时，长 990mm，经计算为每个药包重 30kg。当采用不耦合装药时，钻孔直径为 165mm，药包直径小于钻孔直径，取药包直径为 150mm，长 900mm，经计算为每个药包重 25kg。

（2）药包最优埋置深度。指药包中心距自由面的最佳距离。根据漏斗试验的应变能

系数 E 和最佳埋深比 Δ_0，按公式（14-2）计算出最优埋置深度 d_0。

【**例题**】　凡口矿所作小型漏斗试验，一个 $Q=4.5\text{kg}$ 的球状药包，其最佳埋置深度为 $d_0=1.4\text{m}$，临界埋置深度为 $d=2.98\text{m}$，则应变能系数为

$$E = d/Q^{1/3} = 2.98/\sqrt[3]{4.5} = 1.805$$

$$\Delta_0 = \frac{d_0}{d} = \frac{1.4}{2.98} = 0.47$$

当 $Q=30\text{kg}$ 时，$d_0 = \Delta_0 E Q^{1/3} = 0.47 \times 1.805 \times \sqrt[3]{30} = 2.64\text{m}$；

当 $Q=25\text{kg}$ 时，$d_0 = 0.47 \times 1.805 \times \sqrt[3]{25} = 2.48\text{m}$。

（3）布孔参数。合理的炮孔间距应考虑矿石的可爆性，并使爆破后形成的顶板平整。炮孔间距除按公式（14-3）算出漏斗半径 R_0 并依其选取外，国外还采用下列公式计算：

$$a = md_0（即炮孔间距为最优埋置深度的 m 倍）\tag{14-4}$$

式中　a——孔间距；

　　　m——邻近系数，按矿石的可爆性选取，其值为 1.1~1.8。

c　装药结构及施工顺序

单分层装药结构及施工顺序如下：

（1）测孔。在进行爆破设计前要测定孔深，测出矿房下部补偿空间高度。全部孔深测完后，即可绘出分层崩落线并据此进行爆破设计。常用的测孔方法有两种：一是用一根长 0.5m、直径 25mm 的金属杆，在杆的中部和一端各钻一个 $\phi 12\text{mm}$ 的孔，将有读数标记的测绳穿过杆端孔并系牢，测孔时将测绳弯转至杆中部孔处刚好在测绳"零"读数位置用一易断的细线绑着，将杆放入孔内先降落到下部矿石爆堆面再往上提，使金属杆横担在孔底口，可测出炮孔深度和补偿空间高度，测完后用力拉断细线，使金属杆直立，便可收回；二是用一根长 0.6m 的一英寸胶管代替金属杆，测绳绑在胶管中部进行测孔（图 14-38），此法简便省时。

（2）堵孔底。将系吊在尼龙绳尾端的预制圆锥形水泥塞下放至孔内预定位置，再下放未装满河沙的塑料包堵住水泥塞与孔壁间隙，然后再向孔内堵装散沙至预定高度为止。

另一堵孔方法是采用碗形胶皮堵孔塞。如图 14-39 所示，用一根 6~8mm 的塑料绳将

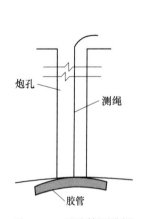

图 14-38　用胶管测孔深

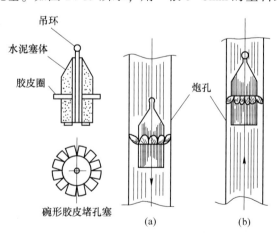

图 14-39　碗形胶皮堵孔塞堵孔方法

（a）下放孔塞；（b）上提堵孔

堵孔塞吊放入孔内，直至下落到顶板孔口之外，然后上提将堵孔塞拉人孔内 30~50cm，此时由于胶皮圈向下翻转呈倒置碗形，紧贴于孔壁，有一定承载能力。堵孔后，按设计要求填入适量河沙。

（3）装药。图 14-40 表示单分层爆破装药结构，孔径 165mm，耦合装药，球状药包重 30kg。装药时采用系结在尼龙绳尾端的铁钩钩住预系在塑料药袋口的绑结铁环，借药袋自重下落的装药方法。先向孔内投入一个 10kg 药袋，然后将装有起爆弹的 5kg 药袋用导爆线直接投入孔内，再投一个 5kg 药袋，上部再投入一个 10kg 药袋。

（4）填塞。药包上面填入河沙，填塞高度以 2~2.5m 为宜。

d　起爆网路

采用起爆弹—导爆线—导爆管—导爆线起爆系统，起爆网路如图 14-41 所示。球状药包采用 250g50/50TNT—黑索金铸装起爆弹，中心起爆。

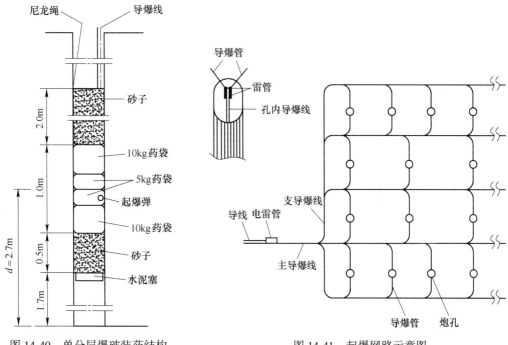

图 14-40　单分层爆破装药结构　　　　图 14-41　起爆网路示意图

孔内导爆线与外部网路的导爆线之间采用导爆管连接，这样可减少拒爆的可能性，同时便于选取孔段。生产实践证明，该起爆系统安全可靠、施工方便、无拒爆现象，可保证爆破质量。

e　爆破实施

采用单分层爆破时，分层爆破推进线如图 14-37 所示，每分层推进高度为 3~4m。爆破后顶板平整，一般无浮石和孔间脊部。

也可用多层同次爆破，一般一次可崩落 3~5 层。可根据矿石的可爆性、矿房顶板暴露面积和总崩矿量、底部补偿空间及安全技术要求等因素加以周密设计，再行确定。

C　出矿

（1）出矿设备。现今国内外多采用铲运机出矿，铲运机在装运巷道铲装，再转运至溜井，运输距离一般为 30~50m。凡口铅锌矿使用德国 GHH 公司生产的 LF-4.1 型铲运机出矿，斗容 2m³，平均班生产能力为 247t/台班，最高为 587t/台班，平均日生产能力为 740t，最高为 1500t/d。

（2）出矿方式。一般每爆破一分层，出矿约 40%，其余暂留矿房内，待全部崩矿结束后，再行大量出矿。若矿石含硫较高，则产生二氧化硫，易于结块。为减少崩下矿石在矿房的存留时间，使矿石经常处于流动状态，减少矿石结块机会，当矿岩稳固允许暴露较大的空间和较长的时间时，可采取强采、强出、不限量出矿。

14.5.3.6 安全技术

（1）爆破效应的观测。采用大直径球状药包爆破，炸药集中，一次爆破的药量较大，为防止矿房及地下工程设施遭受地震波的破坏，必须测定其震动速度，研究其传播规律，以确定一段延时的允许药量、合理的炮孔填塞高度和合理的起爆方案。

（2）顶层安全厚度的检测。随着爆破分层向上推进，凿岩硐室下面的矿层厚度也逐渐减小，最后留下的顶层呈板梁状态，在经受多次爆破后，顶层受爆破冲击、两侧挤压与矿层自重等交错应力作用，易于冒落。因此顶层应保留一定的安全厚度，使其能承受上述载荷而不致自行冒落。按国内外矿山经验，顶层的安全厚度约为 10m。

（3）爆破后气体爆燃及二次硫尘爆炸的预防措施。使用大直径球状药包崩矿，存在两个潜在的安全问题：一是炮孔爆后气体的爆燃，二是二次硫尘爆炸，在工作中须予以高度重视。

所谓炮孔爆后气体的爆燃，是指 30m 以上的深孔，若爆破后孔底堵死，孔内存有氢和氧化碳的爆炸性气体混合物，遇明火或岩石碎块掉入孔内而摩擦发火等，均可引起气体爆炸。

预防爆后气体爆燃的主要措施是：尽量使用零氧平衡、不含铝粉或低爆温炸药，保证填塞质量，使炸药反应产物在膨胀时充分做机械功；爆破后防止碎岩块掉入孔内；检查炮孔是否穿透，切忌用香烟或明火来判断孔内空气是否流动；如炮孔不穿透，应小心地插入无接头的注水管向孔内注水；只能使用不产生火花的器具来测定孔深等。

所谓二次硫尘爆炸，即指爆破诱发的硫化物粉尘爆炸。产生二次硫尘爆炸的基本条件是硫化矿石。爆破后空气中的硫化物粉尘达到了可燃浓度，一遇引爆源即行爆炸。

为了防止二次硫尘爆炸，国内外高硫矿山，大都采取了下列技术措施：

（1）班末在地表控制地下爆破，保证爆破时无人在地下作业。

（2）起爆时的总延续时间保持在 200μs 以下。

（3）用石灰粉填塞炮孔或爆破前向矿房空间吹进石灰粉，爆破时石灰粉同高温次生硫尘接触，吸收热量发生分解与转化（ $CaCO_3 \xrightarrow{\text{吸热}} CaO + CO_2$ ），使硫尘温度降低，从而可抑制二次硫尘的爆炸，同时也有利于抑制矿堆自热氧化的速度。

（4）经常清洗井巷帮壁，消除硫尘的积聚，出矿时勤洒水。

14.5.4 阶段矿房法评价

14.5.4.1 适用条件

水平深孔落矿阶段矿房法和垂直深孔分段凿岩阶段矿房法，是我国目前开采矿岩稳固的厚和极厚急倾斜矿体时，比较广泛应用的采矿方法；急倾斜平行极薄矿脉组成的细脉带，也采用这种方法合采。

垂直深孔球状药包落矿阶段矿房法，适用于开采矿石和围岩中等稳固以上的厚和极厚水平矿体以及中厚以上的急倾斜规整矿体。随着工艺技术的改进，VCR法也可用于回采软弱矿体（如加拿大的白马铜矿、美国卡福克矿采用拱形顶板向上回采松软矿体）。

14.5.4.2　优缺点

水平深孔落矿阶段矿房法和垂直深孔分段凿岩阶段矿房法具有回采强度大、劳动生产率高、采矿成本低、坑木消耗少、回采作业安全等优点。但也存在一些严重缺点，如矿柱矿量比重较大（达35%~60%），回采矿柱的贫化损失大（用大爆破回采矿柱，其损失率达40%~60%）；水平深孔落矿阶段矿房法崩矿时对底部结构具有一定的破坏性；垂直深孔分段凿岩阶段矿房法采准工作量大等。

垂直深孔球状药包落矿阶段矿房法有下列显著优点：

（1）矿块结构简单，省去了切割天井，大大减少了矿块的采准工程量和切割工程量；

（2）生产能力高，是一种高效率的采矿方法；

（3）采矿成本显著降低，经济效果很好；

（4）球状药包爆破或侧向挤压爆破对矿石的破碎效果好，降低了大块产出率，有利于铲运机装运；

（5）工艺简单，各项作业可实现机械化；

（6）作业安全可靠，可改善矿工的作业条件（凿岩工在凿岩硐室或凿岩巷道中钻孔，爆破工亦可在凿岩硐室或凿岩巷道中向下装药，安全条件较好）。

垂直深孔球状药包落矿阶段矿房法也存在下列缺点：

（1）凿岩技术要求较高，必须采用高风压的潜孔钻机钻大直径深孔，并需结合其他技术措施，才能控制钻孔的偏斜；

（2）矿层中如遇矿石破碎带，则穿过破碎带的深孔易于堵塞，处理较困难，有时需用钻机透孔或补打钻孔；

（3）矿体形态变化较大时，矿石贫化损失大；

（4）要求使用高密度、高爆速和高威力炸药，爆破成本较高；

（5）爆破工艺复杂，爆后堵孔处理等辅助作业时间长，且爆后不能全部出矿，造成出矿不均匀、管理难度大等。

14.5.4.3　主要技术经济指标

国内某些矿山应用水平深孔落矿阶段矿房法的主要技术经济指标列于表14-4，垂直深孔落矿分段凿岩阶段矿房法的主要技术经济指标列于表14-5，国内外部分矿山应用垂直深孔球状药包落矿阶段矿房法的技术经济指标列于表14-6。

14.5.4.4　发展方向

垂直深孔球状药包落矿阶段矿房法，是阶段矿房法中一种发展前景较好的采矿方法。在矿岩稳固，上、下盘规整的厚和极厚矿体中，这种采矿方法有取代水平深孔和垂直深孔落矿阶段矿房法与上向水平分层充填采矿法的趋势。这一方法在多年的使用中不断发展，特点突出、潜力巨大，应从下列几方面继续研究。

表 14-4　水平深孔落矿阶段矿房法主要技术经济指标

指标	矿　山				参考指标
	河北铜矿	大吉山钨矿	红透山铜矿	锦屏磷矿	
矿块生产能力/t·d^{-1}	300~400	240~320	300~400	360~500	200~300
工作面功效/kg·(工班)$^{-1}$	51~83	61.7	50~68	22.5	40~60
矿石损失率/%	6.85~19.9	13~24	25	9.02~12	10~20
矿石贫化率/%	12.2~19.1	86.7	18~20	12.9~18	10~15
炸药消耗量/kg·t^{-1}	0.47~0.69	0.14~0.27	0.25~0.35	0.3~0.47	
坑木消耗量/m³·(万吨)$^{-1}$	5.26~24.6	6.5~12	0.4~3.5	3~3.5	

表 14-5　垂直深孔落矿分段凿岩阶段矿房法主要技术经济指标

指标	矿　山					参考指标
	金岭铁矿	大庙铁矿	河北铜矿	辉铜山铜矿	杨家杖子钼矿	
矿块生产能力/t·d^{-1}	273	105~130	150~200	300~370	200~400	200~300
工作面功效/kg·(工班)$^{-1}$	21.3	21.6	31~44	16~35	10.8	40~60
矿石损失率/%	29.3~47.6	20.7	18.5	7~10.5	9.97	10~20
矿石贫化率/%	24.5	14.5	12.5	3~8	14.5	10~15
炸药消耗量/kg·t^{-1}	0.547	0.29~0.31	0.32~0.47			
坑木消耗量/m³·(万吨)$^{-1}$	10	9	2~5			

表 14-6　垂直孔球状药包落矿阶段矿房法主要技术经济指标

指标	矿　山		
	加拿大桦树矿	加拿大白马铜矿	我国凡口铅锌矿
矿块生产能力/t·d^{-1}	630		482
深孔凿岩工效/m·(工班)$^{-1}$			3.32
深孔凿岩台效/m·(台班)$^{-1}$			24.1
矿块爆破工效/t·(工班)$^{-1}$			181.7
矿块出矿运输工效/t·(工班)$^{-1}$	75		32.16
矿块回采工作工效/t·(工班)$^{-1}$	4		19.23
矿石损失率/%	23	22	3
矿石贫化率/%		19	8.4
每米炮孔崩矿量/t·m^{-1}		32	20
炸药消耗量/kg·t^{-1}	0.14	0.27	0.4
大块产出率/%			0.98

（1）垂直深孔球状药包落矿阶段矿房法取得成功的关键，是应用球状药包理论。进一步完善球状药包爆破理论、爆破材料和爆破工艺，是推动本采矿方法发展的先决条件。

（2）把 VCR 法和垂直深孔落矿方式相结合，即在矿房中应用垂直深孔球状药包开切割槽，其余部分用垂直深孔柱状药包侧向爆破落矿，在我国凡口铅锌矿、安庆铜矿等多座矿山应用效果良好。进一步完善球状药包和柱状装药联合崩矿的结构参数和爆破工艺具有很大的实用价值。

（3）研究用廉价炸药代替价昂的炸药，以降低爆破成本。

14.6　矿柱回采和采空区处理

14.6.1　矿柱回采方法

矿柱回采方法，主要决定于已采矿房的存在状态。当采完矿房后进行充填时，广泛采用分段崩落法或充填法回采矿柱。采完的矿房为敞空时，一般采用空场法或崩落法回采矿柱。空场法回采矿柱用于水平和缓倾斜薄到中厚矿体、规模不大的倾斜和急倾斜盲矿体。

用房柱法开采缓倾斜薄和中厚矿体时，根据具体条件决定回采矿柱。对于连续性矿柱，可局部回采成间断矿柱；对于间断矿柱可进行缩采成小断面矿柱或部分选择性回采成间距大的间断矿柱。矿柱回采顺序采用后退式，运完崩落矿石后，再行处理采空区。

规模不大的急倾斜盲矿体，用空场法回采矿柱后，崩落矿石基本可以全部回收。此时采空区的体积不大，而且又孤立存在，一般采用封闭法处理。

崩落法用于倾斜和急倾斜规模较大的连续矿体，在回采矿柱的同时崩落围岩（第一阶段）。用崩落法回采矿柱时，要力求空场法的矿房占较大的比重，而矿柱的尺寸应尽可能小。崩落矿柱的过程中，崩落的矿石和上覆岩石可能相混，特别是崩落矿石层高度较小且分散，大块较多，放矿的损失贫化较大。

图 14-42 为用留矿法回采矿房后所留下的矿柱情况。为了保证矿柱回采工作安全，在矿房大放矿前，打好间柱和顶底柱中的炮孔。放出矿房中全部矿石后，再爆破矿柱。一般先爆间柱，后爆顶底柱。

矿房用分段凿岩的阶段矿房法回采时，底柱用束状中深孔，顶柱用水平深孔，间柱用垂直上向扇形中深孔落矿（图 14-43）。同次分段爆破，先爆间柱，后爆顶底柱。爆破后在

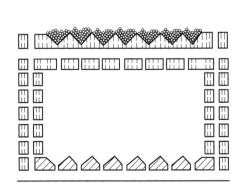

图 14-42　留矿法矿柱回采方法

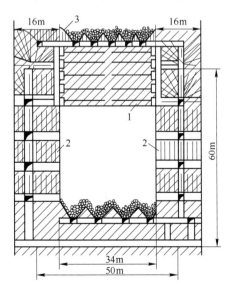

图 14-43　阶段矿房法矿柱回采
1—水平深孔；2—垂直扇形中深孔；3—束状中深孔

转放的崩落岩石下面放矿，矿石的损失率高达 40%~60%。这是由于爆破质量差、大块多，部分崩落矿石留在底板上面放不出来，崩落矿石分布不均（间柱附近矿石层较高），放矿管理困难等原因造成的。

为降低矿柱的损失率，可以采取以下措施：

（1）同次爆破相邻的几个矿柱时，可先爆中间的间柱，再爆与废石接触的间柱和阶段间矿柱，以减少废石混入。

（2）及时回采矿柱，以防矿柱变形或破坏，或不能全部装药。

（3）增加矿房矿量，减少矿柱矿量。例如矿体较大或开采深度增加，矿房矿量降低40%以下时，则应改为一个步骤回采的崩落采矿法。

14.6.2　采空区处理

采空区处理的目的是缓和岩体应力集中程度，转移应力集中的部位，或使围岩中的应变能得到释放，改善其应力分布状态，控制地压，保证矿山安全持续生产。

采空区处理方法有：崩落围岩、充填和封闭空区三种。

14.6.2.1　崩落围岩处理采空区

崩落围岩处理采空区的目的是使围岩中的应变能得到释放，减小应力集中程度。用崩落岩石充填采空区后，在生产地区上部形成岩石保护垫层，以防上部围岩突然大量冒落时，冲击气浪和机械冲击对采准巷道、采掘设备和人员造成危害。

崩落围岩又分自然崩落、诱导冒落和强制崩落三种。矿房采完后，矿柱是应力集中的部位。按设计回采矿柱后，围岩中应力重新分布，某部位的应力超过其极限强度时，即发生自然崩落。从理论上讲，任何一种岩石，当它达到极限暴露面积时，均能自然崩落。但由于岩体并非理想的弹性体，往往在远未达到极限暴露面积以前，因为地质构造原因，围岩某部位就可能发生破坏。

当矿柱崩落后，围岩跟随崩落或逐渐崩落，并能形成所需的岩层厚度，这是最理想的条件。如果围岩不能很快自然崩落，可采用诱导冒落方法诱导空区顶板围岩冒落。当空区暴露面积接近临界冒落面积时，可通过扩展空区跨度来诱导顶板围岩冒落。

诱导冒落处理采空区是东北大学在多年科学研究和实践的基础上，不断总结岩体冒落规律，提出的一种新型、简单高效的采空区处理方法。该法的主要原理是，随着开采进行，顶板暴露面积逐渐加大，在岩体自重和因开采而产生的次生应力场的共同作用下，岩体产生向空区自由面的弯曲变形并发生应力性质的改变，当顶板围岩所受的拉应力超过岩体的抗拉强度时，顶板围岩就会发生破坏、冒落。利用诱导工程控制空区顶板的暴露面积，可实现空区顶板的自然冒落，消除空区危害。

大体说来，采空区的冒落形式按一次冒落量的大小可划分为三种：零星冒落、批量冒落与大规模冒落。采空区的冒落过程应经历四个阶段：初始冒落、持续冒落、大冒落与侧向崩落。每个阶段的特征分述如下：

（1）初始冒落阶段。空区顶板出露之后，应力平衡拱内的岩石，主要在拉应力作用下，节理逐渐扩展和相互贯通，导致岩石破坏并在自重作用下自然冒落下来，这时的空区顶板暴露面积称之为初始冒落面积。此后，如果空区顶板暴露面积不再扩大，顶板冒落到一定高度后，形成比较稳定的自然平衡拱，可在较长时间内不再发生冒落。如果再增大采空区顶板的暴露面积，则冒落再度发生，而且发生冒落的面积与冒落频率还有可能随暴露面积的增大而增大，冒落现象直到空区边界形成应力平衡拱才停止下来。这是空区顶板冒落的第Ⅰ阶段（图14-44中Ⅰ），称之为初始冒落阶段。

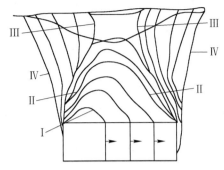

图 14-44　空区顶板冒落过程示意图
Ⅰ—初始冒落（第Ⅰ）阶段；Ⅱ—持续冒落（第Ⅱ）阶段；
Ⅲ—大冒落（第Ⅲ）阶段；Ⅳ—侧向崩落（第Ⅳ）阶段

（2）持续冒落阶段。如果空区顶板暴露面积继续扩大，空区顶板岩石随之不断产生阵发性与周期性的冒落，使发生冒落的面积与冒落的高度不断增大，冒落的频率随之加快。当空区顶板暴露面积达到一定数值后，即使不再增大暴露面积，随着时间的推移，冒落高度也不断增大，顶板围岩不再形成长时间稳定的应力平衡拱，这时的空区顶板面积称之为持续冒落面积。持续冒落阶段是空区顶板冒落的第Ⅱ阶段（图14-44中Ⅱ）。

（3）大冒落阶段。当空区顶板接近地表时，顶板岩石常常产生整体性变形和破坏，空区顶板的周边岩体受剪应力破坏，使整个空区顶板常以突发性形式发生较大规模的冒落，称之为大冒落阶段，这是空区冒落的第Ⅲ阶段（图14-44中Ⅲ）。空区大冒落时，可能引发具有危害性的气浪。

（4）侧向崩落阶段。空区与地表冒通后，周边岩石逐渐向空区崩落以充填空区，空区崩落的界限逐渐向外扩展，最后达到崩落边界而停止活动，形成崩落带，称这一阶段为侧向崩落阶段，是空区冒落的第Ⅳ阶段（图14-44中Ⅳ）。

初始冒落、持续冒落、大冒落与侧向崩落，四个阶段冒落过程可能分段进行，也可能不间断地接续进行，还可能同时进行，主要取决于空区顶板的岩性条件与应力条件。一般来说，在初始冒落中，零星冒落的危害最小，往往是在附近作业人员不知不觉中实现整个冒落过程；大规模冒落的危害最大，常常造成采场严重破坏、冲击气浪伤人等重大安全事故。在地下开采的金属矿山中，采空区长时间悬而不冒、一旦冒落就发生大规模冒落的例子很多，如某矿务局矿区，采空区面积约4000m²，顶板暴露4年半后突然冒落，一次冒落面积达2400m²，冒落形成的气浪将运输巷内处于刹车状态的挂有5个空矿车的3t电机车冲出120m远，掉道后才停止，将平硐口8kW局扇推动滚出平硐口约7m。可见在部分阶段的大规模冒落中，气浪的冲击力是巨大的。因此，必须对采空区的冒落形式加以控制。所谓控制冒落形式，就是通过人为控制，缩短开始冒落时间和减缓初始冒落强度，使空区悬而不冒的时间减小到最短，使采空区顶板围岩在初始冒落阶段呈零星冒落形式，使整个冒落过程按上述四个阶段逐段进行。

研究发现，采空区的初始冒落形式，与顶板有无冒落能量的积蓄条件有关。如图14-45所示，在一个达到临界冒落面积的采空区里，如果没有矿柱支撑，空区顶板受拉变形，当表层岩块之间的联系不足以克服自身重力时，块体便会脱离母岩自然掉落，从而呈现出单块断续掉落的零星冒落形式；而当有矿柱支撑时，顶板围岩的变形量与冒落过程受阻，但矿柱的支撑强度又不足以限制顶板围岩微裂纹的产生与扩展，从而使得不到释放的冒落能量积蓄起来。一旦失去矿柱的支撑，这种冒落能量便会突然释放，表现为矿柱上方的微裂隙迅速贯通，从而有可能发生大批量冒落或大规模冒落。

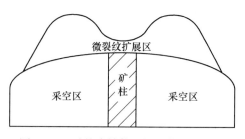

图 14-45　矿柱支撑使顶板积蓄冒落能量

分析国内发生大规模冒落危害矿山的初始冒落条件，无一例外地均可归结为矿柱积蓄冒落能量所致。上述矿区的大规模冒落现象，具有一定的典型性。该矿应用留不规则矿柱的空场法开采，由于矿柱的支撑，采空区长时间悬而不冒，由此积蓄了大量的冒落能量，最终矿柱变形失稳时，顶板所积蓄的冒落能突然释放，于是造成了大规模冒落。此外，在河北某铁矿，曾发生了两次因矿柱（新老空区交界部位）支撑空区积蓄能量而导致采空区较大规模冒落的事故。由此可见，为确保采空区在初始冒落阶段按零星冒落形式自然冒落，必须消除空区内的矿柱，及时释放顶板围岩的冒落能量。

当没有矿柱支撑时，采空区顶板的变形冒落过程，与岩体强度、结构面特性及结构应力条件等有关。对于深埋采空区顶板可按拱形冒落的原理，分析顶板围岩的受力状态。

假定采空区上覆岩层垂直应力 q 均匀分布，此时在应力平衡拱上，顶板围岩受到水平压力 T 和垂直压力 R 的作用（图 14-46）。根据力系平衡原理，可得如下关系式：

$$R - ql = 0$$

$$Th - \int_0^l xq\mathrm{d}x = 0$$

$$R = ql$$

整理得

$$T = \frac{ql^2}{2h} \qquad\qquad (14\text{-}5)$$

式中　q——垂直压力，$q = \gamma H$；

γ——上覆岩层容重；

h——空区高度，m；

H——空区顶板埋深。

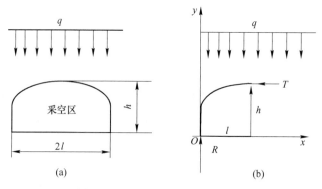

图 14-46　平衡拱受力状态分析图

当采空区的高度较小时，拱脚支撑力 R 可能由一定面积的岩柱承担，因此不容易引起采空区破坏；而拱顶压力 T，受围岩变形的几何约束条件决定，岩体承载范围不会很大，因此比较容易造成空区破坏。由计算式可见，T 同跨度的平方成正比，即 T 随采空区跨度的增大而迅速增大。当采空区达到一定的跨度，使 T 增大到一定程度时，临空面岩体便会横向变形派生出拉应力。在拉应力与岩块重力的共同作用下，空区表层岩体裂缝扩张、贯通，最终块体失去约束，借重力掉落，引起冒落发生。

为计算引起空区冒落的临界半跨度值，将式（14-5）改写为：

$$l = \sqrt{\frac{2hT_c}{q}} = \sqrt{\frac{2hT_c}{\gamma H}} \tag{14-6}$$

由此得临界冒落跨度计算式：

$$L = 2l = 2\sqrt{\frac{2hT_c}{\gamma H}} \tag{14-7}$$

式中　T_c——岩体极限抗压强度，t/m^2。

由式（14-6）可直接写出最小临界冒落面积的计算式：

$$S = \pi l^2 = \pi \frac{2hT_c}{\gamma H} \tag{14-8}$$

采空区能否发生冒落，既与跨度有关，也与采空区的面积有关。我们用等价圆面积来表征采空区顶板的有效暴露面积，则采空区发生冒落的必要条件是其等价圆的短半轴不小于临界冒落半跨度。

当暴露面积扩大后，围岩长时间仍不能自然崩落，则需要强制崩落围岩。一般地，若围岩无构造破坏、整体性好、非常稳固，需在其中布置工程进行强制崩落以处理采空区。爆破的部位，根据矿体的厚度和倾角确定：缓倾斜和中厚以下的急倾斜矿体，一般崩落上盘岩石；急倾斜厚矿体，崩落覆岩；倾斜的厚矿体，崩落覆岩和上盘；急倾斜矿脉群，崩落夹壁岩层；露天坑下部空区，可崩落边坡。

崩落岩石的厚度，一般应满足缓冲保护垫层的需要，达 15~20m 以上为宜。对于缓倾斜薄和中厚矿体，可以间隔一个阶段放顶，形成崩落岩石的隔离带，以减少放顶工程量。

崩落围岩方法，一般采用深孔爆破或药室爆破（用于极坚硬岩石、露天坑边坡等）。崩落围岩的工程包括巷道、天井、硐室及钻孔等，要在矿房回采的同时完成，以保证工作安全。

在崩落围岩时，为减弱冲击气浪的危害，对于离地表较近的空区，或已与地表相通的相邻空区，应提前与地表或与上述空区崩透，形成"天窗"。强制放顶工作一般与矿柱回采同段进行，且要求矿柱超前爆破。如不回采矿柱，则必须崩塌所有支撑矿（岩）柱，以保证较好强制崩落围岩的效果。

14.6.2.2　充填采空区

在矿房回采之后，可用充填材料（废石、尾砂等）将矿房充满，再回采矿柱。这种方法不但处理了空场法回采的空区，也为回采矿柱创造了良好的条件，提高了矿石回采率。

用充填材料支撑围岩，因为充填材料可对矿柱施以侧向力，有助于提高其强度，可以减缓或阻止围岩的变形，保持其相对稳定。

充填法处理采空区适用于下列条件：

（1）上覆岩层或地表不允许崩落；

（2）开采贵重矿石或高品位的富矿，要求提高矿柱的回采率；

（3）已有充填系统、充填设备或现成的充填材料可供利用；

（4）深部开采，地压较大，有足够强度的充填体可以缓和相邻未采矿柱的应力集中程度。

充填采空区与充填采矿法在充填工艺上有不同的要求。它不是随采随充，而是矿房采完后一次充填。因此，充填效率高。在充填前，要对一切通向空区的巷道或出口进行坚固的密闭。如用水力充填时，应设滤水构筑物或溢流脱水。干式充填时，上部充不满，充填不密实；胶结充填时，充填料的离析现象严重。

14.6.2.3　封闭采空区

在通往采空区的巷道中，砌筑一定厚度的隔墙，使空区中围岩崩落所产生的冲击气浪遇到隔墙时能得到缓冲。这种方法适用于空区体积不大，且离主要生产区较远，空区下部不再进行回采工作的条件。对于较大的空区，封闭法只是一种辅助的方法，如密闭与运输巷道相通的矿石溜井、人行天井等。

封闭法处理采空区，上部覆岩应允许崩落，否则不能采用。

14.7　小　　结

空场采矿法的基本特征，是将矿块划分为矿房和矿柱两步骤开采，在回采矿房时用矿柱和矿岩本身的强度进行地压管理。矿房回采后，有的不回采矿柱处理采空区，有的在回采矿柱的同时处理采空区。回采矿房效率高，技术经济指标也好；回采矿柱条件差，工作也困难，矿石损失和贫化很大。采空区处理是应用本类采矿法时必须进行的一项作业。

本类采矿法种类较多，因而适用范围也广。不同的采矿方法，适用于不同的矿体厚度和倾角，但矿石和围岩均应稳固，则是应用本类采矿方法共同的基本条件。

全面采矿法适用于水平和缓倾斜薄和中厚矿体，在回采时留不规则矿柱全面推进。房柱采矿法也适用于水平和缓倾斜矿体，但矿体厚度不限，在回采矿房时留下连续的或间断的矿柱，必要时可后退式回采部分矿柱。当围岩不够稳固时，可采用锚杆进行加固。

留矿法是我国目前开采急倾斜薄和中厚矿体的最有效采矿方法。倾角较小时，可采用分段留矿电耙出矿的变形方案。在矿房中暂留的矿石不能作为支撑上盘围岩的主要手段。

分段矿房法和阶段矿房法，用于倾斜和急倾斜的中厚以上的矿体。垂直深孔球状药包落矿方案，属阶段矿房法的一种，由此改进的球状药包与柱状药包联合落矿方案，已在有色矿山得到推广应用，随着大直径深孔凿岩设备的国产化与深孔凿岩质量的提高，这种方法在矿岩稳固的厚大矿体将得到大量应用。

无轨自行设备的应用和发展，将逐渐推广各种采矿方法的无轨开采方案，这为提高采矿效率和劳动生产率以及进一步简化采矿方法结构，提供了前提。

应用本类各种采矿方法回采矿房后，应及时回采矿柱（不需要回采矿柱者除外），同时处理采空区。否则，将为矿山遗留严重的安全隐患，一旦发生大规模的地压活动，将造成资源的巨大损失。

15 崩落采矿法

崩落采矿法是以崩落围岩来实现地压管理的采矿方法，即随着崩落矿石，强制（或自然）崩落围岩充填采空区，以控制和管理地压。这是崩落法共有的基本特征。

根据垂直方向上崩落单元的划分，崩落采矿法有单层崩落法、分层崩落法、分段崩落法和阶段崩落法。

前两种方法用浅孔落矿，一次崩矿量小，在矿石回采期间，工作空间需要支护，随着回采工作面的推进，崩落上面岩石用以充填采后空间。这两种方法的工艺过程较复杂，生产能力较低，但矿石损失贫化较小。

后两种方法经常用深孔或中深孔落矿，一次崩矿量大，生产能力较高，故有大量崩落法之称。上面的岩石在崩落矿石的同时崩落下来，并在崩落岩石覆盖下放出矿石，故矿石损失贫化较大。

总的来说，崩落采矿法属于低成本、高效率的大规模采矿方法，在我国金属矿山得到广泛应用。这种方法对矿体赋存条件、矿岩稳固程度具有一定的使用要求，如上盘围岩、覆盖岩层能成大块自然冒落最为理想。采用这种方法要求地表允许冒落，在矿体上部无有用矿物，无较大的含水层和流砂，矿石不会结块、自燃，品位不高，允许相对较高的贫化和损失等。

15.1 单层崩落法

单层崩落法主要用来开采顶板岩石不稳固，厚度一般小于3m的缓倾斜矿层，如铁矿、锰矿、铝土矿和黏土矿等。将阶段间矿层划分成矿块，矿块回采工作按矿体全厚沿走向推进。当回采工作面推进一定距离后，除保留回采工作所需的空间外，有计划地回收支柱并崩落采空区的顶板，用崩落顶板岩石充填采空区，借以控制顶板压力。

顶板岩石的稳固程度不同，顶板允许的暴露面积也不一样。根据允许暴露面积，采用不同的工作面形式。按工作面形式可将单层崩落法分三种：长壁式崩落法（简称长壁法）、短壁式崩落法（简称短壁法）和进路式崩落法。

15.1.1 长壁式崩落法

该种采矿法的工作面是壁式的，工作面的长度等于整个矿块的斜长，所以称为长壁式崩落法。

现以庞家堡铁矿为例，并结合其他矿山，介绍这种采矿法。

15.1.1.1 开采条件

该矿为浅海沉积赤铁矿床，矿层走向长8600m，倾角25°~35°。矿床由三个矿层组成，由上而下，第一层矿厚度为1~3.5m，第二、三层矿厚度较薄，平均厚度都是1.0m

左右，矿石稳固，$f=8\sim10$。

第一层矿和第二层矿之间夹有一层硅质板岩，平均厚度 1.2m。第二、三层之间也夹有一层硅质板岩，平均厚度 0.8m。硅质板岩片理发育，不稳固，容易片落。

第一层矿的顶板为黑色页岩，厚度为 $6.5\sim8.0m$，不稳固，$f=4\sim6$。页岩上部为砂岩，厚度为 $2\sim3m$，砂岩上部是几十米厚的页岩。

第三层的底板为小白石英岩，$f=12\sim18$。石英岩下部为黏板岩，$f=10$；黏板岩下部为大白石英岩，均稳固。

矿层基本连续，局部被断层切断，断层对采矿的影响较大。地表为山地，允许崩落。

15.1.1.2 矿块结构参数及采准布置

矿块的采准布置如图 15-1 所示。

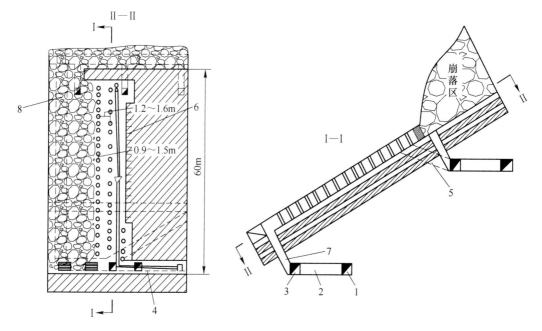

图 15-1 庞家堡铁矿长壁式崩落法
1—阶段沿脉运输巷道；2—联络巷道；3—沿脉装矿巷道；4—切割巷道；5—安全道；
6—炮孔；7—矿石溜井；8—切割上山

（1）阶段高度。阶段高度取决于允许的工作面长度，而工作面长度主要受顶板岩石稳固性和电耙有效运距的限制。在岩石稳定性好，且能保证矿石产量情况下，希望加大工作面长度，这样可以减少采准工程量。工作面长度一般为 $40\sim60m$。

（2）矿块长度。长壁工作面是连续推进的，对矿块沿走向的长度没有严格要求。加大矿块长度可减少切割上山的工程量，因此，矿块长度一般是以地质构造（如断层）为划分界限，同时考虑为满足产量要求在阶段内所需的同时回采矿块数目来确定。其变化范围较大，一般为 $50\sim100m$，最大可达 $200\sim300m$。

（3）阶段沿脉运输巷道。该巷道可以布置在矿层中或底板岩石中。当矿层底板起伏不平或者由于断层多和地压大，以及同时开采几层矿层时，为了保证运输巷道的平直、巷道的稳固性和减少矿柱损失等，经常将运输巷道布置在底板岩石中。

庞家堡铁矿运输巷道为单线双巷，装车巷道布置在稳固性较好的小白石英岩内，可同时为三层矿服务（庞家堡矿先采第一矿层，后采第二、三两个矿层），且其矿石溜井又可起一定的贮矿作用，缓解采场运搬与巷道装车的矛盾。同时，巷道稳固性好，支护与维护工程量小。

（4）矿石溜井。沿装车巷道每隔 5~6m，向上掘进一条矿石溜井，并与采场下部切割巷道贯通，断面为 1.5m×1.5m。暂时不用的矿石溜井，可作临时通风道和人行道。

（5）安全道。采场每隔 10m 左右掘一条安全道，并与上部阶段巷道连通，它是上部行人、通风和运料的通道，断面一般为 1.5m×1.8m。为了保证工作面推进到任何位置，都能有一个安全出口，安全道之间的距离，不应大于最大悬顶距。

15.1.1.3 切割工作

切割工作包括掘进切割巷道和切割上山。

（1）切割巷道。切割巷道既作为崩矿自由面，同时也是安放电耙绞车和行人、通风的通道。它位于采场下部边界的矿体中沿走向掘进，并与各个矿石溜井贯通，宽度为 2m，高度为矿层的厚度。

（2）切割上山。切割上山，一般位于矿块的一侧，连通下部矿石溜井与上部安全道，宽度应保证开始回采所必需的工作空间，一般为 2~2.4m，高度为矿层厚度。

庞家堡铁矿顶板页岩比较破碎、稳固性很差，切割巷道和切割上山在采准期间留 0.3~0.5m 的护顶矿，待回采时挑落。

15.1.1.4 回采工作

（1）回采工作面形式。常见的回采工作面形式有直线式和阶梯式两种，如图 15-2 所示。

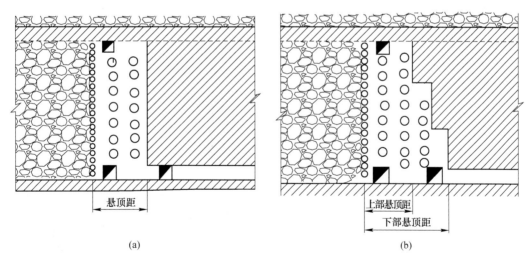

(a)　　　　　　　　　(b)

图 15-2　回采工作面的形式
（a）直线式；（b）阶梯式

直线工作面上下悬顶距离相等，有利于顶板管理。但在工作面只有一条运矿线，当采用凿岩爆破崩矿时，回采的各种工作不能平行作业，故采场生产能力较低。如果用风镐落矿和输送机运矿（如黏土矿），采用直线式工作面最为合适。

阶梯式工作面可分为二阶梯与三阶梯，以三阶梯工作面为多。下阶梯多是超前于上阶梯1.5m（即工作面一次推进距离）。阶梯式工作面的优点是落矿、出矿和支护分别在不同阶梯上平行作业，可缩短回采工作的循环时间，提高矿块的生产能力。缺点是下部悬顶距大，并且根据实际经验，采场最大压力常常在工作面长度的三分之一处（由下面算起）出现，从而增大了管理顶板的困难。

长壁式崩落法的回采工作包括落矿、出矿、支护和放顶等工作。

（2）落矿。采用浅孔爆破，用轻型气腿式凿岩机凿孔，根据矿层厚度、矿石硬度以及工作循环的要求，选取凿岩爆破参数。在布置炮孔时应注意不要破坏顶、底板和崩倒支柱，也不应使爆堆过于分散以保证安全生产、减小损失贫化和有利于电耙出矿。

根据矿层的厚度不同，分别选用"一字形"、"之字形"和"梅花形"炮孔排列。炮孔深度为1.2~1.8m，稍大于工作面的一次推进距离。推进距离应与支柱排距相适应，以便在顶板压力大时能按设计及时进行支护。此外，孔深还应考虑工作循环的要求。最小抵抗线为0.6~1.0m，矿石坚硬时取小值。

（3）出矿。大多数矿山的回采工作面都采用电耙出矿。电耙绞车的功率一般为14~30kW，耙斗容积采用0.2~0.3m³。电耙绞车安设在切割巷道或硐室中，随回采工作面的推进，逐渐移动电耙绞车。

当电耙绞车的安装位置使电耙司机无法观察工作面的耙运情况时，应由专人用信号指挥电绞车司机操作，或者直接由电耙司机在工作面根据耙运情况，远距离控制电耙绞车。

（4）顶板管理。在长壁法中顶板管理是一个十分重要的问题，它不仅关系安全生产，而且也在很大程度上影响劳动生产率、支柱消耗和回采成本等。

随长壁工作面的推进，顶板暴露面积逐渐加大，顶板压力也随之增大，如不及时处理，可能出现支柱被压坏，甚至引起采空区全部冒落，被迫停产。为了减少工作空间的压力，保证回采工作的正常进行，当工作面推进一定距离后，除了保证正常回采所需要的工作空间用支柱支护外，应将其余采空区中的支柱全部（或一部分）撤除，使顶板崩落下来，用崩落下来的岩石充填采空区。顶板岩石崩落后，采空区暴露面积减少，因此工作空间顶压也随之减小，形成一个压力降低区，如图15-3所示。这种有计划地撤除支柱崩落顶板充填采空区的工作称为放顶。

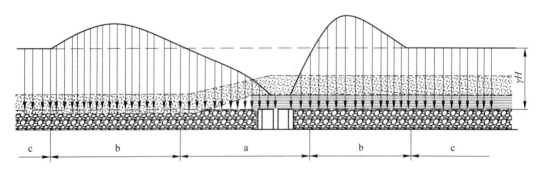

图15-3 工作面压力分布图

a—应力降低区；b—应力升高区；c—应力稳定区

每次放顶的宽度称为放顶距。放顶后所保留的能维持正常开采工作的最小宽度称为控顶距，一般为 2~3 排的支柱距离。顶板暴露的宽度称为悬顶距，放顶时悬顶距为最大悬顶距，等于放顶距与控顶距之和，最小的悬顶距等于控顶距（图 15-4）。

放顶距及控顶距根据岩石稳固性、支柱类型及工作组织等条件确定。放顶距变化的范围较大，为一排到五排的支柱间距。合理的放顶距应在保证安全的前提下，使支护工作量及支柱消耗量最小，使工作面采矿强度及劳动生产率最大，因此，要加强顶板管理工作。除去加强顶板支护与放顶工作外，必须注意总结与掌握采场地压分布状态和活动规律，以便更好地确定顶板管理中的有关参数。

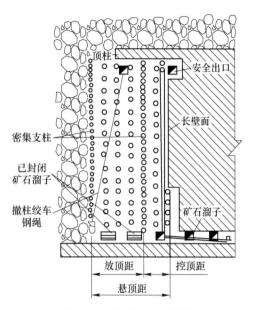

图 15-4　放顶工作示意图

1）支护。工作面支护的作用主要是延缓顶板下沉，防止顶板局部片落，以保证回采工作正常进行。因此，支柱应具有一定的刚性和可缩性。就是说支柱应既有一定的承载能力，又可在压力过大时，借助一定的可缩量而避免损坏。

木支护一般是用削尖柱脚和加柱帽的方法获得一定的可缩量；金属支护则是利用摩擦力或液压装置来获得一定的可缩量。为了防止顶板冒落应及时支护。此外，必须保证架设质量，使所有支架受力均匀。

2）放顶。当回采工作面推进到规定的悬顶距时，暂时停止回采，并按下列步骤进行放顶：

①将控顶距和放顶距的交界线上的一排支柱加密，形成单排或双排的不带柱帽的密集支柱。采场地压大时用双排密集支柱，反之，用单排支柱。

②如图 15-4 所示，在放顶区内回收支柱，一般采用安装在上部阶段巷道的回柱绞车回收支柱（绞车功率为 15~20kW，钢绳直径为 20~30mm，平均牵引速度 8~10mm/s）。回柱顺序是沿倾斜方向自下而上，沿走向方向先远后近（相对工作面而言）。如果顶板条件很差、地压很大或其他原因，不能回收支柱或不能全部回收时，将残留在采空区的支柱钻一小孔装入炸药，或直接在支柱上捆上炸药将支柱崩倒。在一般情况下，放顶区回柱后，顶板以切顶支柱为界自然冒落。如顶板不能及时自然冒落，则应预先在切顶密集支柱外 0.5m 处，逆推进方向打一排倾角约为 60° 的炮孔，孔深 1.6~1.8m，并装药爆破，强制顶板崩落。

矿块开始回采的第一次放顶与以后各次放顶的情况是不同的。第一次放顶的条件比较困难，因为这时顶板类似两端固定的梁，压力出现比较缓慢，不容易全放下来。而以后各次放顶，顶板类似一端固定的悬臂梁，容易放顶。因此，第一次放顶的悬顶距大，约为常规放顶距的 1.5~2 倍。尤其是当直接顶板比较好时，常产生顶板不下来或冒落高度不够的现象，造成下一次放顶前压力很大，致使工作面冒落。在第一次放顶时，应认真做好准备，如加强切顶支柱，必要时采用双排密集支柱切顶，同时加强控顶区的维护；当顶板不易冒落时，可用爆破进行强制放顶。

放顶时能及时冒落下来的岩层称为直接顶板。直接顶板上部的比较稳固的岩层，经过多次放顶后，达到一定的暴露面积才发生冒落，这层顶板称为老顶，如图15-5所示。老顶大面积冒落前，会使工作面压力急剧增加，如果管理不妥，甚至会将整个工作面压垮。老顶冒落引起长壁工作面地压剧烈增长的现象，称为二次顶压。二次顶压的显现情况与直接顶板的岩性和厚薄有关。当直接顶板比较厚时，放顶后直接顶板所冒落的岩石能支撑老顶，则二次顶压的现象就不太明显。相反，直接顶板较薄，则二次顶压就较大，这时应特别注意加强顶板管理，掌握二次顶压的来压规律（时间和距离），采取相应措施，如加强切顶支柱和工作面支柱、及时放顶等。

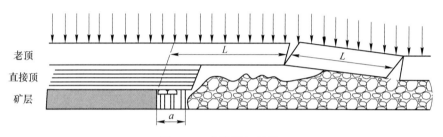

图 15-5　直接顶与老顶

有时在矿层和直接顶板之间，有一层薄而松软的岩石，随着回采工作面的推进而自行冒落，这层岩石称为伪顶。伪顶的存在不仅增加矿石的贫化，并且影响支柱的质量，对生产不利。所以，如有伪顶存在，要注意加强顶板管理工作，保证生产安全。

在顶板管理中，除做好支护工作外，还应努力提高工作面的推进速度，因为影响地压活动的各因素中，除地质条件外，时间因素也是很重要的。实践证明，推进速度快，顶板下沉量小，支柱承受的压力也小，支柱的消耗量也相应减少，这对安全和生产都极为有利。

（5）通风。长壁工作面的通风条件较好，新鲜风流由下部阶段运输巷道经行人井、切割巷道进入工作面。清洗工作面后的污风经上部安全道，排至上部阶段巷道。走向长度大时，应考虑分区通风。

15.1.1.5　开采顺序

多阶段同时回采时，上阶段应超前下阶段，其超前距离，应以保证上部放顶区的地压已稳定为原则，一般不小于50m。阶段回采一般多采用后退式。在矿块中工作面的推进方向通常与阶段的回采顺序一致，但矿块中如有断层时，应使工作面与断层面成一定的交角，尽力避免两者平行。此外，工作面应由断层的上盘向下盘推进，如图15-6（a）所示，以便工作面推进到断层时，由矿层和岩石托住断层上盘岩体。如推进方向相反，则断层下的岩体作用在支柱上，容易压坏支柱造成冒顶事故，如图15-6（b）所示。

当开采多层矿时，上层矿的回采应超前于下层矿；待上层矿采空区地压稳定后，才能回采下一层矿。庞家堡铁矿的经验是，下层矿比上层矿推后三个月采准，推后六个月回采。

15.1.1.6　劳动组织

长壁法由于工作面要求及时支护，为了提高矿块的生产能力，加快推进速度，必须保

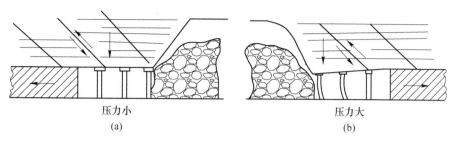

图 15-6　工作面推进方向与地压的关系

证落矿、出矿和支护三大作业之间很好配合，在同一个班内常需同时进行各种作业，故一般采用综合工作队的劳动组织，由 20~40 人组成。

阶梯工作面的落矿、出矿和支护三项作业分别在不同阶梯上平行进行。工作面的作业循环，多采用一昼夜一循环的组织形式，即工作面的每一阶梯上每昼夜各完成一次落矿、出矿和支护作业。

15.1.2　短壁式崩落法

矿层的顶板稳固性较差时，采用长壁工作面不容易控制顶板地压。此时，可在上下阶段巷道之间，沿矿层的走向掘进分段巷道，用分段巷道划分工作面，将工作面长度缩小，形成短壁，以利于顶板管理。工作面长度多在 20~25m 以下，这样布置工作面的称为短壁式崩落法。

图 15-7 是短壁式崩落法的示意图，其回采作业与长壁法基本相同。上部短壁工作面超前于下部，上部短壁工作面采下矿石经过分段巷道和上山运到阶段运输巷道，装车运走。采场采用电耙运搬，分段巷道和上山多用电耙，也可采用矿车转运。

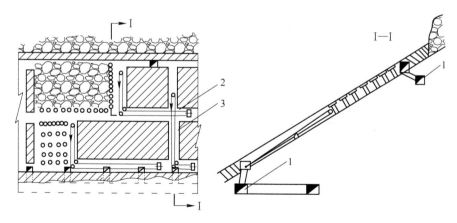

图 15-7　短壁式崩落法示意图
1—阶段运输巷道；2—分段巷道；3—上山

15.1.3　进路式崩落法

如果矿层稳定性更差，采用短壁工作面回采也不允许时，则可采用进路式崩落法。其特点是将矿块用分段巷道或上山划分成沿走向的小分段或沿倾斜的条带，从分段巷道或上山向两侧（或一侧）用进路进行回采，如图15-8所示。

进路的宽窄视顶板岩石稳固性而定。顶板岩石很坏时，采用宽度只有2.0~2.5m的窄进路；顶板条件稍好时，有时可将进路加宽到5~7m，以提高工作面的生产能力。进路采完后便放顶。有的为了避免贫化及改善进路的支护条件，在进路靠已采区的一侧留有宽为1.0~1.5m的临时矿柱，矿柱在放顶前进行回收。

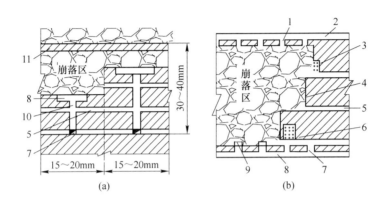

图15-8 进路式崩落法示意图

（a）自上山向两侧开掘回采进路；（b）自分段巷道开掘回采进路

1—安全口；2—回风巷道；3—窄进路；4—临时矿柱；5—分段巷道；6—宽进路；
7—矿石溜井；8—阶段运输巷道；9—隔板；10—上山；11—顶柱

15.1.4 单层崩落法的评价

单层崩落法是开采顶板岩石不稳固，厚度小于3m，倾角小于30°的层状矿体的有效采矿方法。应用这种方法时，地表必须允许崩落。

长壁法的采准工作和工作面布置比较简单，因此，同其他可用采矿方法比，它是一种生产能力大、劳动生产率高、损失贫化小、通风条件好的采矿方法。这种方法在国内外金属矿或非金属矿均得到比较广泛的应用。其缺点是目前支护材料仍以木材为主，坑木消耗量大（每千吨矿石消耗量常常大于10m³），支护工作劳动强度大，顶板管理复杂。

短壁法工作面短小，灵活性大，但矿块的生产能力和劳动生产率均低于长壁法。此法适用于地质条件复杂，地压较大的条件。如果地质条件复杂和地压过大，采用短壁法也不可能时，可用进路式崩落法回采。

今后应进一步研究和掌握地压活动规律，改进顶板管理工作，研究坑木代用，尤其是应用机械化的金属支架，如液压自行掩护支架，以减轻体力劳动，提高安全程度和工作面的推进速度。

此外，应研制新型工作面运搬机械，特别是能用于底板起伏不平的运搬机械；改进现有的运搬机械，如采用多耙头串式电耙，以提高工作面的运搬能力。

单层崩落法的主要技术经济指标列于表15-1。

表 15-1　我国矿山应用单层崩落法主要技术经济指标

矿山	采矿方法	采切工作量 /m·kt⁻¹	矿块生产能力 /t·d⁻¹	劳动生产率 /t·(工班)⁻¹	矿石回收率 /%	矿石贫化率 /%	炸药消耗 /kg·t⁻¹	坑木消耗 /m³·kt⁻¹	原矿成本 /元·t⁻¹
庞家堡铁矿	长壁式	35~40	100~150	5~6	70~88	4.6~6.1	0.3~0.4	7~8	16.13
明水铝土矿	长壁式	25.96	194	5.42	80	5	0.21	7.0	7.58
遵义锰矿	短壁式	69.71	50	2.23	85.8	6	0.27	3.04	38.54
白渔口黏土矿	进路式	45	60	2.5	67	3	0.2	9.0	24
湖田铝土矿	短壁式	28.5~41.3	100	4.0	80	8.0	0.72	12.6	8.5
湘潭锰矿	短壁式	40~50	30~50	3.2~3.8	90	5~9	0.3~0.4	12~18	21.5
焦作黏土矿	长壁式		110~130	5~6	83		0.02~0.03	12	3.28
玉村铝土矿	长壁式	9.51	200	5.4~5.7	85	5	0.196	8.34	

15.2　分层崩落法

按分层由上向下回采矿块，每个分层矿石采出之后，上面覆盖的崩落岩石下移充填采矿区；这是分层崩落法的两个基本特征，也是分层崩落名称的由来。

此外，该法还有一个重要特征：分层回采是在人工假顶保护之下进行的，将矿石与崩落岩石隔开，从而保证得到最小的矿石损失与贫化。

分层崩落法的典型方案如图 15-9 所示。在分层中以回采巷道（进路）为单元进行回采。首先在回采巷道的正面或侧面钻凿浅孔，爆破后将矿石用电耙或铲运机运至矿石溜井，在溜井下口装车运走。在人工假顶下面架设支柱，维护采场工作空间。待整条回采巷道的矿石回采完毕，放顶前在回采巷道底板铺设垫板（木材），毁掉或撤出（金属支柱）立柱进行放顶，上面假顶与覆岩一起下落充填采空区。如此一条一条（回采巷道）地回采整个分层，下一个分层又是以上一个分层垫板及其上面积聚的木材（破坏的立柱和垫板等）为人工假顶进行回采。

15.2.1　矿块结构参数

阶段高度主要取决于矿体倾角、采准方法（脉内、脉外）和天井支护等因素。如倾角小，不能借自重沿天井溜放矿石时，阶段高度不大于 20~25m；当矿体倾角大和使用脉外天井时，阶段高度可取 50~60m，脉内天井为 30~40m。阶段高度过大，会使天井支护与通风条件变坏，特别是脉内天井时更为突出。

矿块长度根据采场矿石运搬方法（电耙、铲运机）、分层回采顺序（单侧或双侧）以及矿石溜井允许通过矿石数量等选取，一般不超过 60m。矿块宽度通常等于矿体水平厚度，一般不大于 30m。

分层高度主要根据地压大小和采场支护方法确定。当地压很大时可取 2~2.5m，一般条件下可取 3~3.2m；当条件较好，采用较宽（3~3.5m）的回采巷道时，分层高度可采用 3.5m。

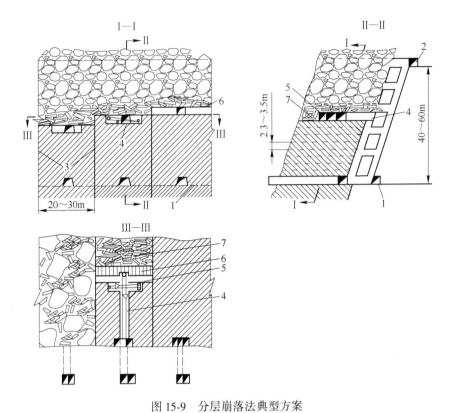

图 15-9　分层崩落法典型方案

1—阶段运输巷道；2—回风巷道（上阶段运输巷道）；3—矿块边界；4—分层运输巷道（联络道）；
5—回采巷道；6—垫板；7—假顶

15.2.2　采准工作

采准巷道布置方式同矿体厚度、采场矿石运搬方法等有关。例如当矿层厚度在 2~3m 以下时，在掘完阶段运输巷道与矿块天井之后，沿矿层全厚开掘分层平巷，从此回采分层。矿体厚度较大时，如图 15-9 所示，用脉内脉外联合采准，用分层横巷切割分层，自分层横巷开掘回采巷道，采出矿石。

矿块天井分为三格：放矿格、行人格和通风运料格。如果矿块有两个或多个天井时，可根据用途设两个格或只有一个格。脉内天井，以密集框架支护。设脉外天井有利于通风、行人，也有利于安全。

分层巷道高度通常与回采分层高度相等；当分层高度大时，亦可低于分层高度。此时有利于掘进下一个分层巷道。

15.2.3　回采工作

分层回采可从矿块天井的一侧或两侧开始，后者的矿块生产能力大。为了避免破坏假顶，邻接的矿块回采分层高差不宜大于两个分层高度。可以同时在几个分层上进行回采，分层间回采工作的滞后距离，根据假顶与覆岩正常下降要求确定，一般不小于 10m。

回采工作包含落矿、运搬矿石、支护回采巷道、铺设垫板和放顶等项。

落矿可从回采巷道正面或侧面钻凿浅孔（图 15-10）。侧面凿岩便于同时进行支护和运矿。为了保证假顶的连续性，炮孔深度一般不大于 1.5～1.8m。崩下的矿石通常用两台双卷筒的电耙运搬，有的用一台三卷筒电耙运搬（图 15-11）。

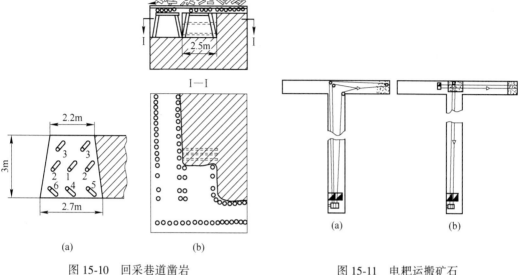

图 15-10　回采巷道凿岩

（a）正面凿岩；（b）侧面凿岩

图 15-11　电耙运搬矿石

（a）一台三卷筒电耙出矿；（b）两台双卷筒电耙出矿

随回采工作面的推进，每隔 1～1.5m 架设立柱或木棚支在上分层垫板的地梁下面，用以支护回采巷道。采完回采巷道的全长后，在其底板上铺设垫板，包括首先铺设 4～5m 长的底梁。开始回采头三个分层时，在底梁上必须铺设 2～3 排圆木；进入正常回采时，底梁上铺设一排圆木或背板，将圆木或背板钉在底梁上。矿体倾角不够陡时，每一分层上盘处，要增加底梁数量和圆木厚度用来补充假顶。

为了在回采巷道的侧面凿岩以及有时为了向采完的回采巷道中投弃废石，在崩落区与正在回采的回采巷道之间维护一条已采的回采巷道。随着回采工作的推进，一条一条地进行放顶崩落回采巷道。有的为了提高回采强度和保护假顶的连续性，每次同时放顶 2～3 条回采巷道。但这时由于采场地压增大，可能给回采巷道的支护与放顶工作带来一定困难。

放顶时一般用炸药毁掉立柱，使上分层的垫板及其上面的假顶落下，假顶上面的崩落岩石也随之下移，充填采空区。木立柱有时可撤出一部分，而金属立柱则用撤柱绞车拉出。

回采工作面通风是分层崩落法存在的问题之一。因为采空区大量木材腐烂，分层巷道又是独头，所以当通风量不足时，工作面温度升高，木材腐烂使空气变坏。因此，在回采巷道中应进行局部通风，用压入式局扇和风筒向工作面送入新鲜空气。局扇可设在回采分层下面最近的天井联络道上。当采用脉外采准时，废风经由脉外天井上段流入回风巷道（上阶段的运输巷道）。脉内采准（不设脉外天井）的通风比较复杂，通常在运输巷道上面几个分段高度上掘进一分层巷道，在回采该分层之前作为回风巷道。

由于采空区积聚大量木材，要有消防火灾措施。

15.2.4　分层崩落法评价

15.2.4.1　分层崩落法优点

（1）该法的矿石损失率与贫化率很低，不损失富矿粉，矿石损失率为 2%～5%，贫化率一般为 4%～5%，少数达 8%～10%。

（2）可在回采工作面进行选矿，将废石舍弃于已采的回采巷道中；可以分采矿石。

（3）该法对矿体形状适应性大。

15.2.4.2　分层崩落法缺点

（1）木材消耗量大，常达 0.03～0.05m³/t，这个缺点在重视资源与环境保护的当下显得更为突出。

（2）矿块生产能力小，一般为 1500～3000t/月。

（3）有火灾危险。

（4）回采工作面通风条件不好。

15.2.4.3　分层崩落法适用条件

（1）矿石价值高，此时降低矿石损失贫化的经济意义重大。

（2）矿石松散破碎不稳固，不允许在矿石暴露面下作业。

（3）围岩不稳固，暴露后可能自然崩落而充填采空区。若围岩不能随回采向下推进而自然崩落时，须要进行人工强制放顶，造成岩石覆盖层。

（4）矿体倾角与厚度须能使人工假顶随回采工作下移。倾角大时矿体厚度应不小于 2m，缓倾斜时应不小于 4～5m。

（5）地面允许崩落。

此外，由于分层崩落法以回采巷道为最小单元进行回采，故可用来开采形状不规整的矿体。矿房充填后，有时用分层崩落法回采矿柱。

15.2.4.4　分层崩落法的改进

上述分层崩落法典型方案目前仍被使用。对该法曾做过许多改进，其中以针对回采工作面形式和人工假顶方面的最多。

A　宽工作面回采方案

回采巷道形式的工作面，每次崩矿量很少，相应的辅助作业时间所占比值很大。为此在前苏联使用过宽工作面方案（图 15-12），提高了回采工作面生产能力（20～50m³/d），改善了通风条件。但由于宽工作面崩矿后，假顶沿矿块全宽暴露，容易引起假顶断裂，这一点常常是导致失败的主要原因。

图 15-12 方案中，用移动式电耙将矿石耙到放矿小井，经小井溜到下面的分层平巷中；再用电耙耙至天井，经天井溜矿格下放到阶段运输巷道。新鲜风流由上盘天井进入采场，清洗工作面之后，由下盘脉内天井通风格下行，经联络道进入脉外天井，流到上面回风巷道。

B　金属网假顶

为了节省木材和提高效率，用金属网代替了垫板，即在地梁上面铺两层金属网，地梁间距为 0.25～0.75m。改用金属网假顶后，在减少木材消耗量的同时，还可降低火灾的危

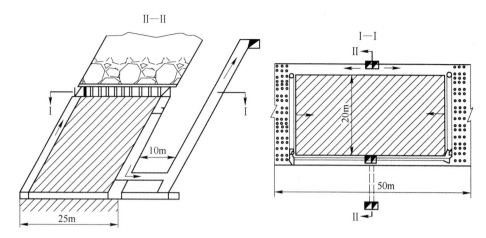

图 15-12　宽工作面回采的分层崩落法

险性，并使井下空气变好。

C　钢筋混凝土假顶

金属网假顶主要起阻隔岩石作用，承压能力差，木材假顶基本上也是这样。因此回采时不允许有较大的暴露面积，限制了每次爆破的崩矿量。20 世纪 70 年代初，出现钢筋混凝土假顶。1980 年武山铜矿使用了钢筋混凝土假顶分层崩落法，如图 15-13 所示。

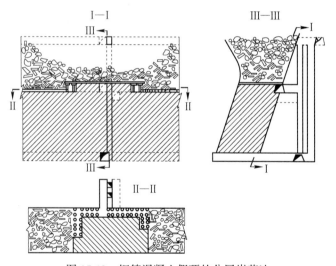

图 15-13　钢筋混凝土假顶的分层崩落法

回采进路支护用带柱帽的木立柱，亦可采用摩擦式金属支柱，柱间距离 0.6~0.8m，排距为 2.5m，用 ZYQ-12 型装运机运搬矿石。假顶铺设，用直径为 12~14mm 或 14~16mm 钢筋，网度 200mm×200mm，设双层钢筋，浇注 150 号混凝土 300mm 厚。为了放顶每 2m² 内打一炮孔。

采用爆破法放顶，在立柱和假顶内装入药包一次崩落假顶。使用金属支柱时，放顶前先更换成木立柱，每次放顶平均面积为 158m²；金属支护时为 60~70m²。

矿石损失率为 1.8%~2.8%，矿石贫化率为 8%~10%；木材消耗：木材立柱支护为

0.013m³/t，金属支柱支护为 0.005m³/t；采场生产能力（两班作业）54~66t/d，最高达 104t/d。

D　柔性掩护假顶方案

首先在矿块上部用支柱法开采出安装空间，在安装空间底板上铺设掩护假顶。前苏联曾试验过多种形式的掩护假顶，如交错铺设数层金属网，网上再铺设木垫板；用钢绳绑紧圆木；钢绳上铺设圆木等。其中以用钢筋编成大孔网、大孔网上再铺设金属网的柔性假顶较好。

在柔性掩护假顶保护下用堑沟（回采巷道）进行回采（图 15-14）。堑沟无需支护。堑沟间矿柱，用浅孔爆破，浅孔自堑沟中钻凿。下分层堑沟仍对上分层堑沟开掘，并从堑沟中运出流入堑沟中上分层堑沟间的矿柱矿石。下分层堑沟间矿柱矿石也用同样方法崩落。

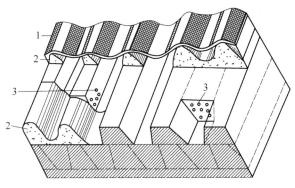

图 15-14　柔性假顶和堑沟回采的分层崩落法
1—柔性掩护假顶；2—崩落的矿石；3—炮孔

该方案在垂直矿块条件下是可行的，而在倾斜矿块条件下还没有很好解决假顶下移问题。

分层崩落法由于木材消耗量大和生产能力低，在我国的使用逐渐减少，在美国和俄罗斯等国也是如此。分层崩落法若不能取得有效的改进，有可能被下向分层胶结充填法所取代。

15.3　有底柱分段崩落法

有底柱分段崩落法，也称为有底部结构的分段崩落法。该方法的主要特征是，由上而下逐个分段进行回采，每个分段下部设有出矿专用的底部结构（底柱）。有底柱分段崩落法依照落矿方式可分为垂直深孔落矿方案、水平深孔落矿方案。垂直深孔落矿方案大都采用挤压爆破，并且连续回采，矿块没有明显的界限；水平深孔落矿方案具有比较明显的矿块结构，每个矿块一般都有独立完整的出矿、通风、行人和运送材料设备等系统，在崩落层的下部一般都需要开掘补偿空间，进行自由空间爆破。

15.3.1　垂直深孔落矿有底柱分段崩落法

垂直深孔落矿有底柱分段崩落法大都采用挤压爆破。应用这种方法开采中厚矿体的典型方案如图 15-15 所示。

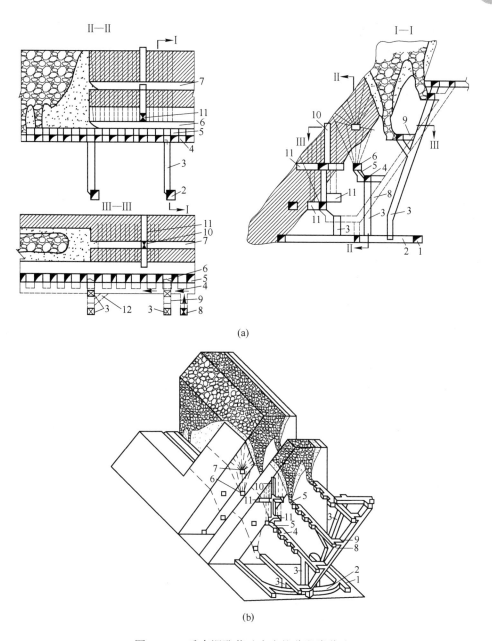

图 15-15　垂直深孔落矿有底柱分段崩落法

（a）三面投影图；（b）立体图

1—阶段沿脉运输巷道；2—阶段穿脉运输巷道；3—矿石溜井；4—耙矿巷道；5—斗颈；6—堑沟巷道；
7—凿岩巷道；8—行人通风天井；9—联络道；10—切割井；11—切割巷道；
12—电耙巷道与高溜井的联络道（回风用）

　　每个分段下部都设有底部结构（底柱），崩矿前需要在切割巷道 11 处，以切割井 10 为补偿空间，爆破形成切割立槽，并在堑沟巷道 6 开掘堑沟。切割立槽和堑沟开掘后，向切割槽逐排进行挤压爆破，并在覆岩下放矿，用电耙出矿。矿石经电耙道 4 耙至矿石溜井 3，溜井下口与穿脉运输巷道 2 相通。矿石在穿脉巷道装车，再经构成环形运输的阶段运输巷道 1 运走。新鲜风流由下盘脉外行人通风天井 8 进入，清洗耙道之后，经另一端的通风天井流至上阶段的回风巷道排出。

15.3.1.1 矿块结构参数

阶段高度主要取决于矿体倾角、厚度和形状规整程度，一般为 50～60m；分段高度 10～25m，分段底柱高 6～8m；矿块尺寸常以电耙道为单元进行划分，矿块长 25～30m，宽 10～15m。

15.3.1.2 采准工作

从图 15-15 可见，这个方案采准布置特点是，下盘脉外采准布置，即出矿、行人、通风和运送材料等采准工程都布置于下盘脉外。阶段运输为穿脉装车的环形运输系统。电耙道也布置于下盘脉外，采用单侧堑沟式漏斗。下两个分段采用独立垂直放矿溜井，上两个分段采用倾斜分支放矿溜井。

每 2～3 个矿块设置一个行人进风天井，用联络道与各分段电耙道贯通，作为行人、通风、运送材料和敷设管缆之用。每个矿块的高溜井都与上阶段脉外运输巷道相通，且以联络道与各分段电耙道相连，作为各分段电耙道的回风井。

15.3.1.3 切割工作

切割工作是开掘堑沟和切割立槽。

堑沟是在堑沟巷道内钻凿垂直上向扇形中深孔（图 15-16），与落矿同次分段爆破而成。堑沟炮孔爆破的夹制性较大，所以常常把扇形两侧的炮孔适当地加密。靠电耙道一侧边孔倾角通常不小于 55°。为了减少堵塞次数和降低堵塞高度，在耙道的另一侧钻凿 1～2 个短炮孔，短炮孔倾角控制在 20°左右。

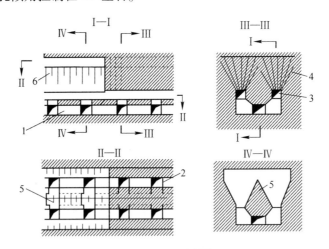

图 15-16 堑沟结构

1—电耙道；2—放矿口；3—堑沟巷道；4—中深孔；5—桃形矿柱；6—堑沟坡面

堑沟切割有工艺简单、工作安全、效率高且容易保证质量等优点，所以使用得比较普遍。但堑沟对底柱切割较大以及堑沟爆破的作用强，故底部结构稳固性受到一定影响。

开凿切割立槽是为了给落矿和堑沟开掘自由面和提供补偿空间。根据切割井和切割巷道的相互位置不同，切割立槽的开掘方法可分为"八"字形拉槽法和"丁"字形拉槽法两种。

（1）"八"字形拉槽法，如图 15-17（a）所示，多用于中厚以上的倾斜矿体。从堑沟按预定的切割槽轮廓，掘进两条方向相反的倾斜天井，两井组成一个倒"八"字形。紧靠下盘的天井用作凿岩，另一条天井则作为爆破的自由面和补偿空间。自凿岩天井钻凿平行另一条天井的中深孔，爆破这些炮孔后便形成切割槽。

这种切割方法具有工程量少、炮孔利用率高、废石切割量小等优点，但凿岩工作条件不好、工效较低。

（2）"丁"字形拉槽法，如图 15-17（b）所示，掘进切割横巷和切割井，切割横巷和切割井组成一个倒"丁"字形。自切割横巷钻凿平行于切割井的上向垂直平行中深孔。以切割井为自由面和补偿空间，爆破这些炮孔则形成切割立槽。

切割巷道的断面通常取决于所使用的凿岩设备，长度取决于切割槽的范围。切割井位置通常根据矿石的稳固性、出矿条件、天井两侧炮孔排数等因素确定。"丁"字形拉槽法可应用于各种厚度和各种倾角的矿体中。对比前种方法，该法凿岩条件好，操作方便，在实际中应用的较多。

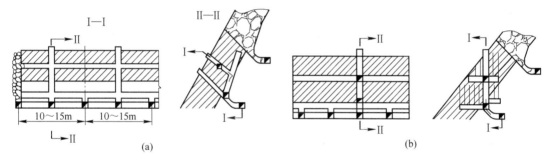

图 15-17　切割立槽的开掘方法
（a）"八"字形拉槽法；（b）"丁"字形拉槽法

切割槽的形成步骤有两种：

（1）形成切割槽之后进行落矿。优点是能直接观察切割槽的形成质量，并能及时弥补其缺陷。缺点是对矿岩稳固性要求高，也容易造成因补偿空间过于集中，不能很好地发挥挤压爆破作用，在实践中使用不多。

（2）形成切割槽与落矿同次分段爆破。优缺点恰与上述相反，为当前大多数矿山所应用。

切割槽应垂直于矿体走向，布置在爆破区段的适中位置，使补偿空间尽量分布均匀，此外应布置在矿体肥大或转折和稳固性较好的部位。

15.3.1.4　回采工作

回采一般用中深孔或深孔落矿。中深孔一般用钻凿台架钻凿，深孔一般用潜孔钻机钻凿。在实际生产中，中深孔落矿使用广泛。

为了减少采准工程量，可把图 15-15 的凿岩巷道与堑沟巷道合为一条，如图 15-18 所示。把前面方案的菱形崩矿分间改为矩形崩矿分间，崩下的矿石很大一部分暂留由下分段放出。

矿石从矿体崩落下来并破成碎块，其体积定有所增大，这就是一般所谓的碎胀。当采用有自由空间（即有足够补偿空间）的深孔或中深孔爆破时，碎胀体积约为崩矿前原体积的30%。所以当用自由松散爆破时，补偿空间体积就是根据这个数量关系确定的。

补偿空间的大小用补偿空间系数（或补偿比）表示：

$$K = \frac{V_1}{V} \qquad (15\text{-}1)$$

式中　V_1——补偿空间体积，m^3；

　　　V——矿石爆破前体积，m^3。

当补偿空间为 V_1 时，爆破后的体积为 $V_1 + V$，所以爆破后矿石的碎胀（松散）系数：

$$K_\mathrm{s} = \frac{V_1 + V}{V}$$

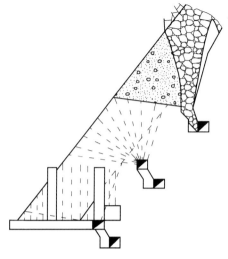

图 15-18　矩形崩矿分间

由此得出 $\qquad\qquad\qquad K_\mathrm{s} = K + 1 \qquad\qquad\qquad\qquad (15\text{-}2)$

在上向垂直扇形中深孔落矿有底柱分段崩落法中，广泛使用挤压爆破。而当采用挤压爆破时，补偿空间系数要小于松散爆破，一般为12%～20%。

按崩落矿石获得补偿空间的条件，又可分为小补偿空间挤压爆破和向崩落矿岩挤压爆破两种回采方案。

A　小补偿空间挤压爆破方案

如图 15-19 所示，崩落矿石所需要的补偿空间是由崩落矿体中的井巷空间所提供。常用的补偿空间系数为15%～20%。过大，不但增加了采准工程量，而且还可能降低挤压爆破的效果；过小，容易出现过挤压甚至"呛炮"现象。在设计时可参考下列情况选取补偿空间系数的数值：

（1）矿石较坚硬，桃形矿柱稳固性差或补偿空间分布不均匀，落矿边界不整齐等，可取较大的数值；

（2）矿石破碎或有较大的构造破坏，相邻矿块都已崩落，或电耙巷道稳固，补偿空间分布均匀，落矿边界整齐等，可取较小的数值。

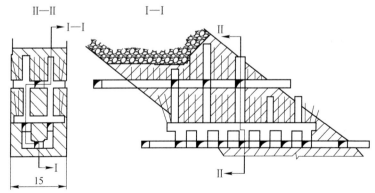

图 15-19　小补偿空间挤压爆破方案

矿块的补偿空间系数确定后，可进行矿块采准切割工程的具体布置，使其分布于落矿范围内的堑沟巷道、分段凿岩巷道、切割巷道、切割天井等工程的体积与落矿体积之比的百分数符合确定的数值。当出现补偿空间与要求数量不一致时，常以变动切割槽的宽度、增加切割天井的数目、调整切割槽间距等办法求得一致。

一般过宽的切割槽，施工是比较困难的，且因其空间集中，也影响挤压爆破效果；增减切割天井数目，可调范围也不大；所以常常是以调整切割槽的间距，即用增减切割槽的数目来适应确定的补偿空间系数。

小补偿空间挤压爆破回采方案的优缺点和适用条件如下。

（1）优点：1）灵活性大，适应性强，一般不受矿体形态变化、相邻崩落矿岩的状态、一次爆破范围的大小、矿岩稳固性等条件的限制；2）对相邻矿块的工程和炮孔等破坏较小；3）补偿空间分布比较均匀，且能按空间分布情况调整矿量，故落矿质量一般都较好，而且比较可靠。

（2）缺点：1）采准切割工程量大，一般都在 15~22m/kt，比向崩落矿岩方向挤压爆破大 3~5m/kt；2）采场结构复杂，施工机械化程度低，施工条件差；3）落矿的边界不甚整齐。

（3）适用条件：1）各分段的第一个矿块或相邻部位无崩落矿岩；2）矿石较破碎或需降低对相邻矿块的破坏影响；3）为生产或衔接的需要，要求一次崩落较大范围。

B　向崩落矿岩挤压爆破方案

如图 15-20 所示，矿块的下部是用小补偿空间挤压爆破形成堑沟切割，上部为向相邻崩落矿岩挤压爆破，这一方案有时也称为侧向挤压爆破。

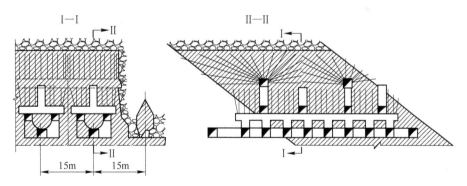

图 15-20　向崩落矿岩挤压爆破回采方案

实施向相邻崩落矿岩挤压爆破时，在爆破前，对前次崩落的矿石需进行松动放矿，其目的是将爆破后压实的矿石松散到正常状态，以便本次爆破时借助爆破冲击力，挤压已松散的矿石来获得补偿空间，如此逐次进行，直至崩落全部矿石。

该方法不需要开掘专用的补偿空间，但邻接崩落矿岩的数量及其松散状态，对爆破矿石数量及破碎情况具有决定性的影响，所以本法不如小补偿空间挤压爆破灵活和适应性大。此外采用该种挤压爆破时，大量矿石被抛入巷道中，需人工清理，劳动繁重并且劳动条件也不好。

垂直深孔落矿有底柱崩落法的出矿，大都使用电耙，绞车功率多用 30kW，耙斗容量

0.25~0.3m³，耙运距离30~50m。有的矿山使用55kW电耙绞车，耙斗0.5m³。

垂直扇形深孔落矿有底柱分段崩落法。在我国有色金属地下矿山使用比较普遍，其主要优缺点如下。

（1）优点：1）大部分采准切割工程比较集中，掘进时出渣方便，有利于强掘；2）所用的出矿设备（电耙）结构简单，运转可靠，操作和维修方便；3）应用挤压爆破落矿，破碎质量好，出矿效率高。

（2）缺点：1）向相邻崩落矿岩挤压爆破，受相邻矿块的牵制较大，灵活性差；2）小补偿空间挤压爆破方案中，部分切割工程施工条件差，机械化程度低，劳动强度大。

今后，随着高效率中深孔凿岩设备不断改进，该方法将会得到更大的发展。

15.3.2 水平深孔落矿有底柱分段崩落法

这种方法的典型方案如图15-21所示。每个阶段可划分为2~3个分段，每个分段下部都设有底部结构，崩矿前须要在崩落矿石层下部拉底和开掘补偿空间7。若矿石稳固性较差或拉底面积较大时，可留临时矿柱8，临时矿柱与上部矿石一起崩落。补偿空间开掘之后，一次爆破上面的水平深孔，形成20~30m高的崩落矿石层，并在覆岩下放矿，用电耙出矿。矿石经电耙道6耙至矿石溜井5，溜井下口与穿脉运输巷道2相通。矿石在穿脉巷道装车，再经构成环形运输的上、下盘沿脉运输巷道1、3运走。

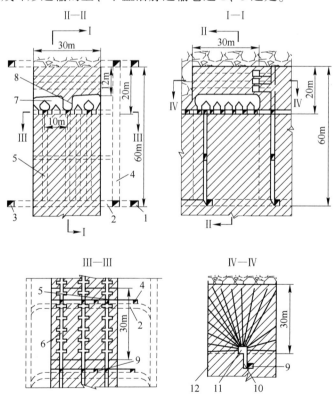

图 15-21　水平深孔落矿有底柱分段崩落法

1—下盘脉外运输巷道；2—穿脉运输巷道；3—上盘脉外运输巷道；4—行人通风天井；5—矿石溜井；
6—耙矿巷道；7—补偿空间；8—临时矿柱；9—凿岩天井；10—联络道；11—凿岩硐室；12—深孔

新鲜风流由下盘脉外行人通风天井4进入，清洗耙道之后，经另一端的通风天井流至上阶段的回风巷道排出。在脉内开掘凿岩天井9，自凿岩天井开掘联络道10，进入崩矿边界后开掘凿岩硐室11，上下凿岩分层的联络道和凿岩硐室分别布置在天井的不同侧面，自凿岩硐室钻凿深孔12。

15.3.2.1　矿块结构参数

水平深孔落矿有底柱分段崩落法的矿块结构参数与垂直深孔落矿有底柱分段崩落法基本相同，在生产实际中，阶段高度一般为40~60m，分段高度一般为15~25m。

电耙道间距和耙运距离。在保证底部结构稳固性的前提下应缩小耙道间距，以利于提高矿石回采率，一般变化在10~15m范围内。耙运距离一般为30~50m，加大耙运距离时，电耙效率显著降低。

水平深孔落矿的矿块尺寸主要取决于矿体厚度、矿石稳固性（允许拉底面积）、凿岩设备（钻凿炮孔深度）以及电耙出矿的合适耙运距离和耙道间距等。例如当矿体厚度小于15m时，沿走向布置矿块，矿块长度常按耙运距离确定。矿体厚度大并且矿体形状比较规整，厚度与下盘倾角又变化不大时，可沿走向布置耙道，穿脉巷道装车，穿脉巷道间距可取30m。反之，多采用垂直走向布置耙道，在沿脉巷道装车。此时可根据矿体厚度等条件取2~4条耙道为一个矿块。

底柱高度主要取决于矿石稳固性和受矿巷道形式。采用漏斗时，分段底柱常为6~8m；阶段底柱宜设储矿小井，以消除耙矿和运输间的相互牵制。此时底柱高度为11~13m。

15.3.2.2　采准工作

为提高矿块生产能力和适应这种采矿方法溜井多的特点，在阶段运输水平多用环形运输系统。在环形运输系统中，有穿脉装车和沿脉装车两种形式（图15-22）。穿脉装车的优点是，由于溜井布置在穿脉巷道内，运输很少受装载的干扰，故阶段运输能力较大；此外，可利用穿脉巷道进行探矿。它的缺点是采准工程量大。确定穿脉巷道长度时要考虑溜井装车时整个列车都停留在穿脉巷道上，不阻挡沿脉巷道的通行。穿脉巷道间距要与耙道的布置形式、长度和间距相适应，一般为25~30m。

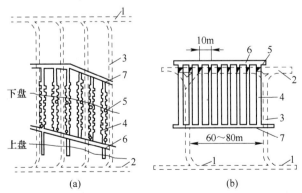

图15-22　环形运输系统

（a）穿脉装车；（b）沿脉装车

1—下盘阶段运输巷道；2—上盘阶段运输巷道；3—穿脉运输巷道；4—电耙道；5—矿石溜井；6—联络道；7—回风道

采场溜井主要有两种布置形式，第一种各分段耙道都有独立的矿石溜井；第二种是上、下各分段耙道通过分枝溜井与矿石溜井相连。前种形式的出矿强度大，便于掘进和出矿计量管理，但掘进工程量大；后种形式的工程量小，但施工比较复杂和不便于出矿计量。设计时结合具体条件根据放矿管理、工程量和生产能力等要求选取。溜井断面一般为1.5m×2m 或 2m×2m。溜井的上口应偏向电耙道的一侧，使另一侧有不小于1m 宽的人行通道。溜井多用垂直的，便于施工。倾斜溜井上部分段（长溜井）不小于60°，最下分段（短溜井）不小于55°。

采准天井用来行人、通风和运送材料设备等。采准天井有两种布置形式，一是按矿块布置，即每个矿块都有独立的矿块天井；另一种按采区布置，几个矿块组成一个采区，每个采区布置一套天井。目前趋向采用采区天井，以减少采准工程量，同时还可在采区天井中安装固定的提升设备，改善劳动条件。

电耙巷道的布置，常常取决于矿体厚度：当矿体厚度小于15m 时，多用沿脉布置耙道；当矿体厚度大，一般多用垂直走向布置；当矿体厚度变化不大、形状比较规整时，也可采用沿走向布置耙道。此时矿石溜井等都布置在矿体内，可减少岩石工程量。

底部结构是由电耙道、放矿口（斗穿）、漏斗颈和受矿巷道（漏斗或堑沟）等组成。我国部分矿山使用的底部结构尺寸，列于表15-2 中。近年有的矿山为了增加矿石流通性、减少堵塞次数和降低堵塞位置，增大了出矿巷道尺寸，例如把漏斗颈和放矿口尺寸增大到2.5m×2.5m。由于在覆岩下放矿，漏斗间距在底柱稳固性允许的前提下以小一点为好，一般取5~6m。

凿岩天井的位置和数量主要取决于矿块尺寸、凿岩设备性能和矿石可凿性等。采用深孔爆破时，自天井每隔一定距离交错布置凿岩硐室，凿岩硐室规格为 3.5m×3.5m×3.0m。采用中深孔爆破时，炮孔可自天井直接钻凿。

15.3.2.3　切割工作

切割工作是指开掘补偿空间和辟漏两项工作。开掘补偿空间方法与矿石稳固性有关。

（1）矿石稳固时首先用中深孔拉底。如图15-23 所示，在拉底水平开掘横巷和平巷，钻凿水平中深孔，最小抵抗线为 1.2~1.5m，每排布置三个炮孔，利用拉底平巷或横巷为自由面。每次爆破 3~5 排炮孔，形成拉底空间。拉底后爆破上面的水平炮孔，放出崩落的矿石，形成足够的补偿空间后，再进行大爆破，崩落上面全部矿石。

在稳固矿石中亦可采用中深孔爆破，一次完成开掘补偿空间工作。在拉底水平根据矿块尺寸开掘数条平巷，自平巷钻凿立面扇形炮孔，炮孔深度根据补偿空间高度和平巷

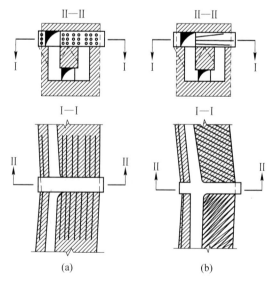

图15-23　中深孔拉底炮孔布置方式
（有（a）、（b）两种）

间距确定。在一端开掘立槽作为自由面，逐次爆破并放出矿石形成补偿空间。

表 15-2　我国采用有底柱分段崩落法矿山的主要结构参数

矿山名称	采场布置形式	阶段高度/m	分段高度/m	阶段底柱高度/m	分段底柱高度/m	电耙道 间距/m	电耙道 规格(宽×高)/m×m	漏斗 布置形式	漏斗 间距/m	耙运距离/m	放矿口(斗穿)规格(宽×高)/m×m	长颈规格(长×宽)/m×m
中条山篦子沟铜矿	垂直走向布置	45	15~22.5	10~12	10~11	15	2.4×2.5	堑沟式漏斗交错布置	6	25~30	2.4×2.5	2.4×(2.0~2.4)
中条山胡家裕铜矿	沿走向布置	50	10~13	12	6	15	2.5×2.5	堑沟式漏斗交错布置	5	25~40	2.5×2.5	2.5×2.5
易门铜矿狮子坑	垂直走向布置	50	25	9~13	5~6	10	2.0×1.8	普通漏斗对称布置	5	30~50	1.8×1.2	1.8×1.8
易门铜矿凤山坑	垂直走向布置	50	25	7~9	6	10~12	2.0×2.0	普通漏斗	5	30~50	2.0×2.0	2.0×2.0
铜官山铜矿松树山区	分条垂直走向布置	30	10	5~6		10	1.8×1.8	普通漏斗交错布置	5	40~70	1.8×1.8	φ1.6
因民铜矿大劈槽区	沿走向布置	60	10	7~7.5	5~5.5	12	2.0×2.0	普通漏斗交错布置	5	45~55	2.0×(1.8~2.0)	2.0×2.0
云锡松树脚锡矿	分条垂直走向布置	25	25	11	6	12	2.0×2.0	普通漏斗交错布置	6	30~55	1.8×1.8	1.8×1.8
马庄铁矿	垂直走向布置	50	15~22	6~7	6~7	9~10	支护(1.5~2.1)×1.8 不支护 2.0×2.0	普通漏斗对称布置	4.5~5	20~50	2.0×2.0	1.8×1.8

当补偿空间高度不大于4m时，亦可用浅孔拉底并挑顶形成补偿空间。

在邻接采空区的一侧要留有隔离矿柱。此外，当拉底面积大或矿石不够稳固时，亦可以在拉底范围内留临时矿柱，此矿柱可与上面矿石一起爆破。

（2）在不稳固的矿石中，因不允许在落矿前形成较大的水平补偿空间，所以常常是用拉底巷道的空间来作补偿空间。具体方法是在拉底水平上掘进成组的平巷和横巷，并在平巷和横巷间的矿柱中钻凿深孔。这些深孔与落矿深孔同次超前爆破，从而形成缓冲垫层和补偿空间。

15.3.2.4　回采工作

回采工作主要指落矿与出矿。落矿常用水平扇形深孔自由空间爆破方式。一般最小抵抗线为3~3.5m，炮孔密集系数1~1.2，孔径为105~110mm，孔深一般为15~20m。

出矿作业通常包括放矿、二次破碎和运矿等三项内容。崩落的矿石约有70%~80%是在岩石覆盖下放出来的。随着矿石的放出，覆盖岩石也随之下降，崩落矿石与覆盖岩石的直接接触引起了矿石的损失与贫化。因此，在出矿中必须编制放矿计划，按放矿计划实施放矿，控制矿岩接触面形状及其在空间位置的变化，对降低放矿过程中的矿石损失贫化是极为重要的。

15.3.2.5　采场通风

由于采空区崩落和采场结构复杂，采场通风条件是比较差的，因此，须要正确选择通风方式和通风系统，合理布置通风工程。对通风的具体要求如下：

（1）原则上宜采用压入式通风，以减少漏风。当井下负压不大时，采用单一压入式即可；负压很大时，则应采用以压入式为主的抽压混合式通风。

（2）把通风的重点放到电耙层，把电耙层的通风系统和全矿总通风系统直接联系起来，使新鲜风流直接进入电耙层。

（3）电耙道上的风向，应与耙运的方向相反，风速要满足0.5m/s的要求，以迅速排除炮烟、粉尘和其他有害气体，并达到降温的目的。凿岩井巷和硐室也应尽可能有新鲜风流贯通，使凿岩和装药条件得到改善。

（4）尽可能避免全部使用脉内采准，因这很难构成正规的通风系统。

图15-24是易门矿狮山坑的通风系统，它有如下特点：

（1）主扇压入的新风，不是首先进入阶段运输水平，而是送至阶段运输水平与耙运层水平之间的进风平巷，经分风井进到耙运层顶盘联络道，再分入各电耙道。这样，不但增加了各电耙道的有效风量，也避免了沿走向的串联。

（2）各采区底盘联络道不连通，这就形成了中央进风分区回风的并联通风系统，且其两翼还装有辅扇，以便调节风量。

（3）阶段运输水平的通风，是靠局扇或用风门从主风流分风，而污风是经下盘脉外天井回到上部的回风平巷中。

水平深孔落矿有底柱分段崩落法用来开采矿石稳固、形状规整、急倾斜中厚以上的矿体较为合适。该法每次爆破矿量较大，一般不受相邻采场的牵制，有利于生产衔接。该法的缺点是，在天井与硐室中凿岩，凿岩工作条件不好；此外要求矿体条件（厚度、倾角、形状规整程度）较高，适应范围小，灵活性较差。

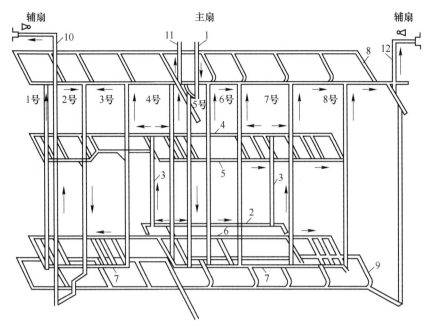

图 15-24　易门矿狮山坑的通风系统

1—进风井；2—进风平巷；3—分风井；4—分段电耙层顶盘联络道；5—分段电耙层底盘联络道；
6—二分段电耙层顶盘联络道；7—二分段电耙层底盘联络道；8—五阶段运输水平；9—六阶段运输水平；
10—南部回风井；11—中部回风井；12—北部回风井；1~8 号—采区回风井

15.3.3　有底柱分段崩落法放矿管理

在覆岩下放矿，当矿石层高度较大时需要良好的放矿管理，其好坏直接关系着矿石损失贫化指标的大小。

放矿管理包括选择放矿方案、编制放矿计划以及实施放矿控制与调整三项工作。

15.3.3.1　放矿方案

根据放矿过程中矿岩界面的变化和移动，可将放矿方案分为下列三种形式（图 15-25）。

（1）平面放矿。放矿过程中矿岩界面保持近似水平下移，根据平面移动要求控制各漏孔放出矿量和放矿顺序。

该放矿方案在放矿过程中的矿岩接触面积最小，有利于减少损失贫化。阶段崩落法和分段高度较大的水平深孔落矿有底柱分段崩落法的放矿须采用平面放矿方案。

（2）立面放矿。立面放矿就是一般所谓的依次全量放矿。其特点是各漏孔依次放出，并且一直放到截止品位为止，然后关闭漏孔。由于这种放矿方案的矿岩界面以较陡的倾角向前移动，故称之为立面放矿。该方案在放矿过程中的矿岩接触面积较大，不利于矿石的回收。和平面方案比较，立面方案的纯矿石放出量少，损失贫化均较大，脊部残留高度也大。该方案的优点是放矿过程的管理简单。

在放矿的矿石层高度大时，不宜采用这种放矿方案。只有当放矿的矿石层高度不大，亦即相邻放矿漏孔的相互作用不大时，才可以采用；或者在平面放矿中，当矿岩界面下移

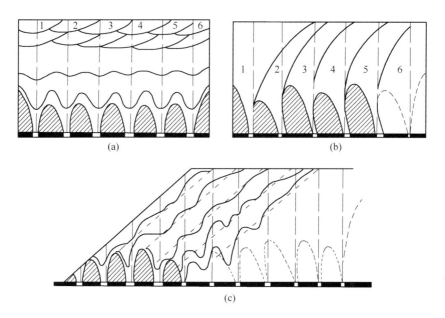

图 15-25　有底柱崩落法放矿方案

（a）平面放矿（1~6 为各漏斗按顺序每次放矿后矿岩接触面下降情况）；

（b）立面放矿（1~6 为按漏斗依次放矿后所形成的放矿漏斗）；（c）斜面放矿

到邻接漏孔失去相互作用时，可以改用立面放矿方案放出。

（3）斜面放矿。该方案特点是放矿过程中矿岩界面保持倾斜面向前移动。可按 45°左右的矿岩斜面确定进入放矿带的放出漏孔数。斜面放矿方案多用于连续回采的崩落法中。

在生产实际中可选用一种方案或两种方案联合使用，亦可将某个方案作些改变成为一种变形方案。总之，要结合崩落矿块和矿山放矿管理的具体情况，确定放矿方案。

15.3.3.2　放矿计划的编制

放矿方案确定后，根据崩落矿岩堆体和出矿巷道的布置，编制放矿计划。下面以平面放矿方案为例，简述放矿计划的编制方法。

（1）确定每漏孔放出总量。每个漏孔应放出总量等于每个漏孔负担平面之上的矿石柱体积减去脊部残留体积。靠下盘漏孔的矿石柱还要减去下盘损失数量。

（2）确定每漏孔的一轮放出量。每个漏孔每轮的放出矿石量，应根据该孔在该高度上的负担面积乘以下降高度计算。每轮矿岩界面下降高度一般可取 2m 左右。

（3）编绘放矿图表。根据上面所得数据编绘出放矿计划图表，在表中标明各漏孔每次放矿量和矿岩接触面相应的下降高度。

（4）确定放矿步骤。有的矿山按四步编制放矿计划。第一步为松动放矿，使全部漏孔之上的矿石松散，在挤压爆矿条件下放出崩落矿量的 15% 左右；第二步为削高峰放矿，放出崩落矿石堆超高部分；第三步为均匀放矿，按平面下降要求确定各孔每次的放出量，每个漏孔一直放到开始有岩石混入（贫化）为止；第四步改用依次全量放矿，各漏孔一直放到截止品位后，关闭漏孔。

15.3.3.3　放矿控制

放矿控制就是控制每个漏孔放出矿石的数量和质量。如果按放矿计划控制放矿量，而在生产中出现实际放矿量与计划量不一致时，要在下次放矿时进行调整。有的矿山为此在整个放矿高度上规定出 2~3 个调整线，要求到达调整线时各漏孔的放出量符合计划要求。

质量控制，就是按规定的截止品位来控制截止放矿点，防止过早与过晚封闭漏孔。

放矿控制是放矿管理中的基本工作。放矿时准确控制和计量各孔放出量以及及时化验品位，是改进这项工作的关键环节。

在井下设矿石品位化验站，使用 X 射线荧光分析仪测定品位，可以满足及时化验品位要求，而放矿量的控制和计量的准确性还有待改进。

放矿方案选择、放矿计划编制和调整等工作，可借助计算机仿真来实现。按优化原则拟定多种放矿计划，用计算机仿真预测每种计划实施后的矿石损失与贫化值，根据矿石损失贫化值从中选出最优计划。在放矿中出现放出量与计划有较大出入时，也可以用计算机仿真按最小的矿石损失贫化要求重新调整放矿计划，再按新计划放出。同时，计算机仿真可以给出放矿过程中采场内部矿岩移动情况，以及各漏孔放出的矿石原来的空间位置等，这对分析矿石损失贫化很有帮助。

15.3.4 有底柱分段崩落法的评价

有底柱分段崩落法在我国金属矿山特别是有色金属矿山得到广泛应用，且有增加的趋势。

15.3.4.1 适用条件

(1) 地表允许崩落。若地表表土随岩层崩落后遇水可能形成大量泥浆涌入井下时，需要采取预防措施。

(2) 矿体厚度与矿体倾角。急倾斜矿体厚度不小于 5m，倾斜矿体不小于 10m；当矿体厚度超过 20m 时，倾角不限。最适用于厚度为 15~20m 以上的急倾斜矿体。

(3) 岩石稳固性。上盘岩石稳固性不限，岩石破碎不稳固时采用有底柱分段崩落法比其他采矿法更为合适。由于采准工程常布置在下盘岩石中，所以下盘岩石稳固性以不低于中等稳固为好。

(4) 矿石稳固性。矿石稳固性应允许在矿体中布置采准和切割工程，出矿巷道经过适当支护后应能保持出矿期间不遭破坏，故矿石稳固性应不低于中等稳固。

(5) 矿石价值。除非是在特殊有利条件下（倾角大于 75°~78°、厚度大于 15~20m、矿体形状比较规整），此法的矿石损失贫化较大，故仅适于开采矿石价值不高的矿体。

(6) 夹岩厚度和矿石性能。由于该法不能分采分出，以矿体中不含较厚的岩石夹层为好。在矿体倾角大回采分段高的情况下，矿石必须无自燃性和黏结性。

15.3.4.2 主要优缺点

(1) 优点：

1) 由于该法具有多种回采方案，可以用于开采各种不同条件的矿体，故使用灵活和适应范围广；

2) 生产能力较大，年下降深度达 20~23m，矿体单位面积产量达 75~100t/(m²·a)；

3) 采矿与出矿的设备简单，使用和维修都很方便；

4) 对比无底柱分段崩落法，通风条件好，有贯通风流；当采用新鲜风流直接进入电耙巷道的通风系统时，可保证风速不小于 0.5m/s。

（2）缺点：

1）采准切割工程量大，施工机械化程度低，底部结构复杂，其工程量约占整个采准切割工程的一半；

2）矿石损失贫化比较大，在矿体倾角不陡、厚度不大的情况下更为严重。一般矿石损失率为15%~20%，矿石贫化率为20%~30%。

15.3.4.3　改进方向

根据我国矿床地质条件和采矿设备条件，有底柱分段崩落法近期仍是主要采矿法之一，并可能还要增大使用范围。该方法今后的改进有以下方向：

（1）实施集中作业，强化开采，推广强掘、强采、强出（在矿石破碎地压较大的条件下尤为必要）。

（2）简化采场结构，特别是简化底部结构。

（3）采用高效率的出矿设备和凿岩设备。目前普遍采用电耙出矿，出矿能力限制了采场生产能力，今后一方面要增大耙矿绞车能力和耙斗容积，另一方面可推广铲运机出矿；进一步研制深孔凿岩设备，增加有效凿岩深度，较大幅度地减少采准工程量。

（4）振动出矿机应用于漏孔负担出矿量较大的有底柱崩落法中，是一种前景较好的出矿设备，不仅可以大幅度地提高采场出矿能力，而且有利于放矿管理，应积极进行试验与推广。

（5）加强放矿管理工作，改进控制放矿量和封斗、计量、快速化验分析等方面的技术工作，降低矿石损失、贫化。

（6）重视对地压和回采顺序的研究，掌握有底柱分段崩落法的地压活动规律。

15.3.4.4　矿山应用技术指标

我国矿山应用有底柱分段崩落法实际取得的主要技术经济指标列于表15-3。

表 15-3　我国有底柱分段崩落法主要技术经济指标

矿山	采准工程量 /m·kt⁻¹	劳动消耗/工班·kt⁻¹				采场生产能力 /t·d⁻¹	损失率 /%	贫化率 /%	主要材料消耗			
		采切	落矿	出矿	合计				炸药（kg/t）		坑木 (m³/t)	水泥 (kg/t)
									落矿	二次破碎		
笕子沟	14	77	40	48	165	250	15.50	22.56	0.51	0.162	0.000325	2.955
易门狮山坑	21.3	66	15	28	109	254	10.4	25.3	0.2	0.666	0.0105	
胡家裕	15	94	83	40	217	300	19.63	26.03	0.479	0.260	0.00024	3.15
因民	22.9	73.5	51	14.2	138.7	160~170	18.2	22.6	0.445	0.061	0.001	
松树脚	27~34.4	99.1	23	73.2	195.8	150~200	25	10~15	0.27	0.125	0.004	3.5
易门凤山坑	22	58	18	25	101	150~180	22~25	32	0.35~0.4	0.065	0.0305	

15.4　无底柱分段崩落法

无底柱分段崩落法自20世纪60年代中期在我国使用以来，在金属矿山获得迅速推广，特别是在铁矿山应用更为广泛，目前已占地下铁矿山矿石总产量的80%左右。

　　同有底柱分段崩落法比较，该法的基本特征是，分段下部不设由专用出矿巷道所构成的底部结构；分段的凿岩、崩矿和出矿等工作均在回采巷道中进行。因此，大大简化了采场结构，给使用无轨自行设备创造了有利条件，并可保证工人在安全条件下作业。

　　无底柱分段崩落法的典型方案见图15-26。图中1、2是上、下阶段运输巷道，将阶段再划分为分段，分段高一般为10~30m。各分段自上而下进行回采，回采的矿石经溜井3下放到阶段运输巷道，装车运走。

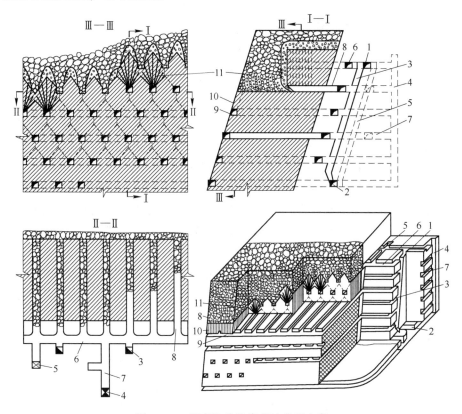

图 15-26　无底柱分段崩落法典型方案

1，2—上、下阶段沿脉运输巷道；3—矿石溜井；4—设备井；5—通风行人天井；6—分段运输平巷；
7—设备井联络道；8—回采巷道；9—分段切割平巷；10—切割天井；11—上向扇形炮孔

　　为提升和下放设备、人员和材料等，开掘设备井4（或斜坡道），5是供通风专用的通风井。

　　在每个分段掘进分段运输联络巷道6以及由此巷道通向设备井的联络道7。从分段运输巷道掘进回采巷道8（或称进路），其间距一般为8~25m，上下分段的回采巷道一定保持交错布置。

　　在回采巷道末端掘进分段切割平巷9，每隔一定距离从切割巷道开掘切割天井10，作为开掘切割立槽的自由面。切割立槽即为最初回采崩矿的自由面和补偿空间。

　　用采矿凿岩台车在回采巷道中凿上向扇形炮孔11，排距1.1~3.0m，一般在分段全部炮孔钻凿完毕后开始进行崩矿，以免出矿和凿岩相互干扰。每次爆破1~2排炮孔。崩落的矿石在回采巷道端部用装运机或铲运机运至溜井。矿石在岩石覆盖下放出，所以随着矿石的放出，岩石充填了采空区。

由于回采巷道端部被崩落矿石堵死，所以回采巷道中一般需要采用局扇通风，将通风井进入的新鲜风流引送工作面，并将污风排出。

一般第一、二分段进行回采，第三分段钻凿上向扇形炮孔和切割，第四、五分段进行采准工作，即采准、切割、凿岩、爆破与装运矿石等项工作，分别在不同分段中进行，互不干扰。

15.4.1 结构参数与采准巷道布置

15.4.1.1 阶段高度

该法用于开采矿石在中等稳定以上的急倾斜厚矿体，此时阶段高度可达 60~120m。当矿体倾角较缓，赋存形态不规整、矿岩不稳固时，阶段高度可以取低一些。

阶段高度愈大，开拓和采准的工程量愈小，但设备井、溜井和通风井等也随之增高，因此增加掘进的困难；当这些井筒穿过不稳固的矿岩时，还要增加维护费用；当矿体倾角较缓时，下部各分段与矿石溜井和设备井的联络巷道相应增长，运距增加；对于易碎矿石，溜井过高将增加粉矿量。因此，在开采条件不利时，阶段高度应取低些。

在使用设有破碎硐室的箕斗提升或平硐溜井开拓时，常将溜井掘至主要运输水平。中间水平只作为运送人员、材料、通风和掘进天井的辅助水平。因此，上、下两个主要运输水平之间为两个或三个阶段高度。

随着天井掘进技术的不断发展和开采强度的增大，在矿岩稳固性较好的情况下，有增大阶段高度的趋势。近年有的矿山将阶段高度增大到 120~180m。国外矿山有的高达 200~280m。

15.4.1.2 分段之间的联络

为了运送设备、人员和材料，一般采用设备井和斜坡道两种运送方案。

A 设备井

设备井目前有两种装备方法，一种是利用设备井同一中心安装两套提升设备。当运送人员及不大的材料时，用电梯轿箱；当运送设备时，用慢动绞车，并将轿箱钢绳靠在设备井的一侧，轿箱停在最下分段水平。另一种是分别设置设备井和电梯井，设备井安装大功率绞车运送整体设备。前种方法适用于设备运送量不大的矿山；设备运送频繁的大型矿山，可采用后一种方法。而矿量不大的小型矿山或大型矿山中某些孤立的小矿体，可装备简易设备井，解决设备、人员和材料的运送问题。

设备井应布置在本阶段的崩落界限以外，一般布置在下盘围岩中。只有在矿体倾角大、下盘围岩不稳固以及为了便于与主要开拓巷道联络时，也可将设备井布置在上盘围岩中。

当矿体走向长度很大时，根据需要沿走向每 300m 左右布置一条设备井；走向长度不大时，一般只布置一条设备井。

设备井的断面应根据运送设备的需要决定。大庙铁矿设备井的断面布置如图 15-27 所示。设备井一般兼作进风井。

B　斜坡道

在无底柱分段崩落法中，随着铲运机的应用，分段与阶段运输水平常用斜坡道连通。斜坡道一般采用折返式，如图 15-28 所示。根据进入分段开口位置不同，分为两种方式。分段折返方式斜坡道进口沿走向变动范围小，有利于双侧退采；但折返次数多，开掘工作复杂。

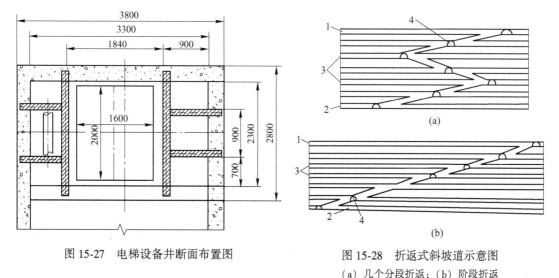

图 15-27　电梯设备井断面布置图

图 15-28　折返式斜坡道示意图
（a）几个分段折返；（b）阶段折返
1，2—阶段运输巷道；3—分段运输巷道；4—联络道

斜坡道的间距为 250~500m。斜坡道的坡度根据用途不同在 10%~25% 范围内变化。仅用于联络通行和运送材料等可取较大坡度（15%~25%）。路面可用混凝土、沥青或碎石敷设。

斜坡道断面尺寸主要根据无轨设备（铲运机）外形尺寸和通风量确定。巷道宽度等于设备宽再加 0.9~1.2m，巷道高度等于设备高再加 0.6~0.75m。

丰山铜矿掘成地表折返式主斜坡道，坡度为 14%~17%，分段支斜坡道坡度为 20%，断面为 3.2m×4.2m（适应铲运机型号）。

15.4.1.3　矿块尺寸及溜井位置

无底柱分段崩落法划分矿块的标志不明显，为了管理上方便，一般以一个出矿溜井所服务的范围作为一个矿块。因此，矿块长度等于相邻溜井间的距离。

溜井的间距，主要根据出矿设备的类型而定。使用 ZYQ-14 型装运机时，运距不超过 60~80m，运距再大装运机所带的风绳过长运行不便，同时行走时间所占的比值增大，将降低装运机的生产能力。近些年，在实际生产中，装运机已较少应用。使用小型铲运机（斗容不大于 1.5m³）出矿时，合理运距不超过 80~100m；当回采巷道垂直走向布置时，溜井间距一般为 60~80m；沿走向布置时，一般为 80~100m；当采用大型铲运机（斗容不小于 4.0m³）出矿时，溜井间距可增大到 90~150m。在决定溜井间距时，还应当考虑溜井的通过矿量，以免因溜井磨损过大提前报废而影响生产。

原则上每个矿块只布置一个溜井。如矿体中有较多的夹石需要剔除或脉外掘进量大，可根据岩石量的大小，1~2 个矿块设一个废石溜井。如果需要分级出矿，可以根据不同品级的矿石分布情况，在适当的位置增设溜井，供不同品级矿石出矿用。

溜井一般布置在脉外，这样生产上灵活、方便。溜井受矿口的位置与最近的装矿点保留一定距离，以保证装运设备有效地运行。

溜井应尽量避免与卸矿巷道相通，见图 15-29（a）。可用小的分枝溜井与巷道相通，如图 15-29（b）所示。这样在上下分段同时卸矿时，互相干扰小，也有利于风流管理。

当开采厚大矿体时，大部分溜井都布置在矿体内。当回采工作后退到溜井附近，本分段不再使用此溜井时，应将溜井口封闭，以防止上部崩落下来的覆盖岩石冲入溜井。封闭时溜井口要扩大一个平台以托住封井用的材料，使其经受外力作用后，不致产生移动。封闭时最下面用钢轨装成格筛状，上面再铺上几层圆

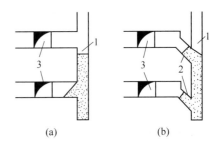

图 15-29　卸矿巷道与溜井的结构
（a）卸矿巷道与溜井直接相通；
（b）卸矿巷道通过分枝溜井与溜井相通
1—主溜井；2—分枝溜井；3—分段运输联络道

木，最上面覆盖上 1~2m 厚岩渣。有的矿山为了节省钢材和木材，以及改善溜井处的矿石回采条件，改用矿石混凝土充填封闭溜井。首先将封闭段溜井内矿石放到要封闭的水平，然后再用混凝土充填一段（一般为 1m），最后用混凝土加矿石全段充填。封井工作要求保证质量，否则一旦因爆破冲击使封井的材料及上部的岩渣一起塌入溜井中，将会给生产带来严重影响。因此，在条件允许的情况下，溜井应尽量布置在脉外，以减少封井工作。当脉外溜井位于崩落带内，开采下部分段也要注意溜井的封闭。

当矿体倾角较缓时，应尽量采用斜溜井，以减少脉外运输联络道的长度，也避免因下部分段运输距离加大而降低装运设备的生产能力。

方形溜井断面一般为 2m×2m 或 2m×2.5m，圆形溜井断面直径一般为 2m。

15.4.1.4　分段高度

增大分段高度，可以减少采准工作量，但分段高度的增加受凿岩技术、矿体赋存条件以及矿石损失贫化等因素的限制。

增大分段高度，炮孔深度亦随之增大，当炮孔超过一定深度时，凿岩速度显著下降。同时炮孔的偏斜度也随炮孔深度的增加而增大，夹钎和断钎事故也增多。这不仅降低了凿岩速度，而且使炮孔的质量变坏，影响爆破效果（如块度不均，大块多及产生悬顶、立槽等）。

我国矿山采用的分段高度一般为 10~15m。不过近些年，随着液压凿岩设备的发展，分段高度有进一步增大的趋势。

15.4.1.5　回采巷道

（1）回采巷道的间距。回采巷道间距对矿石的损失贫化、采准工作量和回采巷道的稳固性均有一定的影响。在一般条件下，回采巷道间距主要根据充分回收矿石要求确定，目前国内多用 8~15m。如果崩落矿石粉矿多、湿度大和流动性差，此时流动带宽度小，可采用较小的间距。

（2）回采巷道的断面及形状。回采巷道的断面主要取决于回采设备的工作尺寸、矿石的稳固性及掘进施工技术水平等。当采用 YGZ-90 型凿岩机凿岩和小型铲运机出矿时，

回采巷道的最小宽度为 3m，最小高度为 2.8m；当采用液压凿岩设备凿岩和大型铲运机出矿时，宽度一般为 3.6~4.5m，高度一般为 3.0~3.8m。在矿石稳固性允许的情况下，适当加大回采巷道的宽度，有利于设备的操作和运行，还有利于提高矿石的流动性，并可减少矿石堵塞，提高出矿能力。如果沿巷道全宽均匀装矿，则可扩大矿石流动带，改善矿石的回收条件。在保证设备运行方便的条件下，回采巷道的高度小一些为好，有利于减少端部（正面）矿石损失。

回采巷道的断面形状以矩形为好，有利于在全宽上均匀出矿。拱形巷道不利于巷道边部矿石流动，使矿石的流动面变窄，并易发生堵塞，增大矿石损失。如果矿石的稳固性差，需要采用拱形时，应适当减少回采巷道间距。

为了使重载下坡和便于排水，回采巷道应有 3‰ 的坡度。

（3）回采巷道的布置。回采巷道布置是否合理，将直接影响损失贫化。上下分段回采巷道应严格交错布置（图 15-30（b）），使回采分间成菱形，以便将上分段回采巷道间的脊部残留矿石尽量回收。如果上下分段的回采巷道正对布置（图 15-30（a）），纯矿石放出体的高度很小，亦即纯矿石的回采率大大降低。在同一分段内，回采巷道之间应相互平行。

当矿体厚度大于 15~20m 时，回采巷道一般垂直走向布置。垂直走向布置回采巷道，对控制矿体边界、探采结合、多工作面作业、提高回采强度等均为有利。当矿体厚度小于 15~20m 时，回采巷道一般沿走向布置，如图 15-31 所示。

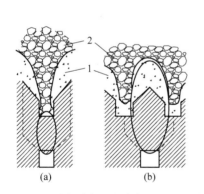

图 15-30　回采巷道布置方式与矿石回收关系
（a）正对布置；（b）交错布置
1—矿石；2—岩石

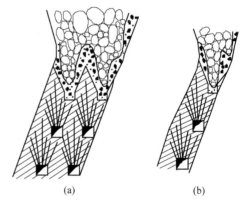

图 15-31　回采巷道沿脉布置
（a）双巷；（b）单巷

根据放矿理论，放出漏斗的边壁倾角一般都大于 70°。因此，回采巷道两侧小于 70° 范围的崩落矿石在本分段不能放出而形成脊部残留。当回采巷道沿走向布置时，靠下盘侧的残留，在下分段无法回收，成为永久损失。为减少下盘矿石损失，可适当降低分段高度，或者使回采巷道紧靠下盘，有时甚至可以直接布置在下盘围岩中。

在矿体厚度较大、垂直走向布置回采巷道时，也要防止因下盘倾角不够陡急而产生大量的下盘矿石损失。

15.4.1.6　分段运输联络道的布置

分段联络道用来联络回采巷道、溜井、通风天井和设备井，以形成该分段的运输、行人和通风等系统。其断面形状和规格与回采巷道大体相同，但与风井和设备井联接部分可根据需要决定断面规格。一般设备井联络道规格为 3.0m×2.8m，风井联络道规格为 2m×2m。

当矿体厚度不大、回采巷道沿走向布置（图 15-32（a））时，分段运输联络道在靠溜井处垂直矿体走向布置并与溜井连通，而各溜井联络道彼此是独立的。为了缩短分段运输联络道的维护时间，两条回采巷道应同时进行回采。

当矿体厚度较大、回采巷道垂直走向布置（图 15-32（b））时，分段运输联络道可布置在矿体内，也可布置在围岩中。布置在矿体内的优点是掘进时有副产矿石、减少回采巷道长度，以及在没有岩石溜井的情况下可以减少岩石混入量。缺点是：（1）各回采巷道回采到分段运输联络道附近时，为了保护联络道，常留有 2～3 排炮孔距离的矿石层作为矿柱暂时不采。此矿柱留待最后，以运输联络道作为回采巷道再加以回采。采至回采巷道与运输联络道交叉处，由于暴露面积大，稳固性变差，易出现冒落。为了保证安全，难以按正常落矿步距爆破。只能以大步距进行落矿（一次爆破一条回采巷道所控制的宽度），故矿石损失很大。（2）运输联络道一般也是通过主风流的风道。分段回采后期，运输联络道因回采崩落，风路被堵死，使通风条件更加恶化。因此，一般采用脉外布置。又由于溜井和设备井多布置在下盘围岩中，故多采用下盘脉外布置。

矿体倾斜不够陡急时，如条件允许，将运输联络道布置在上盘脉内，采用自下盘向上盘回采顺序。靠下盘开掘切割立槽，可减少下盘矿石损失，上盘脉内运输联络巷道与回采巷道交叉口处损失的矿石还可在下分段回收。

当开采极厚矿体时，由于受巷道通风与运输效率的限制，沿矿体厚度方向每隔 50～70m 左右布置一条联络道（图 15-32（c）），从上盘侧开始，以向联络道逐条推进的顺序进行回采。为了增加同时工作面数目，条件合适时，亦可在上、下盘两侧分别布置脉外联络道和溜井，从矿体中间开始，同时退向上、下盘两侧回采。

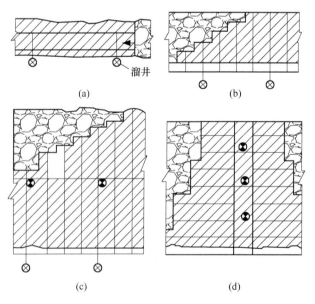

图 15-32　分段运输联络道布置形式

在有自燃和泥水下灌危害的矿山，可将厚矿体划分成具有独立系统的分区（图 15-32 (d)）进行回采，以减少事故的影响范围。当矿山地压较大时开掘两条联络道，中间留分区矿柱；矿山压力不大时可开掘一条联络道。此外，当矿体水平面积很大（如梅山铁矿）时，为了增加回采工作地点、增大矿石产量，也可划分成分区进行回采。

15.4.2 切割工作

在回采前必须在回采巷道的末端形成切割槽，作为最初的崩矿自由面及补偿空间。

回采巷道沿走向布置时，爆破往往受上下盘围岩的夹制作用。为了保证爆破效果，常用增大切割槽面积或每隔一定距离重开切割槽的办法来解决。切割槽开掘方法有以下几种。

（1）切割平巷与切割天井联合拉槽法。该种拉槽法如图 15-33 所示。沿矿体回采边界掘进一条切割平巷贯通各回采巷道端部，然后根据爆破需要，在适当的位置掘进切割天井；在切割天井两侧，自切割平巷钻凿若干排平行或扇形炮孔，每排 4~6 个炮孔；以切割天井为自由面，一侧或两侧逐排爆破炮孔形成切割槽。这种拉槽法比较简单，切割槽质量容易保证，在实际中广泛应用。

（2）切割天井拉槽法。这种拉槽法如图 15-34 所示。此法不需要掘进切割平巷，只在回采巷道端部掘进断面为 1.5m×2.5m 的切割天井，天井短边距回采巷道端部留有 1~2m 距离以利于凿岩；天井长边平行回采巷道中心线；在切割天井两侧各打三排炮孔，微差爆破，一次成槽。

该法灵活性较大、适应性强，并且不受相邻回采巷道切割槽质量的影响。沿矿体走向布置巷道时多用该法开掘切割槽。垂直矿体走向布置回采巷道时由于开掘天井太多，在实际中使用不如前种方法广泛。

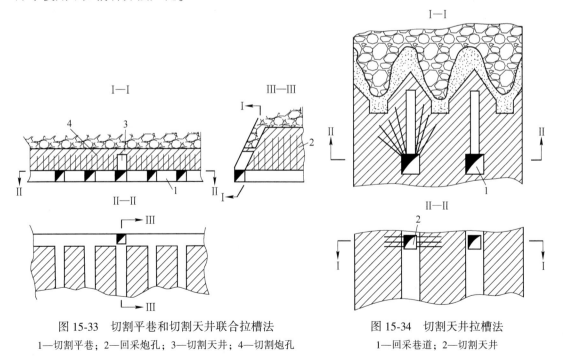

图 15-33 切割平巷和切割天井联合拉槽法
1—切割平巷；2—回采炮孔；3—切割天井；4—切割炮孔

图 15-34 切割天井拉槽法
1—回采巷道；2—切割天井

（3）炮孔爆破拉槽法。该种拉槽法特点是不开掘切割天井，故有"无切割井拉槽法"之称。此法仅在回采巷道或切割巷道中，凿若干排角度不同的扇形炮孔，一次或分次爆破形成切割槽。该法又可分成楔形掏槽一次爆破拉槽法和分次爆破拉槽法。

1）楔形掏槽一次爆破拉槽法。这种拉槽法是在切割平巷中钻凿4排角度逐渐增大的扇形炮孔，然后用微差爆破一次形成切割槽，如图15-35（a）所示。这种拉槽法在矿石不稳固或不便于掘进切割天井的地方使用最合适。

2）分次爆破拉槽法。这种拉槽法如图15-35（b）所示，在回采巷道端部4~5m处钻凿8排扇形炮孔，每排7个孔，按排分次爆破，这相当于形成切割天井。此外，为了保证切割槽的面积和形状，还布置9、10、11三排切割孔，其布置方式相当于切割天井拉槽法。该拉槽法也是用于矿石比较破碎的条件下，在实际中用的不多。

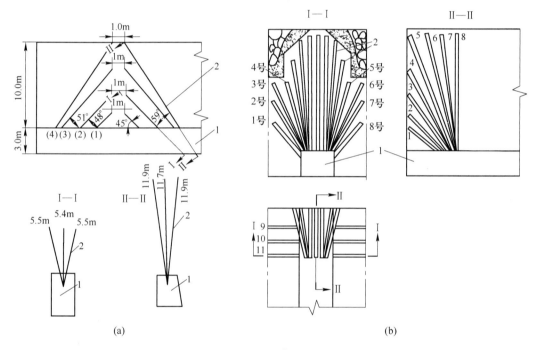

图 15-35　炮孔爆破拉槽法

（a）楔形掏槽一次爆破拉槽法（1—切割巷道；2—炮孔）；（b）分次爆破拉槽法（1—回采巷道；2—炮孔）

15.4.3　回采工作

回采工作由落矿、出矿和通风等项工作组成。

15.4.3.1　落矿工作

落矿工作包括落矿参数的确定、凿岩工作和爆破工作等。

（1）落矿参数。落矿参数包括炮孔扇面倾角、扇形炮孔边孔角、崩矿步距、孔径、最小抵抗线和孔底距等。

1）炮孔扇面倾角（端壁倾角）。炮孔扇面倾角指的是扇形炮孔排面与水平面的夹角，它可分为前倾与垂直两种。前倾布置时，常用70°~85°的倾角，这种布置方式可以延迟上部废石细块提前渗入，装药较方便，且当矿石不稳固时，有利于防止放矿口处被爆破破坏。炮孔扇形面垂直布置时，炮孔方向易于掌握，但垂直孔装药条件较差。当矿石稳固、围岩块度较大时，大多采用垂直布置方式。

2）扇形炮孔的边孔角。扇形炮孔的边孔角如图 15-36 所示。

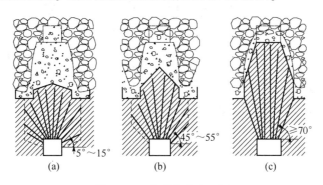

图 15-36　扇形炮孔布置图

（a）边孔角为 5°～15°；（b）边孔角为 45°～55°；（c）边孔角为 70°以上

边孔角决定着分间的具体形状，边孔角愈小，分间愈接近方形，因而可以减小炮孔长度。但边孔角过小会使很多靠边界的矿石处于放矿移动带之外，在爆破时这里容易产生过挤压而使边孔拒爆；此外，45°以下的边孔孔口容易被矿堆埋住，爆破前清理矿堆的工作量大且不安全。相反，增大边孔角使炮孔长度增加，对凿岩工作不利，但可以避免产生上述问题。根据放矿时矿岩移动规律，边孔角最大值以放出漏斗边壁角为限。

我国目前凿岩设备多用 45°～55°（图 15-36（b）），有的还大些。待凿岩设备改进后还应适当提高边孔角度。在国外有的采用 70°以上的边孔角，与此同时增大进路宽度（达 5～7m），形成所谓"放矿槽"，在放矿槽的边壁上可不残留矿石。如能施以良好的控制放矿，沿回采巷道全宽均匀出矿，这将有利于降低矿石损失贫化。

3）崩矿步距。崩矿步距是指一次爆破崩落矿石层的厚度，一般每次爆破 1～2 排炮孔。

分段高度（H）、回采巷道间距（B）与崩矿步距（L）是无底柱分段崩落法三个重要的结构参数，它们对放矿时的矿石损失贫化有很大的影响。放矿时，矿石层是由上分段的残留体和本分段崩落的矿石两部分构成的。如图 15-37 所示，矿石层形状与数量主要取决于 H、B 与 L 值。

改变 H、B 和 L 值，可使崩落矿石层形状与放出体形状相适应，以期求得最好矿石回收指标。所谓最好的回收指标，是指依据此时的矿石回采率与贫化率计算出来的经济效益最大。符合经济效益最大要求的结构参数，就是一般所说的最佳结构参数。

根据无底柱分段崩落法放矿时矿石移动规律，最佳结构参数实质上是指 H、B 与 L 三者最佳的配合。也就是说三个参数是相互联系和制约的，其中任何一个参数不能离开另外两个参数而单独存在最佳值。例如最优崩矿步距是指在 H 与 B 既定条件下按三者的最佳配合原则确定的 L 值。

无底柱分段崩落法放矿的矿石损失贫化值除与结构参数有关以外，还与矿块边界条件有关，有时后者还可能是矿石损失贫化的主要影响因素。因此在分析矿石损失贫化时必须注意到边界条件问题。

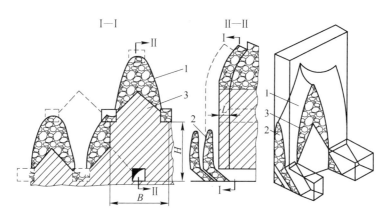

图 15-37　崩落矿石层形状与结构参数
1—脊部残留；2—端部残留；3—端壁

在既定 H 与 B 的条件下，步距过大时，岩石仅从顶面混入，截止放矿时的端部残留较大；反之，步距过小时，端（正）面岩石先混入，阻截上部矿石的正常放出。无论崩矿步距过大还是过小，都使纯矿石放出量减少。尽管从总体考察，无底柱分段崩落法的采场结构中，上分段残留矿量可在下分段部分回收，前个步距残留矿量可在后个步距部分回收，但步距过大与过小都会使矿石损失贫化指标变坏。

4）孔径、最小抵抗线和孔底距。无底柱分段崩落法采用接杆中深孔或深孔凿岩，常用的钎头直径为 51～75mm。根据矿石性质不同，最小抵抗线一般取 1.5～2.0m；一般可按 $W/d = 30$ 左右计算最小抵抗线（其中 W 为最小抵抗线，d 为孔径）。

但这种布置的缺点是孔口处炮孔过于密集。为了使矿石破碎均匀，有的矿山采用减少最小抵抗线，加大孔底距（a），使 $a \times W$ 之积不变（即增多炮孔排数），获得了良好爆破效果。如某矿将原来最小抵抗线为 1.8m 的扇形炮孔改为两排交错布置的扇形炮孔，最小抵抗线减小二分之一，孔底距增大一倍，结果大块率显著降低，爆破效果良好。从理论上讲，这种设置可使爆破能均匀分布，爆破作用时间延长，从而改善了爆破效果。

在矿石松软、节理发育、炮孔容易变形的条件下，采用大直径深孔对装药有利。

（2）凿岩工作。凿岩设备目前主要为 FJY-24 型圆盘台架配以 YGZ-90 型凿岩机，凿岩效率 18000～20000m/a；有的矿山用 CTC/400-2 型双臂采矿台车配有两台 YGZ-90 型凿岩机，凿岩效率 27000～30000m/a。此外，近年大中型矿山大量应用进口液压凿岩设备，如 ATLAS 生产的 SimbaH 系列液压凿岩机，凿岩效率可达 70000～100000m/a。

（3）爆破工作。无底柱分段崩落法的爆破只有很小的补偿空间，属于挤压爆破。爆破后的矿石块度关系到装运设备的效率和二次破碎工作量。

为了避免扇形炮孔孔口装药过于集中，装药时，除边孔及中心孔装药较满外，其余各孔的装药长短，如图 15-38 所示。

提高炮孔的装药密度，是提高爆破效果的重要措施。它不仅可以增大炸药的爆破威力，充分利用炮孔，而且可以改善爆破质量。使用装药器装粉状炸药是提高装药密度的有效措施。目前，国内矿山使用最多的装药器为 FZY-10 型与 AYZ-150 型两种。

使用装药器装药时的返粉现象，不仅浪费炸药，而且药粉污染空气，刺激人的呼吸系统，有损身体健康。装药返粉是目前还没有彻底解决的问题。如果输药管的直径、工作风压、炸药的粒度和湿度选取适当，操作配合协调，返粉率可控制在 5%以下。

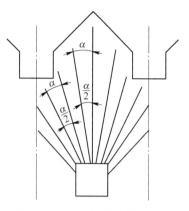

图 15-38　扇形炮孔装药示意图

15.4.3.2　出矿

出矿就是用出矿设备把回采巷道端部的矿石运到矿石溜井。主要出矿设备有铲运机、装运机和装矿机等。

铲运机出矿的优点是运距大、行走速度快、出矿效率高，近年被广泛应用。目前国内主要用电动铲运机出矿，铲斗容积为 0.7、1.5、2.0、4.0m³ 的电动铲运机使用较多。一些出矿点比较分散的矿山，用柴油驱动的铲运机出矿。柴油铲运机比电动铲运机灵活，但需解决空气净化问题，必须加强通风，用大量的风流来冲淡有害气体。目前少数矿山还保留 ZYQ-14 型装运机出矿，它的优点是设备费用较低、最小工作断面较小（2.8m×3.0m），但拖有风绳，运距较小（一般不超过 50m）。此外，中小型矿山常用装矿机出矿，即用装矿机将矿石装入矿车，用电机车牵引矿车至矿石溜井卸矿，实现采场运搬。还有一些矿山采用蟹爪式装载机配自卸汽车出矿。

出矿在同一分段水平内，装矿顺序是逆风流方向进行，即先装风流下方的回采巷道，这样可减少二次破碎的炮烟对出矿工作的影响。出矿时，用铲斗从右向左循环装矿，不仅可以保证矿流均匀、矿流面积大，而且操作者易于观察矿堆情况。

无底柱分段崩落法的矿岩接触面积较大，加强出矿管理意义重大。出矿管理主要有以下几项内容：

（1）确定合理的放矿控制点。对其下有回收条件的出矿步距，按低贫化放矿方式控制放矿，即放到见覆盖层废石为止；对其下不具备回收条件的放矿步距，放矿到截止品位。

（2）统计正常出矿条件下的放出矿石量与品位变化的关系，绘出曲线图。图中应同时画出对应的矿石损失贫化曲线，以便从矿石数量和矿石品位两个方面实施控制放矿，正确判定放矿的进展情况。

（3）在分段采矿的平面图上标出每个步距的放出矿石量和矿石品位以及矿石损失贫化数值。依据上两个分段的图纸，参照上面矿石损失的数量和部位，结合本分段的回采计划图，编制出本分段放矿计划图，图中注明每个步距的计划放出矿量和矿石品位。

（4）放出矿石的品位，特别是每次放矿后期的矿石品位，要实施快速分析。国内已生产出适于在井下进行快速测定品位的 X 射线荧光分析仪，有的矿山已应用于井下，实现品位的快速测定。

15.4.3.3　通风工作

无底柱分段崩落法回采工作面为独头巷道，无法形成贯穿风流；工作地点多，巷道纵横交错很容易形成复杂的角联网路，风量调节困难；溜井多而且溜井与各分段相通，卸矿时扬出大量粉尘，严重污染风源。总之，这种采矿方法的通风管理是比较复杂和困难的；

如果管理不善，容易造成井下粉尘浓度高、污风串联，有害工人的身体健康。因此，加强通风管理是无底柱分段崩落法一项极为重要的工作。

在考虑通风系统和风量时，应尽量使每个矿块都有独立的新鲜风流，并要求每条回采巷道的最小风速在有设备工作时不低于 0.3m/s，其他情况下不低于 0.25m/s。条件允许时，应尽可能采用分区通风方式。

回采工作面只能用局扇通风。如图 15-39 所示，局扇安装在上部回风水平，新鲜风流由本阶段的脉外运输平巷经通风井进入分段运输联络道和回采巷道。清洗工作面后，污风由铺设在回采巷道及回风天井的风筒引至上部水平回风巷道，并利用安装在上水平回风巷道内的两台局扇并联抽风。这种通风方式的缺点是风筒的安装拆卸和维护工作量很大，对装运工作也有一定影响，因此有的矿山不能坚持使用。但是靠全矿主风流的扩散通风，解决不了工作面通风问题。

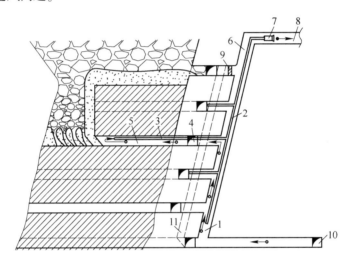

图 15-39　回采工作面局部通风系统图

1—通风天井；2—主风筒；3—分支风筒；4—分段联络巷道；5—回采巷道；6—隔风板；
7—局扇；8—回风巷道；9—密闭墙；10—运输巷道；11—溜矿井

为了避免在天井内设风筒，应利用局扇将矿块内的污风抽至密闭墙内，如图 15-40 所示，污风再由回风天井的主风流带至上部回风水平。

总之，在无底柱分段崩落法中，工作面通风是一个重大技术课题，有待进一步研究。

15.4.4　回采顺序

无底柱分段崩落法上下分段之间和同一分段内的回采顺序是否合理，对于矿石的损失贫化、回采强度和工作面地压等均有很大影响。

同一分段在沿走向方向可以采用从中央向两翼回采或从两翼向中央回采，也可以从一翼向另一翼回采。走向长度很大时也可沿走向划分成若干回采区段，多翼回采。分区越多，翼数也越多，同时回采工作面也越多，有利于提高开采强度，但通风、上下分段的衔接和生产管理复杂。

当回采巷道垂直走向布置和运输联络道在脉外时，回采方向不受设备井位置限制。当回采巷道垂直走向布置和运输联络道在脉内时，回采方向应向设备井后退。

当地压大或矿石不够稳固时，应尽量避免采用由两翼向中央的回采顺序，以防止出现如图 15-41 所示的现象，避免使最后回采的 1~2 条回采巷道承受较大的支承压力。

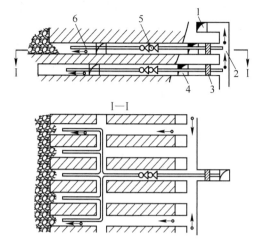

图 15-40　带密闭墙的局部通风系统

1—回风巷道；2—回风天井；3—密闭墙；

4—运输联络道；5—局扇；6—风筒

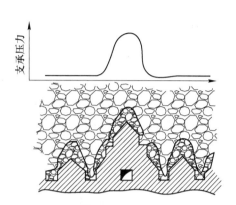

图 15-41　最后的回采巷道压力增高示意图

在垂直走向上，回采顺序主要取决于运输联络道、设备井和溜井的位置。当只有一条运输联络道时，各回采巷道必须向联络道后退。当开采极厚矿体时，可能有几条运输联络道，这时应根据设备井位置，确定回采顺序，原则上必须向设备井后退。当回采巷道沿走向布置时，必须向设备井后退。

分段之间的回采顺序是自上而下，上分段的回采必定超前于下分段。超前距离的大小，应保证下分段回采出矿时，矿岩的移动范围不影响上分段的回采工作；同时要求上面覆岩落实后再回采下分段。

15. 4. 5　覆盖岩层的形成

为了形成崩落法正常回采条件和防止围岩大量崩落造成安全事故，一般在崩落矿石层上面覆以岩石层。岩石层厚度要满足下列两点要求：第一，放矿后岩石能够埋没分段矿石，否则形不成挤压爆破条件，使崩下的矿石有一部分落在岩石层之上，增大矿石损失贫化；第二，一旦大量围岩突然冒落时，确实能起到缓冲的作用，以保证安全。据此，一般覆岩厚度约为两个分段高度。

根据矿体赋存条件和岩石性质的不同，覆盖岩层有以下几种形成方法：

（1）矿体上部已用空场采矿法回采（如分段矿房法、阶段矿房法、留矿法等），下部改为无底柱分段崩落法时，可在采空区上、下盘围岩中布置深孔或药室，在回采矿柱的同时，崩落采空区围岩，形成覆盖层。

（2）由露天开采转入地下开采的矿山可用药室或深孔爆破边坡岩石，形成覆盖岩层。

（3）围岩不稳固或水平面积足够大的盲矿体，随着矿石的回采，围岩自然崩落形成覆盖岩层。

（4）新建矿山开采围岩稳固的盲矿体，常需要人工强制放顶。按形成覆盖岩层和矿石回采工作先后不同，可分为集中放顶、边回采边放顶和先放顶后回采三种。

1）集中放顶形成覆盖岩层。如图 15-42 所示，这种方法是利用第一分段的采空区作补偿空间，在放顶区侧部布置凿岩巷道，在其中钻凿扇形深孔，当几条回采巷道回采完毕后，爆破放顶深孔形成覆盖岩层。这种方法的放顶工作集中，放顶工艺简单，不需要运出部分废石，也不需要切割。但由于需在暴露大面积岩层之后始能放顶，故放顶工作的可靠性与安全性较差。

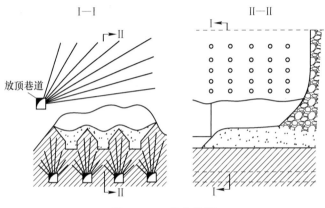

图 15-42　集中放顶

2）边回采边放顶形成覆盖岩层。如图 15-43 所示，在第一分段上部掘进放顶巷道，在其中钻凿与回采炮孔排面大体一致的扇形深孔，并与回采一样形成切割槽。以矿块作为放顶单元，边回采边放顶，逐步形成覆盖岩层。这种放顶方法，工作安全可靠，但放顶工艺复杂，回采和放顶必须严格配合。

此外，还有一种将放顶和回采合为一道工序的方案。如图 15-44 所示，在回采巷道中钻凿相间排列的深孔和中深孔，用深孔控制放顶高度（可达 20m），用中深孔控制崩矿的块度和高度。

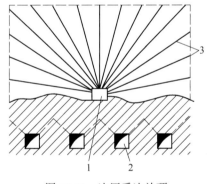

图 15-43　边回采边放顶
1—放顶凿岩巷道；2—回采巷道；3—放顶炮孔

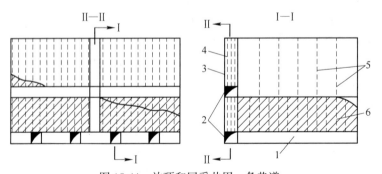

图 15-44　放顶和回采共用一条巷道
1—回采巷道；2—切割平巷；3—切割天井；4—切割炮孔；5—深孔；6—中深孔

3）先放顶后回采形成覆盖岩层。回采之前，在矿体顶板围岩中，掘进一层或两层放顶凿岩巷道，并在其中凿扇形炮孔（最小抵抗线可比回采时大些），用崩落矿石的方法崩落围岩，形成覆盖岩层，如图 15-45 所示。这种放顶方法第一分段的回采就在覆盖岩层下进行，回采工作安全可靠，但放顶工程量大，而且要运出部分废石。

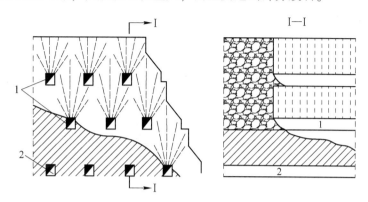

图 15-45　先放顶后回采
1—放顶巷道；2—回采巷道

上述三种放顶方法中，先放顶后回采，工作可靠，但放顶工程量大，并需运出部分废石，经济效益差，目前矿山很少使用；集中放顶工作简单不需运出部分废石，但工作可靠性较差；边回采边放顶兼有前两者的优点，相比之下是较好的放顶方式。

（5）采用矿石垫层。将矿体上部 2~3 个分段的矿石崩落，实施松动放矿，放出崩矿量的 30% 左右，余者暂留空区作为垫层。随着回采工作的推进，围岩暴露面积逐渐增大，围岩暴露时间也在增长，待达到一定数量之后，围岩将开始自然崩落，并逐渐增加崩落高度，形成足够厚度的岩石垫层。岩石垫层形成后放出暂留的矿石垫层，进入正常回采。

目前采用这种方法形成覆盖层的矿山较多，其显著优点是放顶费用最低，但要积压大量矿石和实施严格放矿管理。此外，对采空区岩石崩落情况要进行可靠的观测。

15.4.6　无底柱分段崩落法的评价

无底柱分段崩落法在我国金属矿山广泛应用，铁矿山采用的最多。

15.4.6.1　适用条件

（1）地表与围岩允许崩落。

（2）矿石稳固性在中等以上，回采巷道不需要大量支护。随着支护技术的发展，近年来广泛应用喷锚支护后，对矿石稳固性要求有所降低，但必须保证回采巷道的稳固性，否则，由于回采巷道破坏，将造成大量矿石损失。

下盘围岩应在中等稳固以上，以利于在其中开掘各种采准巷道；上盘侧岩石稳固性不限，当上盘岩石不稳固时，与其他大量崩落法方案比较，使用该法更为有利。

（3）急倾斜的厚矿体或缓倾斜的极厚矿体，也可用于规模较大的中厚矿体。

（4）需要剔除矿石中夹石或分级出矿时，采用该法较为有利。

15.4.6.2　主要优缺点

（1）优点：

1）安全性好。各项回采作业都在回采巷道中进行；在回采巷道端部出矿，一般大块都可流进回采巷道中，二次破碎工作比较安全。

2）采场结构简单，回采工艺简单，容易标准化，适于使用高效率的大型无轨设备。

3）机械化程度高。

4）由于崩矿与出矿以每个步距为最小单元，当地质条件合适时有可能剔除夹石和进行分级出矿。

（2）缺点：

1）回采巷道通风困难。这是由于回采巷道独头作业、无法形成贯穿风流造成的。这个问题从采矿方法本身不改变结构是无法解决的，必须建立良好的通风系统，同时采用局部通风和消尘设施。

2）采场结构与放矿方式不当时，矿石损失贫化较大。这是因为回采巷道之间脊部残留体较大，该残留矿量不能充分回收时，造成较大的矿石损失。此外，每次崩矿量小，岩石混入机会多，易造成较高的岩石混入率。

无底柱分段崩落法的主要技术经济指标列于表 15-4 中。

表 15-4　无底柱分段崩落法的技术经济指标

矿山	采用的设备及效率				技术经济指标			
	凿岩设备		出矿设备		采掘比 /m·kt⁻¹	采矿功效 /t·(工班)⁻¹	回收率 /%	贫化率 /%
	型号	效率 /m·(台班)⁻¹	型号	效率 /t·(台班)⁻¹				
梅山铁矿	Simba H1354 Simba M4C	90~94	TORO 1400E TORO 400E	600~930	1.43~2		90.66	16.54
北洺河铁矿	QZG80A Simba H1354	20~30	TORO 400E	600~800		15.47	75.31	14.76
镜铁山铁矿	Simba H252 COP1238	40~42	EST-5C	200~273	3.15	18.3	85.18	12.24
程潮铁矿	Simba H252 CYQ-80	40~70	TORO 400E	119	7.1	17.83	82.09	25~30
弓长岭铁矿	YGZ-90	27 12	WJD-2A	60	5~6		78.3	22
金山店铁矿	Simba H252		EST-3.5					
大红山铁矿	Simba H1354		TORO 1400E					
大庙铁矿	CZZ-700		ZYQ-14	123	5.5	32.4	80~85	15

15.4.6.3　改进及发展方向

（1）高端壁方案。为了改善通风条件，降低矿石损失贫化和提高出矿能力，国内提出了高端壁方案，并在滴渚铁矿使用。如图 15-46 所示，每个回采分间内布置两条回采巷道，装运机在下面巷道出矿。上、下分段的回采分间仍成交错布置。实施爆堆通风，在回采巷道中不再设置通风管道进行局部通风。

由于每次崩落矿石量大，矿块的损失贫化次数减少，亦即放矿时的矿岩接触面积减少，有利于降低矿石损失贫化。由于一次崩落矿石量多和装运矿石集中在一条回采巷道中，装运矿石所占的时间比值大为增加，从而提高了矿块的出矿能力。

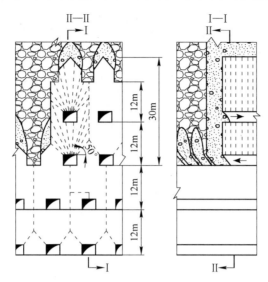

图 15-46　无底柱分段崩落法高端壁方案

（2）大结构参数。近年来，随着采矿设备的进步，尤其是研发出大功率高精度的凿岩设备，为无底柱分段崩落采场结构参数的加大创造了条件。生产实践表明，加大采场结构参数，增大了一次崩矿量和纯矿石放出量，不仅可增大开采强度与生产效率，而且可降低采矿成本与改善安全生产条件，因此，近年来无底柱分段崩落法逐渐向增大分段高度与回采巷道间距方向发展。如镜铁山铁矿分段高度 20m，回采巷道间距 20m；西石门铁矿分段高度 24m，回采巷道间距 12m；梅山铁矿深部开采中分段高度与回采巷道间距均取为 15~20m；瑞典基鲁纳铁矿分段高度 30m，回采巷道平均间距 25m。

15.5　阶段崩落法

阶段崩落法的基本特征，是回采高度等于阶段全高。根据落矿方式，该法分为阶段强制崩落法和阶段自然崩落法两种。

15.5.1　阶段强制崩落法

阶段强制崩落法可分为两种方案：一种是设有补偿空间的阶段强制崩落法，另一种为连续回采的阶段强制崩落法。

设有补偿空间的阶段强制崩落法如图 15-47 所示。该方案采用水平深孔爆破，补偿空间设在崩落矿块的下面。当采用垂直扇形深孔（或中深孔）爆破时，可将补偿空间开掘成立槽形式。

设有补偿空间方案为自由空间爆破，补偿空间体积约为同时爆破矿石体积的 20%~30%。该种方案多以矿块为单元进行回采，出矿时采用平面放矿方案，力求矿岩界面匀缓下降。

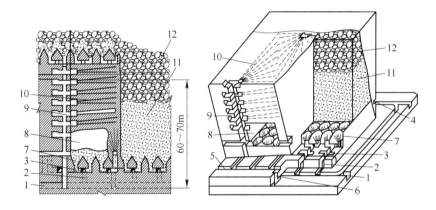

图 15-47　设有补偿空间的阶段强制崩落法

1—阶段运输巷道；2—矿石溜井；3—耙矿巷道；4—回风巷道；5—联络道；6—行人通风小井；
7—漏斗；8—补偿空间；9—天井和凿岩硐室；10—深孔；11—矿石；12—岩石

连续回采的阶段强制崩落法如图 15-48 所示。该方案可以沿阶段或分区连续进行回采，常常没有明显的矿块结构。一般都采用垂直深孔挤压爆破崩矿，采场下部一般都设有底部结构，在前苏联还有端部出矿的方案。

在阶段强制崩落法的使用中，连续回采阶段强制崩落法使用范围逐渐扩大。

阶段强制崩落法的采准、切割、回采以及确定矿块尺寸的原则，基本上与有底柱分段崩落法相同。

15.5.1.1　矿块结构参数

根据矿体的厚度不同，矿块布置方式有两种。第一种是矿体厚度小于或等于 30m 时，矿块沿走向布置，矿块长度为 30~45m，矿块宽度等于矿体厚度；第二种是矿体厚度为 40m 以

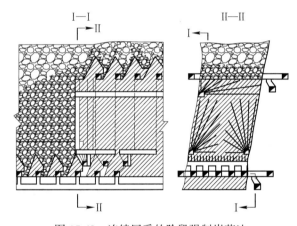

图 15-48　连续回采的阶段强制崩落法

上时，矿块垂直走向布置，矿块长度及宽度均取 30~50m。阶段高度当矿体倾角较缓时为 40~50m；矿体倾角较陡时为 60~70m，一般为 50~60m。底柱高度一般为 12~14m，在矿石稳固性较差时，应更大些。

开采厚矿体多采用脉外运输，极厚矿体多采用脉内、脉外环形运输系统。

15.5.1.2　采准工作

采准工作除了掘进运输巷道和电耙巷道以外，还需掘进放矿溜井、行人通风天井、凿岩天井和硐室等。

15.5.1.3　切割工作

切割工作包括开凿补偿空间和辟漏。当采用自由空间爆破时补偿空间为崩落矿石体积的 20%~30%；当采用挤压爆破且矿石不稳固时，为 15%~20%。补偿空间形成的方法有

浅孔和深孔两种。采用水平深孔落矿方案时，拉底高度不大，可用浅孔挑顶的方法形成补偿空间。采用垂直深孔挤压爆破方案时，用切割槽形成小补偿空间。此时首先在切割槽位置开掘切割横巷，从切割横巷中上掘切割天井，并在切割横向中布置垂直平行中深孔；切割中深孔爆破后放出矿石，即可形成切割槽。切割槽中深孔也可以与回采崩矿同次分段爆破。

补偿空间的水平暴露面积大于矿石允许暴露面积时，则沿矿体走向或垂直走向留临时矿柱（图 15-49）。临时矿柱宽 3~5m，其下面的漏斗颈可事先开好，并在临时矿柱中，钻凿中深孔或深孔。临时矿柱的炮孔和其下面的扩斗孔，一般与回采落矿深孔同次不同段超前爆破。

平行电耙道布置临时矿柱比垂直电耙道布置要好，因为临时矿柱里的凿岩巷道不与补偿空间相通。此时在临时矿柱里掘进凿岩巷道和进行中深孔（或深孔）凿岩，与开凿补偿空间及其下部辟漏互不干扰，且作业安全。

如果相邻几个矿块同时开凿补偿空间，在矿块间应留不小于 2m 宽的临时矿柱，以防止矿块崩矿时矿石挤进相邻矿块，或爆破冲击波破坏相邻矿块。这个临时矿柱与相邻矿块在回采落矿时一起崩落。

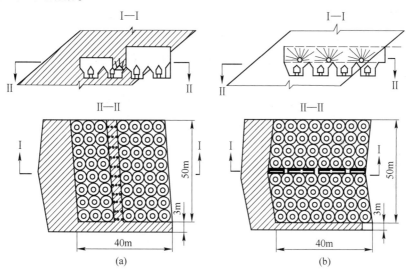

图 15-49 补偿空间中的临时矿柱
（a）沿走向布置临时矿柱；（b）垂直走向布置临时矿柱

15.5.1.4 回采工作

崩矿方案有深孔（中深孔）爆破和药室爆破。深孔（中深孔）又分为水平深孔和垂直深孔。我国目前多采用垂直深孔（中深孔）崩矿，少数矿山采用药室崩矿。

矿石爆破后，上部覆盖的岩层一般情况下即可自然崩落，并随矿石的放出逐渐下降充填采空区。但当稳固围岩不能自然崩落，必须在回采落矿的同时，有计划地崩落围岩。为保证回采工作安全，根据矿体厚度与空区条件等因素，在回采阶段上部应有 20~40m 厚的崩落岩石垫层。

15.5.1.5 阶段强制崩落法使用条件

（1）矿体厚度大时，使用阶段强制崩落法较为合适。矿体倾角大时，厚度一般以不小于 15~20m 为宜；倾斜与缓倾斜矿体的厚度应更大些，此时放矿漏斗多设在下盘岩石中。

由于放矿的矿石层高度大，下盘倾角小于 70°时，就应该考虑设间隔式下盘漏斗；当下盘倾角小于 50°应设密集式下盘漏斗，否则下盘矿石损失过大。

（2）开采急倾斜矿体时，上盘岩石稳固性最好能保持矿石没有放完之前不崩落，以免放矿时产生较大的损失贫化，这一点有时是使用阶段崩落法与分段崩落法的界限。

倾斜、缓倾斜矿体的上盘最好能随放矿自然崩落，否则需人工强制崩落。

下盘稳固性根据脉外采准工程要求确定，一般中等稳固即可；稳固性稍差时采准工程则需要支护。

（3）设有补偿空间方案对矿石稳固性要求高些，矿石须中等稳固；连续回采方案由于采用挤压爆破，可用于不够稳固的矿石中。

（4）矿石价值不高，也不需要分采，不含较大的岩石夹层。

（5）矿石没有结块、氧化和自燃等性质。

（6）地表允许崩落。

总之，矿体厚大、形状规整、倾角陡、围岩不够稳固、矿石价值不高、围岩含有品位，是采用阶段强制崩落法的最优条件。

15.5.1.6　阶段强制崩落法的优缺点

同分段崩落法相比较，阶段强制崩落法具有采准工程量小、劳动生产率高、采矿成本低与作业安全等优点，但也具有生产技术与放矿管理要求严格、大块产出率高以及矿石损失常大于分段崩落法等缺点，此外，使用条件远不如分段崩落法灵活。

15.5.1.7　结构参数和技术经济指标

我国矿山使用阶段强制崩落法的结构参数和技术经济指标列于表 15-5 和表 15-6 中。

表 15-5　我国矿山阶段强制崩落法的主要参数

矿山	采矿方法及回采方案	阶段高度/m	底柱高度/m	二次破碎巷道形式	漏斗 布置形式	漏斗 间距/m	电耙巷道 间距/m	电耙巷道 规格（宽×高）/m×m	电耙巷道 支护比率/%	电耙巷道 支护形式	耙运距离/m	斗穿规格（宽×高）/m×m	漏斗颈规格/m×m
桃林矿	水平中深孔落矿	40	12	电耙道	普通对称漏斗	5~6	10~12	2×2			25	2×2	2×2
狮子山矿	水平层和垂直层联合落矿方案	30~40	6	电耙道	普通交错漏斗	5~6	10~12	2×2			30~40	2×2	2×2
德兴矿	垂直层中深孔侧向挤压或水平层深孔落矿	60	16~18	电耙道	堑沟或交错漏斗	5~7	12.5~16	2.5×2	100	浇灌混凝土	40	2.5×2	2×2
老厂矿	药室落矿方案	25	6	电耙道	普通交错漏斗	5~7	12.5	2.5×2	100	密集木支护	30~50	1.8×2	1.5×1

表 15-6　技术经济指标

| 矿山 | 采准工程量 /m·kt⁻¹ | 劳动消耗/工班·kt⁻¹ | | | | 采场生产能力 /t·d⁻¹ | 损失率 /% | 贫化率 /% | 炸药消耗/kg·t⁻¹ | |
		采切	落矿	出矿	合计				落矿	二次破碎
德行矿	7	23.5	24	30	77.5	200~300	20~25	20~30	0.3	0.14
老厂矿胜利坑	37.2				300	100~200	15	25.4	0.25	0.20~0.3
桃林矿	13	104.3	20.7	16	141	250~300	30	20	0.35	0.45

15.5.2　阶段自然崩落法

阶段自然崩落法的基本特征是，整个阶段上的矿石在大面积拉底后借自重与地压作用逐渐自然崩落，并能破成碎块。自然崩落的矿石，与阶段强制崩落法一样，经底部出矿巷道放出，在阶段运输巷道装车运走。阶段自然崩落法结构如图 15-50 所示。

崩落过程中，仅放出已崩落矿石的碎胀部分（约 1/3），并保持矿体下面的自由空间高度不超过 5m，以防止大规模冒落和形成空气冲击。待整个阶段高度上崩落完毕后，再进行大量放矿。

大量放矿开始后，上面覆盖岩层随着崩落矿石的下移也自然崩落下来，并充填采空区。崩落矿石在放出过程中由于挤压碰撞还可进一步破碎。

为了控制崩落范围和进程，可在崩落界限上开掘切帮巷道，以削弱同周边矿岩的联系。若是仅用切帮巷道不能控制崩落边界时，还可以在切帮巷道中钻凿炮孔，爆破炮孔切割边界。

矿石自然崩落进程，以矿块回采的阶段自然崩落法为例加以说明。如图 15-51 所示，在矿块下部拉底后，矿石失去了支撑，矿石暴露面在重力和地压的作用下，首先在中间部分出现裂隙产生破坏，而后自然崩落下来。当矿石崩落到形成平衡拱时，便出现暂时稳定，矿石停止崩落。为了控制矿石崩落进程，需要破坏拱的稳定性，使矿石继续自然崩落。在实际中经常采用沿垂直方向移动平衡拱支撑点 A、B 的办法。为此，开掘切帮巷道，并使该部分首先破坏崩落下来，从而使平衡拱随之向上移动，同时不超出设计边界。

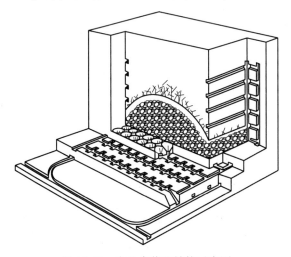

图 15-50　自然崩落法结构示意图

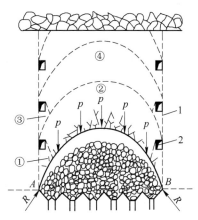

图 15-51　矿块自然崩落进程示意图

1—控制崩落边界；2—切帮巷道；

①~④—崩落顺序

在使用和设计自然崩落法时，矿石自然崩落的难易程度常简称为可崩性；可崩性迄今尚没有一个比较完善的指标和确定方法。早年根据工程地质调查所得的矿石节理裂隙以及矿石物理力学性质等，运用类比推理方法，将矿石可崩性分为三级或四级。后来又在岩芯采取率指标的基础上提出岩性指标（RQD）。所谓岩性指标就是不小于10cm长的岩芯段累加总长与钻孔长度的比值。岩性指标越大说明岩石越完整，可崩性越差；反之，可崩性越好。美国有的矿山根据岩性指标把可崩性分为10级（图15-52），称之为可崩性指数。可崩性指数等于10的是最难崩的。还有的根据 RQD 数值对岩性分为五级描述（图15-52）。

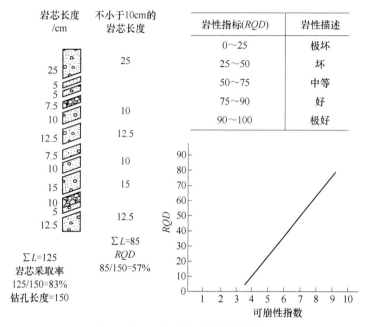

图 15-52　RQD 指标与矿石可崩性

用 RQD 表示岩性是有很大局限性的，用它来确定矿石可崩性不是一种可靠方法。在实际中，常常同时运用多种方法综合分析判定矿石的可崩性，实地调查和类比方法仍占有重要地位。

美国曾应用地震能吸收法确定矿石可崩性，取得了较好的结果。其原理是，根据矿石对人工地震波传播中振幅衰减的变化情况，判定矿石的可崩性质。

阶段自然崩落法方案可分成两种：一为矿块回采方案，另一为连续回采方案。

15.5.2.1　矿块回采阶段自然崩落法简述

矿块回采阶段自然崩落法如图15-53所示。阶段高度一般为60~80m，个别矿山达100~150m。矿块平面尺寸取决于矿石性质与地压，当矿石很破碎和地压大时取30~40m，其他条件下取50~60m。

在矿块四个边角处掘进四条切帮天井，自切帮天井底部起每隔8~10m高度（阶段上、下部分可加大到12~15m）沿矿块的周边掘进切帮巷道。当边角处不易自然崩落时，还可以辅以炮孔强制崩落。在距矿块四角8~12m的地方掘进观察天井。再从观察天井掘进观察人道，用于观察矿石崩落进程。

矿块拉底时，如果矿块沿矿体走向方向布置，从矿块中央向两端拉底，如果矿块垂直

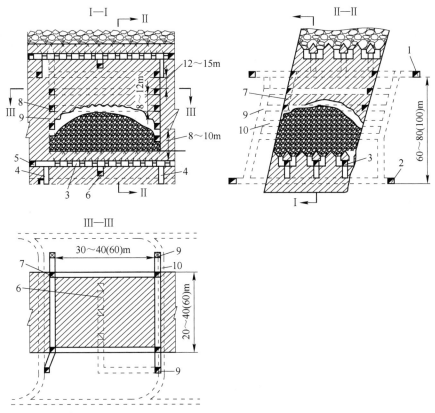

图 15-53 矿块回采阶段自然崩落法

1，2—上、下阶段运输巷道；3—耙矿巷道；4—矿石溜井；5—联络道；6—回风巷道；
7—切帮天井；8—切帮平巷；9—观察天井；10—观察人道

走向方向布置，由下盘向上盘拉底。用炮孔分块爆破，以免上盘过早崩落。

15.5.2.2 连续回采阶段自然崩落法简述

为了增大同时回采的采场数目，可将阶段划分为尺寸较大的分区，按分区进行回采。在分区的一端沿宽度方向掘进切割巷道，再沿长度方向拉底，拉底到一定面积后矿石便开始自然崩落。随着拉底不断向前扩展，矿石自然崩落范围也随之向前推进，矿石顶板面逐渐形成一斜面（图 15-54），并以斜面形式推进。如果切割巷道尚不能有效的切割、控制崩落边界，还可以采用炮孔爆破方法进行割帮。

图 15-54 是美国某大型矿山使用的方案。阶段高度 100m，出矿巷道用混凝土支护，漏孔负担面积 11m×11m，放矿口尺寸为 3m×3m。用电耙出矿，直接耙进矿车中，电耙绞车功率为 110kW。

15.5.2.3 阶段自然崩落法使用条件

（1）矿石稳固性。矿石应是不稳固的，最理想的条件是具有密集的节理和裂隙的中等坚硬矿石，当拉底到一定面积之后能够自然崩落成大小合乎放矿要求的矿石块。

（2）矿体厚度。矿体厚度一般不小于 20~30m，倾斜与缓倾斜矿体的厚度应更大些，此时出矿口多设在下盘岩石中。由于放矿的矿石层高度大，下盘倾角小于 70°时，就应该

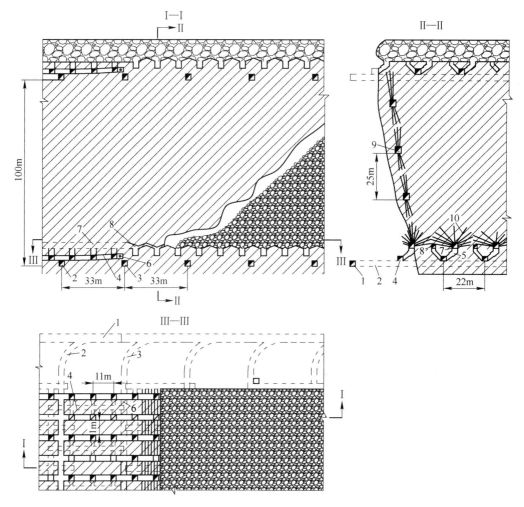

图 15-54　连续回采阶段自然崩落法

1—阶段沿脉运输巷道；2—穿脉运输巷道；3—通风巷道；4—耙矿巷道；5—漏斗颈；
6—通风小井；7—拉底巷道；8—联络巷道（形成漏斗用）；9—凿岩巷道；10—拉底深孔

考虑设间隔式下盘漏斗；当下盘倾角小于 50°，应设密集式下盘漏斗，否则下盘矿石损失过大。

（3）围岩稳固性。开采急倾斜矿体时，上盘岩石稳固性最好能保持矿石没有放完之前不崩落，以免放矿时产生较大的损失贫化；开采倾斜、缓倾斜矿体时，上盘最好能随放矿自然崩落下来，否则需人工强制崩落；下盘岩石稳固性根据脉外采准工程要求确定，一般中等稳固即可，如果稳固性差则采准工程需支护。

（4）矿石价值。矿石价值不高，也不需要分采，且不含较大的岩石夹层。

（5）矿石没有结块、氧化和自燃等性质。

（6）地表允许崩落。

国外有的矿山在崩落界限的周边布置一些凿岩巷道，自凿岩巷道中钻凿炮孔，除用炮孔控制崩落界限外，还可对难以自然崩落部分用炮孔强制崩落，这样便扩大了自然崩落法的使用范围。

自然崩落法在我国很少使用，铜矿峪矿是我国唯一大规模成功应用自然崩落法的矿山。除矿床地质条件因素外，主要由于我国缺少这方面的经验。阶段自然崩落法若应用得当，则是一生产能力大和生产成本最低的方法，其中连续回采自然崩落法是厚大矿体最有发展前景的高效采矿法之一，在矿石价值不高、矿石节理裂隙发育的厚大矿体的开采中，应积极推广使用。

15.5.2.4 阶段自然崩落法的优缺点

阶段自然崩落法具有采准工程量小、劳动生产率高、采矿成本低与作业安全等优点，但也具有生产技术与放矿管理要求严格、大块产出率高以及矿石损失常大于分段崩落法等缺点。

15.6 覆岩下放矿的基本规律

如前所述，分段崩落法与阶段崩落法基本特征之一是在覆岩下放矿，如果搞不好常常导致大量的矿石损失贫化。覆岩下放矿的基本规律即放矿过程中崩落矿岩的移动规律。只有掌握了这一规律，才能结合矿体赋存条件（矿体倾角、厚度、规整程度等），设计出最合理的崩落法采矿方案，确定合理的结构参数，编制完善的放矿制度，最大程度地降低矿石的损失与贫化，取得最好的经济效果。

15.6.1 基本概念

矿石崩落后成为松散介质，堆于采场。打开漏口闸门后，采场内崩落的矿岩借重力向漏口下移，并从漏口流出，如图 15-55 所示。设从漏口放出散体 Q，散体 Q 在原矿岩堆里占据的位置所构成的形体称为放出体。在 Q 的放出过程中，由近及远引起一定范围的散体向放出口方向移动。散体在移动过程中发生二次松散，使其体积增大。当由二次松散增大的体积量与放出量 Q 相等时，散体堆的内部移动暂时停止。这时发生移动的范围所构成的形体称为瞬时松动体。在放矿过程中，随着放出量 Q 的增大，瞬时松动体不断扩大；停止放矿后，随着时间的推移和受各种机械挠动的影响，松动体边界仍不断扩大，最终形成移动带（图 15-56）。当移动带内散体密度大体上恢复到固有密度时，散体移动（沉实）最终停止，达到稳定状态。

在松动范围内，每一水平层面上，靠近漏口轴线的部位散体颗粒移动速度较快，离轴线越远移动速度越慢。因此，原来位于同一水平层面的颗粒，移动后形成漏斗状凹坑（图 15-55），称之为放出漏斗。放出漏斗形状随形成它的层面高度而变化，当层面高度小于放出体高度时，漏斗最低点颗粒已被放出，称为破裂漏斗；当层面高度等于放出体高度时，漏斗最低点颗粒刚好到达放出口，称为降落漏斗；当层面高度大于放出体高度时，放出漏斗处于整体移动过程中，称之为移动漏斗。

15.6.2 单孔放矿时崩落矿岩移动规律

15.6.2.1 崩落矿岩移动概率方程

崩落矿岩是一种结构复杂的多空隙散体，遇有适宜的空间条件便借重力作用发生移动，忽略移动中瞬时松散的影响，可将其简化为连续流动的随机介质。在此条件下，假设

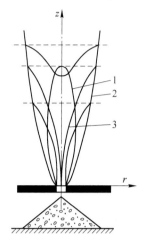

图 15-55　散体移动过程示意图

1—放出体；2—松动范围；3—放出漏斗

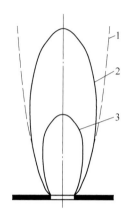

图 15-56　移动带形成过程

1—移动界线；2—瞬时松动体；3—放出体

某段时间从漏口放出单位体积的散体，则在每一水平层面上，散体下移的总量均为单位体积。根据图 15-55 所示的放出漏斗的形状，每一层面上每一位置的颗粒移动概率可简化为服从正态分布，概率密度函数为：

$$p(r,\ z) = \frac{1}{2\pi\sigma^2}\exp\left(-\frac{r^2}{2\sigma^2}\right)$$

由实验测得 $\sigma^2 = \frac{1}{2}\beta z^\alpha$，代入上式，得出散体移动概率密度方程：

$$P(r,\ z) = \frac{1}{\pi\beta z^\alpha}\exp\left(-\frac{r^2}{\beta z^\alpha}\right) \tag{15-3}$$

式中，α、β 为散体流动参数；z、r 为垂直坐标与水平径向坐标。

15.6.2.2　崩落矿岩移动规律方程

（1）散体移动速度方程。设从漏口单位时间放出 q 散体（q 为常数），在高为 z 的层面上，散体颗粒铅直下移速度为：

$$v_z = -qP(r,\ z) = -\frac{q}{\pi\beta z^\alpha}\exp\left(-\frac{r^2}{\beta z^\alpha}\right)$$

按管形场（无源无汇）连续流动条件，可推得径向移动速度 v_r，由此得出速度场方程：

$$\begin{cases} v_z = -\dfrac{q}{\pi\beta z^\alpha}\exp\left(-\dfrac{r^2}{\beta z^\alpha}\right) \\[2mm] v_r = -\dfrac{\alpha q r}{2\pi\beta z^{\alpha+1}}\exp\left(-\dfrac{r^2}{\beta z^\alpha}\right) \end{cases} \tag{15-4}$$

（2）颗粒移动迹线方程。由物理学可知，在颗粒移动迹线上，任意一点 $(r,\ \theta,\ z)$ 的切线与颗粒在该点的移动速度方向共线（图 15-57），故有 $\mathrm{d}z/\mathrm{d}r = v_z/v_r$。代入式（15-4）积分，得颗粒移动迹线方程：

$$\frac{r^2}{z^\alpha} = 常数 \quad 或 \quad \frac{r^2}{z^\alpha} = \frac{r_0^2}{z_0^\alpha} \quad (15\text{-}5)$$

由式（15-5）可见，迹线线形取决于 α 值，当 $\alpha = 1$ 时为抛物线，当 $\alpha = 2$ 时为直线。一般地，$1 < \alpha < 2$，故迹线通常介于抛物线与直线之间。

（3）放出漏斗方程。考查 z_0 层面上 $A_0(r_0, \theta_0, z_0)$ 点颗粒的移动过程，式（15-4）已给出下移速度 v_z，沿迹线积分得：

$$z^{\alpha+1} = z_0^{\alpha+1} - \frac{\alpha+1}{\pi\beta}Q\exp\left(-\frac{r_0^2}{\beta z_0^\alpha}\right)$$

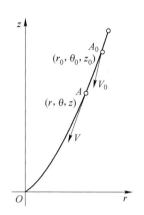

图 15-57　移动迹线与移动方向关系

式中，Q 为漏口放出量，$Q = qt$。代入上式，整理得放出漏斗方程：

$$r^2 = \beta z^\alpha \ln \frac{(\alpha+1)Q}{\pi\beta(z_0^{\alpha+1} - z^{\alpha+1})} \quad (15\text{-}6)$$

令 $r = 0$，得放出漏斗最低点高度：

$$z_{min} = \sqrt[\alpha+1]{z_0^{\alpha+1} - \frac{(\alpha+1)Q}{\pi\beta}} \quad (15\text{-}7)$$

可见，随着放出量的增加，漏斗最低点高度不断降低。当 $Q = \beta\pi z_0^{\alpha+1}/(\alpha+1)$ 时，$z_{min} = 0$，放出漏斗最低点到达漏孔。此时再增大 Q，漏斗最低点不存在（已被放出）。$z_{min} > 0$ 时的放出漏斗即为降落漏斗，而最低点被放出的放出漏斗即为破裂漏斗。如果 z_0 层面是矿岩接触界面，则降落漏斗的出现标志着纯矿石回收的结束；再继续放出，则岩石混入矿石，进入贫化矿回收阶段。

（4）放出体方程。设 K 为某一时刻的放出体表面，则按定义 K 所包围的散体体积应等于漏口放出量 Q，K 曲面上所有的颗粒点刚好到达漏口（$z_{min} = 0$）处。因此，令 $z_{min} = 0$，代入式（15-7），再去掉 r_0、z_0 脚标并整理，得 K 曲面方程：

$$r^2 = \beta z^\alpha \ln \frac{(\alpha+1)Q}{\pi\beta z^{\alpha+1}} \quad (15\text{-}8)$$

设放出体长轴为 H，则当 $z = H$ 时 $r = 0$。代入上式得放出量与放出高度关系式：

$$Q = \frac{\beta}{\alpha+1}\pi H^{\alpha+1} \quad (15\text{-}9)$$

将式（15-9）代入式（15-8）得放出体方程：

$$r^2 = (\alpha+1)\beta z^\alpha \ln \frac{H}{z} \quad (15\text{-}10)$$

15.6.2.3　岩石混入过程与混入量

放矿过程中的废石混入是矿石贫化的主要原因，而混入废石的来源既取决于矿岩接触面条件，又取决于放出体形态。如图 15-58 所示，在放出体与矿岩接触面相切时，纯矿石放出量达到最大值；此时再继续放出，放出体伸入废石堆，进入贫化矿放出阶段。贫化矿中混入的废石量，等于放出体伸入废石堆里的体积。假定放出体和顶面、侧面两个矿岩接触面同时相切，由式（15-10）积分可得来自顶面的废石量：

$$Q_{yd} = \frac{\beta}{\alpha + 1}\pi(H^{\alpha+1} - h^{\alpha+1}) - \pi\beta h^{\alpha+1}\ln\frac{H}{h} \qquad (15\text{-}11)$$

来自侧面的废石量为：

$$Q_{yc} = \int_{Z_M}^{Z_D} K(z)\left(\frac{\pi}{2} - \arcsin t - t\sqrt{1 - t^2}\right)\mathrm{d}z \qquad (15\text{-}12)$$

式中，H 为放出体高度；h 为矿石层高度；$K(z) = (\alpha + 1)\beta z^\alpha\ln\frac{H}{z}$；$t = D/\sqrt{K(z)}$，$D$ 为漏口到侧面矿岩接触面的距离；Z_D、Z_M 分别为放出体与侧面矿岩接触面的上、下切点的高度，其中 $Z_D < h$。

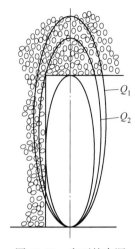

图 15-58　废石的来源

放出体内的废石总体积为 $Q_y = Q_{yd} + Q_{yc}$，则体积岩石混入率为：

$$y = \frac{Q_y}{Q} \times 100\%$$

式中，Q 为放出体体积。

若继续放出，使放出体由 Q_1 增大至 Q_2 时，此段时间的放出量 $\Delta Q = Q_2 - Q_1$，称为当次放出量；Q_1 与 Q_2 之间的废石体积量 ΔQ_y 称为当次放出的废石量，$y_d = \frac{\Delta Q_y}{\Delta Q} \times 100\%$ 称为当次体积废石混入率。

当矿岩接触面为其他形状时，也可用类似的方法查找混入废石的来源与求算体积废石混入率。

15.6.3　多漏孔放矿时崩落矿岩移动规律

15.6.3.1　多漏孔放矿问题

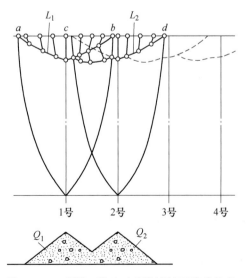

图 15-59　多漏口放矿时矿岩接触面移动状态

多漏口放出时矿岩接触面的移动受到相邻漏口的放矿影响。如图 15-59 所示，先从 1 号漏口放出矿石 Q_1，矿岩接触面形成放出漏斗 L_1 后，再从相邻 2 号漏口放出 Q_2。若 1 号漏口未放出，2 号漏口上方也形成放出漏斗 L_2，可实际上 2 号漏口是在 1 号漏口放矿完毕并已形成放出漏斗 L_1 后放出的，所以矿岩接触面 cb 部分的移动产生叠加，使两漏口之间矿岩接触面平缓下降。

依此类推，多漏口均匀放出时（图 15-60），放矿初期矿岩接触面保持平缓下移；下移到某一高度（H_g）后，开始出现凹凸不平。随着矿岩界面下降，凹凸不平现象越来越明显。当矿岩界面到达漏口水平时，在漏口间形成脊部残留，此时脊部残留高度为岩石开始混入高度（H_p）。此后进入贫化矿放出，一直放到截止品位（或截止体积岩石混入率）时停止放矿。停止放矿时的脊部残留高度（H_c）小于岩石开始混入高度。脊部残留体的最高位置出现在四孔之间（图15-60(b)）。

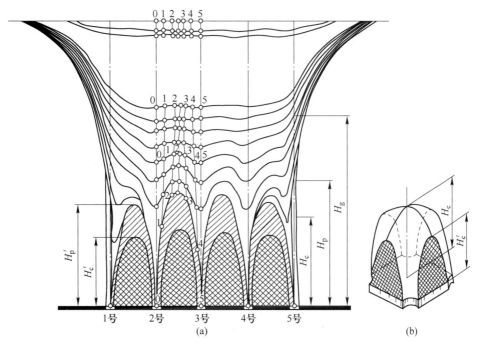

图15-60　多漏口均匀放矿时矿岩接触面的移动过程

（a）矿岩接触面移动过程；（b）脊部残留体形态

综上所述，多漏孔放矿包括三个基本问题：（1）矿岩界面移动过程，其中包括岩石混入过程；（2）矿石残留体，即漏口之间矿石残留的空间位置、形态和数量；（3）矿石放出体，即从各漏口放出的矿石在原采场矿石堆中所占的空间位置和形状。

15.6.3.2　矿岩界面移动过程与矿石残留体的计算

A　颗粒移动方程

在统计意义上，放出体表面颗粒同时到达漏口。因此，不计散体在移动过程中的密度变化，若 Q_1 大小的放出体经时间 t 放出，Q_2 经 $t+\Delta t$ 时间放出，则在 Δt 时间内，位于 Q_2 表面上的颗粒点，应全部移到 Q_1 曲面上（图15-61）。将 Q_1、Q_2 这类散体移动中所经历的放出体称之为移动体，则移动体表面上的颗粒点存在过渡关系。

在直角坐标系下，放出体方程式（15-10）可改写为：

$$x^2 + y^2 = (\alpha + 1)\beta z^\alpha \ln \frac{H}{z} \tag{15-13}$$

由此得移动体高度和移动体体积：

$$H = z\exp\left[\frac{x^2 + y^2}{(\alpha + 1)\beta z^\alpha}\right] \tag{15-14}$$

图 15-61　移动体过渡

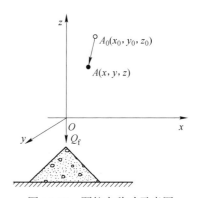

图 15-62　颗粒点移动示意图

$$Q = \frac{\beta}{\alpha + 1}\pi H^{\alpha+1} = \frac{\beta}{\alpha + 1}\pi z^{\alpha+1}\exp\left(\frac{x^2 + y^2}{\beta z^{\alpha}}\right) \tag{15-15}$$

在直角坐标系下，移动迹线方程式（15-15）变为：

$$\begin{cases} x = \left(\dfrac{z}{z_0}\right)^{\frac{\alpha}{2}}x_0 \\[4mm] y = \left(\dfrac{z}{z_0}\right)^{\frac{\alpha}{2}}y_0 \end{cases} \tag{15-16}$$

在移动带内任取一点 $A_0(x_0, y_0, z_0)$，设通过 A_0 点的移动体体积为 Q_0，当从漏孔放出散体量 Q_f 时，A_0 点上的颗粒移到 $A(x, y, z)$ 点位置，若通过 A 点的移动体体积为 Q（图 15-62），根据移动体的过渡关系，应有：

$$Q_0 - Q_f = Q$$

两边同除 Q_0，并代入式（15-15）与式（15-16），得：

$$1 - \frac{Q_f}{Q_0} = \frac{Q}{Q_0} = \left(\frac{z}{z_0}\right)^{\alpha+1}$$

代入式（15-16）整理，得颗粒点移动方程：

$$\begin{cases} z = \left(1 - \dfrac{Q_f}{Q_0}\right)^{\frac{1}{\alpha+1}}z_0 \\[4mm] x = \left(1 - \dfrac{Q_f}{Q_0}\right)^{\frac{\alpha}{2(\alpha+1)}}x_0 \\[4mm] y = \left(1 - \dfrac{Q_f}{Q_0}\right)^{\frac{\alpha}{2(\alpha+1)}}y_0 \end{cases} \tag{5-17}$$

式中，Q_f 为漏孔放出量，m^3；Q_0 为表面过点 $A_0(x_0, y_0, z_0)$ 位置的移动体体积，m^3，亦称为 A_0 点达孔量，由下式计算：

$$Q_0 = \frac{\beta}{\alpha + 1} \pi z_0^{\alpha+1} \exp\left(\frac{x_0^2 + y_0^2}{\beta z_0^\alpha}\right)$$

B 矿岩接触面移动过程的计算方法

利用式（15-17）容易计算矿岩接触面的移动过程。方法是在矿岩接触面上设置一系列计算点，根据每个漏孔的当次放出量，先用移动方程计算出移动范围内各点移动后的新位置，再根据各点的新位置圈绘出矿岩接触面在当次放出后的移动情况。每次放出都如此计算，便可绘出矿岩接触面在放矿过程中的整个移动过程。由于矿岩接触面的最终位置构成矿石残留体的外表面，因此由上述计算即可得出矿石脊部残留体形态，如图 15-63 所示。

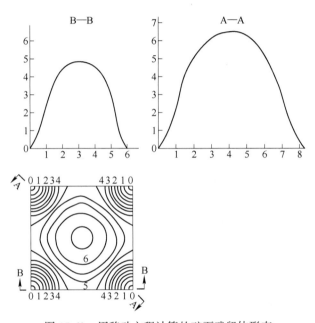

图 15-63　用移动方程计算的矿石残留体形态

15.6.3.3 多漏口放矿时的放出体

若已知颗粒移动后的位置和出矿口出矿量，利用颗粒移动方程还可逆推出颗粒移动前的原始位置，为此将式（15-17）改写为：

$$\begin{cases} z_0 = \left(1 + \dfrac{Q_f}{Q}\right)^{\frac{1}{\alpha+1}} z \\[2mm] x_0 = \left(1 + \dfrac{Q_f}{Q}\right)^{\frac{\alpha}{2(\alpha+1)}} x \\[2mm] y_0 = \left(1 + \dfrac{Q_f}{Q}\right)^{\frac{\alpha}{2(\alpha+1)}} y \end{cases} \tag{15-18}$$

式（15-18）称为逆移动方程。

由移动方程与逆移动方程便可计算出多孔放矿时的放出体。方法是，在采场中规则地设置计算颗粒点，用移动方程计算这些颗粒点的移动与被放出过程，记录每一漏口放出颗粒的编号，根据放出颗粒点的原始位置，就可确定出每一漏口的放出体形态。这种计算方法不受漏口轮流放出次数的限制，适用于各种放矿方法，但计算工作量较大，需借助计算机完成。

当漏口轮流放出次数不是很多时，可用逆移动方程计算放出体形态。用逆移动方程计算是根据颗粒点移动后的位置求算移动前的位置，漏口轮流放出次数越少优点越突出，尤其是依次全量放矿时，用逆移动方程不仅简便而且准确。图 15-64 所示是用逆移动方程圈绘放出体的例子。设先从 1 号漏口放出矿石，放出体为 Q_1，移动范围为 Q_s；接着从 2 号漏口放出 Q_2（Q_2 为最大的纯矿石放出量），考查当前放出体 Q_2 表面上 0~13 各点，其中 1 号漏口移动带 Q_s 范围内的计算点，6、5、4、3、2、1、0、13、12、11、10，并不是采场放矿前的位置，而是经 1 号孔放矿移动后的位置。用逆移动方程求出这些点在 1 号漏口放矿前的原始位置 6′、5′、4′、3′、2′、1′、0′、13′、12′、11′、10′。把这些原始位置连接起来得出 $Q_{2'}$，$Q_{2'}$ 即为 2 号漏口的放出体。

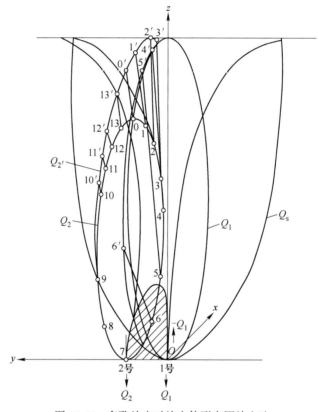

图 15-64　多孔放出时放出体形态圈绘方法

此外，在图 15-64 中，位于放出体 Q_1、$Q_{2'}$ 之内的矿石已被放出，而位于 Q_1 与 $Q_{2'}$ 之间的矿石，则移动到 1 号漏口与 2 号漏口之间，残留于采场而形成脊部残留体。从图中残留体与放出体的关系可见，采场内漏口之间残留的矿量由两部分组成：一部分为就地存留，另一部分为搬迁存留，后者往往构成残留体的主要部分。

15.6.4　受边界条件影响的崩落矿岩移动方程

上述研究是在无限边界条件下进行的，因此得出的结论与结果只适用于无限边界条件。例如矿体倾角较小（<50°）的上盘破碎矿体，采用有底柱崩落法，此时的放矿就可以归属为无限边界条件下的放矿。在生产实际中，绝大多数采场的放矿受到边界条件的影响，主要有半无限（端壁）边界条件和倾斜壁边界条件。

15.6.4.1 半无限边界条件

半无限边界条件的典型例子是无底柱分段崩落端部放矿。此时沿进路方向的移动概率密度方程为：

$$P(x, z) = \frac{1}{A\sqrt{\pi\beta z^\alpha}}\exp\left\{-\frac{[x-g(z)]^2}{\beta z^\alpha}\right\} \tag{15-19}$$

垂直进路方向的移动概率密度方程为：

$$P(y, z) = \frac{1}{\sqrt{\pi\beta_1 z^{\alpha_1}}}\exp\left(-\frac{y^2}{\beta_1 z^{\alpha_1}}\right) \tag{15-20}$$

式中，A 为端壁切余系数，$A = \frac{1}{2} + \frac{1}{\sqrt{\pi}}\int_0^{\frac{K}{\sqrt{\beta}}}\exp(-u^2)\,\mathrm{d}u$；$\alpha$、$\beta$ 为沿进路方向散体流动参数；$g(z) = Kz^{\frac{\alpha}{2}}$；$\alpha_1$、$\beta_1$ 为垂直进路方向散体流动参数。

放出体体积 Q_f 可用下式计算：

$$Q_f = \frac{\sqrt{\beta\beta_1}\,A\pi}{\omega+1}z_H^{\omega+1} \tag{15-21}$$

式中，z_H 为放出高度（铅直高度）；$\omega = (\alpha + \alpha_1)/2$。

颗粒移动方程为：

$$\begin{cases} z = \left(1 - \dfrac{Q_f}{Q_0}\right)^{\frac{1}{\omega+1}}z_0 \\[2mm] x = \left(1 - \dfrac{Q_f}{Q_0}\right)^{\frac{\alpha}{2(\omega+1)}}x_0 \\[2mm] y = \left(1 - \dfrac{Q_f}{Q_0}\right)^{\frac{\alpha_1}{2(\omega+1)}}y_0 \end{cases} \tag{15-22}$$

式中，Q_0 为点 (x_0, y_0, z_0) 的达孔量，$Q_0 = \dfrac{\sqrt{\beta\beta_1}\,A\pi}{\omega+1}z_0^{\omega+1}\exp\left\{\dfrac{y_0^2}{\beta_1 z_0^{\alpha_1}} + \dfrac{[x_0-g(z_0)]^2}{\beta z^\alpha}\right\}$；$Q_f$ 为出矿口出矿量。

用这个方程组可以模拟无底柱分段崩落法多分段、多回采巷道、多步距的放矿过程，据此对采场结构参数与放矿制度进行优化。

15.6.4.2 倾斜壁边界条件

在崩落法采矿中，当矿体倾角大于崩落矿岩的自然安息角而小于90°时，崩落矿岩的移动受到倾斜边壁的影响。这类边界条件为倾斜壁边界条件。

根据斜壁对下降速度分布曲线的切割程度，将三个区段分别称为无影响区、过渡区与受斜壁控制区，如图 15-65 所示。

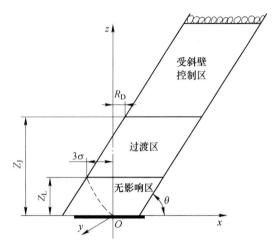

图 15-65　斜壁放矿条件移动区域划分

斜壁边界散体移动概率密度方程为：

$$P(x,y,z) = \begin{cases} \dfrac{1}{\pi\beta z^{\alpha}}\exp\left(-\dfrac{x^2+y^2}{\beta z^{\alpha}}\right), & z \leqslant z_{\mathrm{L}} \\[3mm] \dfrac{1}{\pi\sqrt{\beta\beta_1}A_1 z^{\omega_1}}\exp\left[-\dfrac{y^2}{\beta_1 z^{\alpha}}-\dfrac{(x-g)^2}{\beta_1 z^{\alpha_1}}\right], & z_{\mathrm{L}} \leqslant z \leqslant z_{\mathrm{J}} \\[3mm] \dfrac{1}{\pi\sqrt{\beta\beta_2}A_2 z^{\omega_2}}\exp\left[-\dfrac{y^2}{\beta z^{\alpha}}-\dfrac{(x-u)^2}{\beta_2 z^{\alpha_2}}\right], & z > z_{\mathrm{J}} \end{cases} \quad (15\text{-}23)$$

式中，$\omega_1 = \dfrac{\alpha+\alpha_1}{2}$；$\omega_2 = \dfrac{\alpha+\alpha_2}{2}$；$g = \dfrac{R_{\mathrm{D}}+R_{\mathrm{g}}}{(z_{\mathrm{J}}-z_{\mathrm{L}})^{\alpha}}(z-z_{\mathrm{L}})^{\alpha}$；$u = R_{\mathrm{D}}+R_{\mathrm{g}}+(z-z_{\mathrm{J}})\cot\theta$；$\theta$ 为斜壁倾角；R_{D} 为斜壁面影响参数；R_{g} 为斜壁面影响参数，等于层面移动概率最大值点（简称流轴）到斜壁面的距离；α、β、α_1、β_1、α_2、β_2 为三个区段的散体流动参数；A_1、A_2 为斜壁切余系数：

$$A_1 = \frac{1}{2} + \frac{1}{\sqrt{\pi}}\int_0^{\varphi_1}\exp(-u^2)\mathrm{d}u, \quad \varphi_1 = \frac{x_{\mathrm{D}}-z\cot\theta+g}{\sqrt{\beta_1 z^{\alpha_1}}}$$

$$A_2 = \frac{1}{2} + \frac{1}{\sqrt{\pi}}\int_0^{\varphi_2}\exp(-u^2)\mathrm{d}u, \quad \varphi_2 = \frac{R_{\mathrm{g}}}{\sqrt{\beta_2 z^{\alpha_2}}}$$

颗粒移动迹线方程可写成：

$$\begin{cases} \dfrac{y^2}{z^{\alpha}} = \dfrac{y_0^2}{z_0^{\alpha}} \\[3mm] x = x_0 + \displaystyle\int_{z_0}^{z}\Omega_x\mathrm{d}z \end{cases} \quad (15\text{-}24)$$

式中，x_0、y_0、z_0 为颗粒原始位置坐标；

$$\Omega_x = \begin{cases} \dfrac{\alpha x}{2z}, \ z \leqslant z_L \\[3mm] \dfrac{\alpha_1(x-g)}{2z} + g' + \left[c - g' + \dfrac{\alpha_1}{2z}(x_D - zc + g) \right](1 - \eta_1)e^{\varphi_1}, \ z_L \leqslant z \leqslant z_J \\[3mm] \dfrac{\alpha_2(x-u)}{2z} + c + \dfrac{\alpha_2 R_g}{2z}(1 - \eta_2)e^{\varphi}, \ z > z_J \end{cases}$$

$$g' = \alpha \frac{R_D + R_g}{(z_J - z_L)^\alpha}(z - z_L)^{\alpha-1}; \quad c = \cot\theta, \ \theta \text{ 为斜壁倾角};$$

$$\eta_1 = \frac{1}{A_1\sqrt{\pi\beta_1 z^{\alpha_1}}} \int_{-x_D+zc}^{x} \exp\left[-\frac{(x-g)^2}{\beta_1 z^{\alpha_1}} \right]dx; \quad \eta_2 = \frac{1}{A_2\sqrt{\pi\beta_2 z^{\alpha_2}}} \int_{-x_D+zc}^{x} \exp\left[-\frac{(x-u)^2}{\beta_2 z^{\alpha_2}} \right]dx;$$

$$\varphi_1 = \frac{(x-g)^2 - (x_D - zc + g)^2}{\beta_1 z^{\alpha_1}}; \quad \varphi_2 = \frac{(x-u)^2 - R_g^2}{\beta_2 z^{\alpha_2}}.$$

放出漏斗方程为:

$$\begin{cases} Q_f = -\int_{z_0}^{z} \dfrac{1}{P(x, y, z)}dz \\[3mm] y = \left(\dfrac{z}{z_0} \right)^{\frac{\alpha}{2}} y_0, \ x = x_0 + \int_{z_0}^{z} \Omega_x dz \end{cases} \tag{15-25}$$

式中, Q_f 为放出量, $Q_f = qt$, t 为放出时间; x、y、z 为颗粒移动后新位置坐标值。

放出体方程为:

$$\begin{cases} x^2 + y^2 = \beta z^\alpha \ln \dfrac{(\alpha+1)Q_f}{\pi\beta z^{\alpha+1}}, \ z \leqslant z_L \\[3mm] \int_{z_L}^{z} A_1 z^{\omega_1} \exp\left[\dfrac{(x-g)^2}{\beta_1 z^{\alpha_1}} \right]dz = (Q_f - Q_L)\dfrac{1}{\pi\sqrt{\beta\beta_1}}\exp\left(-\dfrac{y_L^2}{\beta z_L^\alpha} \right), \ z_L < z \leqslant z_J \\[3mm] \left(x = x_L + \int_{z_L}^{z} \Omega_x dz \right) \\[3mm] \int_{z_J}^{z} A_2 z^{\omega_2} \exp\left[\dfrac{(x-u)^2}{\beta_2 z^{\alpha_2}} \right]dz = (Q_f - Q_J)\dfrac{1}{\pi\sqrt{\beta\beta_2}}\exp\left(-\dfrac{y_J^2}{\beta z_J^\alpha} \right), \ z > z_J \\[3mm] \left(x = x_J + \int_{z_J}^{z} \Omega_x dz \right) \end{cases} \tag{15-26}$$

达孔量方程为:

$$Q_0 = Q_L - \pi\sqrt{\beta\beta_1}\exp\left(\frac{y_0^2}{\beta z_0^\alpha} \right)\int_{z_0}^{z_L} A_1 z^{\omega_1}\exp\left[\frac{(x-g)^2}{\beta_1 z^{\alpha_1}} \right]dz, \ z_L < z \leqslant z_J$$

$$Q_0 = Q_J - \pi\sqrt{\beta\beta_2}\exp\left(\frac{y_0^2}{\beta z_0^\alpha}\right)\int_{z_0}^{z_J}A_2 z^{\omega_2}\exp\left[\frac{(x-u)^2}{\beta_2 z^{\alpha_2}}\right]dz, \quad z > z_J \qquad (15\text{-}27)$$

式中，Q_L、Q_J 分别为 A_0 点移到 $z=z_L$ 和 $z=z_J$ 层面时的达孔量。

以放出漏斗方程计算矿岩接触面的位置变化，可给出废石漏斗的形态及其在采场中的空间位置。在放矿结束时，废石漏斗的边界即为矿石残留体的外表面，从废石漏斗的最终形态便可看出矿石残留于采场的部位及其残留量。采场残留的矿石并非全是原地停留，其中大部分只是未移到放矿口。为判断放出矿石与残留矿石的原始位置，可由放出体方程按放出量计算放出体边界，据放出体在崩落矿岩堆体里的位置与形态分析放出与未被放出矿、岩的原始位置，进入放出体内的矿石全被放出，之外的矿石留于采场。此外，放矿过程中放出体与废石漏斗同时增大，当放出体与放矿前的矿岩接触面相切时，废石漏斗到达放出口，此时放出体的体积等于纯矿石放出量。若再继续放出，废石漏斗被漏口平面切割，矿石混着废石放出。这时计算放出体体积在废石堆里的扩展速率与其整个体积扩展速率之比值，就可得出废石混入的强度。总之，放出体与颗粒移动方程配合，不仅可为认识斜壁条件下崩落矿岩移动规律提供直观图像，而且可用以查明混入废石的来源、放出矿石的原始位置、矿岩接触面的移动过程与矿石残留体形态等，从而帮助人们分析矿石损失贫化过程和估计损失贫化数值，进而分析采场结构与崩落矿岩移动规律的适应性。

15.6.5 矿石损失贫化的控制方法

15.6.5.1 矿石损失贫化的形式

矿石损失形式主要有两种：一为脊部残留，另一为下盘残留（图 15-66）。根据矿体倾角（α）、厚度（B）与矿石层高度（H）等的不同，脊部残留的一部分或大部分可在下分段（或阶段）有再次回收的机会，当放矿条件好时可有多次回收机会。下盘损失是永久损失，没有再次回收的可能。同时未被放出的脊部残留进入下盘残留区后，最终也将转变为下盘永久损失。因此，下盘损失是矿石损失的基本形式。所以，减少矿石损失的措施主要是减少下盘损失。

15.6.5.2 贫化前下盘矿石损失量估算

矿石损失与贫化过程及其数量关系常常是不可分割的。例如，如果存在覆盖岩石大量混入条件，由于放出矿石量受截止品位的限制，此时也将导致矿石损失增大。在放矿过程中矿石贫化受截止品位的限制，其数值变化范围是有限的。而矿石损失值的变化范围却很大。就崩落法放矿，在符合截止品位要求的前提下，应力求提高矿石的回采率。

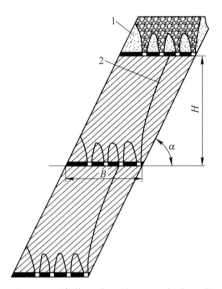

图 15-66 崩落法放矿时的矿石损失形式
1—脊部残留；2—下盘残留（损失）

如图 15-67 所示，下盘残留量可分为两种情况估算。

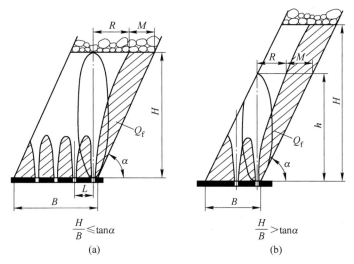

图 15-67　贫化前下盘损失量估算图

R—降落漏斗半径；M—下盘残留宽度

当 $\dfrac{H}{B} \leqslant \tan\alpha$ 时，下盘残留矿量 V_1 为：

$$V_1 = \frac{HS}{2}\left(\frac{H}{\tan\alpha} + 2r\right) - \frac{Q_f}{2} \tag{15-28}$$

式中，S 为沿走向方向的漏口间距；r 为放矿口半径；Q_f 为放出体体积，$Q_f = \dfrac{\beta}{\alpha + 1}\pi H_f^{\alpha+1}$；其他符号见图 15-67。

当 $\dfrac{H}{B} > \tan\alpha$ 时，下盘残留矿量 V_2 为：

$$V_2 = V_1' + (H - h)(B - R)S \tag{15-29}$$

式中，V_1' 为高度 h 范围内的矿石残留体积，计算方法同 V_1；R 为对应高度 h 的放出（降落）漏斗半径，R 值可用放出漏斗方程估算。

由上面计算式可知，贫化前下盘残留量主要取决于矿体下盘倾角 α、矿体厚度 B 和矿层高度 H 等。由实验得出的下盘残留量与 α、B、H 的关系见图 15-68。

15.6.5.3　减少矿石损失的常用技术措施

（1）开掘下盘岩石。紧靠下盘的漏斗中心线尽量移向下盘，甚至将整个漏斗布置在岩石中，开掘一部分岩石，在经济上也是合理的。由图 15-69 看出，随着放出漏口中心移向下盘，可以多回收很多矿石。但开掘单位工程所多回收的矿石量逐渐减少，因此要

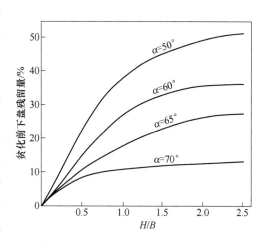

图 15-68　下盘残留量与有关参数的关系

根据最大盈利原则，结合具体条件确定合理的下盘漏斗开掘位置。

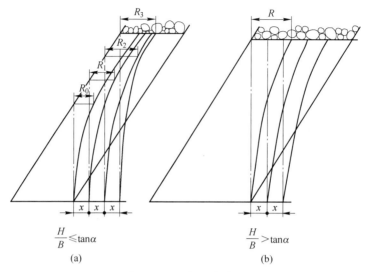

$$\frac{H}{B} \leqslant \tan\alpha$$

(a)

$$\frac{H}{B} > \tan\alpha$$

(b)

图 15-69　开掘下盘岩石

（2）在下盘岩石中布置漏斗。如图 15-70 所示，当下盘面倾角 $\alpha \leqslant 45°$ 时，采用密集式下盘漏斗；$\alpha = 45° \sim 65°$ 时，采用间隔式下盘漏斗，根据矿体下盘倾角与阶段高度布置 $1 \sim 3$ 列。

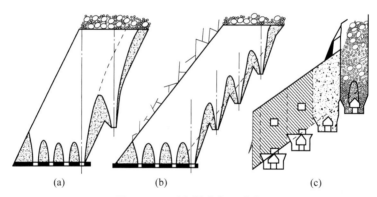

(a)　　　　　　　　(b)　　　　　　　　(c)

图 15-70　下盘漏斗布置形式

（a）间隔式下盘漏斗；（b）密集式下盘漏斗；（c）矿体倾角较小时漏斗全部布置在下盘岩石中

（3）选择合理结构参数。当矿体倾角与厚度一定时，矿石下盘损失主要取决于分段（或阶段）高度 H 与出矿口间距 S。一般地，减少 H 与 S 值，可以降低矿石损失率，但开掘工程量增大，同时当出矿截止品位一定时，矿石贫化率可能略有增加。因此须要依据矿石损失贫化和工程开掘费用，按最大盈利额原则确定合理的结构参数。

在矿体下盘倾角很陡（无下盘损失或下盘损失很小）的情况下，在放矿条件允许时，应力求增大放矿的矿石层高度，减少产生矿石贫化的次数。矿石隔离层下放矿就是基于这一见解提出的。所谓矿石隔离层就是在新崩落的分段（或阶段）之上保留一定厚度的矿石层不放，使每个出矿口可以在无矿石贫化的情况下放出所负担的全部矿石，待放到最后一个分段（或阶段）时再放出隔离层矿石。矿石隔离层高度应等于或稍小于邻近漏口相切放出体高度。

15.6.5.4 崩落法放矿时矿石损失贫化计算

崩落法在崩矿与放矿中都有矿石损失贫化发生，回采时的损失贫化称为一次矿石损失贫化，放矿时的损失贫化称为二次矿石损失贫化。因此应分别计算矿石损失贫化值，以利于矿石损失贫化的分析。

由于二次矿石损失贫化是在一次矿石损失贫化发生之后出现的，一次损失贫化之后的矿石量与品位是二次损失贫化前的原始矿石量与品位。故一次、二次与总的矿石损失贫化三者之间的数量关系是：

$$P = P_1 + P_2 - P_1 P_2$$
$$Y = Y_1 + Y_2 - Y_1 Y_2 \tag{15-30}$$
$$H_k = H_{k1} H_{k2}$$

式中，P、P_1、P_2 分别为总的、一次、二次矿石贫化率；Y、Y_1、Y_2 分别为总的、一次、二次岩石混入率；H_k、H_{k1}、H_{k2} 分别为总的、一次、二次矿石回采率。

在一般情况下，P_1、Y_1、H_{k1} 根据崩矿设计计算，P、Y、H_k 根据出矿统计确定。放矿过程中产生的二次矿石损失贫化值（P_2、Y_2、H_{k2}）可根据已知总的与一次矿石损失贫化值计算。

15.6.5.5 放矿截止品位的确定方法

崩落法的放矿过程一般经历两个阶段。首先是纯矿石回收阶段，纯矿石放出一定数量后，便开始有岩石混入，放出矿石的品位下降，进入贫化矿石回收阶段。在贫化矿石回收阶段的后期，随着放出矿石量的增加，在放出单位矿石中混入的岩石量急剧增大，放出矿石品位也就随之急剧下降。在当次放出矿石品位下降到一定数值时，由瞬时放出量可获得的盈利恰好等于相关生产费用总和，此时的当次放出矿石品位称为截止品位。截止品位的计算式为：

$$C_d = \frac{F C_J}{H_X L_J} \tag{15-31}$$

式中，C_d 为放矿截止品位；F 为每吨采出矿石的放矿、运输、提升和选矿等项费用；H_X 为选矿金属回收率；L_J 为每吨精矿卖价；C_J 为精矿品位。

15.6.5.6 低贫化放矿方式

截止品位放矿方式以允许较大的废石混入为代价，来追求暂时的单个出矿口的矿石放出量最大，这对于其下没有接受条件的出矿口来说是有益的，但对于矿石移动空间条件好的矿体，且有良好接收条件的出矿口来说，实际上等于将那些本可以在下分段得到较好回收的残留矿量以较大的贫化率为代价提前回收，其结果是在放出的矿石中混入大量的废石。因此，对于移动空间条件好的矿体，废石漏斗一旦破裂就停止放出，将遗留于采场内的矿石转移到下一分段（或阶段）回收，可大大减少废石的混入量，从而大幅度降低矿石贫化率。这种放到见废石漏斗为止的放矿方式称为低贫化放矿方式。

低贫化放矿方式限制了废石漏斗的破裂，从而消除了废石的大量混入源，与目前实行的截止品位放矿方式相比，可大幅度降低崩落法矿石贫化率，而且一旦辨认出废石漏斗已到达出矿口便停止放出，出矿管理简单，是一种较好的放矿方式。

15.7 崩落法的地压显现规律

15.7.1 单层崩落法地压控制

应用单层崩落法开采水平和缓倾斜矿体时，随回采工作面的向前推进，周期性切断直接顶板，以崩落的岩石充填采空区，保证工作面附近矿岩的稳定。

作用在顶板岩层中的压力，呈波状分布（图15-71）。随回采工作面向前推进，顶板岩层中的压力波也向前移动，在回采工作空间上方形成应力降低区，前后方形成应力升高区，远处又恢复为原岩应力。应力升高区的应力值和范围，取决于顶板岩石的力学性质、顶板管理方法与开采深度等。实验及现场观测表明，顶板岩石强度越大，开采深度越深，则应力峰值也越高，应力升高范围也越广。据现场测定，工作面附近应力集中系数在3～11之间变化，应力升高区范围为20～30m。

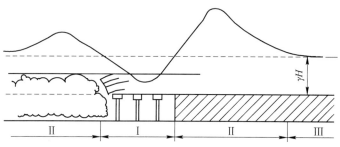

图 15-71 单层崩落法顶板岩层中应力分布

Ⅰ—应力降低区；Ⅱ—应力升高区；Ⅲ—原岩应力区

应用这种采矿方法时，应正确选择最大悬顶距，这是控制地压的重要参数。工作面推进到最大悬顶距时，就应按确定的放顶距立刻放顶，将放顶距内直接顶板崩落下来（图15-72）。放顶工作不及时或放顶质量不好，会出现激烈的地压现象，如工作面压裂，支柱劈裂或弯曲折断，顶板出现裂缝、局部冒落、垮落等。

放顶后，顶板悬臂长度缩短，工作面上方压力下降，使回采工作处于安全状态。当老顶长度达到极限值时，老顶将大面积垮落。此时，工作面上方岩层压力急剧增加，出现二次来压（图15-73）。应根据具体的地质条件，掌握二次来压的活动规律，及时采取相应的技术措施，以保证回采工作的安全。

地质构造（如断层、裂隙、节理等）对顶板管理也有很大影响。由于构造弱面的存在，往往改变顶板冒落的一般规律，造成突然来压或冒顶。此时，正

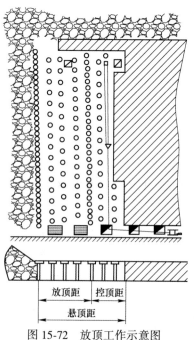

图 15-72 放顶工作示意图

确选择回采方向，是很重要的问题。当工作面由结构面的上盘向下盘推进时，工作面压力较小，相反，则压力较大（图 15-74）。

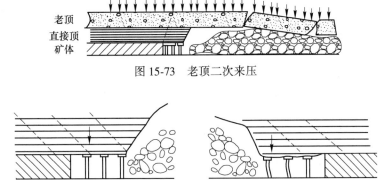

图 15-73 老顶二次来压

图 15-74 结构面产状与工作面推进方向关系
（a）压力小；（b）压力大

15.7.2 有底柱崩落法地压控制

应用有底柱崩落法时，随崩落矿石的放出，上部覆岩和上下盘围岩亦不断崩落，充填采空区。在崩落的矿石和上部覆岩的重力作用下，将造成矿块底柱破坏，首先是使底柱中的出矿巷道变形和破坏。当开采深度较大的矿体，且走向和厚度均较大时，由于矿体下盘岩石受支撑压力作用，也会造成下盘采准巷道破坏。此外，合理确定开采顺序，也是应用该种采矿法地压控制的重要问题。

15.7.2.1 采场底部出矿巷道所承受的压力

在回采的不同阶段，采场底柱所承受的压力是不同的。

第一阶段。采准工作结束后，出矿巷道上部仍是实体，作用在底柱上的压力为上部实体矿岩传递下来的采动压力，其值大小与采场所在部位及是否受集中应力的作用有关，但此时出矿巷道的承载能力一般较强，地压显现较小。

第二阶段。在大量落矿之后，在底柱上部充满了崩落的矿石和覆岩。松散矿岩对底柱的压力是不均匀的，采场四周压力较小，中央部分压力最大（图 15-75）。这是由于松散矿岩与周围岩壁之间存在摩擦阻力以及成拱作用的结果。此时作用在底柱上的压力值，一般比第一阶段减小，但经过落矿过程中的爆破损伤，底柱稳定性降低，承载力减小。

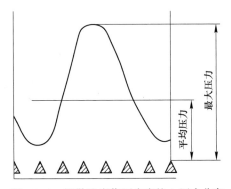

图 15-75 松散矿岩作用在底柱上压力分布

第三阶段。在采场放矿以后，底柱上所受压力将发生变化。由于放矿漏斗上部矿岩发生二次松散，松动体上部形成免压拱，将荷载传递到附近漏斗上部而使压力升高，在松动体范围内的压力则降低，出现降压带（图 15-76）。如果几个漏斗同时放矿，则由各个漏斗松动体共同组成一个免压拱，拱上部的压力向四周传递。当放矿面积增加到一定值后，免压拱不易形成，底柱上的压力又恢复到如图 15-75 所示状态。

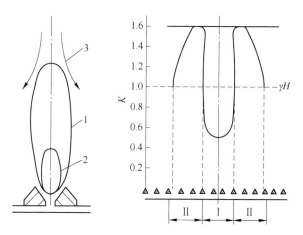

图 15-76　放矿过程底柱压力变化
1—松动椭球体；2—放出椭球体；3—应力转移方向；
Ⅰ—应力降低带；Ⅱ—应力升高带；K—应力集中系数

易门铜矿生产实践表明，提高放矿强度，可使底柱上的压力降低，同时可以缩短出矿巷道存在时间，保证底柱的稳定性。

前苏联高山矿为矽卡岩型铁矿床，矿体平均厚度为 25~40m，倾角 40°~48°，矿石容重为 4t/m³，抗压强度为 130MPa。上盘为矽卡岩，抗压强度为 86MPa，下盘为闪长岩，抗压强度为 120MPa。

该矿采用阶段强制崩落法，开采深度为 140m。在采准时于底柱中埋设了测压元件，测得回采各阶段的压力：崩矿后，底柱承受压力为 3.5~3.8MPa；放矿开始阶段，底柱承受压力为 2.6MPa，压力下降了 35%（放矿强度为 2~2.5t/(m²·d)）；放矿 45d 后，底柱承受压力为 2.75MPa。按崩矿层高度计算压力为 4MPa，和测定值近似。

15.7.2.2　矿体下盘岩石中的压力

应用有底柱崩落法的矿山实践表明，当开采深度大于 300~400m 时，在回采工作影响范围内，位于下盘岩石中近矿体的沿脉运输巷道遭到破坏。这是因为下盘岩石不仅受崩落的矿岩重力作用，而且还承受上盘滑动棱柱体经崩落矿岩传递到下盘的重力，发生应力集中（图 15-77）。在这种情况下，应将沿脉运输巷道布置在集中应力区以外，具体位置可根据经验和实测确定。

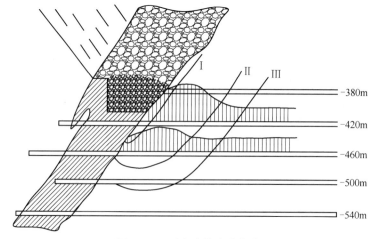

图 15-77　下盘岩体应力集中
Ⅰ—应力升高区；Ⅱ—接近正常应力区；Ⅲ—正常应力区

15.7.2.3 确定合理的开采顺序

合理的开采顺序，对于应用有底柱崩落法的矿山控制地压具有重要作用。

当矿体走向长度很大，按一般规律矿体走向中央部位的压力最大。在这种情况下，如果采用从矿体两端向中央后退式回采顺序，则每个阶段和回采初期，地压显现不明显，但当回采接近中央部分，地压逐渐增大。采至最后几个矿块，必然承受较大的支承压力，给回采工作造成很大困难。相反，如果采取从中央向两端的前进式回采顺序，则受力情况将得到很大的改善，就是在回采接近矿体两端时，由于和围岩相连接，也不会产生较大的支承压力。

当矿体走向不长，但地质条件复杂时，应从压力最大部位先采，然后向两侧后退，这是较为合理的开采顺序。杨家杖子岭前矿Ⅳ号矿体，东部走向东西，向南倾，倾角35°，向西逐渐转为北西向，倾向南西，倾角45°，以后走向近南北，倾向西，倾角42°。矿体走向长450m，厚度10~30m，上下盘围岩节理发育，均不稳定（图15-78）。

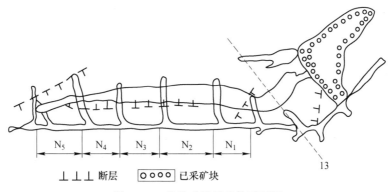

图 15-78　岭前矿Ⅳ号矿体平面图

$N_1 \sim N_5$—北部矿体矿块编号；13—13 号勘探线

该矿多年生产实践表明，采用从一端向另一端或从两端向中央的回采顺序，当回采接近矿体轴部（13号勘探线）时，即出现激烈的地压活动，如电耙道压垮、炮孔变形和错位等，造成大量矿石损失。在这种复杂的地质条件下，如果从矿体轴部向两端回采，会收到良好的地压控制效果。

当矿体厚度很大，采取垂直走向的回采顺序，对地压控制有很大的影响。在上盘滑动棱柱体压力作用下，从矿体上盘向下盘方向回采，越采压力越大，下盘三角矿柱常受破坏，回采异常困难。采取相反的回采顺序，则上盘三角柱压力不明显，回采比较顺利。

当开采几条平行矿体时，由于下盘矿体承受较大的支承压力，位于下盘的矿体应按上盘崩落角关系（图15-79），超前回采，以避免受集中压力区的影响。

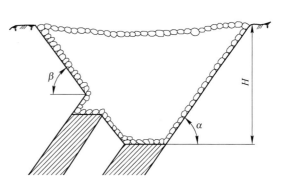

图 15-79　开采平行矿体关系图

α—矿体倾角；β—岩石崩落角；H—崩落区深度

15.7.3　无底柱分段崩落法地压控制

这种采矿法的全部回采过程都是在回采进路中完成，因此，保持回采巷道（进路、联络巷道等）处于良好的稳定状态，对安全生产、提高矿石回采率具有重要意义。

15.7.3.1　无底柱崩落法采场地压显现特点

A　巷道破坏的典型形式

巷道破坏的典型形式主要有：顶板冒落、顶板剥皮与开裂、片帮与鼓裂、溜井片帮与冒堵。

顶板冒落有拱形冒落、人字滑冒落、楔形块体滑移冒落和筒状冒落。顶板剥皮与开裂是在顶板上出现一层或几层与顶板暴露面近似平行的裂隙面。剥皮裂隙面多在各自层内形成，剥落岩片多为长条岩片，其厚度为上、下两层裂隙面之间距，故通常为薄片剥落。顶板开裂是指巷道顶板上出现张开裂缝，越往深部越窄，逐渐消失。

片帮与鼓裂是两帮在集中应力作用下发生侧帮片落、鼓折、劈裂和沿结构面开裂滑移。两帮靠拢及底鼓一般发生在具有塑性变形的软岩中，表现为进路底板隆起，同时顶板也下沉、两帮内鼓，地压严重时经过塑性变形后剩下的高度很低，两侧的窄缝进人都困难。

溜井片帮与冒堵是溜井壁先发生变形、鼓帮，致使混凝土脱落、片帮而造成垮冒。

B　中深孔及支护破坏的典型形式

中深孔破坏的典型形式有错孔、塌孔、缩孔和挤孔。由于各矿的矿岩性质和回采条件不同，破坏形式所占比例也不同。错孔一般是由于炮孔穿过的岩层产生剪切变形和位移，使炮孔在轴线方向发生移动错位。塌孔是炮孔孔壁破坏塌落或碎块将炮孔堵塞，主要发生在软弱破碎矿体中，有时也发生在坚硬破碎矿体中。如有的矿石为坚硬破碎矿体，使用无底柱分段崩落法回采工艺中，最大的困难是中深孔凿岩夹钎，拔出钎具后，孔壁掉下坚硬小碎块将炮孔堵死，有的中深孔不能装药爆破，以致报废。缩孔一般发生在粘塑性矿岩中，孔壁膨胀使孔径缩小，严重者将炮孔封死。挤孔是在矿石松软地段，炮孔断面变形，将圆形炮孔挤压成椭圆形。

支护结构的破坏一方面是由于巷道围岩位移挤压或者有限范围内脱落岩块自重压坏，另一方面又与支护的特性有关。因此支护结构的破坏形式既取决于巷道破坏形式，又决定于支护本身的结构形式。井下常见的支护结构的几种破坏形式有：钢棚子支护主要是钢梁压弯，甚至断裂，钢棚腿倾斜压弯，整个钢棚变形扭曲；钢筋混凝土支护时，混凝土墙内鼓折断；喷锚网支护时喷层开裂剥落，喷网黏结岩块垂帘悬挂和锚杆裸露等。

15.7.3.2　无底柱分段崩落法巷道围岩的应力分布

为了使回采巷道具有良好的稳定性，必须了解进路周围岩体中的应力分布，以及进路间的回采方式对其应力分布的影响，以便采取相应的维护措施。

A　回采进路周围岩体中的应力分布

有限元数值模拟结果表明，在进路两侧矿柱中形成应力升高区，进路顶板呈应力降低区，如图 15-80（a）所示。采用从左到右的回采顺序时，左侧矿柱垂直应力集中系数为

2.33，右侧为1.5。这是由于左侧进路超前回采造成应力分布不均，而进路周边的垂直应力分布，以拱脚和立墙脚处为大，墙中点处较小，如图15-80（b）所示。

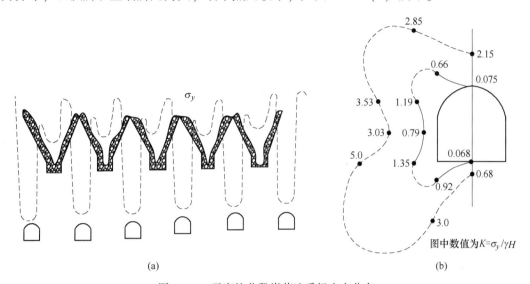

图 15-80   无底柱分段崩落法采场应力分布
（a）相邻回采进路之间的岩体中的应力分布；（b）回采进路周边的应力分布

从玉石洼铁矿250m分段的2号、3号、5号、6号进路观测，进路靠近采空区一侧破坏严重。矿柱在较大的垂直应力作用下，产生劈裂破坏，并由此造成向进路方向的水平推力，使混凝土立墙折断或张裂。

根据现场观测资料，沿回采进路长轴方向，垂直应力分布亦不均衡，在工作面附近形成应力降低区，距工作面一定距离形成应力升高区（图15-81）。程潮铁矿应力升高区距工作面7~18m，符山铁矿为10~25m，玉石洼铁矿为10~15m。

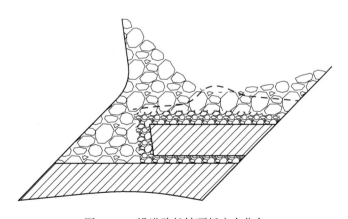

图 15-81   沿进路长轴顶板应力分布

上分段回采程度，对相邻下分段进路的稳定性有很大影响。当上分段存在未爆的矿石实体时，在下分段进路围岩中造成应力集中，并于进路顶板产生水平拉应力。玉石洼铁矿、符山铁矿进路喷层发生开裂、片帮和冒顶，就是由于上分段有未爆实体造成的。

B　相邻进路间的回采方式对应力分布的影响

应用有限元法计算下列五种回采方式的应力分布：进路平行回采、单进路单侧回采、单进路双侧回采、双进路单侧回采、双进路双侧回采，计算结果列于表 15-7 中。

表 15-7　不同回采方式进路周边应力分布　　　　　　　　（MPa）

进路围岩部位		进路平行回采		单进路单侧回采		单进路双侧回采		双进路双侧回采		双进路单侧回采	
		σ_y	σ_x	σ_y	σ_x	σ_y	σ_x	σ_y	σ_x	σ_y	σ_x
顶板中点		0.294	0.206	4.37	6.79	8.46	16.56	2.94	2.32	4.91	16.73
上角	左	4.67	1.12	10.87	11.5	13.85	23.14	5.92	9.06	18.13	20.51
	右	4.67	1.12	10.51	9.91	13.85	23.14	8.74	15.43	11.96	20.53
帮中	左	3.09	0.37	8.30	4.41	11.87	8.49	2.54	3.36	10.99	5.86
	右	3.09	0.37	6.40	3.22	11.87	8.49	2.63	3.67	7.97	3.81
下角	左	5.20	1.24	13.40	8.36	19.61	10.10	9.48	11.03	19.47	11.49
	右	5.20	1.24	6.40	4.64	19.61	10.10	5.40	8.56	10.89	5.41
底部中点		0.26	0.35	0.99	0.75	2.64	16.22	0.50	2.47	0.49	0.93

可以看出，各进路平行回采时，进路周边应力最低，但这种回采方式回采到靠近联络巷道部位时，将发生相互影响，产生应力集中。因此，符山铁矿和玉石洼铁矿均采用相邻进路超前一定距离，各进路回采工作面形成斜线阶梯状。根据玉石洼铁矿 250m 分段实测结果，相邻进路工作面超前距离不小于 5m 时，不会形成应力叠加，有利于维护岩体稳定。

15.8　小　结

与空场采矿法对比，崩落采矿法的基本特征是：单步骤回采，有的将阶段划分为矿块，有的划分为分区，还有的进行连续回采；在落矿的同时或在回采过程中，用崩落围岩（覆岩）充填采空区的方法进行地压管理；分段和阶段崩落法的崩落矿石，是在崩落覆岩下放出的。因此，应用崩落采矿法时，没有矿柱回采问题，也没有采空区处理问题。

单层和分层崩落法的矿石损失和贫化很小，但矿块生产能力和采矿工效均很低，地压管理也较复杂，应用不甚广泛，且有逐渐减少的趋势。

分段和阶段崩落法属高效率的采矿方法，与空场法中的分段和阶段矿房法比较，纯矿石回采率可能低些，但就矿块矿石总回采率来说，可能还高。这是因为空场法一般用大爆破方法回采矿柱，矿石损失和贫化很大，同时，矿柱回采和采空区处理又往往不被重视。因此，从全局来看，崩落采矿法在不少方面比空场采矿法优越得多。

应用分段和阶段崩落法时，必须了解松散矿岩移动规律，并按此规律严格进行放矿管理。我国在放矿理论方面的研究，做了大量工作，并已取得较大的成果，为实现科学放矿管理，提供了理论依据。

分段崩落法在我国应用极其广泛，其中有底柱分段崩落法又有我国独自的特点，并积累了不少经验；无底柱分段崩落法也正稳步发展。阶段自然崩落法目前虽未得到广泛应用，但已引起很大重视，在某些条件合适的矿山已进行工业性的试验。

16 充填采矿法

16.1 概　　述

随着回采工作面的推进，逐步用充填料充填采空区的采矿方法，称为充填采矿法。有时还用支架与充填料相配合，以维护采空区，称支架充填采矿法，也合并于这一类采矿方法。支架充填采矿法，由于劳动强度很大，劳动生产率和生产能力很低，坑木消耗大，仅在特殊条件下使用并有被胶结充填采矿法所替代的趋势，因此本书只作简要介绍。

充填采空区的目的，主要是利用所形成的充填体进行地压管理，以控制围岩崩落和地表下沉，并为回采工作创造安全和方便条件。有时还用来预防有自燃性矿石的内燃火灾。

按矿块结构和回采工作面推进方向，充填采矿法可分为：单层充填采矿法、上向分层充填采矿法、下向分层充填采矿法、进路充填采矿法、分采充填采矿法和空场嗣后充填采矿法。

根据所采用的充填料和输出方法不同，充填采矿法又可分为：（1）干式充填采矿法，用矿车、风力或其他机械输送干充填料（如废石、砂石等）充填采空区；（2）水力充填采矿法，用水力沿管路输送选厂尾砂、冶炼厂炉渣、碎石等充填采空区；（3）胶结充填采矿法，用水泥或水泥代用品与脱泥尾砂或砂石配制而成的胶结性物料充填采空区。

我国充填采矿法的发展经历了四个阶段。第一阶段为20世纪50年代的干式充填。1955年我国干式充填采矿法在有色金属地下开采中占38.2%，在黑色金属地下开采中高达54.8%，但由于当时设备比较落后，技术水平比较低，从采矿工效、生产能力及成本上制约了充填采矿技术的发展；到1963年，有色矿山中充填采矿法的应用比重降至0.7%。第二阶段为二十世纪六七十年代以分级尾砂、河砂、风砂及碎石等为集料的水砂充填和胶结充填工艺。1960年，湘潭锰矿为了防止矿坑内因火灾，采用了碎石水力充填技术；1965年，锡矿山南矿为了控制采场大面积地压，使用了尾砂水力充填工艺；1968年，凡口铅锌矿为了满足采矿工艺要求，首次采用分级尾砂和水泥胶结工艺。第三阶段为20世纪80年代发展起来的全尾砂高浓度胶结充填、高水速凝全尾砂固化胶结充填和块石胶结充填工艺。20世纪80年代末，凡口铅锌矿和金川有色金属公司开始试验全尾砂充填，同时高水速凝充填技术在煤矿开始应用；1988年，大厂铜坑矿采用了块石胶结充填工艺。第四阶段为20世纪90年代发展起来的膏体泵送充填工艺。1997年，金川有色金属公司二矿区建成了膏体泵送充填系统；1999年，大冶有色金属公司也采用了膏体泵送充填技术。此后，随着各种新型充填工艺、新型胶结材料的成功应用，极大地推进了我国充填采矿技术的发展。从发展趋势来看，充填采矿法是具有广阔发展前景的采矿方法。

16.2 单层充填采矿法

单层充填采矿法的矿块结构如图 16-1 所示。这种采矿方法用于开采缓倾斜薄矿体，用矿块倾斜全长的壁式回采面沿走向方向、一次按矿体全厚回采，随着工作面的推进，有计划地用水力或胶结充填采空区，以控制顶板崩落。由于采用壁式工作面回采，也称为壁式充填法。

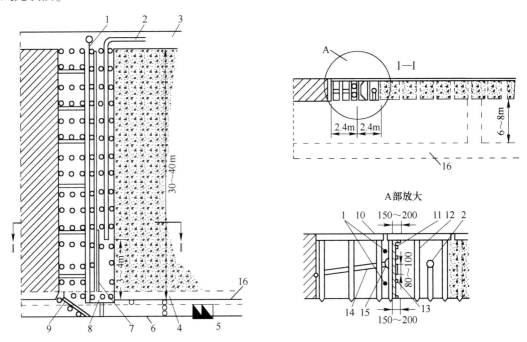

图 16-1 单层充填采矿法

1—钢绳；2—充填管；3—上阶段脉内巷道；4，9—半截门子；5—矿石溜井；6—切割平巷；
7—帮门子；8—堵头门子；10—木梁；11—木条；12—立柱；13—砂门子；
14—横梁；15—半圆木；16—脉外巷道

我国湖南湘潭锰矿是采用这种采矿法回采的一个典型例子。该矿床为缓倾斜为主的似层状薄矿体。走向长 2500m，倾斜延深 200~600m，倾角 30°~70°，厚度 0.8~3m；矿石稳固，有少量夹石层；顶板为黑色页岩，厚 3~70m，不透水，含黄铁矿，易氧化自燃，且不稳固；其上部为富含水的砂页岩，厚 70~200m，不允许崩落；底板为砂岩，坚硬稳固。

16.2.1 结构和参数

矿块斜长 30~40m，沿走向长 60~80m。控顶距 2.4m，充填距 2.4m，悬顶距 4.8m，矿块间不留矿柱，一个步骤回采。

16.2.2 采准和切割

由于底板起伏较大，顶板岩石有自燃性，阶段运输巷道掘在底板岩石中，距底板 8~

10m。在矿体内布置切割平巷，作为崩矿的自由面，同时可用于行人、通风和排水等。上山多布置在矿块边界处。沿走向每隔 15~20m 掘矿石溜井，连通切割平巷与脉外运输巷道。不放矿时，矿石溜井可作为通风与行人的通道。

16.2.3 回采

长壁工作面沿走向一次推进 2.4m，沿倾斜每次的崩矿量根据顶板的允许暴露面积决定，一般为 2m 左右。用浅孔凿岩，孔深 1m 左右。崩下的矿石用电耙运搬；先将矿石运至切割平巷，再倒运至矿石溜井。台班效率 25~30t。

由于顶板易冒落，要求边出矿，边架木棚，其上铺背板和竹帘。当工作面沿走向推进 4.8m 时，应充填 2.4m。充填前应做好准备工作，包括清理场地、架设充填管道、打砂门子和挂砂帘子等。砂门子分帮门子、堵头门子和半截门子等，其主要作用是滤水和拦截充填料，使充填料堆积在预定的充填地点。

水力充填是逆倾斜由下而上间断进行，即由下向上分段拆除支柱和进行充填。每一分段的长度和拆除支柱的数量根据顶板稳固情况而定。也可以不分段一次完成充填，但支柱回收率很低。

采用胶结充填时，一般用采矿巷道回采矿石，其矿壁起模板的作用。

16.2.4 评价

当开采水平或缓倾斜薄矿体时，在顶板岩层不允许崩落的复杂条件下，单层充填法是唯一可用的采矿方法。这种采矿法矿石回采率较高（94% 左右），贫化率较低（7% 左右），但采矿工效较低（4t/工班），坑木消耗量大（$19.2m^3/kt$）。

16.3 上向分层充填采矿法

这种方法一般将矿块划分为矿房和矿柱，第一步回采矿房，第二步回采矿柱。回采矿房时，自下向上水平分层进行，随工作面向上推进，逐步充填采空区，并留出继续上采的工作空间。充填体维护两帮围岩，并作为上采的工作平台。崩落的矿石落在充填体的表面上，用机械方法将矿石运至溜井中。矿房回采到最上面分层时，进行接顶充填。矿柱则在采完若干矿房或全阶段采完后，再进行回采。回采矿房时，可用干式充填、水力充填或胶结充填。干式充填方法目前应用很少。

一般矿体厚度不超过 10~15m 时，沿走向布置矿房；超过 10~15m 时，垂直走向布置矿房。采场结构与参数，随回采矿房的凿岩与出矿设备变化很大。

16.3.1 上向水平分层充填采矿法典型方案

16.3.1.1 水力充填

A 矿块结构和参数

矿房沿走向布置的长度，一般为 30~60m，有时达 100m 或更大。垂直走向布置矿房的长度，一般控制在 50m 以内，此时矿房宽度为 8~10m。

阶段高度一般为 30~60m。如果矿体倾角大，倾角和厚度变化较小，矿体形态规整，则可采用较大的阶段高度。

间柱的宽度取决于矿石和围岩的稳固性以及间柱的回采方法。用充填法回采间柱时，其宽度为6~8m，矿岩稳固性较差时取大值。阶段运输巷道布置在脉内时，一般需留顶柱和底柱。顶柱厚4~5m，底柱高5m。为减少矿石损失和贫化，也可用混凝土假巷代替矿石矿柱。

B 采准和切割工作

在薄和中厚矿体中，掘进脉内运输巷道；在厚矿体中，掘进脉外沿脉巷道和穿脉巷道，或上、下盘沿脉巷道和穿脉巷道（图16-2）。

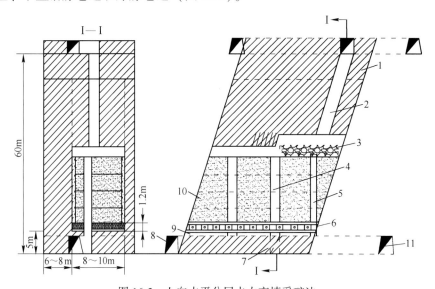

图 16-2 上向水平分层水力充填采矿法

1—顶柱；2—充填天井；3—矿石堆；4—人行滤水井；5—放矿溜井；6—主副钢筋；
7—人行滤水井通道；8—上盘运输巷道；9—穿脉巷道；10—充填体；11—下盘运输巷道

在每个矿房中至少布置两个溜矿井、一个顺路人行天井（兼作滤水井）和一个充填天井。溜矿井用混凝土浇灌，壁厚300mm，圆形内径为1.5m。人行滤水井用预制钢筋混凝土构件砌筑（图16-3），或浇灌混凝土（预留泄水小孔）。充填天井断面为2m×2.4m，内设充填管路和人行梯子等，是矿房的安全出口，其倾角为80°~90°。

在底柱上面掘进拉底巷道，并以此为自由面扩大至矿房边界，形成拉底空间，再向上挑顶2.5~3m，并将崩下的矿石经溜矿井放出，形成4.5~5m高的拉底空间后，即可浇灌钢筋混凝土底板。底板厚0.8~1.2m，配备双层钢筋，间距700mm。其结构如图16-4所示。

C 回采工作

用浅孔落矿，回采分层高为2~3m。当矿石和围岩很稳固时，可以增加分层高度（达4.5~5m），用上向孔和水平孔两次崩矿，或者打上向中深孔一次崩矿，形成的采空区可高达7~8m。

崩落的矿石，一般用电耙出矿，或使用铲运机装运矿石。矿石出完后，清理底板上的矿粉，然后进行充填。充填前要进行浇灌溜矿井、砌筑（或浇灌）人行滤水井和浇灌混

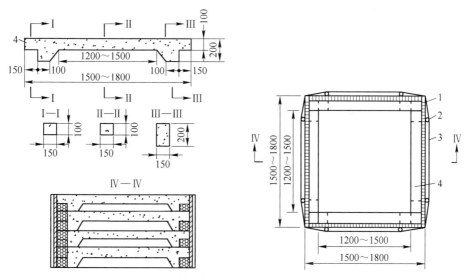

图 16-3　钢筋混凝土预制件结构的人行滤水井

1—草袋；2—固定木条；3—箍紧铁丝；4—混凝土预制件

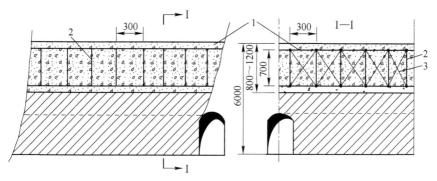

图 16-4　钢筋混凝土底板结构图

1—主钢筋（ϕ12mm）；2，3—副钢筋（ϕ8mm）

凝土隔墙等工作。先用预制的混凝土砖（规格为 300mm×200mm×500mm）砌筑隔墙的外层，然后浇灌 0.5m 厚的混凝土，形成隔墙的内层，其总厚度为 0.8m。混凝土隔墙的作用，主要是为第二步骤回采间柱创造良好的回采条件，以保证作业安全和减少矿石损失与贫化。

目前广泛使用选矿厂脱泥尾砂或冶炼厂的炉渣，沿直径 100mm 的管道水力输送到工作面，充填采空区。充填料中的水渗透后经滤水井流出采场，充填料沉积在采场内，形成较密实的充填体。

为防止崩落的矿粉渗入充填料以及为出矿创造良好的条件，在每层充填体的表面铺设 0.15~0.2m 厚的混凝土底板。1d 后即可在其上凿岩，2~3d 后即可进行落矿或行走自行设备。

16.3.1.2　胶结充填

由于水力充填回采工艺较为复杂（需砌筑溜矿井和人行滤水井、构筑混凝土隔墙、铺设混凝土底板等），从采场排除的泥水污染巷道，水沟和水仓清理工作量大，以及回采矿柱的安全问题和充填体的压缩沉降问题等，均未得到很好解决，因而不能从根本上防止岩石移动。为了简化回采工艺，防止井下污染和减少清理工作量，较好地保护地表及上覆岩层，可采用胶结充填采矿法（图16-5）。

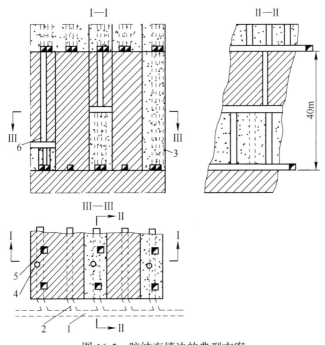

图 16-5　胶结充填法的典型方案

1—运输巷道；2—穿脉巷道；3—胶结充填体；4—溜矿井；5—行人天井；6—充填天井

从图16-5可以看出，胶结充填方案的矿块采准、切割和回采等与水力充填方案基本相同，区别仅在于顺路行人天井不需要按滤水条件构筑，溜矿井和行人天井在充填时只需立模板就可形成，不必构筑隔墙、铺设分层底板和砌筑人工底柱。

由于胶结充填成本高，一般第一步采用胶结充填回采，第二步采用水力充填回采。为尽量降低成本，第一步回采应取较小尺寸，但所形成的人工矿柱必须保证第二步回采的安全；第二步的水力充填回采可选取较大的尺寸。

为了较好地保护地表和上覆岩层不移动，必须很好解决胶结充填接顶问题。常用的接顶方法有人工接顶和砂浆加压接顶。人工接顶就是将最上部一个充填分层，分为1.5m宽的分条，逐条浇注。浇注前先立1m多高的模板，随充填体的加高逐渐加高模板。当充填体距顶板0.5m时，用石块或混凝土砖加砂浆砌筑接顶，使残余空间完全充满。这种方法接顶可靠，但劳动强度大、效率低、木材消耗也大。

砂浆加压接顶是用液压泵将砂浆沿管路压入接顶空间，使接顶空间填满。在充填前必须做好接顶空间的封闭，包括堵塞顶板和围岩中的裂缝，以防砂浆流失。体积较大的空间（大于$30 \sim 100 m^3$），如有打垂直钻孔的条件，可采用垂直管道加压接顶；反之，则采用水平管道加压接顶。

此外，我国还做过混凝土泵和混凝土浇注机风力接顶的试验，接顶效果良好。在日本采用喷射式接顶充填，将充填管道铺设在接顶空间的底板上，适当加大管道中砂浆流的残余压力，使排出的砂浆具有一定的压力和速度，以形成向上的砂浆流，使充填料填满接顶空间。

16.3.2 机械化上向水平分层充填法

随着凿岩台车、铲运机等无轨自行设备的广泛使用，上向分层充填法的采场结构与参数发生了较大的变化。主要表现为：沿走向布置采场时，采场的长度增大很多；垂直走向布置采场时，采用盘区回采单元，即将若干采场组合成一个大的回采单元。此外，要求开掘采场斜坡道，以便自行设备进入各个分层。

16.3.2.1 沿走向布置采场的机械化上向水平分层充填法

采场结构如图 16-6 所示。采场长度为 100~300m，最长可达 800m，采场宽度为矿体厚度，阶段高 60~80m，底柱高 6m。

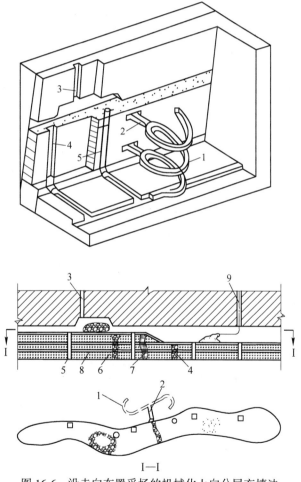

I—I

图 16-6　沿走向布置采场的机械化上向分层充填法
1—采区斜坡道；2—分层联络道；3—充填天井；4—溜矿井；5—滤水井；
6—尾砂；7—尾砂草袋隔墙；8—混凝土垫层；9—充填管

在下盘或上盘围岩中开掘螺旋式或折返式斜坡道，斜坡道在垂直高度方向上间隔3~4个分层高度开出口，采用指状分层联络道进入各分层采场（图16-7），或由斜坡道出口处只掘一分段联络道进入本分段最低分层采场，用废石堆垫采场临时斜坡，供自行设备转入上一分层。每一个采场布置一个充填井，两个顺路滤水井。矿石溜井可布置在采场内（顺路溜矿），也可布置在采场下盘。

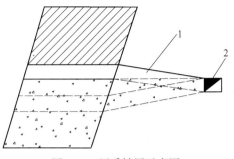

图 16-7　回采转层示意图
1—指状分层联络道；2—斜坡道

分层高度 3~4m，采用凿岩台车钻凿上向炮孔或水平炮孔落矿，铲运机将崩落矿石转运至溜矿井。整个分层采完后进行水砂充填，当充填到距顶板 2.6~3.0m 时，改用尾砂胶结铺面，其厚度为 0.3~0.5m。要求胶结充填体单轴抗压强度达 1.1~5.0MPa，以利于铲运机和凿岩台车的运行，提高出矿、凿岩效率，减少采下矿石的损失贫化。

16.3.2.2　盘区式机械化上向水平分层充填法

当矿体厚度大于 10~15m 时，采场垂直于矿体走向布置，用联络道将若干采场连通成为一个大的回采单元，即盘区，以便同一台自行设备能同时服务于盘区内的各个采场。盘区式开采方案一般采用脉外采准，如图 16-8 所示，在矿体下盘围岩中开掘折返式斜坡道，斜坡道通过分段巷道、分段联络道与采场连通，作为人员、设备、材料和通风的主要通道。

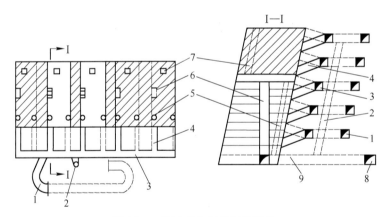

图 16-8　盘区式上向分层充填法
1—斜坡道；2—脉外溜矿井；3—分段巷道；4—分段联络道；5—脉内溜矿井；
6—顺路人行滤水井；7—充填通风井；8—阶段运输平巷；9—阶段运输横巷

主要结构参数为：阶段高 80m，分段高 8m 或 12m，分层高度 4m，底柱高 6~8m，不留顶柱；一般盘区内有 5 个采场，矿房宽 10~12m，间柱宽 8m。

16.3.3　点柱式上向水平分层充填法

当矿石价值较大时，一般先用胶结充填法开采间柱，再用水力充填法开采矿房。

当矿石价值不是很大时，可在采场中留下点柱，支撑顶板矿石和上盘围岩（图 16-9）。点柱常用圆形或矩形断面，圆形点柱直径一般为 3~6m，矩形点柱一般为（3m×3m）~（6m×6m）。点柱间距一般为 10~15m。点柱一般不回收，同充填体一道维护采空区围岩稳定。

点柱式上向水平分层充填法的特点是：（1）用点柱支撑上盘，保护顶板，确保回采安全；（2）溜矿井、天井统一布置，能很好地适应矿体的变化；（3）采矿、出矿、充填作业平行交叉进行，充分发挥设备能力和效率；（4）多层矿体、多个采场组合回采，减少了分别开采的相互干扰和采准工程施工速度的制约；（5）满足采场大型化的需要，管理灵活，为进一步提高采场综合生产能力提供了空间。

点柱式水平分层充填法方案（图 16-9）适用于矿体中等稳固、围岩不稳固的倾斜或急倾斜矿体，以及形态不规则、分支复合变化大的矿体。

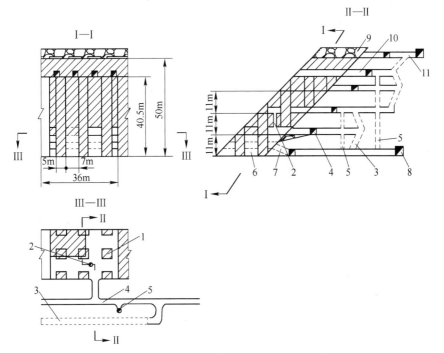

图 16-9　点柱式上向水平分层充填法方案

1—点柱；2—充填通风小井；3—分段斜坡道；4—分段联络道；5—溜井；6—充填体；
7—分层斜坡道；8—阶段运输巷；9—覆盖岩石；10—采矿进路；11—上水平回风巷

国内应用点柱上向水平分层充填法的矿山较多，马庄铁矿较有代表性。该矿阶段高度50m，矿块长度 20~40m（矿体厚度大时取小值、薄时取大值），分层高度 3~4m，铲运机出矿。采用沿脉平巷加穿脉运输，在采场一侧布置穿脉联络道，在下盘稳固岩石处布置分段斜坡道、充填井和溜井，在两分段间的矿体内布置充填通风小井。溜井间距 30m。每条分段斜坡道服务走向长 200~300m 的矿体。斜坡道及联络道规格为 3m×3m，溜井规格2m×2m，天井规格 2.2m×2.2m。千吨采准比 5.6~8m。

较薄矿体沿脉布置一排点柱，厚大矿体布置几排点柱，点柱中心距 12m，点柱尺寸5m×5m，控顶高度≤5m，充填高度 3~4m。

首先由出矿联络道向分段间充填通风小井方向开始回采，以利通风，本分层回采完毕充填前，掘出上一分层的出矿联络巷及分层斜坡道，用岩石充填采场。采用 7655 气腿式凿岩机凿岩，炮孔直径 40mm，孔深 2.2~3m，顶板眼要求 3°~5°的水平孔，以保证顶板平整，有利于顶板管理和作业安全。在留点柱时采用光面爆破，且先预留比设计大 1m 的尺寸，回采末尾削至设计尺寸。二次破碎与落矿爆破一起进行，要求块度≤600mm。

在上分段的回风巷处安装局扇，抽出式通风。采用0.75m³铲运机出矿，第一分层直接装入矿车，以上分层倒入溜井。每个采场配备一套长2~3.5m的撬顶钎杆及探照灯，凿岩或出矿前处理顶板浮石。对较破碎的顶板及不稳固的矿柱，采用喷砼或喷锚网方式进行支护。

充填管指由充填天井至采场上分段的充填回风小井，采场细长时，设两个充填回风小井，以保证充填体表面平整，充填高度为至采场顶板1~2m。每个采场设2~3个滤水笼子，下部由塑料小管引出。采用空心砖和水泥砂浆封堵各巷道口。充填采用尾砂胶固粉，胶固粉含量0.15t/m³，浓度60%以上。

马庄铁矿的技术经济指标见表16-1。

表16-1 采矿方法技术经济指标对比

指标	点柱式上向水平上分层充填法	阶段留矿嗣后充填法	有底柱分段崩落法
采准比/m·kt⁻¹	5.6~8.0	5.6	19.0
落矿效率/t·(台班)⁻¹	100	110	80
出矿效率/t·d⁻¹	140	110	300
损失率/%	18	26	25~30
贫化率/%	8	20	15~25
炸药单耗/kg·t⁻¹	0.30	0.30	0.46

16.3.4 上向倾斜分层充填采矿法

此法与上向水平分层充填采矿法的区别是，用倾斜分层（倾角近40°）回采，在采场内矿石和充填料的运输主要靠重力。这种采矿方法只能用于干式充填。

起初，这种采矿方法以矿块回采（图16-10）。充填料自充填井溜至倾斜工作面，自重铺撒。铺设垫板后进行落矿，崩落的矿石靠自重溜入溜矿井，经漏口闸门装入矿车。在矿块内，回采分为三个阶段，首先回采三角形底部，以形成斜工作面，然后进行正常倾斜工作面的回采，最后采出三角形顶部矿石。

应用自行设备后，倾斜分层充填采矿法改为沿全阶段连续回采（图16-11）。最初只需掘进一个切割天井，形成倾斜工作面后，沿走向连续推进。崩下的矿石沿倾斜面自重溜下，用自行装运设备运出。充填料从回风水平用自行设备运至倾斜面靠自重溜下。

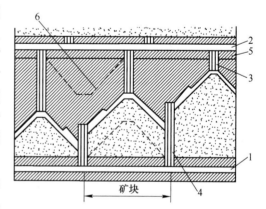

图16-10 矿块回采倾斜分层充填法

1—运输巷道；2—回风巷道；3—充填天井；
4—行人、溜矿井；5—顶柱；
6—倾斜回采工作面上部边界

随着上向水平分层充填采矿法的机械化程度的提高，利用重力运搬矿石和充填料的优

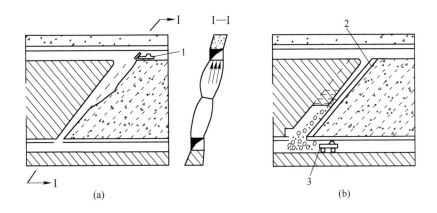

图 16-11 连续回采倾斜分层充填采矿法
(a) 充填阶段；(b) 落矿阶段
1—自行矿车；2—垫板；3—自行装运设备

越性越来越不突出。倾斜分层回采的使用条件较严格（如要求矿体形态规整，中厚以下矿体，倾角应大于 60°~70° 等），铺设垫板很不方便，以及不能使用水力和胶结充填等，矿块回采的倾斜分层充填采矿法，逐步被上向水平分层充填采矿法所代替。连续回采倾斜分层方案，可能还会采用。

16.3.5 评价

上向分层充填法适用于围岩中等稳固或稳固性稍差、矿石中等稳固或中等稳固以上的急倾斜中厚至极厚矿体以及多层矿体。

充填采矿法最突出的优点是矿石损失贫化小，而且应用水力充填和胶结充填技术，以及回采工作使用大功率无轨自行设备后，机械化上向分层充填法已进入高效率采矿方法行列，其适用范围不断扩大，已由矿石品位高、价值高的贵金属和稀有金属矿体扩大到品位较高、价值较大的普通金属矿体，而且有进一步扩展的趋势。

上向分层充填法的主要问题是：

（1）充填成本高。据统计，水力充填费用占采矿直接成本的 15%~25%，而胶结充填则占 35%~50%。成本高的原因是采用价格较贵的水泥和采用压气输送胶结充填料。因此，应寻求廉价的水泥代用品或采用较小灰砂比（1∶25~1∶32），以及采用胶结材料输送新方法。

（2）充填系统复杂。我国一般先用胶结充填回采矿房，然后用水力充填回采间柱，这就使充填系统和生产管理复杂化。如果两个步骤都用胶结充填，成本就要增高。应进行技术经济分析和研究，求得合理的技术经济效果。

（3）阶段间矿柱回采困难。水力或胶结充填都为间柱回采创造了安全和方便条件，但顶底柱回采仍很困难。我国使用充填法的矿山都积压了大量的顶底柱未采。提高人工底柱建造速度，以人工底柱代替矿石底柱，是解决这个问题的有效途径。

上向分层充填法主要技术经济指标见表 16-2。

表16-2　上向分层充填采矿法主要技术经济指标

矿山名称	采矿方法	采场生产能力 /t·d⁻¹	工班效率 /t·d⁻¹	采切比 /m·kt⁻¹	损失率 /%	贫化率 /%	炸药 (kg/t)	雷管 (个/t)	导火线 (m/t)	铜钎 (kg/t)	车间 (元/t)	直接 (元/t)	充填 (元/m³)
							主要材料消耗					采矿成本	
焦家金矿	上向分层充填法	30	4.78	17~18	15.2	17.8						7.14	14
大茶园矿	上向分层干式充填法	110	10.9	9.5	2.8	11.4					32.4	12	
夹皮沟金矿	上向分层干式充填	58.5	4.5	10.92	1.6	14.5					21.42		2.5 元/t
墨江金矿	上向分层干式充填	31.35	1.05	70.6	3.07	1.32	1.01	1.33	0.1	0.03	26.36		
红花沟金矿	机械化上向分层充填	87~114	10.91~14.61	5.9	0.23~0.34	20.6~38.4							
云锡老石锡矿	上向分层胶结充填	120~140	7~9	28~36	35	5~8	0.23~0.35	0.23~0.28	0.46~0.56	0.031~0.036	110~120		74
红透山铜矿	机械化上向分层充填	200~250	24~31	6.5~7.5	<5	18~27	0.35	0.315	0.556	0.045	45	11.5	16.05
河东金矿	机械化上向分层充填	83		4.68	5.9~18.8	9.7							
岭南金矿	机械化上向分层充填	160.4	11.02	5.42	9.3	10.4					88.47	6.8	2.81
凤凰山铜矿	上向分层点柱式充填	150	35	2.8	12.3	6.8	0.25	0.062	0.05	0.019	4.86	3.22	
新城金矿	上向分层点柱式充填	20~50	3.3~7.3	1.74	37.4	17	0.45		0.12	0.015	6.33		
金川二矿区	上向分层进路充填	1039(盘区)	23.2	3.573	4.6	2.8	0.6					5.47	62.02
会泽铅锌矿	上向分层进路充填	150	4.77		4.59	13	0.566	0.047	0.77	0.049	93.71		26.03 元/t

16.4　下向分层充填采矿法

下向分层充填采矿法，用于开采矿石很不稳固或矿石和围岩均很不稳固、矿石品位很高或价值很高的有色金属或稀有金属矿体。这种采矿方法的实质是：从上往下分层回采和逐层充填，每一分层的回采工作是在上一分层人工假顶的保护下进行。回采分层为水平的或与水平成4°~10°（胶结充填）或10°~15°（水力充填）倾斜。倾斜分层主要是为了充填接顶，同时也有利于矿石运搬，但凿岩与支护作业不如水平分层方便。

下向分层充填法按充填材料可划分为水力充填和胶结充填两种方案，但不能用干式充填。两种方案均以矿块式一个步骤回采。

16.4.1　水力充填

16.4.1.1　矿块结构和参数

矿块结构如图16-12所示，阶段高度为30~50m，矿块长度为30~50m，宽度等于矿体的水平厚度，不留顶柱、底柱和间柱，一步骤回采。

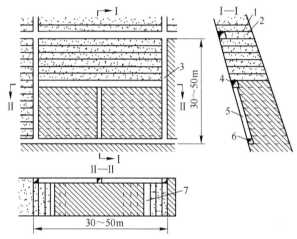

图16-12　下向分层水力充填采矿法

1—人工假顶；2—尾砂充填体；3—矿块溜井；4—分层切割平巷；
5—溜矿井；6—运输巷道；7—分层采矿巷道

16.4.1.2　采准和切割

运输巷道布置在下盘接触线处或下盘岩石中。天井布置在矿块两侧的下盘接触带，矿块中间布置一个溜矿井。随回采分层的下降，行人天井逐渐为建筑在充填料中的混凝土天井所代替，而溜矿井从上往下逐层消失。

回采每一分层前，先沿下盘接触带掘进切割巷道。当矿体形状不规则或厚度较大时，切割巷道也可布置在矿体的中间。

16.4.1.3　回采工作

回采方式分为巷道回采和分区壁式回采两种。当矿体厚度小于6m时，沿走向布置两条采矿巷道，先采下盘的，后采上盘的。当矿体厚度大于6m时，采矿巷道垂直或斜交切割巷道，且采取间隔回采（图16-13（a））。

分区壁式回采是将每一分层按回采顺序划分为区段，以壁式工作面沿区段全长推进。回采工作面以溜井为中心按扇形布置，每一分区的面积控制在100m²以内（图16-13（b））。

如果上下分层矿体长度和厚度相同，用壁式工作面回采较为合理；反之，则用巷道回采。

回采分层高度一般为2~3m，回采巷道的宽度为2~3m。用浅孔落矿，孔深1.6~2m。我国多用7kW或14kW电耙出矿，国外也有用铲运机或输送机的。巷道多用木棚支护，间距0.8~1.2m。壁式工作面则用带长梁的成排立柱支护，排距2m，间距0.8m。

充填前要做好下列工作：清理底板，铺设钢筋混凝土底板，钉隔离层及构筑脱水砂门等。铺设钢筋混凝土底板一般采用直径10~12mm的主筋和直径6mm的副筋，网度

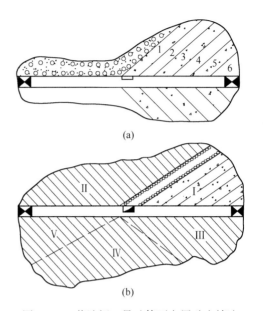

图16-13 黄沙坪5号矿体下向尾砂充填法
（a）巷道回采（1~6为回采顺序）；
（b）扇形壁式工作面回采（Ⅰ~Ⅴ为分区回采顺序）

为200mm×200mm~250mm×250mm。巷道回采时，主筋应垂直巷道布置，其端部做成弯钩，以便和相邻巷道的主筋连成整体。采用水泥∶砂∶石为1∶17∶19的混凝土体积配比，达到100~150标号，就足以保证下分层回采作业的安全。

钉隔离层是将准备充填的巷道或分区与未采部分隔开，预防充填体的坍陷。每隔0.7m架一根立柱，柱上钉一层网度为20mm×20mm~25mm×25mm的铁丝网，再钉一层草垫或粗麻布，在底板处留出200mm长的余量并弯向充填区，用水泥砂浆严密封住以防漏砂。其结构如图16-14所示。

脱水砂门是一种设在切割巷道中，靠在待充填巷道或分区边界上，用混凝土砖或红砖砌筑的墙，墙中埋设若干泄水短管，一般每隔0.5m高设一排，每排2~3根（图16-15）。脱水砂门开始只砌1.2~1.5m高，随充填料的加高逐步加砌直到接顶。若回采巷道长度大于50m，应设两道脱水砂门，以利于提高充填质量。

上述工作完成后，即可进行充填。充填工作面的布置如图16-16所示。充填管紧贴顶梁，于巷道中央并向上仰斜5°架设，以利充填接顶，其出口距充填地点不宜大于5m。如巷道很长或分区很大，应分段进行充填。若下砂方向与泄水方向相反，可采用由远而近的后退式充填。整个分层巷道或分区充填结束后，再在切割巷道底板上铺设钢筋混凝土底板和构筑脱水砂门，然后充填。切割巷道充填完毕，再作好闭层工作，即可进行下一层的切割、回采工作。

16.4.2 胶结充填

胶结充填与水力充填采矿法的区别仅在于充填料的不同，从而取消了钢筋混凝土底板

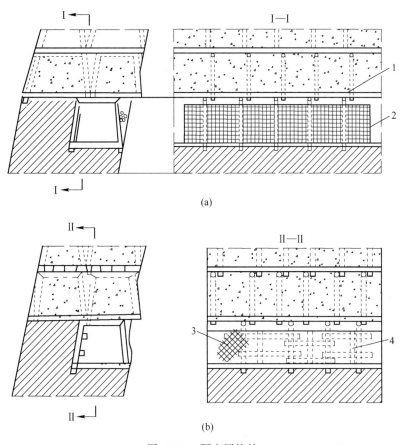

图 16-14　隔离层构筑

（a）金属网隔离层；（b）竹席隔离层

1—钢筋混凝土底板；2—铁丝网；3—竹席；4—板条

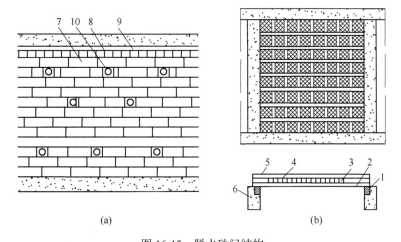

图 16-15　脱水砂门结构

（a）砖砌的脱水砂门；（b）预制混凝土构件的脱水砂门

1—50mm×50mm 的条木；2—50mm×20mm 的条木；3, 5—30mm×15mm 的条木；4—旧麻布袋；

6—混凝土墙；7—混凝土预制砖；8—红砖；9—充填管；10—泄水管

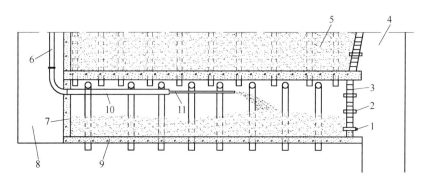

图 16-16　充填工作面布置示意图

1—木塞；2—竹筒；3—脱水砂门；4—矿块天井；5—尾砂充填体；6—充填管；

7—混凝土墙；8—人行材料天井；9—钢筋混凝土底板；10—软胶管；11—楠竹

和隔离层，只需在回采巷道两端构筑混凝土模板，这样就大大简化了回采工艺。矿块结构、采准及回采工艺，与上述水力充填采矿法基本相同。

一般采用巷道回采，其高度为 3~4m，宽度为 3.5~4m（甚至可达 7m），主要取决于充填体的强度。巷道的倾斜度（4°~10°）应略大于充填混合物的漫流角。回采巷道间隔开采（图 16-17），逆倾斜掘进，便于运搬矿石；顺倾斜充填，利于接顶。上下相邻分层的回采巷道应相互交错布置，防止下部采空时上部胶结充填体脱落。

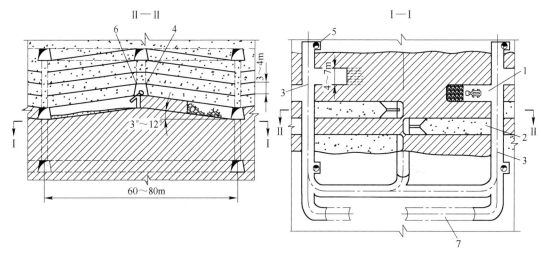

图 16-17　下向分层胶结充填采矿法

1—巷道回采；2—进行充填的巷道；3—分层运输巷道；4—分层充填巷道；

5—矿石溜井；6—充填管路；7—斜坡道

回采使用浅孔落矿，轻型自行凿岩台车凿岩，自行装运设备运搬矿石。自行设备可沿斜坡道进入矿块各分层。

从上分层充填巷道，沿管路将充填混合物送入充填巷道，将其充填至接顶为止。充填尽可能连续进行，有利于形成整体的充填体。在充填体的侧部（相邻回采巷道）经 5~6 昼夜便可开始回采作业，而其下部（下一分层）至少要经过两周才能回采。

对于深部矿体（埋深 500~1000m 甚至更大）或地压较大的矿体，充填前应在巷道底板上铺设钢轨或圆木，在其上面铺设金属网，并用钢绳把底梁固定在上一分层的底梁上，充填后形成钢筋混凝土结构，可增加充填体的强度。

选择合理的回采巷道断面形状对控制地压意义重大。在我国金川龙首矿，矿岩极为破碎，地压大，采用六角形回采巷道，取得良好效果。六角形巷道的布置形式是，相邻巷道在垂直高度上交错半层布置。回采时，隔一采一（图16-18）。据分析，六角形断面与正方形断面相比，应力集中系数大大降低，巷道周边的受力状态得以改善，从而稳定性大为提高。

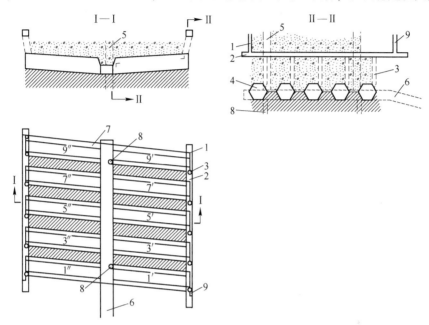

图 16-18　龙首矿六角形巷道下向倾斜分层胶结充填采矿法

1—充填井；2—充填巷道；3—回采巷道充填小井；4—已采空的回采巷道；
5—回风井；6—分层联络巷道；7—分层巷道；8—溜井；9—充填巷道人行天井

16.4.3　应用实例

16.4.3.1　前河金矿下向分层胶结充填采矿法

A　矿床地质及开采技术条件

前河金矿甚沟矿区地处华北地台南缘，近东西的马超营大断裂从其南部通过，地质构造复杂，岩浆活动频繁、强烈，断裂构造发育，马超营大断裂是区内的主导成矿构造，其北侧的次级构造是主要的控矿构造。大断裂区内出露长度1400m，走向85°~95°，倾向北或北东，倾角65°左右，沿走向或倾向呈舒缓波状分布特征，膨缩、分支复合现象明显，围岩蚀变发育，而且矿石和围岩界线不清楚。金矿体主要分布于该断裂带的顶底部位，区内分为ⅣN与ⅣS矿体。ⅣN矿体位于ⅣS矿体的上盘，其产状与破碎带基本一致，倾角67°左右，矿体厚度1.0~15m；ⅣS矿体处于下盘，赋存状态很不稳定，品位变化系数很大，矿体破碎。矿体顶、底板围岩为流纹岩、安山岩，裂隙发育，稳固性差，特别是矿体的直接顶板为1层厚约30~40cm绿泥糜棱岩、千糜岩，遇水像泥巴一样，极难分采和支护。下盘围岩破碎程度较弱，属中等稳固。区内水文地质条件为次裂隙充水为主的中等类型。矿石类型有黄铁绢英岩型、碎裂岩型、多金属硫化物型。

前河金矿采矿方法选择除了遵循生产安全，技术可靠，采矿损失、矿石贫化小，综合效益好等一些必要的原则外，还着重考虑了以下影响因素：（1）矿体产状不规则，有膨胀、收缩、分支复合、不连续等现象，形态复杂，厚度和品位变化大；（2）矿石价值高；（3）矿体赋存于蚀变岩型破碎带内，属不稳固矿体，矿体厚度介于薄至中厚之间，大部分为薄矿体。

根据上述采矿方法选择原则和影响因素，结合前河金矿床特殊地质条件，采用下向分层胶结充填采矿法。

B 采场结构及参数

采场沿走向布置，长 50m，宽为矿体厚度，高为中段高度 40m；不留间柱和顶底柱（可预留顶柱）；采场矿石搬运方式为人工手推车或电耙；在中段巷道中通过漏斗放矿。下向分层胶结充填法见图 16-19。

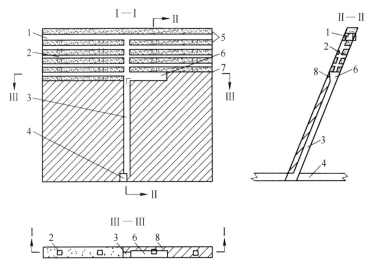

图 16-19 前河金矿下向分层胶结充填采矿方法简图

1—上中段巷道；2—预留充填小井；3—行人、放矿天井；4—下分段探矿穿脉；5—充填体；
6—采矿进路；7—碎矿石垫层；8—上盘矿壁

C 采准

采准工作主要是掘进 1 条用来放矿、行人和通风的天井，有脉内和脉外两种布置，天井多数不需要支护，但极破碎地段导致天井无法正常掘进时，一般采用双格密集木框支护和普通绞架支护两种方式。

D 回采工艺

回采工艺分为开门、凿岩爆破、通风、出矿、剥帮、掘通充填小井等工序。在阶段中采用进路自上而下分层回采，进路高度一般 2.2~2.5m，宽度则依据矿体的水平厚度不同而改变，并且制定相适应的回采顺序：对厚度 2.0m 以下的矿体，一次性全断面推进；对厚度 2.0~4.0m 的矿体，进路分两步回采，先沿下盘推进宽 2.0~3.0m 进路至端部，在上盘留三角矿壁，然后再由里向外后退式剥帮，随后支护；对矿体水平厚度达 4.5m 地段，则沿矿体中央掘宽 2.0~3.0m 先进进路，然后剥下盘矿壁，支护后，再后退剥上盘矿壁。回采主要技术指标见表 16-3。

表 16-3　回采主要技术经济指标

项目	数目	项目	数目
矿房综合生产能力/t·d^{-1}	20~30	采矿作业成本/元·t^{-1}	50.63
矿石贫化率/%	7~9	工作面出矿效率/t·(工班)$^{-1}$	5~8
采矿损失率/%	3~5		

（1）开门。每分层的前两三炮回采称为开门（为矿山俗称），要求以小进尺（0.6~1.0m）、小药量爆破，以后逐步增加进尺，防止爆破冲击力对周围岩体的破坏，尤其是支护天井的破坏。

（2）凿岩爆破。为确保上盘围岩稳定，采用了偏下盘布置炮眼无掏槽控制爆破技术，见图 16-20（图中 1~6 表示段别），大大地减小了爆破震动对上盘极不稳固岩体的破坏作用，有效地阻止了上盘围岩的冒落，并且混凝土顶板平整光滑。采用 YT-28 型气腿式凿岩机凿岩，炮孔直径 38mm，炮孔近水平布置；孔深 1.5~2.2m；边孔距上盘围岩 0.4~0.8m，窄断面选小值，大断面选大值，避免爆破对上盘破碎围岩的破坏。

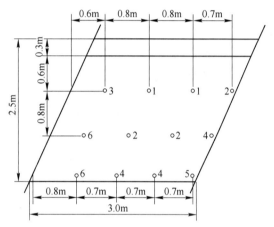

图 16-20　典型炮孔布置简图

凿岩爆破应采取以下措施：顶孔深 2.2m，比其他孔超深 0.2m，顶孔首先起爆；采用微差爆破技术，顶孔先起爆，然后起爆下盘孔，最后起爆上盘孔；同时起爆孔数不超过 3 个；一次最大齐发起爆药量不超过 5.8kg；顶孔距混凝土顶板 0.5~0.6m（包括碎矿石垫层厚 0.3m），边孔距上盘边界 0.5~0.8m。

（3）通风。采用自然通风或高压风通风，新鲜风流从中段运输平巷经天井进入回采工作面，清洗采场后，污风由预留充填小井排出。若进路与充填小井未连通之前，由于进路不长，仅靠自然扩散作用即可，时间约 0.5~1.0h。

E　充填工艺

（1）简易充填系统。充填流程见图 16-21。充填材料的选择本着来源广、就地取材、便于采集和运输以及价廉的原则。采用强度等级 42.5 的普通硅酸盐水泥作为充填体的胶结材料，附近伊河河砂作细骨料，伊河卵石或 5mm 以下碎石作粗骨料，要求充填使用的河砂含泥量不得超过 5%。

（2）采场充填步骤：

1）平场。一般来说，为了保证充填体底面平整和充填料在采场中的流动性，在充填之前，需要人工平整底板，并且形成 6°~8° 坡度，便于充填接顶。

2）架设采场充填井模。为下分层充填和通风形成通道作准备。井模采用厚 2.0~

3.0cm 木板围钉而成，用碎石填满，井模上口钉木板，形成 30°~45° 坡面，减缓充填料下落对顶板的冲击。

3）铺设塑料薄膜和钢筋。为了防止水泥浆渗入破碎的矿石中，充填之前需在采场的底板上铺设 1 层塑料薄膜，然后在薄膜上铺设网度为 1.0m×1.0m 钢筋网，主筋 10cm，副筋 6.0cm，主副筋纵横交错，并且固定牢固，最后用块石将钢筋网垫高 100~150mm。

4）密闭充填进路口。用木板封闭进路口，上部留出入口，随着充填料的升高，逐步架高木板，要求木板之间以及木板与岩壁之间必须严密，防止跑浆。

5）采场充填。准备工作就绪之后，对充填料严格计量和配料，按照 1：3：5 的配比进行进路底层（承载层）充填，然后充填顶层（接顶层），见表 16-4。

6）养护。养护期一般为 5~7d，混凝土顶板强度可达到 2.0~4.0MPa。

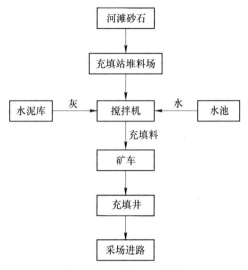

图 16-21　充填流程简图

表 16-4　充填料充填配比

进路宽/m	参数名称	承载层	接顶层
1.0~2.0	砂石比	3.0：5.0	6.0：7.0
	水灰比	(2.8~3.0)：1.0	5.0：1.0
2.5~6.5	砂石比	3.0：5.0	6.0：7.0
	水灰比	(2.8~3.0)：1.0	3.0：1.0

16.4.3.2　用沙坝矿下向分段充填采矿法

用沙坝矿极破碎难采矿体倾角一般为 55°~90°。部分矿体倾角存在倒转现象，厚度平均为 6~8m。矿体极破碎，稳固性系数 f = 5~7。部分矿体顶板有自然假顶，自然假顶厚 0.4~2m。用沙坝矿极破碎，难采矿体的上下盘存在四种有代表性的矿岩类型，分别为上盘白云岩、磷矿石，下盘砂岩、页岩。地层为单倾斜地层，地层倾向 110°~165°，倾角 20°~35°。构造以断裂为主，均为纵断层走向，横断层和斜交断层少见，主要断裂有 F41、F47、F26、F27、F66，其中只有 F41 断层对矿层产生破坏。矿段整体为一单斜储水构造，属于以溶蚀裂隙为主、顶板直接进水的岩溶充水矿床。磷矿石自然类型为细晶磷灰石粒状磷块岩，工业类型为磷酸盐富矿和硅钙（镁）质磷矿。

采用下向高分段充填采矿法，开采用沙坝矿极破碎难采矿体。

A　方案概要

盘区尺寸为（300~400）m×50m，即盘区长 300~400m、高 50m。根据矿山现有采矿设备性能，将该采矿方法的分段高度定为 10m、20m、20m，分段与分段之间用脉外斜坡道相连。一个盘区布置两个高分段及一个低分段，首先采场最上低分段 10m 采用双进路掘进做人工假顶。根据用沙坝矿凿岩设备参数、矿体特征及矿房宽度情况，双进路人工假顶每条进路设计高度为3.8m，宽度为3m，每次沿矿体走向掘进进路长度为12m。首先沿矿体下盘掘进下盘进路，下盘进路掘进完毕后，沿进路长度上垫一层矿石，待铺好钢筋和金属网后，开始进行充填。进路分两层充填，第一层加铺钢筋及金属网，使用强度达4MPa以上的胶结充填料打底充填，该层高度为1.5m；第二层使用强度2MPa的充填料进行接顶充填。下盘进路充填完毕且充填体达稳定强度后可开始掘进上盘进路，上盘进路充填与下盘进路相同。双进路人工假顶做好且达到稳定强度后即可开始回采下分段矿体，人工假顶以上6m左右厚矿体则不采。由于矿体破碎、稳定性差，采场长度定为12m，垂直高度20m。盘区斜坡道形成后，在高度方向上每隔20m掘进脉外分段平巷，在脉外分段平巷每隔24m向矿体掘进出矿横巷（出矿横巷布置在矿房矿柱交界处，一个矿房和一个矿柱共用一条出矿横巷），而后靠近矿体上盘掘进脉内凿岩巷，在每个采场的端部距回采边界2.5~3m处，靠近矿体上盘掘进一条切割上山。为了便于出矿，盘区内每隔200m布置一条溜矿井。下向高分段充填采矿法见图16-22。

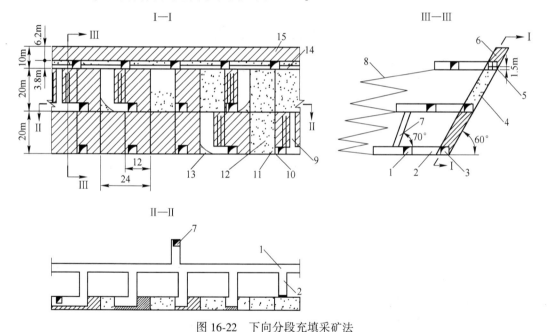

图 16-22　下向分段充填采矿法

1—分段运输平巷；2—脉外出矿横巷；3—凿岩巷道；4—平行炮孔；5—双进路人工假顶；6—顶板；
7—溜井；8—盘区斜坡道；9—切割天井；10—充填挡墙；11—高强度胶结充填体；
12—低强度胶结充填体；13—崩落矿石；14—加筋高强度人工假顶；15—低强度胶结充填假顶

B　盘区布置与采场回采顺序

盘区中采场回采顺序为先采矿房，后采矿柱。矿房矿柱回采后皆用高强度胶结充填。首先需要待最上分段高强度人工假顶达到稳定强度后，在人工假顶护顶下，开始回采以下两高分段。两高分段矿房矿柱回采顺序如下：

（1）首先回采上分段矿房，回采完后立即充填。考虑到矿房上部双进路已经为充填体即人工假顶，不能通过上部进路对下分段采空区进行充填作业。因此，在最上分段出矿横巷靠矿体附近斜向下钻孔至拉穿采空区，并将钻孔刷大，通过管道输送，充填料经钻孔充入采空区，从而完成充填作业。

（2）待上分段矿房充填体达到稳定强度后，则可以开采上分段矿柱和下分段矿房。采空区充填方法与上一步相同，即在出矿横巷靠近矿体部位向采空区钻凿斜向下孔，并将钻孔刷大，充填料经充填钻孔充入下分段采空区。

（3）下分段充填体及上分段充填体达到稳定强度后，则开始回采下分段矿柱，采完后通过钻凿充填钻孔进行充填作业。经以上三步回采，完成两高分段矿房矿柱的回采作业。

C　采准工程布置

采用上盘脉内无轨采准方式。首先掘进中段运输平巷，然后掘进折返式或螺旋式斜坡道。在盘区斜坡道口，通过采用掘进上盘分段联络横巷与矿体相连，进而在分段联络横巷的端部开凿脉内凿岩巷道，延伸至盘区端部。在脉内凿岩平巷的端部靠矿体顶板每隔12m建一个采场掘进通风切割天井，每条通风切割天井贯通上下分段，以便为回采提供自由面。该采矿方法的采切工程量如表16-5所示。

表 16-5　采准切割工程量表

序号	巷道名称	数目	巷道断面/m² (高×宽)	巷道长度/m		工程量/m²		
				单长	共长	矿石	废石	合计
1	脉外分段平巷	3	3.8×4.2	400	1200	0	19152	19152
2	分段出矿横巷	51	3.8×4.2	12	612	0	9767.52	9767.52
3	脉内凿岩巷道	2	3.8×4.2	400	800	12768	0	12768
4	溜井	2	3.0×3.0	18.4	368	0	331.2	331.2
5	切割上山	66	2.7×2.7	18.7	1234.2	8997.318	0	8997.318
6	充填管线井	1	1.8×1.8	46.19	46.19	0	237.926	237.926
7	双进路假顶	2	3.2×3.5	400	800	8960	0	8960
合　计				1295.29	4329.19	30725.318	29488.646	60213.964

矿体平均水平厚度按6m计算，高度43.8m，盘区长度为400m，矿体密度2.87g/cm³，一个盘区矿石量为301694t。根据表中统计结果，采切比为15.67m/kt（其中脉内为9.39m/kt，脉外为6.28m/kt）或199.58m³/kt（脉内101.84m³/kt，脉外97.74m³/kt）。

D　回采工艺

（1）采场凿岩。在凿岩平巷中采用SANDVIKDL330-5凿岩台车钻凿上向扇形中深孔，孔径60~65mm。

回采前，将切割通风上山沿矿体全断面拉开，便于为回采提供足够的自由面。拉槽中深孔采用排距1.0~1.2m、孔底距2.2m的凿岩参数。此后开始钻凿回采中深孔，凿岩参数为排距2.0m、底距2.0~2.4m。由于切割通风上山布置在离回采边界2.5~3.0m处，故切割通风上山前端有2~3排中深孔。采场中深孔凿岩时，顶板稳固性差，靠顶板的孔原则上不超深。

（2）采场爆破。采用乳化炸药，其直径为60mm、长度为40cm、质量为1.2kg。采用非电毫秒导爆管孔底起爆，同排同段，各排分段加导爆管并联网络一次性起爆。为防止导爆管折断造成炸药拒爆，一般一个中深孔放3个雷管。各排导爆管脚线分别用胶布固定在传爆线上，再将这根传爆线并联到主传爆线上。等所有连线完成后，用起爆器起爆炸药。

（3）采场支护。根据用沙坝矿矿岩条件，必须对巷道顶板节理裂隙比较发育的采场进行护顶。采用锚杆、长锚索及悬挂金属网联合支护。锚杆主要为管缝式，长度有1.5、1.8m两种。矿山目前所用的长锚索为预应力锚索，预设计长度为5.3m。所用金属网规格为2.0m×2.0m。

（4）采场出矿。崩下的矿石由EST1030电动铲运机经分段出矿横巷倒入上盘脉外溜井，再经振动出矿机将矿石卸入运输皮带。

（5）采场充填。采场出矿完毕，立即进行充填工作。使用胶结充填，采场充填料浆配比为水泥：粉煤灰：磷石膏=1:1:4，强度可达2MPa。

首先在上分段出矿横巷中（靠近矿体处）向采场钻凿斜向下充填钻孔，充填料浆通过充填管道经充填钻孔充入采空区，如图16-23所示。矿房充填时，在紧临采空区的凿岩巷道中砌筑充填挡墙，充填挡墙完成后，在上分层凿岩巷道中向采空区充入磷石膏或磷石膏和废石。矿柱充填时，在紧邻采空区的脉外出矿横巷中砌筑充填挡墙，充填挡墙完成后，从上分段出矿横巷经充填钻孔向采空区充入磷石膏。采场分段高度为20m，为降低充填成本，分三层不同配比料浆进行充填。下分层高度10m采用的充填料浆配比为水泥：粉煤灰：磷石膏=1:1:4；中间8m可适当增大磷石膏比例，对其强度要求可以降低；上分层2m同样使用配比为1:1:4的料浆进行接顶充填。

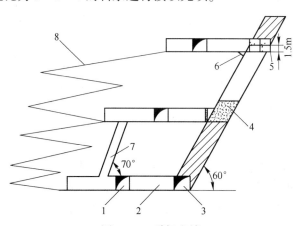

图16-23　采场充填

1—分段运输巷道；2—脉外出矿横巷；3—凿岩巷道；4—充填体；5—双进路人工假顶；
6—充填钻孔；7—溜井；8—盘区斜坡道

E　主要技术经济指标

下向高分段充填采矿法主要技术经济指标如下：

中深孔凿岩台效230m/台班，铲运机出矿台效1000t/台班，中深孔炮孔崩矿量5.5t/m，炸药单耗（平均）0.312kg/t（其中采场爆破0.300kg/t，二次破碎0.012kg/t），采场生产能力179.7t/d，盘区生产能力2800～3200t/d，采矿工效38.6t/工班，采矿贫化率4%～

5%，采矿损失率14%，采切比13.02m/kt。

结合用沙坝矿床的开采技术条件，采场长度确定为12m，采矿各工序的循环周期计算如图16-24所示。当采场长度确定为12m时，采矿量为4132t，采矿循环周期13d，采场生产能力为179.9t/d。

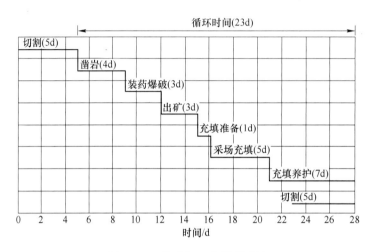

图16-24　采矿各工艺循环时间

16.4.4　评价

下向分层充填采矿法适用于复杂的矿山开采条件，如围岩很不稳固、围岩与矿石很不稳固以及地表和上覆岩层需保护等。此法目前应用虽不广泛，但实践表明，用它代替分层崩落法，可取得良好的技术经济效果。

下向分层水力充填法结构和工艺较复杂，保护围岩和地表的可靠性不如下向胶结充填方案。在特殊复杂的条件下，矿石价值又很贵重，采用下向胶结充填法应该是合理的。它突出的优点是矿石损失很小（3%～5%）；一个步骤开采，简化了结构；采用自行设备进行凿岩和装运时，矿块的技术经济指标可以达到较高的水平。但是，这种采矿法目前的生产能力较低（60～80t/d），采矿工作面工人的劳动生产率不高（5～6t/工班）。生产实践表明，采用自行设备进行凿岩和装运，生产效率可以得到很大提高。

随着矿床开采深度的增加和地压加大，下向分层胶结充填采矿法具有广阔的应用前景。为了提高下向分层胶结充填采矿法的生产效率，降低充填成本，可从以下几个方面改进下向充填采矿法：

（1）提高采充各工序的机械化作业水平，推广使用小型铲运机无轨出矿设备，采用中小型泵送充填工艺设备。

（2）采用高进路回采工艺，增加同时回采作业工作面数，提高矿块生产能力。

（3）在进路分层充填结构中，在确保底层混凝土直接顶板强度要求后，在中层和上层应用黄泥或其他非胶凝材料代替水泥，以减少水泥用量、降低充填成本。

（4）在有条件的矿山，可用粉煤灰等部分代替水泥作胶凝材料，简化充填工艺，降低充填综合成本。

（5）尽量少用或取消吊挂竖筋，节省钢材，降低充填直接成本。

16.5 进路充填采矿法

16.5.1 工艺技术特点

进路充填法适用于矿岩极不稳固、矿石品位高、经济价值大的矿体。矿体厚度从薄到极厚、倾角从缓到急倾斜均可采用。进路充填法开采的顶板跨度小，回采作业安全性高。

进路充填和分层充填法的工艺基本相同，实际上就是将分层划分成多条进路进行回采。矿体厚度小于20m左右，进路沿走向布置；矿体厚度大于20m，进路垂直走向布置；当矿体厚度较小，小于5m时，即为单一进路回采。

回采进路断面取决于凿岩、出矿设备，采用浅孔气腿凿岩机和电耙出矿时，进路断面一般为2m×2m~3m×3m；采用浅孔凿岩台车和铲运机出矿时，进路断面一般为4m×4m~5m×5m。进路既可以采用间隔回采，也可以采用连续顺序回采。同时回采进路数根据矿体厚度而定，一般有2~5条进路可以同时回采，每条进路回采结束后即进行充填。

进路充填采矿法矿石回收率高、贫化率低，但回采充填作业强度大、劳动生产率较低，并要求进路充填接顶。采用高效的凿岩台车和铲运机出矿，可以有效的提高采场综合生产能力。

进路充填法分为上向进路充填法和下向进路充填法。

16.5.2 上向进路充填法

上向进路充填采矿法的特点是，自下而上分层回采，每一分层均掘进分层联络道，以分层全高沿走向或垂直走向划分进路，这些进路顺序或间隔回采。整个分层回采和充填作业结束后，进行上一分层的回采。

回采进路形成向下倾斜的帮壁，以便于非胶结充填或减少水泥的使用量。分层内进路可以连续回采，如图16-25（a）所示；也可以间隔回采，如图16-25（b）所示。如果精心作业，第二步回采可以使贫化很小或者几乎没有贫化，这种方法叫做（连续）倾斜进路回采。通常采用矩形进路间隔回采，如图16-25（c）所示。为避免相邻进路回采时造成严重的贫化损失，第一步回采后需进行胶结充填；也可以在第一步回采时采用较窄的进路，第二步回采时采用较宽的进路，以降低水泥的用量，如图16-25（d）所示。当进路两侧均为充填体时，进路下层可以用低灰砂比1:（20~30）胶结充填。

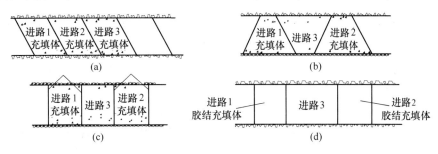

图 16-25　进路断面形状与回采顺序

16.5.3　下向进路充填法

当开采矿岩极不稳固但价值又很高的矿体时，适合采用下向进路充填采矿法开采。其特点是回采顺序为由上而下进路回采，除第一层中的进路外，每一层的进路都是在胶结充填料形成的人工顶板下进行回采作业。

在采用下向进路胶结充填法的矿山中，进路分为倾斜进路和水平进路，倾斜进路角度一般为5°~12°，以达到更好的充填接顶。在布置进路时，一般下一分层的进路和上一分层的进路错开布置，以有利于安全。

进路充填时，为保证下分层进路回采和相邻进路回采时的作业安全，每一进路均需要胶结充填。进路上层充填体强度较下层充填体强度低，一般用灰砂比1：（8~10）料浆胶结充填。下层充填体强度要求要高，要保证下分层进路回采时对充填体强度的要求，可用灰砂比1：（4~5）胶结充填，充填体强度要达到4~5MPa。采矿方法示意如图16-26所示。

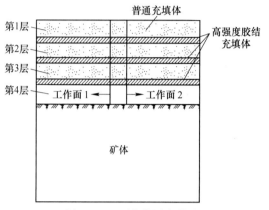

图16-26　下向分层充填法

16.5.4　应用实例

16.5.4.1　小铁山铅锌矿上向进路充填法

小铁山矿床为含铜、铅、锌多金属的黄铁矿型矿床，矿床产出于底盘碳钠长斑岩、顶盘绿泥石化岩石之间的强蚀变凝灰岩中，为隐伏矿体，大部分矿体均赋存于侵蚀基准面以下。矿床除含有铜、铅、锌多种金属外，还有多种可利用的贵重金属及稀有元素，如金、银、镉、镓等，特别是金、银含量较高，具有单独开采的价值。矿体走向长度约1100m，倾向南西，倾角60°~80°，平均75°。矿体呈上部矿量小、中部矿量大、深部变小尖灭的分布特点，矿体厚度1~45m，平均厚度5.5m。矿体和下盘围岩中等稳固，上盘不稳固。矿石体重3.6t/m³，抗压强度100~120MPa，松散系数1.73。矿床水文地质条件简单，地表允许陷落。

采场回采进路沿走向布置，长度100m，宽度为矿体厚度，高度为阶段高度60m，为满足无轨设备运行，矿体下盘布置分段巷道，分段高度12m。采矿方法如图16-27所示。

采准切割工作主要包括采准斜坡道、分段巷道、分层联络道、溜矿井和充填回风井以及切割横巷等。从采准斜坡道向矿体开掘联络道与分段巷道连通，每条分段巷道负担下、中、上3个分层的回采，分层采高为4m。采准斜坡道和分段联络道的坡度最大为16.7%，断面3.6m×3.6m。在采场中部矿体的上、下盘脉外分别掘进充填回风井和溜矿井。

从切割巷道沿矿体走向，向采场两端掘进断面为4m×4m的回采进路，先单后双间隔回采。采用水星14型单臂凿岩台车，光面爆破布置炮孔，炮孔直径38~41mm，孔深2.9m。2号岩石乳化炸药，PT61装药车装药，装药系数0.8，非电导爆管起爆。在进路内用法国CT-1500型柴油铲运机或瓦格纳EHST-1A型电动铲运机（斗容0.75m³）将矿石运

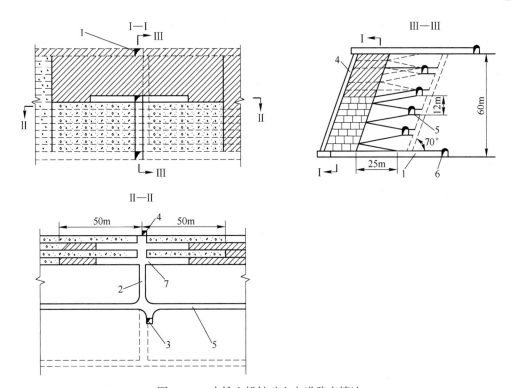

图 16-27 小铁山铅锌矿上向进路充填法

1—运输巷道（4m×4m）；2—分层联络道（4m×4m）；3—溜矿井（φ3m）；4—回风充填井（2m×4m）；
5—分段巷道（4m×4m）；6—阶段运输巷道（4m×4m）；7—切割横巷（4m×4m）

到脉外溜井出矿。

采场单（或双）进路的回采结束后，在进路口用木柱、木板建筑隔墙，内侧衬以塑料编织袋或草袋作滤水层。水隔墙、立柱间的空隙要用水泥砂浆或环氧树脂封堵，防止漏浆、跑浆。然后，沿进路顶部铺设充填管道进路内进行尾砂胶结充填。底柱和每一分层一步骤回采的进路采用灰砂比为 1∶4 的料浆充填，二步骤用灰砂比为 1∶（8~10）料浆浇面。

采场通风，在采场分层联络道安装 1~2 台局扇将新鲜风压入工作面，在上盘充填回风井上部安装 1 台局扇，将污风抽至回风巷道。

主要技术经济指标：采场综合生产能力 250~300t/d，凿岩设备效率 260m/台班，出矿设备效率 130t/台班，掌子面工效 10.5t/台班，损失率 4.24%，贫化率 9.45%，每米炮孔崩矿量 1.2t，采切比 32.7m³/kt。

16.5.4.2 金川二矿区机械化下向进路充填法

金川二矿区矿床属超基性硫化铜镍矿床，赋存于海西期含矿超基性岩体中，按成因类型可分为超基性岩型、接触交代型和贯入型三种，以超基性岩型为主，占全区储量的 99.31%。矿体全长 1600m，平均厚度 98m，其中富矿长 1300m，厚度 69m。矿体呈似层状产出，产状与岩体下部产状基本一致，走向 N50°W，倾角 65°~75°，矿体形态比较规则，矿体顶底盘围岩均以二辉橄榄岩为主，矿岩均不稳固。

由于矿体厚大，回采划分成盘区开采，以便于充分发挥无轨设备的灵活性。盘区垂直矿体走向布置，长度为矿体厚度，宽度为100m，盘区间不留间柱，连续回采，阶段高度为100m和150m。

盘区采用上盘脉外采准系统，在矿体上盘布置采准斜坡道，采准分斜坡道与通地表的主斜坡道、阶段主运输道相连接。在距离矿体上盘100m左右处布置分段巷道，分段巷道与采准斜坡道通过分段联络道相连接。每分段高度20m，服务5个分层，分层高4m。分段巷道与矿体通过分层联络道相接，在分段巷道上盘布置盘区溜井，原则上每个盘区1条溜井，每个阶段布置一条废石井，溜井直径2.5～3m，溜井均为钢模板壁后混凝土支护。充填回风系统布置在采场上部及矿体下盘，采场上部为穿脉道，矿体下盘为沿脉道，穿脉道通过预留的充填回风井与采场相通，沿脉道通过联络道与主回风井及钻孔相连接。

无轨设备采准斜坡道坡度不大于1∶7，分层联络道重车上坡坡度不大于1∶10，重车下坡坡度不大于1∶7。采准巷道净断面（宽×高）为：分层联络道4.6m×4.1m，分段巷道4.3m×4.2m，采准斜坡道为4m×4m，溜井联络道为4.3m×4.1m，充填回风道2.6m×2.8m，预留井φ2m。

盘区上、下分层进路垂直交错布置，回采进路断面规格（宽×高）为5m×4m，原则上进路长度不超过50m。回采顺序为先上盘、后下盘，先两翼后中间，后退式回采。回采方式为"隔一采一"。采矿方法如图16-28所示。

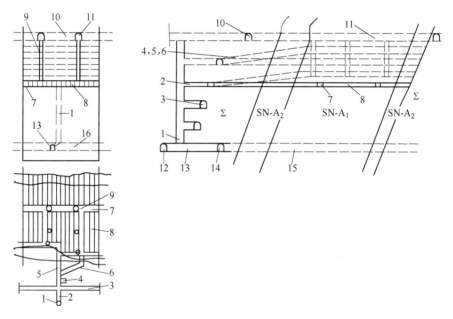

图16-28　金川二矿区机械化盘区下向进路胶结充填采矿法

1—溜井；2—溜井联络道；3—分段道；4—排污硐室；5—分层联络道；6—下分层联络道；7—分层道；8—进路；9—充填回风井；10—1250沿脉回风井；11—穿脉风井；12—1150沿脉运输道；13—1150穿脉运输道；14—1150下盘运输道；15—1150穿脉充填回风道；16—1150沿脉充填回风道；

SN-A$_2$—贫矿；SN-A$_1$—富矿；Σ—超基性岩

凿岩采用瑞典阿特拉斯·科普柯公司制造的H126双臂液压凿岩台车，钎杆长4.3m，钎头直径φ38mm（柱齿形），炮孔深度不小于2.5m。根据进路顶板和两帮介质的不同，通常布置40～50个炮孔，采用楔形掏槽。爆破采用φ32mm卷状2号岩石乳化炸药，连续装药，半秒差非电塑料导爆管起爆，8号工业火雷管引爆。出矿采用美国埃姆科公司制造的 EIMCO928 铲运机，斗容 6m³，额定载重量 13.6t，盘区平均运距 200m，出矿能力 60~120t/h，矿石通过铲运机运至脉外盘区矿石溜井。

盘区通风采用压、抽混合式通风。新鲜风流经分段巷道两端的进风井进入分段巷道，再经分层联络道、分层巷道进入回采进路；污风经采场内预留的充填回风井排至主充填回风系统。

为使盘区回采工作连续进行，以及有效控制盘区内回采过程的地压活动，采取强采强充的方针，正常情况下盘区内只留 2~3 条进路同时回采，进路回采结束后，立即准备充填。充填前先清理干净进路内的残留矿石，用 ϕ6.5mm 的钢筋网敷设底筋，网度 400mm×400mm，顶底板间吊挂 ϕ6.5mm 竖筋，网度 1200mm×1200mm，顶板打锚杆固定充填管路（每节 ϕ100mm 塑料管长 4m）。在进路口用粉煤灰空心砖封口，并喷射 30~50mm 厚的混凝土。进路充填采用 3mm 的棒磨砂胶结充填，进路分两步骤充填，先充填进路底部，灰砂比 1∶4，后充填进路上部，灰砂比 1∶8，充填料浆浓度 77%~79%。

主要技术经济指标为：盘区生产能力 600~700t/d，凿岩台车效率 139~278m/台班，铲运机效率 250~300t/台班，损失率 5%，贫化率 7%。

16.5.4.3　焦家金矿下向进路高水充填采矿法

A　采场构成要素及回采

（1）采场构成要素。采场沿走向布置，长度为 60~90m，宽度为矿体水平厚度，高度为中段高度 40m，采场内进路均垂直矿体走向布置，进路设计规格（宽×高）为 (3.0~3.5)m×(3.0~3.5)m。

（2）采切工程。采矿方法如图 16-29 所示，由主斜坡道掘下盘脉外分段平巷，由分段平巷掘分层联络巷至矿体下盘，同时在分层联络巷附近适当位置掘通风充填井及出矿溜井，之后在矿体下盘拉出下盘沿脉巷，采切工程完成。

（3）回采工作。采场内进路垂直矿体走向布置，回采顺序是由两翼向中央后退式顺序回采，每条进路回采完毕，应制作钢筋混凝土假底并用配比为 6% 的高水固结材料充填至接顶。

回采过程中，用 YT-27 气腿式凿岩机打眼，眼深 1.8~2.0m，用非电导爆管起爆，2号岩石炸药爆破，每循环进尺 1.5~1.8m，采场用 ST-2 铲运机将进路内的矿石铲运到矿石溜井中。

B　充填

（1）钢筋混凝土假底的制作：

1）当采场进路回采后，将底板整平并垫少量碎矿压实，同时将相邻进路假底的预留钢筋全部揭露出来。侧帮为岩体时，要在距底板 1.0m 高的岩体中打眼并镶入涨壳式锚杆（眼距 1.0~1.5m，眼深 0.5m）；侧帮为矿体时，将横筋预留约 0.5m 长。

2）在铺设钢筋网之前，先在进路底板上铺一层塑料薄膜（防止水泥浆液损失），然后按制作钢筋混凝土的规范要求制作成 150 号的人工假底（最小钢筋网度 300mm×300mm，混凝土厚度 400mm）。

3）人工假底制作完毕后，应有 8h 以上养护期方可进行充填作业。

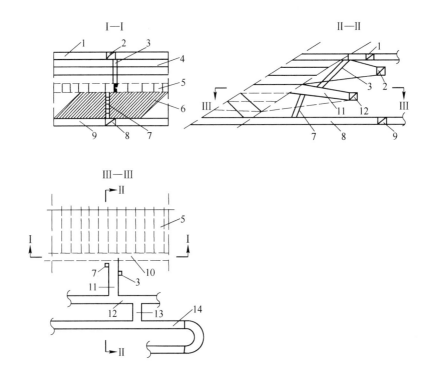

图 16-29　下向进路充填采矿法示意图

1—回风巷；2—穿脉；3—通风充填井；4—充填体；5—设计进路；6—未回采矿体；7—出矿溜井；
8—出矿巷道；9—中段大巷；10—下分段沿脉巷道；11—下分段联络巷道；12—下分段平巷；
13—分段联络巷道；14—主斜坡道

（2）充填管路架设及隔离墙（木板墙）封闭。混凝土假底制作完毕，即可架设充填管和排气管，两管均悬吊于进路的最高处，排气管口略高于充填管口，这样可保证最大限度接顶，然后在待充进路外口封闭木板墙。高水充填与胶结充填比较，木板墙制作的不同之处在于：1）需一次性连续充填直至接顶，木板墙则需一次性牢固封闭；2）高水充填不需脱水，木板墙需用塑料薄膜密封。

（3）充填工序。如图 16-30 所示，焦家金矿高水充填工艺是选用高水速凝材料代替水泥作为胶凝剂，用分级尾砂作为骨料，进行高水固结尾砂充填。高水速凝材料选用铝矾土、石灰和石膏为主要原料，配以多种无机原料和添加剂配制成甲、乙两种固体粉料，在充填时将甲、乙两种粉料分别加入两套均盛有尾砂浆的搅拌筒内，分别搅拌成甲、乙两种浆液，再由两套泵送系统同步输送至采场，然后在采场内通过三通混合器将两种浆液均匀混合并充入待充空区，充填料浆不需脱水即可很快形成一定强度的充填体。

该矿充填制备站建有自动化控制系统，充填工艺参数（流量、浓度、时间、充填量）可由该系统自动显示并加以控制，充填时只需将待充空区体积数据输入该自动控制系统，即可顺利完成充填作业。选用 6% 的高水材料充填一次性接顶，其充填体强度、接顶效果完全满足安全回采需要，且"两率"指标也得到较大提高。

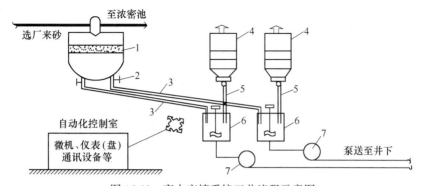

图 16-30　高水充填系统工艺流程示意图

1—砂门；2—阀门；3—放砂管；4—甲乙料仓；5—放料管；6—搅拌筒；7—输送泵

C　应用评价

高水充填的主要优点表现在：

（1）高水充填采用同一配比可一次性连续充满空区，不仅减少了充填次数，更有利于提高充填浆体浓度（重量浓度达 68%~70%），相应地提高了充填体强度。

（2）高水充填接顶效果理想，增强了顶板的稳定性，改善了采场作业安全条件，减小了采矿损失，适宜于破碎矿体的回采。

（3）充填能力大，充填体在采场内速凝早强、养护期短，缩短了采场作业循环时间，从而间接地提高了采场生产能力。

（4）高水充填整体性能好，侧帮直立性强，可减小矿石贫化。

（5）充填过程不需脱水，改善了采场作业环境，减少井下排泥工作量。

主要缺点有工艺相对复杂、技术要求较高、成本偏高等。

如果能够采取措施，适当降低充填成本（譬如在保证假底安全条件下，适当降低混凝土厚度；或在保证充填浓度情况下，适当降低高水材料配比等），其应用前景将更加广泛。

16.6　分采充填采矿法

16.6.1　工艺技术特点

当矿脉厚度小于 0.3~0.4m 时，若只采矿石，工人无法在其中工作，必须分别回采矿石和围岩，使其采空区达到允许工作的最小厚度（0.8~0.9m）。采下的矿石运出采场，而采掘的围岩充填采空区，为继续上采创造条件。这种采矿法称为分采充填法（也叫削壁充填法）。

这种采矿法常用来开掘急倾斜极薄矿脉，矿块尺寸不大，一般为阶段高度 30~50m，矿块长度 50~60m；顶柱高度 2~4m，底柱高 2~4m，品位高及价值高的矿石，可以用钢筋混凝土作底柱而不留矿石底柱；分层高度 1~2m，溜井间距用铲运机出矿为 20~30m，用电耙出矿为 20~25m。

采准工程主要是运输平巷，人行天井和溜井，切割工程是拉底平巷。运输巷道一般切下盘岩石掘进，便于更好地探清矿脉。天井布置有两种方式：一种为中央先行天井与一侧

（或两侧）顺路天井（图 16-31），另一种为采场一侧先行天井、另一侧顺路天井（图 16-32）。为了缩短运搬距离，常在矿块中间设顺路天井（图 16-33）。

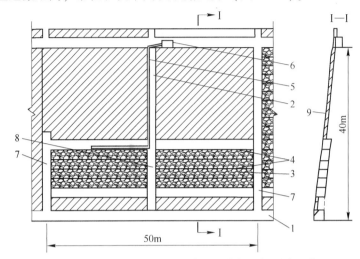

图 16-31 分采充填法（中央先行天井与两侧顺路天井）
1—阶段运输平巷；2—先行天井；3—充填体；4—混凝土垫层；5—混凝土输送管；6—混凝土喷射机；
7—顺路天井；8—溜井；9—矿脉

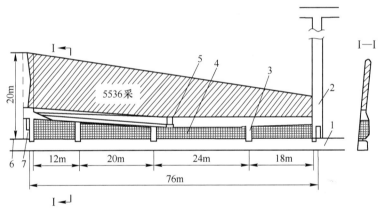

图 16-32 分采充填法（一侧先行天井，另一侧顺路天井）
1—阶段运输平巷；2—先行天井；3—溜井；4—充填体；
5—电耙绞车；6—钢筋混凝土底柱；7—顺路天井

自下向上水平分层回采时，可根据具体条件决定先采矿石还是先采围岩。当矿石易于采掘，有用矿物又易被震落，则先采矿石；反之，先采围岩（一般采下盘围岩）。

先崩矿石时，由于脉幅薄，夹制性大，宜采用小直径钻机钻凿深度不超过 1~1.5m 的浅孔，孔距 0.4~0.6m，矿脉厚度小于 0.6m 时，采用一字形布孔；大于 0.6m 时，采用之字形布孔。为了减少崩矿对围岩的破坏、降低矿石贫化，采用小直径药卷或间隔装药等措施进行爆破。在落矿之前，应铺设垫板（木板、铁板、废运输带等）或喷射混凝土垫层，以防粉矿落入充填料中。为了提高崩矿质量，在一个回采分层内可采取分次崩矿措施。

在崩落围岩时，一般采掘下盘岩石，并按分层高度一次凿岩爆破，爆破参数值比崩矿

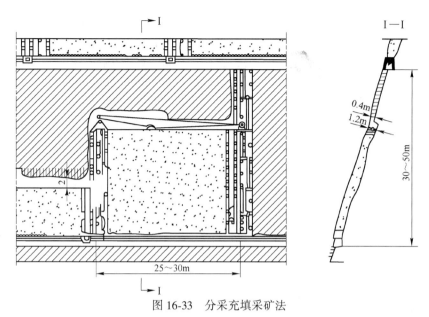

图 16-33　分采充填采矿法

的要大些。要使崩落下的围岩刚好充满采空区，则必须符合下列条件：

$$M_y K_y = (M_a + M_y) k$$

即

$$M_y = \frac{M_a k}{K_y - k} \qquad (16-1)$$

式中　　M_y——采掘围岩的厚度，m；

　　　　M_a——矿脉厚度，m；

　　　　K_y——围岩崩落后的松散系数（1.4~1.5）；

　　　　k——采空区需要充填的系数（0.75~0.8）。

由于矿脉很薄，开掘的围岩往往多于采空区所需充填的废石，此时应设废石溜井将多余废石运出采场。当采幅宽度较大（1.0~1.3）时，可采用耙斗为 0.15m³ 的小型电耙运搬矿石和耙平充填料。应用分采充填法的矿山，为了给回采工作面创造机械化条件，可增大采幅宽度（1.2~1.3m）。

用分采充填法开采缓倾斜极薄矿脉时，一般逆倾斜作业。回采工艺和急倾斜极薄矿脉相似，但充填采空区常用人工堆砌，体力劳动繁重，效率更低。可用电耙和板式输送机在采场内运搬矿石，采幅宽度一般比急倾斜矿脉要大。

这种采矿法在铺垫板质量达不到要求时，矿石损失较大（7%~15%）；矿脉很薄落矿时，不可避免地带下废石混入矿石中，贫化率较高（15%~50%）。因此，铺设垫板的质量好坏是决定分采充填法成败的关键。

尽管这种方法存在工艺复杂、效率低、劳动强度大等缺点，但对开采极薄的贵重金属矿脉，在经济上仍比混采的留矿法优越。提高技术经济指标需要适合于窄工作面条件下作业的小型机械设备和有效的铺垫材料和工艺。

16.6.2　应用实例

16.6.2.1　金渠金矿削壁充填采矿法

A　地质概况及开采技术条件

金渠金矿床位于老鸦岔复背斜中段北翼，西阴—雷家坡次级向斜南翼和北翼。矿区内出露地层为太古界太华群间家峪组和观音堂组。间家峪组地层岩性为花岗质混合片麻岩、条痕状黑云混合片麻岩、黑云角闪斜长片麻岩、黑云斜长片麻岩；观音堂组地层岩性主要为长石石英岩、黑云角闪斜长片麻岩、黑云斜长片麻岩。矿区内断裂构造发育，以近东西向韧性断层为主，沿断裂构造带发育的构造岩主要有碎裂岩和糜棱岩类。

矿区内岩浆岩发育，主要有黑云母花岗岩、含角闪石黑云母花岗闪长岩、片麻状花岗岩、混合花岗岩、花岗质伟晶岩、辉绿岩脉及少量辉绿玢岩脉。围岩热液蚀变有绢云母化、硅化、碳酸盐化、钾长石化以及黄铁矿化、多金属硫化物矿化等，与成矿关系密切是硅化、黄铁矿化及多金属硫化物矿化。

采场矿体为含金黄铁矿石英脉型，呈单脉产出，其特征为走向 85°，倾向北西，平均倾角 25°，上部有变陡趋势，沿走向西缓东陡。矿脉走向长 78m，平均厚 0.35m，矿石品位 15.23g/t，矿化类型为含金石英脉型。矿体围岩为花岗岩，$f=10\sim12$，局部上盘有 1 层闪长岩脉，略有矿化。矿岩界线清楚，爆破易于分离，无夹石现象。岩石自然安息角 38°。矿体水文地质条件简单。

B 削壁充填采矿法矿块构成要素

矿块沿矿脉走向布置，矿块长 40m，矿块阶段高 25m，矿块斜长 40m，留不连续间柱，留高 2.5m 的顶底柱。也可以采用人工假底。

削壁充填采矿法如图 16-34 所示。

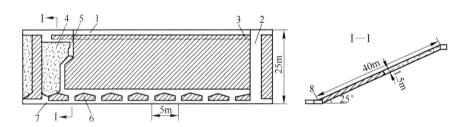

图 16-34 削壁充填采矿法示意图
1—上中段平巷；2—采准上山；3—顶柱；4—充填体；5—作业空间；6—底柱；
7—运输平巷；8—电耙硐室

C 采准切割工程布置

利用阶段沿脉巷道作为矿块的出矿巷道。采准上山沿矿体倾向方向上掘 40m 至上部阶段水平，其规格为 2.0m×1.8m。在沿脉巷道内，间隔 5m 掘进规格为 2.0m×1.5m 的放矿漏斗和 2.0m×1.5m 的电耙硐室，工程总长度 35m。

为了加快采切工程施工进度，可采用 2 台凿岩机同时作业，各工程平行、交替施工。

D 回采工艺

(1) 回采方式。采用壁式连续回采，回采作业面与矿体走向垂直，矿岩分次爆破，先削下盘围岩，后落矿。回采由一侧向另一侧推进。每个回采分条自上而下沿矿体倾斜向下连续回采，直至本阶段水平，分条宽度 1.0~1.1m。采用定向抛掷爆破进行削壁充填后，再采用松动爆破技术进行落矿，采场顶板以充填料作为永久支护，并配合木立柱或水泥卷锚杆进行辅助支护（局部支护）。

（2）爆破参数的确定：

1）凿岩作业方式。回采以分条为回采单元，采用削壁孔与沿矿体走向推进工作面成35°~40°的凿岩作业方式。

2）设备和技术条件。根据矿山现有设备和凿岩爆破技术基础，采用 YT-27 型浅孔凿岩机，钎头直径为 38~40mm。采用 2 号岩石炸药，药卷直径 32mm、长 200mm，每个药卷质量 0.15kg。

3）削壁定向抛掷爆破技术特点。在削壁层内钻凿彼此平行的炮孔，利用靠近削壁底板的炮眼和中间的炮眼组成柱状平面药包，采用同时起爆进行定向抛掷爆破，每次爆破不仅要把抛掷药包平面所包围的大部分岩石抛到采空区内，而且还要将靠近矿脉炮孔进行松动爆破的大部分岩石也带走，采用合理的抵抗线控制抛掷速度，获得足够的抛掷距离，以合理的抛角控制抛掷方向，从而获得较理想的抛掷充填效果。削壁定向抛掷爆破充填见图16-35。

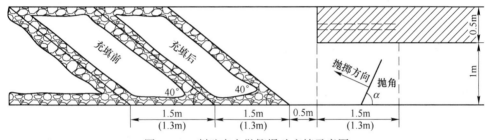

图 16-35　削壁定向抛掷爆破充填示意图

4）抛掷距离和抛掷角度。抛掷距离是指岩石被抛掷的水平距离；抛掷角度是指抛掷平面与水平面的夹角。根据回采工艺要求，抛掷水平距离为 2~4m，抛角取 65°~75°（抛掷角度是个主要参数，影响抛掷爆破充填接顶效果，因此在回采过程中，应根据实际情况，逐步确定最佳抛角值，从而达到设计要求的抛掷爆破充填效果）。

5）炮眼排列、装药结构及起爆顺序。由于削壁层空间小，给定向抛掷爆破造成很大难度，为了达到对上部矿层震动小和产生较好的定向抛掷效果之目的，每排布置 3 个炮孔，上部靠近矿体的炮孔为松动爆破炮孔，下部两个炮孔组成平面药包，称为抛掷爆破炮孔。

炮孔排列形式为弧形，这样不仅能改变松动爆破药包最上抵抗线方向（远离矿体），爆破对矿体震动小，而且也能使下部抛掷爆破炮孔具有合理的抛角，从而产生较理想的抛掷效果。炮孔采用连续装药结构，松动炮孔装药系数为 0.22~0.24，抛掷炮孔装药系数为 0.55~0.6。采用秒差塑料导爆管进行分段起爆，排内先爆松动孔，后爆抛掷孔。起爆药包为孔底第二个药包。

在回采作业过程中，削壁孔与落矿孔一次凿完，落矿孔沿矿体走向布置，先起爆削壁孔，清完工作面后再同段一次起爆落矿。由于矿体较薄，落矿孔采取宽间距的松动爆破，炮眼的装药量和炮眼数以不破坏上盘围岩的稳定性、尽量少产生粉矿及控制矿石不飞入充填体内为原则，使其爆破后产生合理的块度，以减少粉矿损失。落矿爆破参数确定为：孔深 1.3~1.5 m，装药系数 0.28~0.3，单孔装药量为 0.23kg。

6）单位炸药消耗量，最小抵抗线。根据抛掷爆破原理和参数及岩石物理力学性能，确定单位炸药消耗量；根据爆破试验结果分析，确定最小抵抗线；根据炮孔长度与夹角确定炮孔排距。在炮孔夹角 35°~40°，炮孔长度 1.6~1.8m 和最小抵抗线 0.6~0.7m 的条件下，确定炮孔排距为 1.0~1.2m，单位炸药消耗量为 0.38~0.4kg/t。

（3）矿石运搬。根据矿块倾斜长度，落下的矿石经由电耙耙至阶段巷道装车运出。电耙出矿完毕，崩落下的底板粉矿需人工进行清理回收。采取废旧胶带铺垫方式，胶带顺荐搭接，搭接长度 20~30cm。电耙电机功率 14~30kW。

（4）通风工作。采场通风新鲜风流由沿脉巷道，经由矿块底部结构进入回采工作面，污浊风流经由矿块上中段回风巷道排出。

（5）采场顶板维护。由于采场顶板围岩稳固性较好，局部地段顶板围岩水平构造弱面较发育，当暴露面积较大时，顶板容易冒落。采用削壁充填采矿法开采后，一是缩短了回采分条宽度（1.0~1.1m），二是利用抛掷爆破对空区进行削壁充填（永久支护），因而顶板地压控制较横撑支柱法优越。但因其控顶距也为 3.5~4.0m，为确保回采安全，尤其遇顶板较破碎时，仍需为顶板进行临时支护。随着工作面的推进，对局部不稳定的顶板采用水泥卷锚杆和木立柱进行支护。锚杆支护网度为 0.9m×0.9m，锚杆长度为 1.8~2.0m。杆体采用直径小于 16mm 螺纹钢，锚固长度 400~600mm，单根锚固力大于 78.4~98kN。木立柱采用直径为 20cm 的圆木，支护间距 1.5~2m。

E　主要技术经济指标及分析

削壁充填采矿法试验取得的主要技术经济指标和作业成本见表 16-6、表 16-7，采矿方法经济效益比较见表 16-8。

表 16-6　主要技术经济指标

项目	指标
矿块生产能力/t·d^{-1}	50.5
矿块出矿能力/t·d^{-1}	23.11
采矿台效/t·(台班)$^{-1}$	25.25
采矿工效/t·（工班）$^{-1}$	3.88
采矿损失率/%	5
矿块贫化率/%	35.12
主要材料消耗：炸药（kg/t）	0.57
导爆管（个/t）	0.78
钎钢（kg/t）	0.06
合金片（个/t）	0.033

表 16-7　采矿直接作业成本

项目费用	指标/元·t^{-1}
炸药	2.85
导爆管	1.25
成品	0.54
合金片	0.90
木材	2.22
轻轨	1.35
其他材料	3.00
电	2.8
风	3.07
工人工资	21.03
合计	39.01

16.6.2.2　金厂沟梁金矿削壁充填采矿法

A　概述

金厂沟梁金矿矿床为中低温热液充填矿床，矿脉整体呈脉状、透镜状，走向及倾向连续性较好，局部分支复合较多，薄厚变化较大，矿体产于太古界变质岩中，倾角 70°~85°，脉厚 0.17~0.87m，属急倾斜极薄矿脉，矿岩界线清楚。矿石和围岩比较稳固，但崩下的矿石有黏结性，开采难度较大。

表 16-8 采矿方法经济效益比较

项目	削壁充填采矿法	全面留矿采矿法	项目	削壁充填采矿法	全面留矿采矿法
矿块工业矿量/t	1562	1562	产金量/kg	22605	20206
地质品位/$g \cdot t^{-1}$	15.23	15.23	金价/元·g^{-1}	200	200
采矿损失率/%	5	15	产值/万元	429	380
采下矿石量/t	5162	4551	采矿成本/元·t^{-1}	39.01	30.05
出矿量/t	2288	4551	采矿增加费用/万元	16.08	
矿石贫化率/%	35.12	70.82	综合成本/元·t^{-1}	246.79	138.11
出矿品位/$g \cdot t^{-1}$	9.88	4.44	选运费用/万元	44.18	85.91
选冶回采率/%	95	94	节约总费用/万元	32.04	

B 矿块布置及构成要素

在沿脉巷道中，沿矿体走向布置长 40~60m，高为阶段高 40m，利用中央探矿天井作为矿块回采时通风回路，两侧架设行人顺路，在下部沿脉巷道中每隔 8~12m 布置 1 个放矿溜井。在不留底柱时，沿脉上挑 2.5m 高，出净矿石后，利用厚 0.45m 钢筋混凝土假底代替底柱。在留有底柱时，底柱高度为 3m，水平掘进一条断面 1.2m×2m 的拉底巷道，作为回采空间，完成上述采准工程后，开始自下而上沿脉回采，见图 16-36。

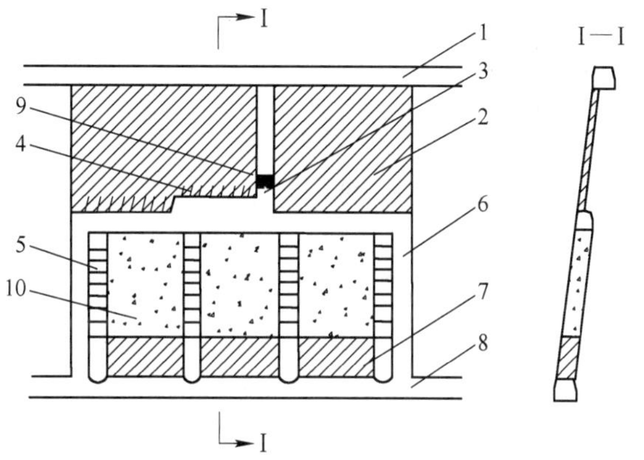

图 16-36 削壁充填采矿法示意图
1—上部运输巷道；2—矿体；3—中央天井；
4—二次掏槽炮孔；5—溜井；6—顺路天井；
7—底柱；8—底部运输巷道；9—安全棚；
10—充填

C 采场回采工艺

从拉底巷道开始自下而上分层回采，其主要工艺循环为胶垫铺设、掏槽落矿、选矿运搬、溜井支护、充填平场。

（1）胶垫铺设。为减少矿石损失，在落矿前，把长 1.5~2.0m、宽 0.8~1.0m 的废旧胶垫铺设在平整好的充填料上部，要求胶垫之间有 20cm 以上的搭接，并且根据落矿时炮眼方向辅设过梁胶垫。

（2）掏槽落矿。在铺设好的胶垫上，用 7655 型凿岩机向上凿岩，当矿脉厚度小于 0.3m 时，采用"一"字形炮孔，当厚度大于 0.3m 时，采用"之"字形炮孔，炮孔间距 0.4~0.45m。爆破采用 4 号抗水硝铵炸药，非电导爆管微差爆破，每次循环分为三个梯段，即一段一次掏槽落矿、一段二次掏槽落矿、一段削壁充填。为控制好掏槽形状，炮孔深度为 0.4~0.6m，两次掏槽总深度为 1.0~1.2m，见图 16-37。

（3）选矿运搬。选矿时把大于 15cm 以上的矿石破碎后送入溜矿井内，同时要把大于 10cm 以上的废石选出作为充填料。待铺垫上的矿石全部回收干净，撤出胶垫为削壁充填做准备。

（4）溜井支护。当上采高度达 1～1.2m 时，用直径为 1.0m、高 0.5m，铁皮厚 1.2～1.5mm 的圆形铁溜子进行支护，每节铁溜子上下三点连接，同时装满矿石，用铁格筛和小块铺垫棚严溜井口，防止爆破冲击波使铁溜子错位及大块废石进入溜井造成矿石贫化，两侧行人顺路采用木支护。

（5）充填平场。根据围岩稳固情况，采用爆破下盘围岩进行削壁充填。取足充填料，平整场地，进入下个采矿工艺循环。

16.6.2.3 削壁充填采矿法几种变形方案简介

A 电耙削壁采矿法

矿脉在整个采场走向变化不大、产状较稳定时，采用体积小、质量轻、移动方便的 7.5kW 小型电耙，利用上向倾斜（5°～6°）工作面耙矿，提高了采矿生产能力，减轻作业人员笨重的体力劳动。

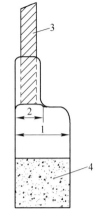

图 16-37 采场掏槽示意图
1—采幅宽度；2—掏槽宽度；
3—矿体；4—充填料

B 外取料干式充填采矿法

矿脉厚度大于 1.0m 时，上下盘围岩稳固性较差，利用充填采准井，在上部中段取充填料进行充填，解决了回采时不允许有较大的暴露面积而影响安全生产的问题。

C 层面小硐取料充填采矿法

矿脉变化较大、局部矿脉厚度大于 1.0m，且围岩不稳固条件下，在下盘垂直矿脉走向上打小硐充填，控制了局部地段的采幅宽度。

16.7 空场嗣后充填法

16.7.1 工艺技术特点

空场嗣后充填法属于空场法与充填法联合开采方法，采场结构参数、采切工程布置以及回采工艺与空场法相同，只是增加了充填工序。根据空场法回采工艺的不同，采空区处理可以采用胶结和非胶结充填。由于空场法开采的矿岩条件一般都要求比较稳固，所以应尽可能采用非胶结充填，以降低充填作业成本。一般来说，当矿柱不需要回收而作为永久损失时，采空区可采用非胶结充填。

空场嗣后充填法的类别主要有分段空场嗣后充填法、大直径深孔空场嗣后充填法（含 VCR 法）。此外，还有房柱法、阶段矿房法、留矿嗣后充填法等。

分段空场嗣后充填法和大直径深孔空场嗣后充填法的采矿效率较高，应用范围较大。一般矿体厚度小于 15～20m 时，沿走向布置矿块；矿体厚度大于 15～20m 时，垂直走向布置矿块；如矿体厚度特别厚大，超过 50～60m 时，可划分为盘区开采（如 100m×100m、150m×150m 的盘区）。

垂直走向布置矿块时，一般采用"隔三采一"或"隔一采一"。矿块宽度根据矿体和围岩的稳固性来确定，以 8～15m 为宜；当有一侧是矿体时，矿块需要胶结充填；当侧边矿块均已用胶结充填后，矿块可采用非胶结充填；当一个矿块的充填体需要为相邻的矿块提供出矿通道时，其底部约10m高需采用较高灰砂比的胶结充填料充填。

空场嗣后一次充填量大，有条件采用高效率的充填方式，但充填体必须具有足够的强度和站立高度，以保证回采过程中不因充填体的塌落造成过大的损失和贫化。

空场嗣后充填法的出矿一般采用铲运机，铲斗容积一般为 $3 \sim 10 m^3$。铲运机越大，采场的综合生产能力就越高。采场的底部结构主要有两种方式，一种是平底结构，另一种是堑沟式结构。采用平底结构时，在大量出矿后，为了清除采场的剩余矿石，必须采用遥控铲运机进行清底。采用堑沟式结构时，原则上不需要遥控铲运机，但留下底柱不易回收。

加强出矿速度，采用强采、出矿、强充，对于减少采场贫化是有益的，对于以后相邻采场的回采也是有利的。该方法中遥控铲运机的使用较为普遍，如加拿大 Brunswick 矿，采用遥控铲运机出矿量占 80% 以上。

采场出矿完毕即进行充填准备和充填作业。充填准备工作包括打隔墙，在采场内布置泄水管。分段空场嗣后充填法充填时隔墙较多，按安庆铜矿的经验，采场内的泄水管可采用波纹管，其上钻许多泄水眼，用漏水布缠绕，然后沿采场壁悬吊，并引至隔墙外。为了解决采场脱水的问题，最好的方法是采用膏体充填，使采场内不需脱水，并且可以较好地接顶。

当采用水力充填时，充填挡墙的构筑应当特别小心，充填挡墙承受的压力与采场的脱水是否良好有很大关系。为了安全起见，水力充填采场一般要分几次充填，以避免充填挡墙承受过高的饱和水压力。当采用膏体充填时，一般先采用含水泥比例较高的充填料，充填至出矿点眉线以上的高度，然后再以水泥含量较低的充填料，进行采场其余部分的充填。

国外部分矿山分段或阶段空场嗣后充填采矿法的基本尺寸，如表16-9所示。

表16-9　国外部分矿山分段或阶段空场嗣后充填采矿法的基本尺寸

矿山名称	矿体	采场尺寸/ft				矿柱/ft	运输道间隔/ft
		宽度	长度	高度	分段高度		
Kidd Creek（Belford，1981）	大型硫化矿	79	98	299	98	70~98	397
Torman（Matikainen，1981）	大型石灰石	148~164	328~492	328	49~164	148~164	
Rio Tinto（Botin and Singh，1981）	大型硫化矿	66	66~164	131~236	131~236	41	174~276
Mt. Isa（Goddard，1981）	层状硫化矿	82~164	98	410~820	66	82	574~984
Luanshya（Mabson and Russel，1981）	层状硫化矿	39	39	115	36	16~32	164~230

注：1ft=0.3048m。

16.7.2　应用实例

16.7.2.1　冬瓜山铜矿大直径深孔空场嗣后充填法

A　地质概况

冬瓜山矿体位于青山背斜的轴部，赋存于石炭系黄龙组和船山组层位中，呈似层状产出。矿体产状与围岩一致，与背斜形态相吻合。矿体走向 NE35°~40°，矿体两翼分别向北西、南东倾斜，中部倾角较缓，而西北及东南边部较陡，最大倾角达 30°~40°。矿体沿走向向北东侧伏，侧伏角一般 10°左右。矿体赋存于 -690~-1007m 标高之间，地表标高 +50~+145m，埋藏深。1 号矿体为主矿体，其储量占总储量的 98.8%，矿体水平投影走向长 1810m，最大宽度 882m，最小宽度 204m，矿体平均厚度 34m，最小厚度 1.13m，最大厚度 100.67m。矿体直接顶板主要为大理岩，矿体底板主要为粉砂岩和石英闪长岩。矿体主要为含铜磁铁矿、含铜蛇纹石和含铜矽卡岩。矿石平均含硫 17.6%，硫铁矿中局部有少量胶状黄铁矿。

地表有大量的工业设施、民用建筑、道路和大面积高产农田，需要保护，地表不允许冒落。

B 采矿方法

矿体厚大部分采用大直径深孔嗣后充填采矿法。将矿体划分为盘区，盘区尺寸为 100m×180m，每个盘区内布置 20 个采场，采场长 50m、宽 18m，矿房、矿柱按"田"字形布置，采场高度为矿体厚度。采场沿矿体走向布置，使采场长轴方向与最大主应力方向呈小角度角相交，让采场处于较好的受力状态，以利于控制岩爆。采场回采顺序采用间隔回采，从矿体中部开始，垂直矿体走向按"隔三采一"方式向两翼推进。

沿矿体走向每隔 200m 分别在顶底板各布置一条采准斜坡道，每条采准斜坡道服务其两侧的盘区。从采准斜坡道掘进联络斜坡道通向盘区出矿穿脉，出矿穿脉布置在盘区中间，回风穿脉设在盘区两侧，在每个盘区设 1~2 条矿石溜井。从采准斜坡道掘联络斜坡道通向盘区凿岩穿脉，凿岩穿脉和凿岩硐室布置在盘区中间矿体顶盘围岩中，回风穿脉布置在盘区两侧。

回采凿岩选用 Simba261 高风压潜孔钻机钻凿下向垂直深孔，炮孔直径 ϕ165mm。炮孔间距和排距为 3.0~3.5m，一次钻完一个采场的全部炮孔，分次装药爆破，爆破采用普通乳化炸药。以采场端部的切割天井和拉底层为自由面倒梯段侧向崩矿形成切割槽，以切割槽和拉底层为自由面倒梯段侧向崩矿。崩落下的矿石用 EST-8B 电动铲运机装卸入矿石溜井，铲运机斗容 5.4~6.5m³，采场残留矿石采用遥控铲运机回收。

采矿通风的新鲜风流由采准斜坡道经联络斜坡道进入工作面，污风经回风穿脉排到回风巷道，每个工作面均形成贯穿风流通风。

嗣后充填作业在采场出矿完毕后进行充填准备工作，从采场凿岩巷道吊挂外包滤布的塑料波纹泄水管，在出矿进路中构筑充填泄水挡墙，充填泄水挡墙采用钢筋柔性挡墙。充填料浆用充填管输送到采场凿岩巷道，从充填天井或残留炮孔进入采场。掘进废石通过坑内卡车运到充填巷道，从充填天井与尾砂同时卸入充填采场。大直径深孔空场充填法如图 16-38 所示。

C 主要技术经济指标

盘区综合生产能力 2400t/d，凿岩设备效率 40m/台班，铲运机出矿效率 800t/台班，贫化率 8%，采切比 80m³/kt。

16.7.2.2 巴基斯坦杜达铅锌矿分段空场嗣后充填采矿法

A 矿山开采技术条件

矿床赋存于产状近南北向的两翼不对称向斜地层中，向斜轴向北以西 30°倾角侧伏，

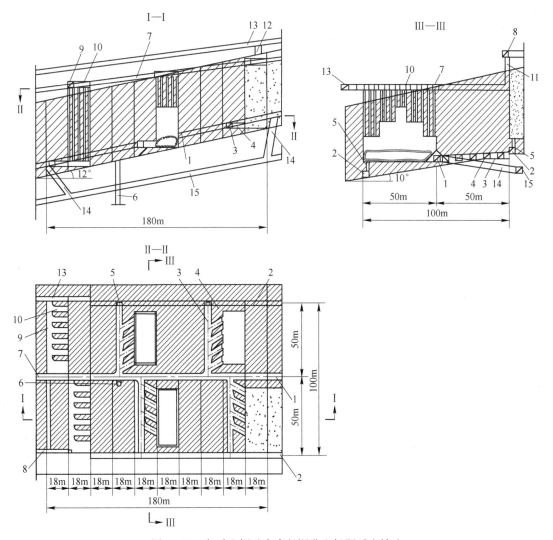

图 16-38　冬瓜山铜矿大直径深孔空场嗣后充填法

1—出矿水平出矿穿脉；2—出矿水平回风穿脉；3—出矿巷道；4—出矿进路；5—出矿回风天井；6—溜井；
7—凿岩水平凿岩穿脉；8—凿岩水平回风穿脉；9—凿岩巷道；10—凿岩硐室；11—凿岩回风天井；
12—充填天井；13—凿岩充填水平采准斜坡道；14—出矿水平联络斜坡道；15—出矿水平采准斜坡道

局部为 45°，向斜西翼发育，倾角较陡，约 50°~80°。矿化带投影延展范围南北方向为
1100m，向北尚未封闭；东西宽约 200m，分别被 DUDDAR 断层和 SPINGWAR 断层切断。
矿体埋深在地表以下 75~1000m。中段矿化带的水平走向长度一般在 300~450m。根据矿
床赋存特征，矿化区分为以下三个矿段，即层状矿段、网脉状矿段和层状网脉状混合矿
段。层状矿带的顶板包含厚度不等的泥岩和泥质石灰岩，即 Plat3 Member。顶板围岩 RQD
值 40%~90%，$Q=2$~24，典型的顶板条件为好（即 $Q=24$）。矿床向北，网脉矿段取代了
层状矿段。网脉矿段向北侧伏，一直延伸到 SPINGWAR 和 UDDAR 断层交汇处，其 RQD
值为 40%~100%，$Q=1.3$~30，典型 Q 值为 25，网脉矿的稳固性一般为好到很好，但是
这种情况随时可能因有断层或者局部有脱钙互层泥岩而变化很大。其顶板为泥岩和泥灰

岩。矿体的直接下盘围岩为 Bambh Member（AB），其主要有灰岩和粉砂岩组成。该岩层的稳固性一般比较好。该岩层向下为 Loralai Formation，其 RQD 值为 40%～100%，$Q=4$～19.5，其稳固性为一般到好。

锌矿体厚度 6～30m，平均厚度 13.82m，倾角 0°～77°，平均倾角 55°，矿体平均走向长度为 63.33m，其中 100m 水平以上矿体平均厚度 9.14m，平均倾角 63°；网脉矿体厚度 7～90m，平均厚度 59m，矿体倾角 69°～87°，平均倾角 78°，平均走向长度为 60.82m。杜达矿床被很多大小断层所切割，风化层深度一般为 15～20m。由于受断层的影响，其开采技术条件变化较大，对于断层的强度和复杂性有待进一步调查研究。矿区地表有季节性河流经过，大气降水年最大量为 247mm；井下正常涌水量 4000m³/d，最大涌水量 6000m³/d。地下水呈酸性并具有一定腐蚀性。矿石含硫大约 30% 左右。岩石抗压强度为 20～100MPa，矿石为 15～200MPa。

B　采矿方法的选择

根据杜达矿段的特点，杜达铅锌矿主要采矿方法为三种，即点柱上向分层充填采矿法、分段充填采矿法、分段空场嗣后充填采矿法。点柱上向分层充填采矿法用于上部层状向斜轴部，倾角较缓（小于 50°）的矿体；分段充填采矿法主要用于 +100m 以上倾角较陡（一般要求大于 55°）、矿岩稳固性较好的层状矿体；分段空场嗣后充填采矿法主要用于 +100m 以下倾角较陡的网脉状矿体，其大部分倾角大于 75°，矿岩中等稳固。杜达铅锌矿三种采矿方法按采出矿量确定，大致比例为，点柱上向分层充填采矿方法占 13%，分段充填采矿方法占 25%，分段空场嗣后充填采矿方法占 62%。

C　分段空场嗣后充填采矿法

分段空场嗣后充填法主要用于杜达矿深部（地表 600m 以下，海拔 100m 水平以下）的急倾斜厚大网脉矿体，矿岩稳固性中等，大部分矿体倾角 70° 以上。分段高度 20m。设计留永久间隔矿柱，采用废石与全尾砂膏体联合充填，取消大量胶结充填以节约充填成本。

a　矿块布置与结构参数

矿块布置视矿体厚度而定，当矿体厚度小于 20m 时，沿走向布置；当矿体厚度在 20～40m 时，垂直走向布置；当矿体厚度大于 40m 时，垂直走向布置多个采场。设计考虑留下永久间隔矿柱，尽量减少胶结充填。中段自下向上回采最后一个分段高度为 14m，留 6m 作为顶柱不回收。构成要素：矿块沿走向布置，长 40m，矿体宽为 20m，留 3～4m 宽间柱。采矿方法示意见图 16-39。

b　凿岩与出矿设备

凿岩均采用 T-100 中深孔钻机，装药采用 BQF-100 装药器。采场天井、矿、废石溜井掘进使用 TDB16×16 天井爬罐和 YSP45 上向凿岩机，配移动式空压机。另外，部分平巷掘进使用 YT-28 手持凿岩机。采场出矿、分段掘进废石搬运，使用 Toro301D（3m³）柴油铲运机和 DKC-12（10t）坑内卡车，另配国产 2m³ 铲运机辅助作业。为确保采场出矿安全，部分铲运机配遥控装置。

c　采准切割工程

采切工程包括脉外采准斜坡道、分段巷道、出矿溜井联络道、矿石与废石溜井、分段出矿进路、拉底巷道、凿岩巷道、上部通风充填道和矿块一端切割天井等。每个分段设两

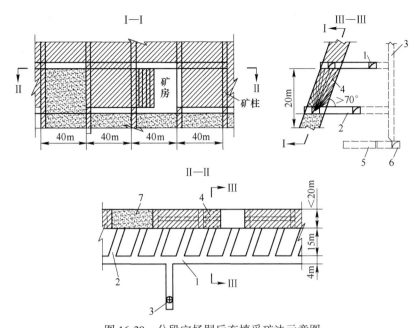

图 16-39 分段空场嗣后充填采矿法示意图

1—分段巷道；2—出矿进路；3—溜井；4—炮孔；5—穿脉；6—阶段运输平巷；7—充填体

个矿石溜井，一个废石溜井。左右几个矿块，可共用一条溜井。每一分段水平在下盘脉外距矿体约 15~20m 掘进下盘沿脉巷道，自下盘沿脉垂直矿体走向施工出矿进路（每个采场 2 条），随后在矿体内掘进拉底巷道。同时在上分段矿体内掘进凿岩回风巷道，并作为上分段回采时的拉底巷道。上下分段采准工程完成后掘进切割天井。

采切工程量及巷道规格见表 16-10。采切巷道根据不同岩石情况采用喷锚或喷锚网等支护形式。

d　回采

中段高度 100m，分段高度 20m，分段间的回采顺序由下至上，矿块的回采自切割天井自由面开始，形成切割槽。从矿块一端工作面后退式回采。

穿孔爆破。矿块内配 1 台 T-10 型中深孔凿岩钻机。切割槽采用平行炮孔布置，回采炮孔采用上向扇形布置，炮孔直径为 ϕ76mm，孔深为 16~17m。最小抵抗线为 1.6m，排距为 2.2m，孔底距 2.6m。采用 BQF-100 装药器装粒状铵油炸药，非电导爆系统起爆，侧向崩矿。每 4 排炮孔微差起爆，钻孔凿岩量 1144m，凿岩时间为 7.5d。吹孔装药崩矿、通风时间为 1.5d。

出矿。采用 Toro301D（3m³）柴油铲运机出矿，铲运机效率为 450~500t/台班，运距按 100~150m 考虑。铲运机把采场矿石铲运到分段巷道的矿石溜井，然后下放到下部主运输水平。为确保安全，眉线以内的矿石用遥控铲运机出矿。

每次崩矿为 11854t，出矿时间 8d。出矿过程中的大块，采用凿岩爆破处理。采场作业循环时间见表 16-11。

e　采切工程量及技术经济指标

分段空场嗣后充填法采场，采切比 281.53m³/万吨，每循环崩矿量为 11854t，循环时间 17d，采场综合生产能力为 697t/d，考虑影响因素，生产能力平均达到 600t/d。回采作业炸药单耗 0.3072kg/t，回采直接成本 3.42 美元/t，充填成本 1.35 美元/m³。

表 16-10　分段空场嗣后充填采矿方法采切工程量表

序号	项目	巷道长度/m		巷道断面/m	矿体内/m²	围岩内/m²	总体积/m²
		单长	总长				
1	出矿进路道	25	50	3329		478.5	478.5
2	凿岩巷道	40	40	3329	382.8		382.8
3	拉底巷道	20	20	3329	191.4		191.4
4	卸矿巷道	35	35	3329		334.9	334.9
5	切割天井	16.7	16.7	335	275.55		275.55
6	合　计						1663.2
7	矿石/m³				849.75		
8	废石/m³					813.45	
9	矿块矿量/t				66240		
10	矿柱矿量/t				11040		
11	矿石损失率/%				18		
12	矿石贫化率/%				8		
13	采出矿量/t				59040		
14	副产矿石率/%				4.97		
15	采切比/m³·万吨⁻¹				281.5		

表 16-11　采场作业循环时间表

作业内容	作业时间	总计
凿岩	7.5d	
装药、爆破、通风	1.5d	17d
出矿	8d	

f　采场通风

凿岩、出矿时开启局扇通风。新鲜风流由中段运输道，经脉外采准斜坡道和小风井进入分段巷道，由分段出矿联络道进入采场，清洗工作面后，污风经本分段上部分段出矿联络道。污风汇入本中段回风溜井，由回风斜井抽出地表。

g　采场充填与地压管理

为控制大范围的地压活动，防止地表下沉和保护地表河流、村庄、工业生活服务设施等，采空区充填采用废石与全尾砂膏体联合充填，采场出矿完毕，即进行采场充填。掘进废石尽可能充入空区，废石从掘进工作面用坑内卡车或铲运机通过上分段出矿进路直接运到充填采场。在采充不平衡时，可将废石存放于不再使用的溜井或稳固性好不需要充填的空场法采空区中，需要时再放出运至充填采场。剩余采场空区用全尾砂膏体充填。充填准备 1d，充填作业 23d。膏体充填设施主要包括地面充填制备站、充填钻孔和输送管路等设施。膏体充填料浆在地面制备站制成符合充填工艺要求的充填料浆后，通过膏体泵压输送，膏体料浆经充填钻孔、坑内中段平巷和分段巷道充入充填采空区。

废石与全尾砂膏体联合充填具有以下优点：

（1）使大量井下掘进废石得到有效利用，废石不出坑，不仅降低了提升与充填成本，而且减少了矿山生产对环境的污染和破坏。

（2）采用废石与全尾砂膏体联合充填，减少地面尾矿库的占地面积，而且达到了控制大范围的地压活动，防止地表下沉和保护地表设施的目的。

16.7.2.3 老厂锡矿分层空场嗣后块石胶结充填采矿法

A 矿体概况

老厂锡矿 14-5 号矿体是典型的接触带矽卡岩硫化矿床，埋藏深 300m 左右。地表位置为老厂大陡山一带，坑内为 4033 花岗岩墙以南东倾斜部，处于湾子街断裂尖灭部位两侧。断裂、节理、岩溶、裂隙较为发育，属于接触带的矽卡岩硫化物型多金属矿床，矿体形态在平面上呈等轴状展布。矿块为透镜体最大部位，最大厚度为 60m。矿石类型复杂，矿物组合多样，主要矿石为硫化矿、含矿矽卡岩、氧化矿、矿化花岗岩。顶板为大理岩，中等稳固，$f = 6 \sim 8$；底板为花岗岩和风化、半风化花岗岩，$f = 4 \sim 14$，硫化矿为致密状，坚硬，$f = 10 \sim 12$。开采储量为：矿石量 6.5 万吨，锡金属 828t，伴铜金属 236t。矿体含硫量较高，均达 22.74%，最高达 36.56%；含砷 0.84%，属于高硫易发火矿体，目前尚未发生过矿石自燃现象。

B 开采技术条件

老厂锡矿 14-5 号矿体上部已用上向式水平分层胶结充填采矿法回采，上下部之间留有 12m 的间柱。矿体呈盆状产出，向 NE 倾斜。矿体平均长 178m、宽 152m，最大厚度为 60m，倾角一般为 0°～20°，最大为 40°，为缓倾斜中厚矿体。除主元素 Sn 外，还伴生有 Cu、S、WO₃、Bi、As 等。脉外有可利用的主联道和相应的通风、排水、溜矿和废石运输存储系统，底部巷道建有沉淀水仓。

C 分层空场嗣后块石胶结充填采矿法

a 采准布置与结构参数

采准工程均布置在脉内，主进路沿矿体走向布置，矿房（柱）垂直走向布置；出矿进路高 3m，一个分层回采高 6m，进路回采宽 5～6m，分段高度为 18m，中段作业高度为 36m；矿房（柱）宽 5～6m、长 40～50m。每个分层有相通的溜矿、通风和排水系统。在上分层掘进一条沿走向布置的块石充填运输联道，在下分层沿走向掘进一条铲运机出矿联道；水平及向上分层的联道可在下分层的基础上挑顶形成。

b 回采工艺

先开掘上分层块石充填运输联道及下分层铲运机运输道，下分层回采矿房或矿柱的进路施工到位后与上分层联道贯通（形成第二个安全出口有利于回风）。每条回采进路中用 1.0m×1.0m 的锚杆网度实施护帮、护顶。按先采矿房后采矿柱的回采顺序由里向外按 3～5m 的步距逐条退采，当退采形成高 6m、宽 5～6m 的采场时，利用采场回采爆堆的高度对采场的顶板和两帮进行锚杆或加网支护，锚杆的网度视矿石的稳固程度而定。

每退采 5~10m 后由上分层块石充填联道下放块石充填，有效地减少采空区的暴露面积和控制地压。落矿采用手持式 YT-28 型气腿式凿岩设备，眼孔直径为 38~42mm，孔深 1.5~2m；使用 35mm 乳化炸药药卷（200g）、毫秒雷管起爆爆破；采用西德 LF-4.1 型铲运机在回采进路中出矿。采矿方法示意见图 16-40。

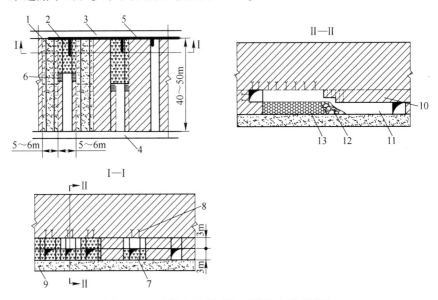

图 16-40　分层空场嗣后块石胶结充填采矿法

1—已充填矿房；2—回采中的矿柱；3—上分层块石充填联道；4—下分层铲运机运输道；
5—充填管；6—落矿浅眼；7—回采中的矿房；8—锚杆；9—下部充填体；10—回采矿石中挑刷部分；
11—回采进路；12—挑刷下来的矿石；13—充填块石

c　块石来源和选择

块石来源于掘进工作面和南部溜渣井，为了防止石渣含泥量过大，将块度大于 300mm 和小于 300mm 的块石分别存储。矿房充填块石时，选用块度 300mm 左右的块石，这样有利于砂浆与块石间的渗透，增加矿房边帮的自立性和整体的稳固性，有效地防止二次贫化和因安全问题带来的矿量损失。矿柱充填时选用小于 300mm 的块石进行充填，含泥量偏大时，可在块石堆高 2.5m 时胶结铺面后再继续倾倒块石，进行二次充填。

d　充填隔墙的布置与敷设

矿房回采结束后，充填隔墙一般布置在矿房口。矿柱回采时，由于两边矿房是充填体，稳固性和自立性比矿石差，回采矿柱开门时不仅易造成巷道顶板暴露面积过大而增大支护工作量，而且破坏了铲运机运输道的稳固性。通过改进后将充填隔墙从矿房口退 7m 左右（约是铲运机的长度）。开门时从原矿房口斜进至矿柱的开门位置，从而增大开门位置的安全性，减少了支护量，保障了铲运机运输道的稳固性。如图 16-41 所示。

敷设充填隔墙前，用铲运机从下分层运输道将块石抬至敷设充填隔墙的位置堆高，然后借助人工平整，在平整面上按要求敷设充填隔墙。充填隔墙设置在平整后的块石上，用木支柱插入块石固定，用木板进行封堵，再用草席、麻袋、纱布进行铺设，作为胶结充填过程中的滤水，高度以充填的块石堆高决定。这样既达到了滤水的效果，保证了充填接顶，又节约了充填隔墙的材料，降低了生产成本。

e 充填管的吊挂

要求施工人员在施工时，沿矿房（柱）的长度方向每隔 5m 打一根锚杆，并在锚杆管缝里穿挂 8 号铁丝。充填管吊挂时，利用预置的铁丝将充填管沿顶板吊挂起来。保证充填管的高度和充填管摆动时的牢靠。如图 16-42 所示。

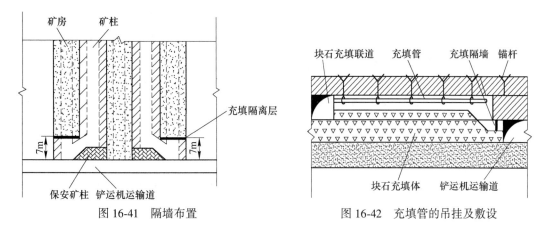

图 16-41 隔墙布置　　　　　图 16-42 充填管的吊挂及敷设

f 充填工艺

（1）充填线路。地面充填制备站—充填下山—充填平巷—脉外充填井—待充矿房（柱）。

（2）充填准备。采空区形成后，从充填联道将充填管连至待充的矿房（柱）空区的边缘。充填滤水隔墙建立在矿房（柱）出矿进路的端部，并用草席、麻袋、纱布隔离，以保证充填体的质量，减少贫化和损失。块石堆放在指定场所集中待用，且块度应在 300mm 左右。

（3）矿房充填。利用铲运机将集中堆放的块石经块石充填联道正向倒入空区内，块石按自然流淌的规律堆积成 45°估算，当锥顶点达到 4~4.5m 时，块石堆坡角基本到达滤水隔墙口，此时块石占整个矿房空区体积的 40% 左右，剩余 60% 的空区体积由充填制备站输送灰砂比为 1:（5~6）的水泥砂浆胶结铺面结束。细砂与块石间的渗透率按 10%~15% 计。

（4）矿柱充填。矿柱充填时，由上分层铲运机将集中的块石正向倒入空区内，当铲堆至滤水隔墙口时，反向倒堆，堆高 4.5~5m。此时块石占整个矿柱空区体积的 85% 左右。然后用灰砂比为 1:（5~6）的水泥砂浆胶结铺面结束。

（5）排水。充填浸出的水部分从隔墙滤出，部分从上分层块石充填联道排出至下部水仓，沉淀后用泵排至 -100m 中段，流入排洪系统。

g 顶板管理

矿房（柱）采空后，形成的暴露面积约为 240~300m²，高为 6m 的空区（块石回填后为 3~4m）。由于回采、充填作业都是在暴露的顶板下进行，顶板管理工作成为了回采过程中一个重要环节。顶板管理工作随回采进路的施工同步进行。第一个步距挑刷工程形成后，在爆堆上选用 1.5~1.8m 长的锚杆，按 1.0m×1.0m 的网度进行支护，局部松散采用锚网联合支护。同时对矿房（柱）的边帮进行锚网支护。出矿时，监护人员站在爆堆上人工清理顶部、两帮的浮矿，并实行出矿过程专人监护制，随时观察，出现隐患时及时

处理，确保了在整个出矿过程中的安全

16.7.2.4　黄沙坪矿分段凿岩阶段空场嗣后干式充填采矿法

A　特点及结构尺寸

分段凿岩阶段空场嗣后干式充填采矿法的特点是分段凿岩阶段空场，该法要求将中段矿体划分为矿块，矿块又分矿房和房间柱，首先回采矿房，根据矿房空区处理的情况来确定房间柱和底柱的回采。矿房回采过程中暂留阶段矿房高度的空区，利用矿房周围的矿柱来支撑围岩，形成在阶段空场下出矿。

根据矿体厚度不同，矿块分为沿走向布置和垂直走向布置。黄沙坪矿多金属矿床以矿厚 15m 为界，矿厚小于 15m 时矿块沿走向布置，其矿块尺寸为长 66m、高 37m、宽为矿体厚度；矿厚大于 15~20m 时矿块垂直走向布置，其矿块尺寸根据矿体的安全暴露面积和矿体厚度来确定。一个矿块沿倾向划分为底柱和分段，底柱高度由底部结构确定，黄沙坪矿多金属矿床采用双电耙单侧斗川配堑沟的底部结构，其高度为 6.4m，斗川交错布置，但当矿体厚度小于 8m 时，则应采用单电耙单侧斗川配堑沟的底部结构；分段高度则由矿体厚度和分段巷道的位置来确定，矿体厚度小于 15m 且分段巷道居中时分段高度应小于15m；矿体厚度大于 15m 且分段巷道居中时分段高度应小于 12m。一个矿块沿走向划分为矿房和房间柱，矿房长 60m，房间柱长 6m。如图 16-43 所示。

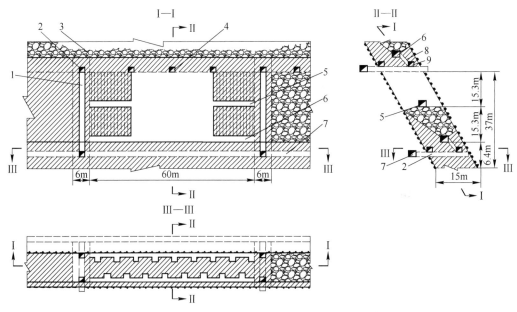

图 16-43　分段凿岩阶段空场嗣后干式充填采矿法
1—人行天井；2—装矿穿脉；3—充填废石；4—充填穿脉；5—凿岩平巷；6—堑沟平巷；
7—阶段运输平巷；8—斗川；9—电耙道

B　采准切割

根据黄沙坪矿目前的施工设备和技术条件，底部结构采用普通法施工，采准的凿岩用YT-25 和 01-45 型凿岩机，出渣用 30kW 和 5.5kW 电耙。采准的顺序：阶段运输平巷—装矿穿脉—电耙道—斗川—堑沟平巷—矿房中央切割通风天井、房间柱的人行通风天井—充填穿脉—分段凿岩平巷—切割平巷。

各采准工程规格。在底柱内，沿走向布置 2 条电耙道，但当矿体厚度小于 8m 时，则应采用 1 条电耙道，电耙道规格为 2m×2m，单侧配斗川，电耙道间距为 10m，电耙硐室布置在房间柱内；沿走向布置一条堑沟平巷，其规格为 2.7m×2.7m；堑沟平巷与电耙道通过斗川连通，斗川间距为 7m，斗川规格为 2m×2m；电耙道与阶段运输平巷由装矿穿脉连通，装矿穿脉规格为 2m×2m；电耙道尾部由联络道相通，联络道规格为 2m×2m。沿矿房中央和房间柱中央分别掘进切割天井和人行天井，切割天井规格为 3m×3m，人行天井规格为 2m×2m，切割天井和人行天井通过充填穿脉和装矿穿脉与上中段阶段运输平巷连通，充填穿脉规格为 2m×2m，充填穿脉相距 15m 布置一条；距堑沟平巷 10~15m 处沿走向掘进分段凿岩平巷，其规格为 2.7m×2.7m；堑沟平巷和分段凿岩平巷通过切割天井和人行天井连通；从堑沟平巷和分段凿岩平巷掘切割穿脉，切割穿脉规格为 2.7m×2.7m。

C 矿房回采

在分段凿岩巷道内打上向扇形中深孔，炮孔全部打完后才开始崩矿。每次每分段爆破 3~5 排炮孔，用微差雷管分段爆破，上下相邻分段之间一般保持垂直工作面或上分段超前下分段 1~2 排炮孔，以保证上分段爆破作业的安全。回采过程中留阶段高度的空区，人在巷道内作业，本阶段出矿，事后废石充填处理采空区。矿房回采从矿房的中央切割槽向两翼后退式推进，回采至房间柱附近时应严格控制凿岩质量和一次爆破炸药量，严禁超采超挖。

a 凿岩

采准切割工程完成后即可开始凿岩。采用 YGZ-90 凿岩机在堑沟平巷和分段凿岩平巷中钻凿上向扇形中深孔，中深孔的孔径 60~65mm。打上向炮眼是目前国内采用分段凿岩阶段矿房法的矿山中使用最普遍的一种打眼方式，它崩落的矿石大块较多，一般为了减少这种情况的发生，要控制炮孔的装药量、打眼方式和炮孔的参数。为使凿岩过程中排粉顺畅，水平孔应略微向上倾斜，倾角可取 3°~5°，一般取 3°。凿岩工在进行作业时，必须检查工作面是否有松石、盲炮、残药，发现后必须及时处理，不准在松石下打眼。

为了避免二次破碎污浊风流影响凿岩工作，一般情况下，一个矿房中的炮孔全部钻凿完后，再分次进行爆破。

首先在堑沟平巷和分段凿岩平巷钻凿以切割天井为自由面的拉槽平行中深孔，拉槽中深孔的参数为：排距 1.0m，孔底距 1.0m。其次在切割穿脉钻凿以切割槽为自由面的扇形中深孔，扇形中深孔的参数为：排距 1.2m，孔底距 2.0~2.4m。最后在堑沟平巷和分段凿岩平巷钻凿以切割穿脉爆破所形成的补偿空间为自由面的扇形中深孔，扇形中深孔的参数为：排距 1.2m，孔底距 2.0~2.4m。

b 装药爆破

用 2 号岩石抗水铵锑炸药为回采爆破炸药，采用 BQF-100 型风动装药器装药。为了更好地利用炸药能量，实现装药机械化，减少装药回弹，利用 2 号岩石抗水铵锑炸药防水的特点，将炸药中加入 2% 的清水，以增加炸药的黏性和密度。加水后，炸药密度为 1.089g/cm³，殉爆距离在 30mm 左右。

装药前先用压风清洗炮孔，然后测量孔深、倾角及偏差情况。按照现场实测，调整设计装药量和起爆顺序，按调整后的设计要求进行装药。装药器由 4 人操作——1 人上药、1 人操作排料阀及搅拌、2 人配合持输药管及安放导爆索与非电导爆管。装药器内每次装药不多于 100kg。每孔导爆索随 2 号岩石抗水铵锑散装炸药装到孔底，装药管应捅到孔底后再拉回 20cm 后方可装药，孔口留 2.0m 不装药，由导爆管和硝铵筒状药卷做成的起爆药包装在孔口，并用木楔塞紧固定，最后用炮泥堵塞 20cm。

采用非电毫秒导爆管及导爆索连接，以形成复式爆破网络，每排孔用导爆索连接，组成导爆索副起爆网络；起爆药包内的微差导爆管与主导爆索连接，组成主起爆网络，每排孔导爆索连接采用三角搭接，尽量靠近巷道帮顶，起爆导爆管与主起爆导爆索搭接，搭接长度不小于 20cm，方向与传爆方向相反。爆破时以通风切割上山为自由面，沿采场全断面拉开。采场全断面拉开后即可进行分次爆破。在同一垂直方向上的各分段一起爆破，每次每分段爆破 3~5 排。

c 出矿

崩下的矿石落入由堑沟平巷形成的堑沟内，再经斗川进入电耙道，用 2DPJ-55 型的电耙（耙斗容积为 0.55m³）将电耙道内的矿石耙入装矿穿脉的矿车内。电耙绞车安置在电耙硐室内，用短锚杆和坑木固定。

电耙道沿矿体走向布置。如果电耙道远远超过 30m 的最佳耙矿距离时，建议把一条耙道只有一条集矿溜井、一个耙矿方向的方案改为一条耙道具有两条溜井、两个耙矿方向的优化方案，这样有效地缩短了耙矿距离，可大大提高电耙耙矿效率。具体操作是在耙道两头各设计一条装矿穿脉以构成电耙向两边耙矿形式。

d 支护

根据黄沙坪矿矿岩条件，必须对顶板节理裂隙比较发育的采场进行护顶。护顶方法由客观实际情况确定。

e 充填

出矿完毕后，用混凝土封住斗川底部，嗣后利用废石一次充填采空区。

在上中段充填穿脉内利用矿车翻充废石处理采空区，为解决废石充填在采空区只能形成半个圆锥体，空区废石充填量受到很大的限制这一大难题，应采取如下措施：将充填穿脉掘进穿过矿体且相距 15m 布置一条，这样位于阶段充填穿脉下面，且与充填穿脉贯通的空区可以采用矿车直接翻充。翻充充满后，将铁路接入空区继续翻充，直至充满。此法充填平巷顶板距岩渣 2.5m 左右，不能接顶。为保证充填安全，铁路每隔 10m 用木垛支撑，铁路下部每间隔 2m 用钢梁固定，钢梁用钢丝绳吊在空区顶板上，钢梁铺上厚 5cm 的木板，形成翻车平台，人员站在翻车平台上翻车。

为了破坏废石充填在采空区所形成的圆锥体和使废石充填尽可能地接顶，从而保证底柱回采的安全，应在充填穿脉的废石堆上采用 YQ-100 潜孔钻机钻下向孔，装药爆破。

f 通风

新鲜风流由下阶段运输平巷，经装矿穿脉、电耙道、斗川、堑沟进入工作面。为了避免上下风流混淆，采用分段集中凿岩（全部炮孔打完），分次爆破，使出矿污风不影响凿岩工作。采场污风经工作面，由通风切割天井和充填穿脉排入上阶段运输平巷。

g 主要技术经济指标

矿房回采主要技术经济指标列于表 16-12。

表 16-12　矿房回采主要技术经济指标

序号	指标	数目	备注
1	矿块地质储量/万吨	12.3	
2	采切比/m·kt⁻¹	5.37	矿石5.08，废石0.29
3	采矿回收率/%	75.18	矿房回收占矿块地质储量的百分比
4	采矿贫化率/%	5	
5	采出矿石量/万吨	9.71	
6	矿房生产能力/t·d⁻¹	400~500	
	劳动生产率		
7	凿岩工效/t·(工班)⁻¹	65	2人/台班，每米崩矿量为4.36t
	每米炮孔崩矿量/m·t⁻¹	4.36	
	耙矿工效/t·(工班)⁻¹	35	2人/台班，作业率为30%
	采矿工效/t·(工班)⁻¹	40	
	主要材料消耗		
8	炸药（kg/t）	0.36	2号岩石炸药
	雷管（个/t）	0.031	
	导爆索（m/t）	0.244	
	钎杆（kg/t）	0.046	
	钎尾（kg/t）	0.02	
	钎头（个/t）	0.004	
	连接套（个/t）	0.005	
	导爆管（个/t）	0.09	
	木材（m³/t）	0.0005	

D　底柱回采

（1）回采方案。底柱回采采用无底柱分层崩落法。电耙道以上底柱回采时以电耙道作为回采进路进行退采，浅孔或中深孔爆破落矿，采下矿石由电耙道，装矿穿脉装入矿车运走。

（2）凿岩爆破。分层高度为6~7m，进路间距为6~7m，采用YGZ-90型凿岩机凿扇形孔，局部浅孔及缓倾斜孔用YSP-45型凿岩机辅助配合，装药方式以装药器为主，辅以人工装药，使用普通岩石炸药，采用导爆索及非电导爆雷管复式起爆，进行同排同段爆破。

（3）房间柱处理。由于黄沙坪矿地表不允许陷落、矿岩稳固，采空区采用废石干式充填，为了防止大面积充填不接顶而引起顶板塌落，同时也为防止矿房回采时充填废石混入而引起的贫化，房间柱保留。

分段凿岩阶段空场嗣后干式充填采矿法所有作业均在巷道内进行，便于顶边帮松石的处理，避免松石对人员和设备所造成的伤害和损失，大大地提高了安全性能。该法采取了嗣后充填的方式，有效地避免了矿柱矿量的损失，极大地提高了采矿效率。

16.7.3　评价

分段空场和大直径深孔空场嗣后充填法的优点是：适合用机械化开采，采矿效率高，可以达到100t/工班以上；采场生产能力中等到高，有些矿山采场能力可以达到1000t/d以上；安全，通风条件好；矿石回收率高，可以达到90%；贫化率低，一般在10%～15%，大部分矿山能控制在20%以内。达产快，一旦采场爆破开始，可以立即形成出矿能力。

缺点是：在采场形成出矿能力之前，需要大量的采切工程，尤其是分段空场法；不能选择性开采，适应顶、底板边界变化较差；当矿体倾角较缓的时候，效率降低，贫化增加。

空场嗣后充填法的实质，是用空场法采矿和对采空区进行嗣后充填处理，利用充填体的支撑作用，最大限度地保证矿山生产安全，同时便于回收矿柱和减少贫化损失。另一方面，将矿山生产中的废石、尾矿等回填到采空区中，可减少对地面环境的影响。由于可以满足矿石回采率和保护地表环境的两方面要求，现今应用空场嗣后充填法的矿山越来越多。随着采矿工业的发展，空场嗣后充填法的应用范围有不断扩大的趋势。

16.8　方框支架充填采矿法

开采薄矿脉过去多采用横撑支柱或木棚支架采矿法，但由于坑木消耗很大、工艺复杂、效率很低，目前我国已很少应用，而被其他采矿法所取代。在矿体厚度较大（中厚以上），矿石和围岩极不稳固，矿体形态极其复杂（厚度、倾角和形状变化很大），矿石贵重等条件下，方框支架充填采矿法，还是一种有效的采矿方法。

这种采矿法的特点是，用方框支架配合充填支护采空区。每次回采的矿石等于方框支架大小的分间，每分间矿石采出后立即架设方框并把它楔紧，然后进行充填（一般为干式充填）。沿走向布置矿块的方框支架充填采矿法，见图16-44。

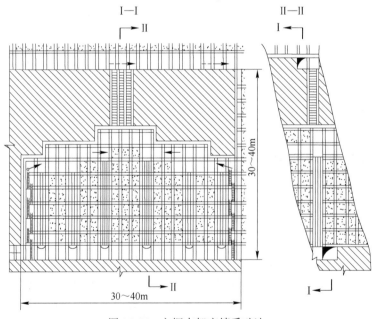

图16-44　方框支架充填采矿法

回采工作可以从阶段水平底板开始，或者从顶板开始，留底柱情况很少见。第一分层回采时，方框要架设在地梁上（两个方框的长度），在其上部铺木板作为方框支架的基础，为下阶段回采创造有利的条件。溜矿井和行人天井，均设置在方框支架中（间隔4~6个方框），用木板与充填料隔开。最上一层方框进行落矿作业，第二层进行矿石运搬（一般为人力运搬）；在每一作业层方框上铺设木板，作为工作台。

当矿体厚度大于12m时，垂直走向布置矿块，用垂直分条或短矿块进行回采。由于存在支架和充填劳动强度很大、劳动生产率很低、坑木消耗很大、不便实行机械化开采、回采成本很高等严重缺点，这种采矿法只在极其不利的矿山地质条件下应用。

16.9　矿　柱　回　采

用两步骤回采的采矿方法中，必须统一考虑矿房和矿柱的回采方法及回采顺序。一般情况下，采完矿房后应当及时回采矿柱，否则矿山后期的产量将会急剧下降，而且矿柱回采的条件也将变坏（矿柱变形或破坏、巷道需要维修等），增加矿石损失。

矿柱回采方法的选择除了考虑矿岩地质条件外，主要根据矿房充填状态及围岩或地表是否允许崩落而定。

16.9.1　胶结充填矿房的间柱回采

矿房内的充填料形成一定强度的整体。此时，间柱的回采方法有：上向水平分层充填法、下向分层充填法、留矿法和房柱法。

当矿岩较稳固时，用上向水平分层充填法或留矿法随后充填回采间柱（图16-45、图16-46）。为减少下阶段回采顶底柱的矿石损失和贫化，间柱底部5~6m高，需用胶结充填，其上部用水砂充填。当必须保护地表时，间柱回采用胶结充填；否则，可用水砂充填。

留矿法随后充填采空区回采矿柱，可用于具备适合留矿法的开采条件之处。由于做人工漏斗费工费时，一般都在矿石底柱中开掘漏斗。充填采空区前，在漏斗上存留一层矿石，将漏斗填满后，再在其上部进行胶结充填，然后再用水砂或废石充填。

在顶板稳固的缓倾斜或倾斜矿体中，当矿房胶结充填体形成后，可用房柱法回采矿柱（图16-47）。在矿房充填时，应架设模板，将回采矿柱用的上山、切割巷道和回风巷道等预留出来，为回采矿柱提供完整的采准系统。

当矿石和围岩不稳固或胶结充填体强度不高

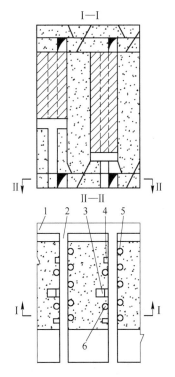

图 16-45　上向水平分层充填法回采间柱

1—运输巷道；2—穿脉巷道；3—充填天井；

4—人行泄水井；5—放矿漏斗；6—溜矿井

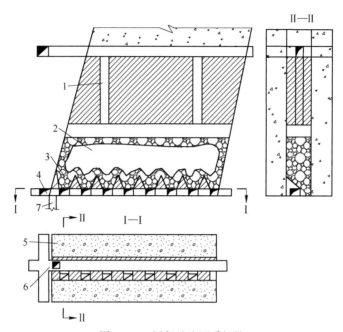

图 16-46　用留矿法回采间柱

1—天井；2—采下矿石；3—漏斗；4—运输巷道；5—充填体；6—电耙巷道；7—溜矿井

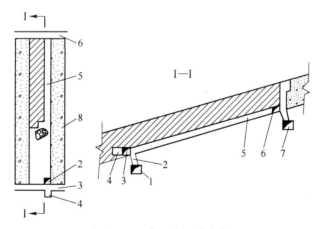

图 16-47　房柱法回采矿柱

1—运输巷道；2—溜矿井；3—切割巷道；4—电耙硐室；5—切割上山；6—回风巷道；
7—阶段回风巷道；8—胶结充填体

（294.3～588.6kPa）时，应采用下向分层充填法回采间柱（图 16-48）。

　　胶结充填矿房的间柱回采劳动生产率高，与用同类采矿方法回采矿房基本相同。由于部分充填体可能破坏，矿石贫化率为 5%～10%。

16.9.2　松散充填矿房的间柱回采

　　在矿房用水砂充填或干式充填法回采，或者用空场法回采随后充填（干式或水砂充填）的条件下，如用充填法回采间柱，须在其两侧留 1～2m 矿石，以防矿房中的松散充

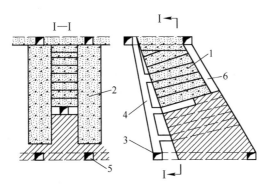

图 16-48 下向分层充填法回采间柱

1—间柱的充填体；2—矿房的充填体；3—运输巷道；
4—脉外天井；5—穿脉巷道；6—充填天井

填料流入间柱工作面。如地表允许崩落，矿石价值又不高，可用分段崩落法回采间柱。间柱回采的第一分段，应能控制两侧矿房上部顶底柱的一半，这样，顶底柱和间柱可同时回采（图 16-49）；否则，顶底柱与间柱分别回采。

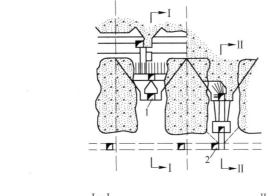

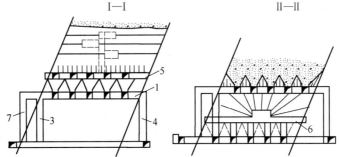

图 16-49 有底柱分段崩落法回采间柱

1—第一分段电耙巷道；2—第二分段电耙巷道；3—溜矿井；4—回风天井；
5—第一分段拉底巷道；6—第二分段拉底巷道；7—行人天井

回采前将第一分段漏斗控制范围内的充填料放出。间柱用上向中深孔、顶底柱用水平深孔落矿。第一分段回采结束后，第二分段用上向垂直中深孔挤压爆破回采。

这种采矿方法回采间柱的劳动生产率和回采效率均较高，但矿石损失和贫化较大。因此，在实际中应用较少。

16.9.3　顶底柱回采

如果回采上阶段矿房和间柱时构筑了人工假底，则在其下部回采顶底柱时，只需控制好顶板暴露面积，用上向水平分层充填法就可顺利地完成回采工作。

当上覆岩层不允许崩落时，应力求接顶密实，以减少围岩下沉。如上覆岩层允许崩落时，用上向水平分层充填法上采到上阶段水平后，再用无底柱分段崩落法回采上阶段底柱（图16-50）。

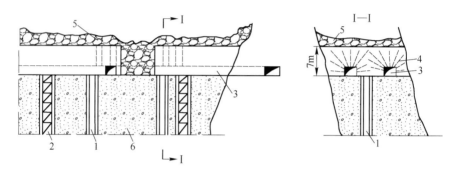

图16-50　无底柱分段崩落法回采底柱
1—溜矿井；2—行人天井；3—回采巷道；4—炮孔；5—崩落岩石；6—充填体

由于采准工程量小且回采工作简单，无底柱分段崩落法回采底柱的优越性更为突出，但单分层回采不能形成菱形布置采矿巷道，其一侧或两侧的三角矿柱无法回收。因此，矿石损失贫化较大。

16.10　小　　结

近年来，由于回采工作使用了高效率的采装运设备，充填工作实现了管路化、自动化，并广泛使用选厂尾砂做充填料，使充填采矿法变成效率较高、成本较低、矿石损失贫化小、作业安全的采矿方法；特别是对于围岩和地表需要保护、地压大、有自燃火灾危险、矿体形态复杂的高品位或贵重金属矿床，充填采矿法的优越性更为突出。因此，这种采矿方法的应用范围不断扩大。

实践表明，充填法在回采过程中可密实充填采空区，对于维护围岩、防止发生大规模的岩层移动、减缓地表下沉，都有显著的作用。这种作用在深部矿床开采时尤为突出。

充填采矿法在回采时期，虽然增加了充填工序，显得比较复杂，但矿房回采之后，为安全有效地回采矿柱创造了极为有利的条件。高回采率和低贫化率，以及以后无需再行处理采空区等，都在一定程度上弥补了由于充填而增加的费用。这一点对于高品位的富矿或贵重和稀有矿石更加明显。

目前，充填采矿法进一步改进的途径是：实现辅助作业的机械化，使用低成本的可靠充填物料，采用新型的胶结固化材料替代水泥，改善充填料浆的输送条件，完善胶结充填的输送方法，提高充填体的强度，实现充填采矿法的连续回采作业（一步回采），简化水力充填工艺等。可以预计，随着采矿技术的进步、高效率设备的应用、回采工艺机械化和自动化程度的提高，充填采矿法必将获得更为广泛的应用。同时，由于胶结充填技术完善的结果，各种类型的支架采矿法或支架充填采矿法的使用范围将会逐渐减少，甚至完全被胶结充填采矿法所代替。

17　采矿方法选择

17.1　采矿方法选择要求

在矿山企业中，采矿方法决定着回采工艺效率、材料设备需要量、掘进工程量、劳动生产率、矿石回采率以及采出矿石的质量等。因此，在设计中必须予以足够的重视。同时，由于矿体赋存条件是多种多样的，各个矿山的技术经济条件又不尽相同，因此选择正确合理的采矿方法必须满足下列要求：

（1）生产安全。所选择的采矿方法必须保证工人在采矿过程中能够安全生产，有良好的作业条件（如可靠的通风防尘措施、合适的温度和湿度），能使繁重的作业实现机械化；同时要保证矿山能安全持续地生产，如避免产生大规模地压活动可能造成的破坏，防止大爆破震动和采后岩层移动可能引起的地表滑坡和泥石流危害，防止地下水灾和火灾及其他灾害的发生等。

（2）矿石贫化小。选择的采矿方法要贫化小、矿石质量高，满足加工部门对矿石质量的要求。例如开采平炉富铁矿，不能使废石混入率过高和粉矿过多，以求矿石可以直接进入平炉。矿石贫化对矿山产品（精矿）数量、成本与盈利的影响是很大的。在一般情况下，矿石贫化率要求在 15%~20% 以下。

（3）矿石回采率高。矿产资源是有限的并且是不能再生的，采矿是耗竭性生产，因此要求选择回采率高的采矿方法，以充分利用地下资源。矿石损失除了对矿石成本有一定影响之外，还会减少盈利总额和缩短矿山生产时间。一般要求矿石回采率应在 80%~85% 以上。开采价值高的富矿、稀缺金属以及贵金属矿床，更应尽量选择回采率高的采矿方法。

（4）生产效率高。要尽可能选择生产能力大和劳动生产率高的采矿方法。采矿方法不同，则同时开采的阶段数、一个阶段能布置的矿块数以及矿块的生产能力也不同。一般以在一个回采阶段布置的矿块数目以能满足矿山生产能力为标准来考虑采矿方法的选择。回采矿块所占长度以小于阶段工作线长度的三分之二为宜。生产效率高可以减少同时工作矿块数，便于实施集中采矿，有利于生产管理和采场地压管理等。

（5）经济效益高。经济效益高低主要是指矿山产品成本的高低和盈利的大小。盈利指标最具有综合性质，例如矿石成本、矿石损失贫化等对盈利都有影响。要选择盈利大的采矿方法。

（6）遵守有关规定要求。采矿方法选择必须遵守矿山安全、环境保护和矿产资源保护等法规的有关规定。

上述各项要求是相互联系的，在选择采矿方法时必须对上述要求进行综合分析。

17.2 影响采矿方法选择的主要因素

影响采矿方法的因素有许多，它们对整个采矿过程起着至关重要的作用，其中任何一个因素都可能成为采矿方法选择的决定性因素。因此，将任何一个因素作为决定因素的同时，都不能忽略对其他因素的全面评价。

影响采矿方法选择的因素可以归为以下两个重要方面：矿床地质条件和开采技术经济条件。

17.2.1 矿床地质条件

一般情况下要首先详细分析研究有关的地质资料，因为矿床地质条件是影响采矿方法的基本因素。因此必须具有足够可靠的地质资料，才能进行采矿方法选择。否则，可能由于选出的采矿方法不合适，给安全生产带来危害，并使矿产资源和经济遭到损失。采矿方法选择主要考虑的地质及水文地质条件包括：矿石和围岩的物理力学性质、矿石产状、地下水等。

（1）矿石和围岩的物理力学性质。在矿石和围岩的物理力学性质中，矿石和围岩的稳固性很重要，它对选择采矿方法有非常重要的影响，因为它决定采场地压管理方法和采场结构参数等。

例如，矿石和围岩都稳固时，可以采用采场地压管理简单的空场采矿法，并可以选用较大的矿房尺寸和较小的矿柱尺寸。如果矿石稳固、围岩不稳固时，用空场法围岩易产生冒落，这时用崩落法、充填法较为有利；相反，如果矿石稳固性较差，而围岩稳固时，并且其他条件如厚度与倾角又合适，则采用阶段矿房法较为有效，因为这种方法可以避免直接在较大的暴露面下工作。如果矿石和围岩都不稳固，可考虑采用崩落法或下向分层充填法。

（2）矿体产状。矿体产状主要指倾角、厚度和形状等。

矿体的倾角主要影响矿石在采场内的运搬方式，而且倾角对运搬的影响还与厚度有关。只有当矿体倾角大于 50°~55°时才有可能利用矿石自重运搬；而采用留矿法时，倾角则应大于 60°，但厚度较大的矿体则可不受这些限制，这时可开掘下盘漏斗，矿石仍可靠自重运搬。当矿体倾角不够大，如 30°~50°左右，在其他条件允许时，可以考虑爆力运搬或借助溜槽进行自重运搬。而 30°以下的矿体，用电耙运搬往往较为有效。当采用崩落法但矿体倾角小于 65°时，则应考虑开凿下盘漏斗或矿块底部开掘部分下盘岩石，以减少矿石损失。

矿体厚度影响采矿方法和落矿方法的选择以及矿块的布置方式。例如，0.8m 以下极薄矿体的采矿方法，要考虑分采（如分采充填法）或混采（如留矿法）；单层崩落法一般要求矿体厚度不大于 3m；分段崩落法要求厚度大于 6~8m；阶段崩落法要求厚度大于15~20m。在落矿方法中，浅孔落矿常用于小于 5~8m 厚度的矿体；中深孔落矿常用于厚度大于 5~8m 的矿体；深孔大爆破用在 10m 以上厚度的矿体；药室落矿要求矿体厚度比深孔爆破的更大。一般情况下，在厚和极厚矿体中，矿块应垂直走向布置。矿体形状和矿石与围岩的接触情况，也影响落矿方法。如接触面不明显，矿体形状又不规则，采用深孔落矿或药室落矿的采矿方法，会引起较大的矿石损失和贫化。如果极薄矿脉的矿体形状规则，而且矿石和围岩的接触明显，应该采用分采的采矿方法；否则，宜采用混采的采矿方法。

（3）地下水资料。从地下水资料了解以下重要信息：1）地下水的水位；2）含水层与隔水层的分布及其与矿体的关系；3）岩层内水的渗透性和含水层的承压情况；4）有无岩溶存在，其分布和规模以及填充与含水情况。

这些资料不仅对正确选择采矿方法非常重要，而且也是生产期间制定防治水患措施的依据。

（4）矿石品位、矿石价值及其分布特征。开采品位较高的富矿和价值较高的贵金属或稀有金属矿床时，为了尽可能提高回收率，应采用贫化率、损失率低的采矿方法，例如充填法。这类采矿方法通常成本较高，但提高出矿品位和多回收金属的经济效益会超过采矿成本的增加。反之，则应采用成本低、效率高、生产率高的采矿方法，例如分段或阶段崩落采矿法。

如果矿石品位在矿床中分布比例均匀，则不必要采用选别回采的采矿方法；如果情况相反，则应考虑采用能够剔除夹石或分采的采矿方法，同时将品位低的矿石或岩石留下作为矿柱。在确定首采地段时，也应选在品位高的区段，提高前期经济效益，以便能在最短时期内收回全部投资。如果在一个矿床中有多个品位相差悬殊的矿体，可采用不同的采矿方法，或采用能够先采高品位矿体又能保护贫矿的采矿方法。

（5）矿床赋存深度。当矿体埋藏深度很大，达到 500～600m 以上时，地压增大，会产生冲击地压，这时不宜采用空场法，以采用崩落法或充填法为宜。

（6）矿石和围岩的自燃性与结块性。开采硫化矿石时，须考虑有无自燃危险的问题。高硫（含硫超过 30%～40%）矿石发生火灾的可能性很大（含硫量在 20% 左右的硫化矿，也有发生自燃的），此时不宜采用积压矿石量大和积压时间长的采矿法，如留矿法和阶段崩落法等。

此外，具有结块性的矿石（含硫量较高的矿石、遇水结块的高岭土矿石等），在采矿方法的选择与防止矿石自燃上具有相同的要求。

17.2.2　开采技术经济条件

（1）地表是否允许陷落。这是选择采矿方法首要考虑的问题。在地表移动带范围内如果有河流、铁路和重要建筑物，或者由于保护环境的要求，地表不允许陷落，此时不能选用崩落法和采后崩落采空区的空场法；必须采用维护采空区而不会引起地表岩层大规模移动的采矿方法，如胶结充填法，或当矿体不厚时用水沙充填法，或在厚矿体中留有一定数量的矿柱和同时充填采空区的采矿法。只要采矿方法选择适当，严格遵守合理的开采顺序和生产作业程序，可以做到对地表的保护。越是厚大的矿体越应当建立更加严格的约束。

（2）加工部门对矿石质量的要求。例如加工部门规定了最低出矿品位，从而就限制了采矿方法的最大贫化率；又如粉矿允许含量（富铁矿）、按矿石品级分采等要求，都影响到采矿方法的选择。

（3）技术装备和材料供应。选择某些需要大量特殊材料（如水泥、木材）的采矿方法时，需要事先了解这些材料供应情况。应尽量选择不用或少用木材的采矿方法。如果要选用胶结充填采矿方法时，应考虑水泥和充填料的来源。

采矿方法的工艺与结构参数等与采矿设备有密切关系。在采矿方法选择时，必须考虑设备供应情况。如选用铲运机出矿和深孔落矿的采矿方法时，需事先了解有关的设备供应及设备性能。

(4) 采矿方法所要求的技术管理水平。选择的采矿方法应力求技术简单、工人易掌握、管理方便，这对中小型矿山、地方矿山特别重要。当选用一些技术复杂、矿山不熟悉的采矿方法时，应积极组织采矿方法试验。例如壁式崩落法要经常放顶，较难掌握；空场法中留矿法比分段凿岩阶段矿房法容易掌握，在两种方法都可用的情况下，如果为小型矿山且技术力量薄弱时，采用留矿法可能会收到好的效果。

以上影响采矿方法选择的因素在不同的条件下所起的作用也不同，必须针对具体情况作出具体分析，全面、综合地考虑，选出最优的采矿方法。

17.3 采矿方法选择

对矿床地质条件进行深入调查研究，取得足够的有关数据，以及对开采技术经济条件了解后，即可根据上面所讲的基本要求选择采矿方法。

采矿方法选择可分为三个步骤：

(1) 采矿方法初选。在获取上述基础资料的基础上，首先就技术上可行条件初步选定几种可以应用的采矿方法方案；其次根据各个方案的优缺点，淘汰掉具有明显缺点的方案。这一步的主要目的是，提出不具有明显缺点的技术上可行的采矿方法方案。

这个步骤很重要，因为在确定采矿方法前需要根据初提方案的某些缺点，提出改进和创新，形成更为合适的新方案。在初选中要多下功夫，特别是矿床地质条件复杂时，应广泛调查研究，以免忽略最佳方案。

(2) 采矿方法的技术经济分析。对初选的（一般不超过 3~5 个）每个方案，要确定它的主要结构参数，采准切割布置和回采工艺，选择具有代表性的矿块，绘制采矿方法方案的标准图，计算或用类比法选出各方案的下列技术经济指标，并据此进行分析比较，从中选优：

1) 矿块工人劳动生产率；
2) 采准切割工作量及时间；
3) 矿块生产能力；
4) 主要材料消耗量（坑木及炸药等）；
5) 矿石的损失率和贫化率；
6) 采出矿石的直接成本。

这些指标一般不做详细计算，而是根据采矿方法的构成要求，参照类似条件的矿山实际资料指标选取。除了分析对比这些指标外，还应充分考虑到方案的安全程度、劳动条件、工艺过程的复杂程度等问题。有时还得注意与采矿方法有关的基建工程量、基建投资和基建时间（例如用胶结充填法或水砂充填法时）。

在分析对比上述各项指标时，往往出现对同一个方案来讲，这些指标不全都优越，而是有的好、有的差。在这种情况下，就要看这些指标相差的大小，以及在矿山具体条件下，以哪些指标为主来确定方案。分清主次，有所侧重。侧重的目的，是为了更具体地结合国家要求，更好地取得经济效果。例如，对开采富矿和国家特别需要的稀缺金属矿石，应选取回采率高和贫化低的采矿方法，特别是围岩含有有害成分或矿石品位较低时，贫化指标更显得重要；如果是贫矿，赋存量又大，就应该考虑选用高效率和低成本的采矿方法。总之，要根据具体情况作具体分析，抓住主要矛盾来解决问题。

在大多数情况下，经过这样的技术经济分析，就可以确定采用哪个采矿方法方案。仅在少数情况下才需要作综合分析比较来确定最优方案。

（3）采矿方法的综合分析比较。经过上述分析比较还不能判定优劣时，则对优劣难分的 2~3 个采矿方法方案进行详细的技术经济计算，计算出有关指标。根据这些指标再进行综合分析比较，最后选出最优方案之一。

综合分析比较时所用的指标和指标的计算方法，以及综合分析比较方法等内容，参看《矿山企业设计原理》等相关文献。

【选择示例】某铜铁矿床，走向长 350m，倾角 60°~70°，平均厚度 50m。矿体连续性好，形状比较规整，地质构造简单。矿石为含铜磁铁矿，致密坚硬，$f=8~12$，属中等稳固。上盘为大理岩，不够稳固，$f=7~9$，岩溶发育；下盘为矽卡岩化斜长岩及花岗闪长斑岩，因受风化，稳固性差。矿石品位较高，平均含铜 1.73%，平均含铁 32%。矿山设计年产矿石量为 $43×10^4 t$。地表允许陷落。

（1）方法初选。根据上述矿床开采技术条件，初步选出可用的采矿方法。

由于围岩稳固性差，因此，空场法是不适用的。根据矿石价值、围岩与矿石稳固性和矿床规模等条件，可用上向水平分层充填法。

根据矿石中等稳固、围岩稳固性差、矿体倾角和厚度大，以及地表允许陷落等条件，可以使用崩落法类的分段崩落法和阶段强制崩落法。分段崩落法中，有底柱的采准切割工作量大，底部结构复杂，矿石损失量大；无底柱方法结构与回采工艺简单、安全、机械化程度高，按设计条件分析，矿石损失贫化有可能小于有底柱方法。无底柱方法的通风条件较差，而在完好通风系统和加强通风的情况下该缺点是可以减弱的。据此排除有底柱分段崩落法。至于阶段强制崩落法，矿石损失贫化更大，灵活性也不如无底柱分段崩落法，特别考虑到矿石品位较高，故不宜采用。

由此可见，该矿床可用的采矿方法有：

1）无底柱分段崩落法；

2）上向水平分层充填法（根据矿柱回采方法的不同，又可分为两个方案）。

具体方案如下：

第一方案，无底柱分段崩落法。分段高 10m，回采巷道间距 10m，垂直走向布置。

第二方案，分为矿房和矿柱，矿房宽 10m，矿柱宽 5m，矿房用上向水平分层尾砂充填法回采，矿柱用留矿法回采，事后一次胶结充填。先采矿柱，后采矿房。

第三方案，矿房宽 10m，用上向水平分层尾砂充填法回采，靠矿柱边砌隔离墙。矿柱宽 5m，用无底柱分段崩落法回采。

（2）技术经济分析。根据矿块的生产能力、采准工作量、矿石的损失率和贫化率、劳动生产率等主要技术经济指标进行分析。三个方案的主要技术经济指标列于表 17-1。

表 17-1　采矿方法技术经济指标分析比较表

指标名称	第一方案	第二方案	第三方案
1. 矿块生产能力/t·d^{-1}	350~400	120~160	200~250
其中：矿房	—	150~200	150~200
矿柱	—	70~80	300~350
2. 采准工作量/m·kt^{-1}	15	10	10
3. 矿石损失率/%	18	6	9
4. 矿石贫化率/%	20	6	9
5. 全员劳动生产率/t·(人·a)$^{-1}$	715	429	613

从表 17-1 可知，第二方案虽然矿石的损失率和贫化率较低，但矿块生产能力和全员劳动生产率都比其他两个方案低，并且胶结充填工艺复杂，又需要建设两套充填系统，每年还要消耗大量的水泥，因此，这个方案应排除。与第三方案比较，第一方案的矿块生产能力大、劳动生产率高、回采工艺简单、机械化程度高，但矿石损失率和贫化率高。故需进一步详细计算，最后综合分析比较才能选定方案。

（3）综合分析比较。对经过初步技术经济分析比较确定的第一与第三两个方案进行详细的技术经济计算。根据设计条件计算出每个方案的生产能力、采准切割工程量、矿石回采率、矿石贫化率、精矿产量、劳动生产率、基建投资、每吨矿石的采选成本、盈利额等逐项分析对比，最后综合权衡结果，确定选择第三方案，即矿房用上向水平分层尾砂充填法回采、矿柱用无底柱分段崩落法回采的方案。

露天转地下开采（露天地下联合开采）

18.1 概 述

露天地下联合开采技术理论是20世纪70年代随着采矿事业的发展提出的一种新观念，其出发点是在开发一个矿床过程中将不同的工艺与技术最有效的联合起来，实质是露天与地下开采不同的工艺技术要素在一个工艺系统中集成。

在一个矿床内，无论是顺序地或是同时地进行露天和地下开采，它们在整体或某段空间和时间上结合，成为一个有机的整体同时进行开采时（不是单独地只考虑露天或只考虑地下设计与开采），则称为矿床的联合开采。

根据露天和地下开采在时间上和空间上结合方式的不同，通常把联合开采分为三类：

（1）露天转地下开采。初期采用露天开采，生产若干年后转为地下开采，即在露天转地下开采过渡时期的联合开采，一般称露天转地下开采。这也是目前大多数露天矿山企业将会面临的实际情况。

（2）露天与地下同时联合开采。全面的联合开采，即矿山从设计开始就考虑采用露天与地下同时开采。一般是为了加大矿石年产量。

（3）地下转露天开采。初期采用地下开采，因情况变化而转变为露天开采，即在地下转入露天过渡时期的联合开采。

联合开采方式的选择，主要取决于矿床的赋存条件、矿石产量的需求、采矿技术水平及开采状况等。

无论是露天还是地下开采，均各自具有独特的工艺特点。根据矿床具体条件和开采需要，适用于采用露天和地下联合开采时，就应利用这些工艺特点，这样就能大幅度提高矿山总的生产能力和企业的技术经济指标。

近几十年来，露天转地下开采在国内外矿山得到了广泛的应用。对于这类矿山，为了保持矿山产量的平衡，当露天开采向地下开采过渡时，在一段时间内露天与地下开采需同时进行，这是这类矿山生产中最复杂与最核心的技术问题。这与露天与地下同时联合开采的基本条件是大致相同的。地下转露天开采只是在特殊条件下使用。因此，本章主要论述露天转地下开采。

在露天开采转为地下开采的过渡期，矿山由单一的露天开采转为露天与地下同时开采，因此必须采取各种技术与组织措施，减小过渡期对生产效率的影响。当露天矿生产进入减产期后，地下开采系统应当基本形成，并逐步承担露天矿减产部分的生产能力，使矿山产量基本保持稳定。

18.2　露天转地下开拓系统

露天开采多年，已形成了完整的露天开拓运输系统和相应的辅助系统。露天转地下矿山的开拓系统，实质上主要是指地下开拓系统。应当注意的是，在设计地下开拓系统时，应充分利用或结合现有的露天开拓工程和生产工艺系统，露天矿深部的开拓也应尽可能与地下的开拓互相利用，以减少投资。根据露天和地下生产工艺联系程度的不同，露天转地下开拓系统可分为露天和地下各为独立开拓系统、局部联合开拓系统以及露天和地下为一套联合开拓系统三种类型。

18.2.1　露天和地下各为独立开拓系统

在深部矿体储量大、服务时间长，或在露天开采深度大，露天采场底平面狭窄，采场边坡稳定性差，难以保证井巷工程出口安全的情况下，地下开拓工程一般布置在露天采场之外，成为与露天开拓系统相互独立的开拓系统。主要适用于埋藏较深的水平和缓倾斜矿体，或者虽是急倾斜矿体，但因地质关系矿体上下部分错开分布。还有些矿山由于地质勘探原因或设计的历史条件，在设计时就没有考虑露天与地下联合开采。这类开拓方式有两套生产系统，具有露天与地下相互干扰小、露天开采结束后无须继续维护边坡等优点。缺点是两套开拓系统的基建工程量大，投资高，基建时间长；露天深部的剥离量大，运输和排水费用高。

我国白银铜矿和冶山铁矿在 20 世纪 60 年代由于露采设备供应困难被迫提前转入地下开采时，曾采用这种开拓方式，如图 18-1 所示。

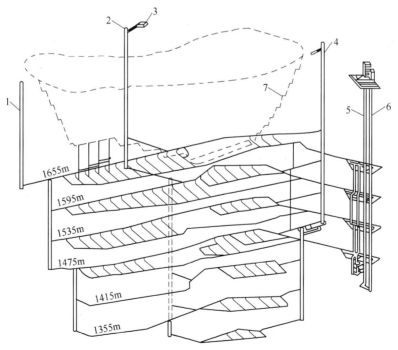

图 18-1　露天和地下独立开拓系统示意图

1—西风井；2—北风井；3—扇风机房；4—东风井；5—主井；6—副井；7—露天矿

　　国内外实践表明，除在矿床地质与地形条件特殊的情况下采用外，一般很少采用这种开拓系统。

18.2.2　局部联合开拓系统

　　露天的部分矿石利用地下开拓系统出矿，或者地下开拓系统局部利用露天矿的开拓工程。这类开拓方式在国内外矿山中均常见到。它的使用条件大体上可归纳为两种情况：

　　（1）对于倾斜或急倾斜矿床，当露天深度较大时，开采露天矿残留矿体（包括露天矿底柱和挂帮矿），通常都是利用地下开拓系统运至地面。例如我国的铜官山铜矿、凤凰山铁矿和南非的科菲丰坦金刚石矿等。

　　（2）当露天开采到设计境界后，下部矿体转入地下开采的储量不多，服务年限不长，若露天边坡稳定，通常是从露天坑底的非工作帮掘进平硐（斜井或竖井）形成地下开拓系统。如图 18-2 所示的某铁矿露天转地下平硐斜坡道地下开拓系统，矿石经露天开拓系统运到选厂。这类开拓方式具有井巷工程量较少、基建投资少、投产快，并可充分利用露天矿现有的运输设备和设施的优点；缺点是露天矿后期的生产与地下井巷施工互相干扰。

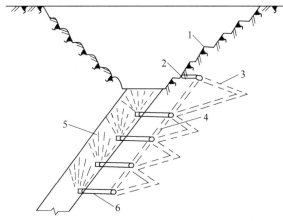

图 18-2　某铁矿露天转地下局部联合开拓系统示意图
1—露天边帮；2—平硐；3—斜坡道；4—溜井；5—深孔；6—装矿横巷

18.2.3　露天和地下为一套联合开拓系统

　　这类开拓系统的实质是露天与地下采用统一的开拓系统。既可以从露天生产开始就与地下同一个开拓系统，也可以是露天矿的深部开采与地下共用开拓系统。

　　当露天坑较低的台阶有足够空间时，可以在坑内布置斜坡道或风井等辅助井巷，而把主井和主要运输巷道布置在坑外，形成露天坑内外联合开拓系统。如我国的凤凰山铁矿（图 18-3）和瑞典的基鲁纳铁矿。优点是可以减少开拓量，达到提前见矿，保持矿石产量稳定。

　　露天转地下开拓时也可以露天和地下开采的矿石都从地下井巷运出，形成共用地下井巷运输的联合开拓系统。如俄罗斯某多金属矿床为透镜状矿体，总厚度达 150m。矿体埋深在 800m 以上，倾角 85°，矿岩硬度 $f = 6 \sim 10$，水文地质条件很复杂，露天开采深度 355m 处的涌水量为 120000m³/h。矿床先用露天开采，后转入地下开采，如图 18-4 所示。

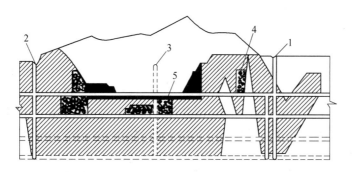

图 18-3　露天坑内外联合开拓系统示意图
1—主井；2—副井；3—风井；4—矿房；5—境界顶柱

该矿露天和地下共同利用地下巷道联合开拓，露天采用斜井开拓，地下用盲竖井开拓，露天采下的矿石用汽车经石门运到斜井，然后用 40t 的斜井箕斗提升至地面。由于采用了斜井开拓，运输线路的长度比用汽车运往地面缩短了一半，降低了运输费用。

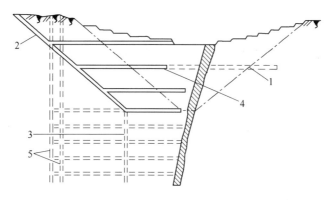

图 18-4　共用地下井巷运输的联合开拓示意图
1—露天最终边界；2—斜井；3—盲竖井；4—石门；5—竖井

　　露天与地下联合开拓，利用地下巷道联合开拓的优点主要有：

　　(1) 露天不设运输线路工程，可以将运输平台和安全平台合并，加大露天的最终边坡角，从而可以大大减少露天剥离量和基建投资；

　　(2) 露天矿开拓运输系统简单，利用地下巷道运输，可以缩短运输距离，大大降低了运输费用；

　　(3) 可利用地下巷道排水和疏干矿床，改善露天矿的生产条件；

　　(4) 露天矿的深部水平用地下巷道开拓，可以使地下矿的建设提前进行并较快达到地采的设计生产能力，因此可缩短露天转地下开采的过渡期，确保露天开采能顺利地、持续稳产地向地下开采过渡。

18.3　露天转地下过渡期采矿方法及过渡期限

　　矿山开采经历露天开采期、露天转地下开采过渡期和地下开采期三个阶段。其中，露天转地下开采过渡期最为复杂，开采难度最大，要结合矿床特点和矿山现状，选择和解决好过渡期（即过渡带/层）的安全、工艺技术等问题，是顺利实施露天转地下开采的关键。

过渡期地下采矿方法是指在露天转地下开采的过渡期间，地下第一阶段与露天坑底之间矿体的回采方法。地下采矿方法分为空场法、崩落法、充填法三大类。在过渡期选择采矿方法时，不仅要考虑该采矿方法的适用条件，而且要考虑该采矿方法的特点如何与矿山现存的条件、开采现状以及过渡期的特点相结合，以保障露天转地下开采安全有序平稳过渡。一些矿山经验如下：

（1）露天转地下开采不单单是露天采矿技术和地下采矿技术的简单结合，而是一项复杂的系统工程。其中过渡方案是最重要的环节，不仅涉及方案的技术、安全问题，而且对矿山开采经济效益与可持续发展能力都有深远的影响。

（2）在露天转地下开采过渡过程中，合理确定过渡时期及地下开采时期矿山的生产规模时，不仅要充分考虑露天矿山的现状和地下开采的特点，而且要把两者有机地结合起来。

（3）露天转地下开采过渡方案的制定要重点研究过渡期遇到的技术、安全问题，并有针对性地采取措施加以解决。

（4）露天转地下开采的过渡期间，露天开采已属深部发展，地下已开始生产，形成一些开拓井巷和采空区，要充分利用这种条件，研究过渡期的矿石和废石运输系统以及采矿方法等方案。

18.3.1　过渡期地下采矿方法

18.3.1.1　空场采矿法方案

使用空场采矿法时，为了避免或防止露天穿爆和装运作业对地下井巷和采场的破坏以及地下爆破作业对露天采场的破坏，一般要求从露天采场到地下采场之间留有隔离矿柱（或称境界顶柱）。此矿柱的厚度依矿岩稳固程度、矿体开采技术条件、矿体形态变化等不同而不同，如南京凤凰山铁矿为 7~10m，大冶铜山口铜矿为 42m，石人沟铁矿为 16~25m，一般为 10~20m，矿山依据本矿具体情况而定。境界顶柱是保证露天作业和地下作业能够同时安全进行的重要条件。

A　留境界顶柱的分段（阶段）空场法方案

采用分段（阶段）空场法在境界顶柱以下进行回采矿体时，境界顶柱的回采应该在露天开采结束后进行。我国凤凰山铁矿的应用实例见图18-5，该矿是我国露天转地下开采最早的矿山之一，原设计用无底柱分段崩落法开采，因覆盖层无法在回采之前形成，故改用阶段矿房水平深孔方案开采。该方案在露天坑底保留 7~10m 厚的境界顶柱，顶柱以下的矿体划分为矿房和矿柱，矿块垂直走向布置，在矿体上下盘呈对角式各布置一条凿岩天井，由凿岩天井的凿岩硐室打水平扇形深孔，拉底后，由下至上分次进行爆破，爆破下的矿石只放出 30% 左右，待露天采矿作业结束后，再放出矿房中其余矿量。放矿阶段，在拉底水平以上留 7~10m 厚的矿石缓冲层以保护境界顶柱等矿柱回采的安全。露天采矿作业结束后，用潜孔钻机从露天坑底向下穿孔爆破境界顶柱，并在爆破矿柱的同时崩落一定数量的顶盘围岩形成覆盖层，下部矿体转入地下开采以后则用阶段崩落法回采。

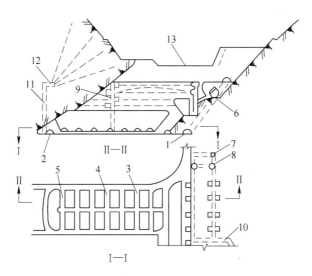

图 18-5　凤凰山铁矿留境界顶柱的阶段空场法方案示意图

1—脉外运输平巷；2—脉内运输平巷；3—运输横巷；4—装矿巷道；5—切割平巷；6—电耙道；7—人行天井；
8—溜矿井；9—凿岩天井；10—回风道；11—放顶天井；12—放顶凿岩硐室；13—境界顶柱

境界顶柱的安全厚度可用多种理论方法和数值计算方法计算。由于影响采场地压的因素很多且极为复杂，因此，理论计算的结果一般仅供设计参考。在实践中，多数矿山仍参照类似矿山经验选取。顶柱厚度视矿岩的稳固性而异。矿岩稳固时，厚度一般为 10m 左右，有的矿山按回采矿房跨度的一半取值；俄罗斯学者认为当矿岩的普氏系数为 5~12 时，境界顶柱的厚度必须等于或大于矿房的跨度，实际的顶柱厚度约为 10~30m。

境界顶柱的稳定性随采空区存在时间的增加及其面积的扩大而减弱，因此，缩短回采周期、减小采空区暴露面积，对增强境界顶柱的稳定性是十分重要的。

留境界顶柱的分段（阶段）空场法方案的优点是在露天开采末期，地下与露天开采可同时进行，可弥补露天开采末期减少的矿量。当露天开采结束后，再全部过渡到地下开采，可维持矿山持续均衡生产。同时，在境界顶柱回采之前，对露天采场内积水的渗透起缓冲作用，并可降低井下开采的漏风量。

B　不留境界顶柱的分段空场法方案

该方案与预留境界顶柱方案不同之处在于不再专设境界顶柱，而是将分段空场法最上一个分段的高度适当加大。此高度加大的分段替代了境界顶柱的作用，仅其厚度比专设境界顶柱的厚度小了一些，省去了专门回采境界顶柱的作业。这种布置方式同样可以做到提前开拓采准以及露天与地下同时开采出矿的目的。该方法适用于矿岩条件较好，地下开采的经验比较丰富，并较清楚地了解岩石移动规律的矿山。随着露天采场最末一个台阶推进的结束，采用分区逐段地由露天转入地下回采。在矿房回采的末期，在回采矿柱的同时，由间柱的上盘硐室崩落一定数量的上盘围岩充填采空区，其余采空区的处理依赖上盘围岩的自然崩落。一般情况下，矿柱放矿 1~2 个月后，顶盘岩石逐渐冒落形成覆盖层，下部矿体采用崩落法回采。

不留境界顶柱的分段空场法方案实际上是将分段空场法预留境界顶柱方案预留的境界顶柱作为分段空场法的最上一个阶段，且适当加大。我国金岭铁矿就应用此法开采，如图

18-6 所示。

不留境界顶柱的分段空场法其优点是没有回采境界顶柱和爆破围岩的作业，可提高境界顶柱的矿石回收率，降低矿石的贫化率；其缺点是在露天开采末期，地下与露天不能在同一垂直面内同时回采，且在露天采场内的积水将直接灌入井下，增加了地下排水设施及其工程量和排水费用，增大了地下开采初期的漏风量，对于多雨和雨量较大气候条件且汇水面积较大的露天矿不宜应用。

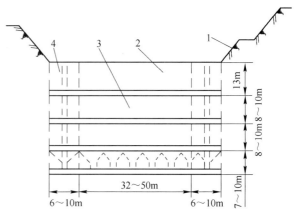

图 18-6　不留境界顶柱的分段空场法方案
1—露天矿；2—空场法最上分段；3—矿房；4—矿柱

18.3.1.2　充填采矿法方案

充填采矿法由于工艺复杂、生产能力低、成本高，在露天转地下开采期，国内矿山应用较少。一般多用于开采矿岩破碎、价值较高的贵金属或多金属、其他富矿体或其他环境复杂矿体。

使用该方法时，与空场法一样，一般要在露天底留设一定厚度的境界顶柱暂不回采，以确保露天和地下在同一个垂直面内同时作业的安全。露天转地下过渡期所用的充填法，其生产工艺和通常的充填法基本相同，矿房回采时分层充填矿房或矿房回采结束嗣后一次胶结充填矿房形成人工隔离层，待露采结束后，从露天坑钻凿炮孔回收预留的境界顶柱。境界顶柱的厚度，根据矿岩的稳固程度、矿体开采条件和矿体形态变化不同而不同，一般为 10~20m。

露天转地下过渡期充填法方案的优点是地下与露天可长时间进行同时开采，为露天转地下创造了产量平衡过渡的条件，且生产相对安全可靠；能较充分的回收地下资源，且贫化率较低；不存在露天结束转地下边坡冒落的危险；在露天采场内，境界顶柱起阻隔露天坑内积水渗透作用，并可降低地下采区的漏风量。其缺点是回采工艺复杂，生产能力较低，生产费用高。

随着环境保护、土地保障、资源开发利用要求的提高，充填法将是最有前景的采矿方法。

18.3.1.3　崩落采矿法方案

崩落采矿法的特点是不需要将矿块划分为矿房和矿柱，一个步骤回采，在回采矿石的同时，随回采工作面的推进，同时崩落围岩充填采空区，进行地压管理。为了安全生产和挤压爆破以及放矿的需要，应留有一定厚度的岩石或矿石作覆盖层。此覆盖层在露天开采还没有结束之前是难以做到的。因此，采用崩落采矿法的露天转地下开采的矿山，露天和地下通常不能同时作业，也就是在一个垂直面内不能同时开采。根据国内外矿山经验，为了保证矿山产量衔接和持续稳产过渡，露天矿必须分期、分区或分段结束，地下采矿必须分期、分区或分段投产。因此，在每个矿山的具体条件下，能否采用崩落采矿法过渡，这是露天转地下矿山在选择采矿法方案时，必须考虑的主要因素之一。

　　在露天转地下开采的矿山中，通常使用的有分段崩落法和阶段崩落法，但以前者用得较多。分段崩落法按底部结构不同又分为有底柱分段崩落法和无底柱分段崩落法。当今，用无底柱分段崩落法的矿山很多，而用有底柱分段崩落法的矿山较少。分段崩落法回采前形成覆盖层方案的优点是不需要留境界顶柱，同时采用崩落法的回采效率高、成本低。其缺点是如果在同一矿区中没有其他矿段存在可以调节产量时，在形成覆盖层的短时期内，必将停止生产而影响矿山的持续生产，且形成覆盖层的工程也较其他方法大。另外，与预留顶柱的方法相比，该方案的渗水和漏风也较大。

　　A　分段崩落法方案

　　俄罗斯列别金矿床为含铁石英岩，探明储量55亿吨，一批专家学者设想沿垂直方向划分为三个工艺段进行开采，如图18-7所示。-120m水平以上为露天开采段，用传统的多台阶露天开采工艺进行露天开采；-120~-500m为露天转地下段，用一个高台阶进行开采，矿石通过地下巷道系统运到地表；-500m以下为地下开采段，可用阶段矿房法或阶段强制崩落法开采。

　　露天转地下段用分段崩落法开采，掘进分段凿岩巷道将此段划分成若干个分段，在露天坑底钻凿下向深孔和在分段凿岩巷道内钻凿上向和下向深孔，进行分段挤压崩矿，矿石从下部集矿水平的漏斗中放出，所形成的采空区可排放大量的剥离废石与选矿尾砂。

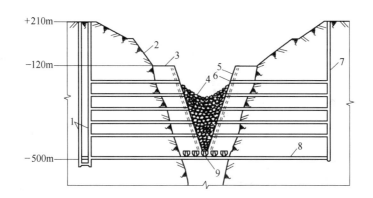

图 18-7　分段崩落法方案

1—提升井；2—露天开采最终境界；3—露天坑底；4—崩落矿石；5—爆破深孔；
6—分段凿岩巷道；7—通风井；8—集中出矿水平；9—放矿巷道

　　B　回采前形成覆盖层的分段崩落法方案

　　本方案不留境界顶柱，露天开采结束后，以整个矿块作为回采单元，用分段崩落法进行连续回采。为了满足安全生产和挤压爆破的需要，应在分段崩落法回采前形成一定厚度的岩石覆盖层，其厚度一般不小于15~20m，如金山店铁矿余华寺矿，如图18-8所示。多数矿山利用露天剥离废石形成覆盖层。

　　本方案的优点是生产能力大，回采效率高，成本低，生产安全；缺点是当同一矿区中无其他矿段可以调节产量时，在形成覆盖层时期，可能因停止回采而导致矿山减产，且渗水和漏风较大。

　　C　回采过程中形成覆盖层的阶段强制崩落法方案

　　根据矿石的崩落性，阶段崩落采矿法又分为阶段强制崩落法和阶段自然崩落法。由于

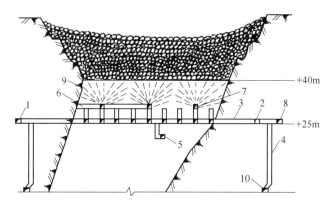

图 18-8　回采前形成覆盖层的分段崩落法方案

1—上盘联络道；2—下盘联络道；3—分段电耙道；4—溜矿井；5—回风小井；
6—拉底巷道；7—凿岩巷道；8—电耙硐室；9—炮孔；10—运输平巷

这类采矿法对使用条件要求较严，生产工艺技术较复杂，在露天转地下开采中用的较少。杨家杖子钼矿北松树卯矿区南露天矿在露天转地下开采时用阶段强制崩落法进行回采，如图 18-9 所示。

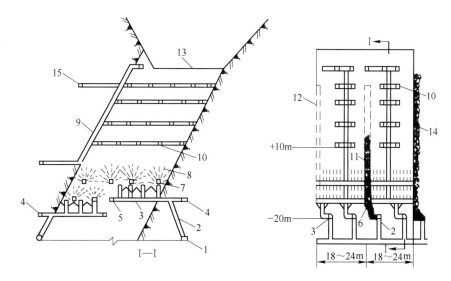

图 18-9　回采过程中形成覆盖层的阶段强制崩落法方案

1—运输平巷；2—矿石溜井；3—电耙道；4—进风巷道；5—回风巷道；6—放矿漏斗；7—拉底巷道；
8—扇形炮孔；9—联络井；10—药室；11—切割天井；12—切割槽；13—露天坑底；14—松动矿石；15—放顶硐室

该矿在露天转地下回采时，地下矿的回采是从矿体的一侧向另一侧推进。第一阶段沿矿体走向回采 60~70m 后，在矿块放矿末期，于拉底水平以上留 6~7m 厚的矿石形成爆破缓冲层，再用硐室爆破崩落采空区顶盘围岩形成覆盖层。

该方案的特点是在第一阶段出矿后期，用回采同时崩落顶板围岩的办法形成覆盖层，露天作业时地下作业仍可正常进行。其优点是露天与地下可以同时作业，生产能力大，成本低，安全；缺点是底部结构复杂，维护困难，放矿管理困难，矿石损失贫化大，渗水漏风较大。

18.3.2 露天转地下开采的过渡期限

为了确定露天转地下开采的最佳时机，保证矿山露天转地下后按计划有步骤地投入生产，投产后能连续均衡地生产，必须及时设计与编制过渡方案，确定合理的建设期限。

18.3.2.1 设计编制过渡方案

矿床开采总体设计若已确定为露天转地下开采，应对整个矿床开采的全过程进行统筹规划。露天开采境界确定后才能编制露天开采进度计划，从而确定露天开采结束的时间。而地下矿的建设时间既不能太早也不能太迟。太早，露天工程不能充分利用，增加井巷工程的建设和维修费；太迟，矿山需停产或减产过渡。具体的过渡开采设计则往往是在露天开采的中后期进行，一般是在露天开采进入产能递减阶段前，就要开始地下基建。露天开采减采，地下投产；露天开采结束，地下达产。对于露天开采 10 年以内的矿山，一般从露天矿建设开始就应及时研究向地下开采的过渡。

对于走向长度大或多区开采的露天矿，可采取分区、分期的过渡方案，避免露天与地下同时开采作业的干扰。例如杨家杖子矿务局松树卯矿，矿体走向长 2000m，划为南北两个露天采场，日生产能力 2000t，采取先北露天后南露天分期向地下开采过渡。

18.3.2.2 露天转地下过渡期限的确定

地下矿的基建 T 应根据地下工程的基建工程量确定，可按下式进行计算：

$$T = t_1 + t_2 + t_3 + t_4 + t_5 + t_6$$

式中　t_1——基建准备时间，a；

　　　t_2——地面工业设施建设时间，a；

　　　t_3——井筒掘进时间，a；

　　　t_4——采切工程掘进时间，a；

　　　t_5——采矿方法试验时间，a；

　　　t_6——地下投产至达产的时间，a。

基建准备时间主要包括露天转地下技术方案设计时间、专题研究时间。露天转地下的矿山，因矿山而异必然存在不同的技术瓶颈，如围岩工程地质条件差、高陡边坡、地下涌水量大等，需要在露天转地下开采之前就要寻求解决途径，必要时要作专题研究和试验。此外，露天开采矿山，管理人员、工程技术人员和生产工人缺乏地下开采实践经验，应提前进行人员培训等多方面前期工作。

地面工业设施建设时间、井筒掘进时间、采切工程掘进时间、井下巷道硐室掘进时间及采矿方法试验时间都属于基建时间。与完全采用地下开采的矿山一样，竖井的井筒掘进速度一般为月进尺 60~80m，斜井的井筒掘进速度一般为月进尺 80~100m，水平巷道掘进速度一般为月进尺 100~150m。这部分时间主要取决于露天转地下基建工程量，而且确定的矿山基建工程量应能满足矿山的三级矿量保有期，形成完整的地下开拓、运输、通风、排水等系统，使矿山投产后正常生产期间的开拓、生产探矿、采准切割回采各个工序之间保持合理的超前关系，深部开拓延深、新阶段准备工作能在技术、经济合理的条件下进行。

利用露天矿的地下排水井巷作为地下矿的采准切割巷道可以缩短地下矿的建设时间。

地下矿投产时必须完成设计所需的基建开拓、采切工程量，形成内外部运输、提升、供电、供水、压缩空气、通风、排水、机修设施、地下采矿工业场地等完整的生产系统，且三级矿量保有期应符合规定标准。一般从投产到达产时间大型矿山为3~5a，中型矿山为2~3a，小型矿山为1~2a。此外，从投产到达产时间还应满足能保证露天转地下产能平稳过渡的要求，露天开采产能开始减少时，地下开采应开始投产，其达产时间应与露天开采结束时间吻合。

目前国内外露天转地下开采的过渡期限一般约7~12a。

18.4 露天矿无剥离开采与残留矿体开采

18.4.1 露天矿无剥离开采

露天矿开采到设计最终水平后，为了充分发挥露天矿生产设备和辅助设施的潜力，并改善露天转地下过渡期的产量衔接，多数矿山都要进行无剥离下延开采。

对于倾斜或急倾斜矿体，通常在上盘边坡下留三角矿柱以支撑上盘边帮，即可实现无剥离延深开采，如图18-10所示。延深开采深度取决于露天坑底允许的最小宽度、三角矿柱的损失量和上盘边坡的稳定性等。

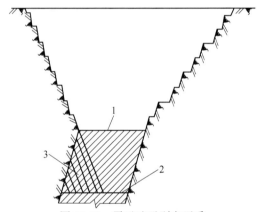

图18-10 露天矿无剥离开采
1—设计最终水平界线；2—无剥离延深水平界线；3—三角矿柱

露天坑底允许的最小宽度根据露天境界确定的原则通过计算确定。汽车运输允许的最小底宽一般为18~24m。

为了尽可能多地采出矿量，采矿台阶不再设置矿石安全平台，或在露天开采结束之前取消矿石安全平台。因此，无剥离延深开采的边坡通常很陡，甚至是垂直的。

近来国外露天矿按照经济合理性确定的无剥离延深开采深度为30~50m，而我国矿山一般延深20m，偏低。

18.4.2 露天矿残留矿体的回采

据国内外矿山统计，露天开采至底部边界时，残留在露天境界周围的矿量占开采总储量的5%~16%，它们的回采具有经济价值。如果扩大境界，可能造成矿山经济指标的恶化，并且征用大量土地，破坏生态环境。露天境界外残留矿特点：

（1）储存量大。

（2）赋存条件复杂，不规整，开采困难。

（3）安全问题突出，露天采场与地下回采境界外残留矿同时作业，相互影响，井下爆破作业及形成的采空区破坏了露天矿边坡稳定环境。

（4）地表不允许塌陷，露天境界外有一定的工业设施和工业场地，这些设施和场地仍在作业。

这些残留矿体，赋存条件各异、矿量多少不一、回采条件复杂、回采困难，往往开采强度低、安全条件差、回采率不高，因此要重视残留矿的开采技术。

露天境界外的残留矿按其赋存位置可分为三种类型：（1）露天边帮残留矿体——在露天矿边坡附近的矿体；（2）露天底与地下采空区之间的矿柱，多为境界顶柱；（3）露天矿坑两端的三角矿柱。

18.4.2.1　露天边帮残留矿体的回采

露天边帮的残留矿体，主要包括非工作帮附近和边坡以下的矿体，由于受到各种外力的破坏且形状不规则，露天矿边坡残留矿体的回采比较困难，安全条件较差，同时它又处于露天转地下开采先期阶段，如果回采强度低，将会牵制地下开采主矿体的下降速度，影响达产时间，降低过渡期间的矿石产量，因此应尽早强化开采，最好在地下基建时期，把它提前采完。

对于露天边帮残留矿体，除了少量可用露天方法直接开采外，大部分采用地下开采，方法有充填法、崩落法以及空场法。

（1）充填法。充填法是开采露天边帮残留矿体采用较多的一种方法，一般采用上向或下向水平分层充填采矿法，当露天边坡下的矿体延伸较长时，也可采用矿房充填法开采。其回采工艺与通用的充填采矿法相同。除应注意爆破作业的相互影响外，一般不存在露天边坡塌落等安全问题，可利用露采剥离废石和尾砂充填采空区，有利于保持边坡稳定，允许地下和露天作业同时进行。允许在地下作业的同时进行露天开采。但该法的回采成本较高，劳动生产率较低，因此主要适用于矿岩破碎、价值较高的矿床开采。当露天底的境界矿柱用充填法回采时，露天非工作帮底下的矿体通常也是采用充填法回采。金川龙首矿应用此法。

（2）崩落法。采用崩落法回采露天边坡残留矿体，通常适用于矿岩不太稳固、矿石不太贵重的矿山。当露天坑底矿柱和地下第一阶段选用崩落法回采时，通常边坡挂帮矿体也用崩落法回采。此时，地下开采沿走向的回采顺序应采用向边坡后退进行，使边坡附近的塌落漏斗逐渐发展，最终形成比较平缓的崩落区，以保护露天矿下部台阶不受岩石的威胁。在及时进行岩移观测并采取相应安全措施的情况下，对露天矿的安全生产影响很小。但一般情况下，崩落区的露天矿下部，在地下开采影响到边坡安全时，应停止作业。加拿大 Craigmont 镍矿和我国冶山铁矿、司家营铁矿、海城滑石矿等采用了这种方法。

（3）空场法。空场法回采边坡残留矿体，一般采用房柱法、浅孔留矿法等，适用于矿岩稳固性较好的矿床，其工艺与地下开采时相同。采用空场法回采边坡矿体时，在露天矿的边坡附近，往往堆积一定量的废石，对地下开采和边坡稳定产生一定影响。因此，在边坡开采时，要求留设一定的境界矿柱。矿柱大小可按废石堆放位置和矿层至地表距离来确定。

18.4.2.2 露天底残留矿的回采

露天底残留矿是指露天坑底至地下采场之间的境界顶柱（隔离矿柱）。回采这部分矿体，需根据地下第一阶段水平所采用的采矿方法，选择不同的矿柱回采方案。当坑内采用崩落采矿法时，露天坑底不存在残留矿柱，露天坑底也就不存在底柱的开采问题。若采用房柱式采矿法回采地下第一阶段水平的矿体时，根据选用的采矿方法不同，底柱的回采方式也不一样。有些采矿方法，如留矿法、VCR法、水平分层充填采矿法，在采完第一阶段矿房时就继续用该法回采露天底柱，最后与矿房的矿石一起从地下运出。

还有一类采矿方法在露天向地下开采过渡时期也不存在露天底柱，而是将露天底柱作为过渡阶段的矿房，用阶段矿房法开采，如图18-11所示。这种方法是从露天边帮开掘斜坡道作为凿岩和装载设备用的运输巷道（阶段高度可选50~80m）。为了通风可开掘斜井或通风深孔与地面相通。然后作运输出矿水平的采准和拉底水平的漏斗及补偿空间。崩矿的深孔从露天底或在分段凿岩巷道中进行。矿房中的矿石放出后，一般用废石或尾砂胶结充填。矿房的间柱在矿房充填后用与矿房同样的方法回采，也可以用水平分层充填法回采，但可用剥离的废石或尾砂充填。

此法适用于较窄的急倾斜矿体和深露天水平的开采。该法的优点是：（1）可以不扩帮继续向下开采（50~80m）而不留三角矿柱，使剥离量减少，回采率提高；（2）生产能力大，且有利于保证边坡稳定；（3）为地下采用崩落采矿法提供了有利条件。

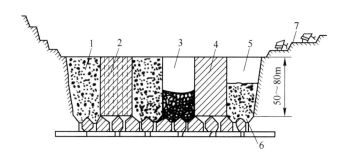

图 18-11 露天底矿柱的开采方法

1—充填体；2—自露天底向矿体中钻深空；3—放矿的矿房；4—矿柱；
5—充填的矿房；6—挡墙；7—露天工作帮

18.4.2.3 露天矿残留三角矿柱的回采

露天矿尤其是厚大的急倾斜矿体，在露天开采到最终境界后，无剥离而继续延深开采一般会在顶、底盘下面和端帮留下边坡三角矿柱。根据矿体的长度和厚度，可沿走向布置矿房进行回采，其中靠近露天边上的第一个矿房，可直接从露天采出。对于端帮三角矿柱，由于露天矿端帮一般曲率半径较小、稳定性较好、容易回采，通常可以直接从露天采出这部分残留三角矿柱。

在地质条件很差的情况下，由于上盘三角矿柱暴露面积大，上盘岩石应力集中，如果露天矿延深很大，矿体很厚且倾角不陡，上盘岩石又不稳固，此时矿柱回采困难，甚至只回采部分矿柱就可能引起上盘岩石的大量移动，而且矿柱回采率低，作业安全条件差。在这种条件下，应当提前单独回采这部分矿柱，或与地下第一阶段的矿体一起进行回采。如果条件允许，采用房柱法比较合理，因为此时不放顶也可以回收一半的矿石。

对于上盘岩石不稳固的矿山，其边坡三角柱可采用充填法回采（图18-12（a）），在上盘矿岩稳固时可用留矿法（图18-12（b））或分段法（图18-12（c））回采三角矿柱，然后用废石充填。

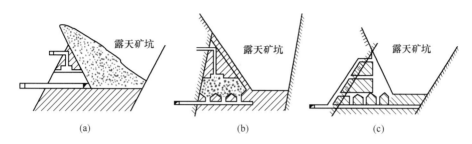

图18-12　露天坑底三角矿柱的回采
（a）充填法回采；（b）留矿法回采；（c）分段法回采

由于三角矿柱一般均在露天开采结束后进行，对其回采，应视露天坑底有否堆废石的实际情况而定。如果露天坑底堆积的废石已将三角矿柱表面覆盖，一般可在靠边坡一侧留2~3m宽的隔离矿柱；反之，则不留。

18.5　露天转地下过渡期协同开采技术

我国约90%的国营露天铁矿山均已进入深部开采，其中许多矿山已经或正在陆续转入地下开采。在露天转地下开采的过渡期间，由于地下开采危及边坡稳定性，容易引发露天边坡滑移，危害露天生产安全。此外，露天的爆破震动，如果控制不当则会破坏地下开采工程，危及地下生产安全。因此，在露天转地下开采过渡期，普遍存在安全生产条件差和露天地下生产相互干扰的问题，造成矿山过渡期产量衔接困难。为此，需要从拓展露天转地下开采时空出发，采用露天地下协同开采方法，最大限度地消除露天地下同时开采的相互干扰，改善露天地下的生产与安全条件，增大露天与地下的生产能力，从根本上解决过渡期产能衔接难题，保障金属矿山露天转地下的可持续发展。

18.5.1　露天转地下过渡期高效开采的基本条件

（1）露天陡帮开采。在露天转地下开采的过渡期，一般露天采场早已进入深凹开采，此时为提高开采效率，需要最大限度地实施陡帮开采技术。所谓陡帮开采，是在露天矿采剥工艺技术发展中，为了寻求压缩生产剥采比、降低成本，均衡生产剥采比、节省投资等，所采用的加大工作帮坡角的采剥工艺。陡帮扩帮方式是相对缓帮而言，可在陡工作帮坡角条件下采用组合台阶、分条带等方式执行采剥作业。

（2）地下高效开采。过渡期地下采场从无到有，而且地表为露天坑，一般允许崩落，此时为提高开采效率，应选用高效采矿方法。国内金属矿山地下开采的实践表明，大结构参数崩落法的开采效率普遍较高，从分段崩落法到阶段自然崩落法，可根据矿体条件灵活选择应用。特别是近年东北大学研发的诱导冒落法，将矿岩可冒性与分段崩落法的开采工艺有机结合，既有分段崩落法结构简单、应用灵活的特点，又有阶段自然崩落法地压破碎矿石、采矿强度大、成本低的特点。该法按可采条件将矿体沿铅直方向划分为三区，即诱导冒落区、正常回采区与底部回收区，采场结构如图18-13所示。

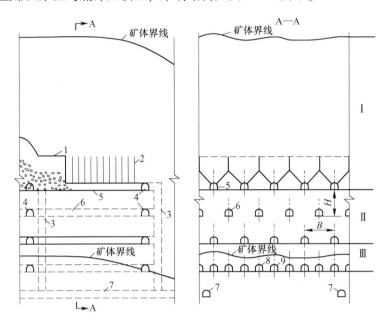

图 18-13　诱导冒落法采场结构图

Ⅰ—诱导冒落区；Ⅱ—正常回采区；Ⅲ—底部回收区；

1—崩落边界；2—炮孔；3—溜井；4—进路联巷；5—第一分段进路（诱导工程）；

6—回采进路；7—穿脉运输巷道；8—底部回采进路；9—底部回收进路；

H—分段高度；B—进路间距

　　在诱导冒落区，仅设置一层回采进路（称之为诱导工程），利用该层进路回采后提供的采空区诱导上部矿石自然冒落。诱导工程的回采，主要是崩落进路之间的支撑，进路之间的矿柱需完全崩透、形成连续的回采空间，诱导上部矿岩自然冒落。诱导工程的采动地压较大，其进路的间距应比正常回采区适当加大，且采空区的净高度需满足上部矿岩冒落碎胀的要求。

　　在正常回采区，除回采本分段矿量外还接收上部冒落矿石。此时为降低废石混入率，采场结构参数与放矿方式要适应矿石散体的流动规律。此外，正常回采区进路断面的大小，不仅要考虑采掘设备的使用需要，而且要考虑冒落大块矿石的处理方便，原则上冒落大块应能够放落到巷道底板上，以便于处理。该区出矿过程中，常发生大块矿石在出矿口内集聚、断续地流出等现象。如果正常回采区内有多层进路，可将卡在出矿口内的大块矿石适当地转移到下分段放出，经过一两个分段散体移动场的挤压破碎，不仅大块矿石的块度会减小，而且大块率也会降低很多。

　　在底部回收区，回采工程主要负担采场残留矿量的回收，同时负担近底板（或下盘）矿量的回采。该区内每条进路所负担的回采矿量，都不具备向下转段回收的条件，而且由它们接收的上面分段转移矿量的连续移动空间条件，也在放矿结束时自然消失，这样每条进路放不出来的出矿口附近的矿石，即成为永久损失。为此，需要合理设计每条进路的位置，并合理回收每个步距的矿石，以提高回采率。该区内进路的布置形式取决于矿体界线与分段位置关系以及经济合理的开掘岩石高度等，大体上有如下三种布置形式：（1）设置加密进路（图 18-14），在两条按正常菱形布置的底部回采进路之间，补加一条进路，称之为加密进路，由此将进路的间距缩小一半。加密进路相当于将下一分段回收进路提到上一分段来布置，当下一分段回收进路的开掘岩石高度（从进路顶板算起）超过经济合理的最大开掘岩石高度时，就应提到上一分段作为加密进路布置，图中 h_j 指经济合理的最大开掘岩石高度。（2）在底板（或下盘）围岩里布置一层以回收脊部残留体为主要目的的底部回采进路，称之为回收进路。当矿体底板（或下盘）边界相对分段水平的高差较大，但不大于经济合理的最大开掘岩石高度时，或者当矿体倾角较缓、沿高度方向可以调整回收工程的位置时，布置回收进路比较适宜。（3）加密进路与回收进路联合使用，共同组成底部回收工程，如图 18-14 所示。

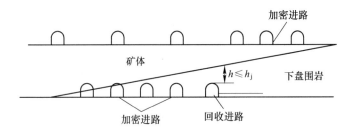

图 18-14 加密进路与回收进路的布置条件示意图

在布置加密进路时，进路间距变小了一半，使得间柱承压能力减弱许多，引起相邻进路稳定性降低。为此需要事先卸压，即需要在其上诱导工程回采卸压后，再开掘加密进路。

上述诱导冒落法三个区域的回采中，依靠诱导冒落区的采动地压破碎矿石，由此大量节省采准、凿岩与爆破费用，并提高落矿强度；依靠正常回采区高强度高质量放出冒落矿石，由此提高开采强度和减小废石混入量；依靠底部回收区充分放出采场内矿石，提高矿石回采率。在北洺河铁矿与和睦山铁矿的试验研究表明，诱导冒落法具有开采强度大、效率高、回采率高、贫化率低、对矿体条件适应性强的突出优点，是露天转地下最有发展前景的高效采矿方法之一。

18.5.2 露天地下楔形转接过渡模式

过渡期露天与地下同时开采，为最大限度地提高产能，理想的方法是在满足露天与地下高效开采基本条件的前提下，完全取消境界矿柱以及人工形成覆盖层的工艺，释放露天与地下的采矿生产能力。为此，需将露天陡帮开采技术与地下诱导冒落法有机结合，构建露天开采与地下开采的全新过渡模式。

为保障露天与地下两者都能高效开采，露天采场需保持矿体连续开采条件和避免地下开采的陷落危害；地下采场需具有诱导冒落所需的回采面积，同时不受露天爆破震动危害。按此要求，露天采场设计可按合理边坡角沿下盘延深，直至回采工作面宽度小于最小工作平台宽度；地下回采面积逐步扩大，便于诱导其上部矿岩自然冒落和冒落矿量的合理回收。从利用露天开拓系统快速进行地下开拓与采准的便利条件出发，露天采场最好位于地下采场的下方，即露采在下、地采在上、两者在水平投影面上错开。也就是说，露天采场与地下采场的理想位置关系，应使露天采场不低于地下采场，斜切矿体的分采界线如图18-15所示。

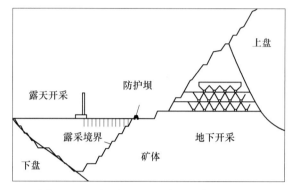

图 18-15　露天与地下开采界线划分示意图

按图 18-15 的分采界线，从上到下，露天采场的宽度由大变小，地下采场的宽度由小变大，最终露天采场消失，整个矿体全部转为地下开采。在露天采场逐渐缩小与地下采场逐渐扩大过程中，实现由露天开采向地下开采的转接过渡。因此，将这种过渡方式称为露天地下楔形转接过渡模式，简称楔形转接模式。

楔形转接模式，消除了境界矿柱的困扰，同时挂帮矿可用诱导冒落法高效开采，底部矿量可用露天陡帮开采方式延深开采，从而为过渡期露天与地下同时高效开采奠定了基础。但这种过渡模式的露天采场与地下采场相毗邻，能否控制边坡岩移危害，是能否实现露天地下生产安全的关键。

为避免与控制边坡岩移危害，以往的方法主要是控制边坡的稳定性，使其不发生岩移。采取的技术措施主要有：（1）对已经滑坡部位，在滑坡体上部出现的近似垂直、甚至是反坡部位，从边坡上部按边坡角35°~40°进行削坡处理，待滑坡体全部滑下后，再适当清理散落石块并砌筑挡石墙，防止滑坡体表面滚石滑落；（2）对出现裂缝的边坡，进行削坡处理，防止该部位出现滑坡。这种保护边坡稳定性的方法限制了挂帮矿体的开采时间或开采效率，降低了过渡期的产能。为了最大限度地解决过渡期高效开采难题，就需要允许边坡发生岩移，但需严格控制边坡岩移危害。

18.5.3　露天转地下挂帮矿开采边坡岩移控制

在露天转地下开采的过渡期，挂帮矿通常为地下首采对象，该矿体属于露天开采后的境界外矿体。露天坑上大下小的形状，通常决定了挂帮矿的空间形状为上部较小下部较大。为使地下尽早达到设计生产能力，挂帮矿开采的时间越早越好。

通常挂帮矿采空区跨度达到一定值时，顶板围岩便会发生冒落，当冒落高度通达地表时，露天边帮陷落，引起边坡岩移发生。一旦边坡滚石或散体滑落入露天采场，就将危及露天作业的安全。实际上，在塌陷坑形成过程中或形成之后，露天边坡所发生的岩体滑移，能否影响到露天坑底部的正常生产，取决于岩体滑移的方向，而这一方向由空区陷落条件及其塌陷坑的几何条件所决定。当塌陷引发的岩移波及不到露天边坡的保护区域，且塌陷坑能够完整容纳滑移的边坡岩体时，则可用塌陷坑本身接收边坡滑落的岩体，从而控制边坡岩体的滑移方向，使所有脱离母体的边坡散体都被引向塌陷坑，而不波及露天坑底工作面，因此，也就不影响露天生产工作面。

根据挂帮矿地下开采及边坡岩移的特点，结合露天转地下过渡期的生产条件，挂帮矿地下开采引起的露天边坡岩移危害的控制方法，可归结为以下三个方面：

（1）控制露天边坡岩移的进程。在诱导工程回采过程中，通过控制连续采空区跨度控制顶板围岩的冒落进程，进而控制边坡冒落时间，即待边坡允许冒落时再冒透地表。诱导工程宜靠近挂帮矿下部布置，其下留有 1~2 个分段的接收条件，这样既有利于控制空区冒透地表的时间，又有利于增大诱导冒落的矿量层高度，还可使冒落矿石得到充分回收。

（2）控制边坡岩体陷落与滑移的方向。露天边坡的陷落与滑移运动可能分次发生，也可能接续顺次发生，主要取决于边坡岩体的稳固条件。由于受开采卸荷与爆破震动的双重影响，一般边坡岩体的稳定性较差，陷落与滑移连续进行的可能性较大，在塌陷坑形成过程中与形成之后，塌落与滑移的散体，不允许越过塌陷坑而冲落于露天坑底，危害露天生产安全，因此要求边坡塌陷坑的深度与容积足够大，能够完整容纳边坡滑移而滑入的散体。通过协调地下回采顺序与落矿高度，可控制边坡岩移的方向，使其指向塌陷坑方向。

（3）设置必要的露天拦截工程。

在边坡塌陷坑形成之前，受地下采动影响，边坡危石有可能滚落于露天坑底；此外，对于高陡边坡，当地下开采受矿体赋存条件限制，诱导冒落工程所形成的地下采空区的容量不够大，使边坡塌陷坑不足以存放上部岩移散体总量时，剩余的岩移散体将越过塌陷坑而继续下滑。这两种情况下发生的边坡岩移，都有可能冲击坑底露天采场。为防止这些岩移危害，就需要在露天采场外的适宜位置设置拦截工程，将滚石或滑移散体阻挡在露天采场之外。为此，需要进行露天边坡滚石试验，根据边坡滚石试验结果，在露天坑底部位置最低台阶上，按一定的安全距离设置废石防护坝，防护坝体之下与外侧（靠边坡一侧）的矿石后续由地下开采。

总之，通过协调地下回采顺序与落矿高度，可控制边坡岩移的方向，使其指向塌陷坑；同时，在露天坑底部台阶设置防护坝，阻挡边坡滚石落于露天采场，由此构成的边坡岩移防控方法，可保障露天采场不受岩移危害。

18.5.4 露天延深高效开采

在露天地下楔形转接的过渡模式中，露天开采的范围越来越小，电铲占用面积较大，不再适用于此时露天的延深开采，而挖掘机是一种占用面积小，具有前进、后退、旋转、举升、下降、挖掘、液压锤破、吸附等功能的矿山机械，可挖掘高于或低于承机面的物料，并装入运输车辆或卸至堆料场。通常在安全允许条件下，用挖掘机进行装载作业，可减小最小工作面宽度，增大露天采场的延深量。在楔形转接过渡模式中，露天延深越大，与地下同时开采的时间则越长，露天地下总产量就越大。以小汪沟铁矿为例，该矿在露天转地下过渡期，采用 C450-8 型挖掘机（斗容 2.5m³）装载，用欧曼 290 型卡车运输，卡车采取空车在较宽部位调头的运输方式，回采工作面由常规的 40m 减小到 20m，露天坑延深的增大量达 17.32m。

对接近露天坑底的最后 2~3 个台阶，由于位置紧靠矿体下盘，采后存放废石，对下部矿体回采时的放矿影响较小。这部分矿体可以在回采过程中回填废石，以减小延深开采的废石外运量，同时保护边坡坡底的稳定性。为此，这部分矿体可应用横采内排技术提高边坡角，以增大采出量，降低开采成本，如图 18-16 所示。

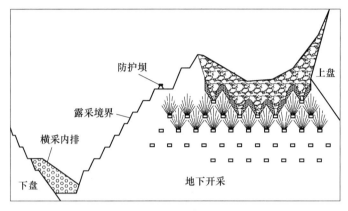

图 18-16　过渡期露天地下高效开采工艺示意图

横采内排是露天矿深部开采中一种经济高效的工艺技术，该技术横向布置工作线、走向推进、内排土场排弃。采场沿走向位置的选择，要求能够快速降至露天矿底部境界标高，过渡工程量小、实现内排早、易于生产接续。横采内排工艺技术的具体实施需根据矿体的赋存条件、露天坑开采现状（包括采坑形状、坑底位置、标高和工作帮各部位的到界程度），并充分考虑实现横采内排的便利性。国内已有不少矿山成功实施横采内排工艺技术解决产量衔接等生产问题，如依兰露天煤矿将露天采场分为三区，采用横采内排开采技术，解决了生产接续问题；2010 年中煤龙化矿业露天煤矿应用分区陡帮横采内排技术，将最终帮坡角由 32° 提高到 45°，保障了正常生产。

18.5.5　露天转地下挂帮矿诱导冒落法高效开采

在露天地下楔形转接的过渡模式中，挂帮矿应用诱导冒落法开采。诱导冒落法是将矿岩可冒性与无底柱分段崩落法回采工艺有机结合的产物，其诱导工程及诱导工程下部的回采接收工程，均采用无底柱分段崩落法的回采工艺，生产安全与矿石回采指标的控制方法等也与无底柱分段崩落法相同。因此，诱导冒落法又被称为诱导冒落与强制崩落相结合的无底柱高效采矿方法。

无底柱分段崩落法从进路端部口放出矿石，在垂直进路的方向上，出矿口的间距等于进路的间距。进路间距越大，出矿结束时每两条进路之间存留的矿石脊部残留体越大。受脊部残留体影响，放出体形态与采场结构关系如图 18-17 所示，放出体体积仅有一小部分位于出矿分段，绝大部分位于上一分段。这表明上一分段矿量的绝大部分需在下一分段回收，这种特征称之为“转段回收”。

从“转段回收”特性可知，采场内的残留矿量，可在下一分段回收。在具备转入下一分段回收的条件下，采场残留矿石层的高度不受限制。但在矿体下盘或底部的采场边界部位，脊部残留体不再具备转入下一分段回收的条件，将变成下盘损失或底部损失。

为降低矿石损失率，需将最下层进路（称为回收进路）布置在底板围岩里，而且该进路需采用截止品位放矿方式，以便尽可能多地放出矿石。由于从回收进路放出的矿石含废石量较多，矿石贫化率较大，生产中需用正常回采进路采出的低贫化矿石中和品位。此外，从矿石回采率分析，单分段的矿石回收率只有 50% 左右，两个分段矿石回收率在 70% 左右，所以在一般情况下，保证矿石回采率不低于 80%，需保障矿体的铅直厚度满足可布置三个以上分段的要求，即按不少于三个分段回采的原则，确定无底柱分段崩落法的分段高度与适宜开采范围。也就是说，对于铅直厚度较小的矿体，需按三个分段回采原则，确定无底柱分段崩落法的开采范围；对于铅直厚度较大的矿体，在保证三分段回采原则的条件下，应尽可能加大采场结构参数与诱导冒落矿石层的高度，以提高开采效率。

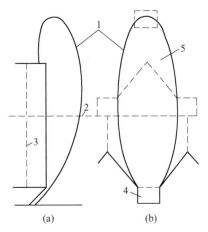

图 18-17　无底柱分段崩落法放出体与采场结构关系

（a）沿进路方向；（b）垂直进路方向
1—放出体；2—分段界线；3—崩矿炮孔排位；
4—回采进路；5—脊部残留体

18.5.6　露天地下协同开采过渡期开拓系统的布置

为综合利用露天和地下两种工艺的优点高效开采过渡期矿体，需要协同布置露天与地下的开拓工程，协同布置的原则是：必须符合矿山企业建设和生产要求，节约劳动力，便利施工，加快建设速度；在生产运营中，能以最合理的流程、最少的劳动，取得最大的工效，达到高效率、低成本的生产目的。

对于深凹露天矿，汽车—胶带半连续运输系统大有发展前景，不仅运输能力大、成本低，而且对露天边坡的空间占用小，容易将矿岩运输线路与人员设备通道均布置在矿体下盘一侧，释放上盘边坡，为其挂帮矿诱导冒落法及时开采提供必要的空间条件。对于山坡露天矿，平硐溜井开拓系统比较优越，该系统在转地下开采后，可被首采中段或几个中段的地下开采所共用，从而可为露天转地下高效开采提供更大的方便条件。露天转地下开采矿山的地下开拓系统，用竖井斜坡道联合开拓方案基建工程时间较长，可从露天坑开掘平硐工程，局部开拓地下首采矿段；或适当开掘措施工程，加快地下开拓、采准与回采的进程。地下开采的辅助开拓系统，包括废石的运输提升，材料的运送，行人、通风与贮洪排水系统等，应充分利用露天采场的现有条件与露天采场协同布置，以减小开拓工程量；或者从露天坑施工措施工程，以提高过渡期的开采效率和改善生产安全条件。

18.5.7　露天地下协同开采覆盖层的形成方法

露天转地下开采中，覆盖层的作用主要需满足两个方面要求：一是满足崩落法回采工艺的要求，二是满足地下采矿安全要求。露天转地下崩落法开采形成覆盖层通常有三种方法：

（1）露天大爆破放顶形成覆盖层。例如融冠铁锌矿使用无底柱分段崩落法开采，在完成露天开采后，采用露天穿孔爆破将露天底部及挂帮矿石崩落，形成 30m 厚的覆盖层，保证下部开采放矿的顺利进行。这种用大爆破形成覆盖层的方法，工艺简单安全可靠，而且耗时短，垫层块度好，但爆破工程量大，费用较高。

（2）外运废石回填形成覆盖层。相对于露天爆破法而言，该法初期可缓解边坡滑落的冲击危害，但从边坡上回填入露天坑的废石块度一般小于爆破废石块度，易加大底部回采矿石的贫化。

（3）回采过程中形成覆盖层。可先用空场回采矿石，放矿末期留6~7m厚矿石作散体垫层，再用硐室或深孔崩落顶板或矿柱形成覆盖层。这种方法可较早地回采地下矿石，目前应用较多。

露天转地下开采中，对于有接收条件的挂帮矿，可用诱导冒落法形成覆盖层，即将无底柱分段崩落法的第一分段，布置在矿体的合理的位置，利用该分段回采时形成的连续采空区，诱导上覆矿岩自然冒落，冒落的废石覆盖于冒落矿石之上。其中冒落的矿石在下部分段回采过程中逐步回收，留下冒落的废石作为覆盖层。诱导冒落法形成覆盖层，较常规覆盖层形成方法而言，不仅大量节省了采准工程和增大了回采强度，而且可为其下1~2个分段形成正常回采所需的矿石散体垫层，大幅度降低采出矿石的废石混入率。此外，用诱导冒落法形成的覆盖层，其废石块度一般较崩落形成的块度大，有助于控制放矿过程中的废石混入率和增大矿石回收率。

小汪沟铁矿露天转地下首次试用诱导冒落法形成覆盖层，取得了良好的实用效果。该矿为缓倾斜至倾斜矿体，应用无底柱崩落法开采，首采分段设置在+300m水平，利用该分段的连续回采空区诱导边坡岩体自然冒落。为确保空区冒落的安全，设计采用如图18-18所示的诱导冒落方案，将采准工程布置到上盘边界，以尽可能扩大第一分段的回采面积，并采取从矿体边缘向进路联巷退采的回采顺序，以促使冒落拱背离露天坑发展。

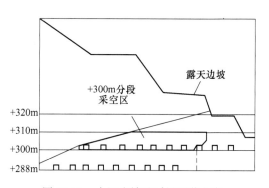

图18-18　小汪沟铁矿诱导冒落方案

图18-18方案在实施过程中，采空区上覆围岩在地下和地表露天采场作业人员不知不觉的情况下发生了边坡岩体的自然冒落，形成了完整的覆盖层。而且在采空区冒透地表以及地表塌陷区从小到大的扩展过程中，边坡岩体总是沿断裂线向塌陷区沉落或片落，从未发生任何滑坡或滚石事故。

18.5.8　露天地下协同开采方法主要协同内容

从生产过程分析，露天地下协同开采应包括挂帮矿体地下诱导工程的布置形式与诱导冒落参数的确定方法、露天坑底延深开采境界的确定原则与细部优化方法、露天地下同时生产的安全保障措施与高效开采技术等，此外还有露天地下协同安排回采顺序、协同防控水文地质危害、协同形成覆盖层、协同布置开拓系统与协同优化产能管理等。以增大过渡期矿石生产能力与改善安全生产条件为目标，需要重点解决好如下八个方面内容的协同问题。

（1）协同拓展开采时空。一方面合理构建过渡期地下诱导冒落法开采方案，滞后地下首采区扰动露天边坡的时间，适时开始地下生产，并快速增大生产规模。另一方面优化露天开采细部境界：一是对于已圈定矿体，对比露天与地下开采优势，便于露天开采的矿体采用露天开采；二是动态确定边界品位，扩大露采矿体的规模，增大露天边帮的开采境界，如此延长露天开采时间，并使境界矿量开采效益最大化。

（2）协同开拓。根据过渡期矿体条件，适时调整露天采场的开拓运输线路，如由环型运输线路改为迂回式运输线路，减小运输线路的压矿量，同时，利用露天已有的运输系统与开掘措施工程，提前进行地下采准与回采。地下采准的矿岩与前期回采的矿石，可由露天运输系统运出；对于布线条件较差的露天矿，过渡后期采剥的矿岩，可利用地下运输系统运出。

（3）协同回采顺序。调整露天采场回采顺序，尽早形成地采的时空条件，充分利用露天释放的时空条件快速增大地下生产能力；适时安排地下采场回采时间与顺序，推迟或消除对露天采场的干扰。

（4）协同产能。一般来说，在过渡期，露天产能由大变小，地下产能则由小变大。针对矿体与生产条件，结合细部优化后的露天与地下开采境界条件，统筹安排露天与地下采场的开采强度，实现露天地下综合产能的最大化。

（5）协同防治生产危害。在露天采场大爆破中，按地下工程抗震动能力，控制同段起爆药量，减小爆破震动，保护地下采场稳定性；地下采场合理调控回采顺序与深度，保护露天开采运输通道在服务期限不被破坏。

（6）协同形成覆盖层。露天转地下应用无底柱分段崩落法开采时，需适时形成覆盖层。地下开采挂帮矿时，应用诱导冒落法形成覆盖层；开采坑底矿时，可由露天崩落矿石或回填大块废石形成覆盖层。

（7）协同管控岩移。地下通过调整回采顺序与回采空间引导边坡岩移的方向，使之指向塌陷坑而背离露天采场；露天采场在适宜位置及时设置拦截坝，严防岩移或滚石危害。

（8）安全生产信息协同传送。露天大爆破通知到地下相关人员，确保爆破时地下人员撤离到安全位置；地下回采作业地点与爆破作业通知到露天人员，确保露天生产不遭受地下采动可能带来的危害。

【应用示例】露天地下协同开采方法在海南铁矿的应用。

（1）矿山地质与生产概况。

海南铁矿矿体北起石碌河，南至羊角岭，西起石碌岭，东至红山头，方圆 $16km^2$，矿体呈南北长、东西狭的长条形，主体矿分布于石碌镇正南 1km 一带，以北一主矿体为中心。该矿矿区交通十分便利，北距海口市 216km，有国防公路与高速公路相通；西与八所港有 62km 国防公路和 52km 准轨铁路相通，八所港设有两个专用装矿码头；南至三亚市有铁路相通。成品矿石先经铁路运至八所港码头，再装船外运至全国用户。

1）矿山地质概况。

海南铁矿是一个以含铁为主，伴生有钴、铜的多金属共生矿床，矿石中主要化学成分有：Fe、S、P、Cu、Co、V_2O_5、SiO_2、Al_2O_3、CaO、MgO。目前可供利用的有用组分主要为 Fe、Co、Cu，铁矿石的基本质量特征是含铁量较高，高硅低磷，其他有害组分甚微，属于富铁、富钴矿床。成因类型属于多因复成的火山热液沉积-变质矿床，铁矿体一般以似层状、透镜状赋存于石碌群第六层中，矿体产于复式向斜构造中，其产状与向斜相吻合，形成相似褶曲，向斜轴部矿体相对厚大，形态产状受褶皱变化制约。

进行露天转地下开采的北一采场，矿体主要分布于Ⅷab~E23勘查线之间，属石碌矿区北一主铁矿体往南东隐伏延伸矿体，赋存在石碌群第6层岩性层中段含铁岩系中，构造上处于北一向斜轴部。东西向已控制长度3525m，出露长度1150m。矿体走向Ⅵ线以西呈东西向，Ⅵ线以东转为S60°E，矿体向斜北翼矿体倾角60°~80°，南翼45°~65°。矿体赋存标高202.44~-601.91m，矿体主体部分赋存标高在100~-100m之间。矿体形态总体呈层状—似层状，横剖面上自西向东矿体呈心形、箱形或层带形。矿石质量从西到东由富变贫、由厚变薄。

北一矿体顶底板围岩主要为白云岩、透辉石、透闪石、灰岩以及含铁千枚岩、绢云母石英片岩等，一般稳定性较好，但沿断裂、裂隙及层间挤压带附近岩石多碎化、片理化、糜棱岩化，岩石强度明显下降，北一矿体在F6、F24、F25号断层附近开采时应予以高度重视。

矿区位于五指山的西北余脉之中，属低山地貌。东、南和西三面为中低山，由片岩、千枚岩为主岩石构成；北部为波状花岗岩低地，地形为南高北低。石碌河、鸡心河流经矿区，石碌河上游修有水库。

矿区地处热带，属热带海洋性气候。全年平均温度24.3℃，最高月温度29.6℃，最低月温度14.06℃，最高温度39.7℃，最低温度4.2℃。6~10月为台风季节，雨量集中，年平均降水量1500mm，日最大降水量356mm。年蒸发量为2104~2456mm，平均相对湿度77%。

2) 矿山生产概况。

海南铁矿北一采场地质储量贫富矿合计7193.73万吨，是海南矿业股份有限公司铁矿石的主要生产基地，设计0m以上露天开采，台阶高度为12m，已形成400万吨/年的矿石生产能力及相应的配套设施。露天采场东帮、南帮地势较高，东帮最高标高为+310m，南帮最高标高为+372m，北帮地势较低，最高标高为+170m，封闭圈标高+168m。采出的矿石采用自卸汽车直接运往+169m原矿槽，采用汽车—电铲（或振动放矿机）—电机车联合倒装系统。采场共设有+169m和+126m两个倒装场，+169m电铲倒装场设在采场外，负责上部岩石，设计倒装能力250万吨/年；126m振动放矿倒装场设在采场内，设计倒装能力为400万吨/年。矿山主要穿孔设备为KQ-250潜孔钻（6台）、KY-250A牙轮钻（1台）、YZ-35B牙轮钻（1台）、YZ-35C牙轮钻（1台）和阿特拉斯ROC^{R}L8^{30}潜孔钻（ϕ110~203，1台）；铲装设备主要为4m³电铲（5台），运输设备主要为40t级和32t级汽车（共17辆）。

海南铁矿北一采场露天开采末期，设计由0m转入地下开采。地下应用无底柱分段崩落法开采，设计前期挂帮矿量生产能力为140万吨/年，到0m中段以下，地下生产能力260万吨/年。

海南铁矿北一采场的地质储量大，制约地下产能的主要因素是矿体规模较小，由此限制了常规开采工艺的回采工作线的长度。此外，矿体形态复杂，用常规无底柱分段崩落法开采，将造成较大的矿石损失贫化。为提高矿床开采的经济效益和实现露天转地下平稳过渡，应用了露天转地下过渡期露天地下协同开采技术。

（2）可冒性分析。

露天地下协同开采的核心技术之一，是用诱导冒落法开采挂帮矿。为合理确定挂帮矿诱导冒落法开采方案，需对挂帮矿体与围岩的可冒性进行分析评价。通过现场岩体结构面调查与矿岩点荷载强度测定，确定岩体强度并进行矿岩稳定性分级，并在稳定性分级的基础上，分析得出海南铁矿北一采场的矿岩具有良好的可冒性。矿岩良好的可冒性条件，为设计挂帮矿体的诱导冒落法方案提供了方便，结合海南铁矿的矿体条件，可按无底柱分段崩落法的高效开采模式，确定诱导冒落法回收工程的采场结构参数。

（3）无底柱分段崩落法高效开采的结构参数。

由于海南铁矿为赤铁矿，其矿石贫化率的大小对选矿经济效益影响重大，为减小矿石贫化率，需采用低贫化放矿方式控制出矿，此时为提高回采率，采场结构参数高度需适应崩落矿岩的移动规律。

1）分段高度的确定。海南铁矿北一采场挂帮矿体主要是东端帮矿体，矿体形态与产状受褶皱制约，变化关系复杂。东端帮主矿体呈向斜构造，厚度55~93m，倾角0°~65°，其分枝中厚矿体倾角一般33°~53°；而东南帮矿体以中厚矿体为主，倾角44°~72°。按前述的三分段回收原则，结合凿岩与装药设备的能力，确定海南铁矿分段高度为15m。

2）进路间距的确定。海南铁矿东端帮矿体取分段高度15m，根据测得的放出体形态，计算得出合理的进路间距为15.20~17.30m。考虑回采强度对增大崩矿步距的需要，以及加大进路间柱对防止采动地压破坏的作用，取进路间距18m。

3）崩矿步距的确定与优化。崩矿步距的确定需要经过初选与生产中逐步优化的过程。首先根据分段高度、进路间距、放出体形态、矿石可爆破性等，运用工程类比法选定崩矿步距的初始值；其次，按初始值设计2~3个分段的回采爆破参数，包括炮孔直径、炮孔排距与排面布孔方式等，在形成覆盖层正常回采条件后，通过观察进路端部口废石出露信息，进行崩矿步距的动态调整，直至使回采效果达到最佳，取得不同矿岩条件下的崩矿步距的最佳值；最后，按最佳值确定后续回采分段的崩矿步距。海南铁矿按上述方法确定崩矿步距为1.8m。

4）回收进路。利用散体流动参数估算脊部残留体形态，再用放出体套合脊部残留体，便可得出回收进路的理想位置。按此方法确定的海南铁矿回收进路位置最大崩落岩石高度（从巷道顶板算起）为4~6m。

（4）挂帮矿诱导冒落法开采方案。

海南铁矿露天转地下过渡期的首采矿段，选择为东端帮矿体的0m中段。因为首采矿段担负着过渡期产量衔接的任务，其早期产能的大小对矿山企业的采选经济效益影响重大。为此，0m中段需实施高效开采，以便最大限度地提高开采能力。根据矿体赋存条件及采场与露天坑的位置关系，东端帮矿体可分为三区开采：一为端部厚大矿体，研究采用垂直走向布置进路的大结构参数无底柱分段崩落法开采，利用第一分段回采进路作为诱导冒落工程，诱导上部矿岩自然冒落，冒落的矿石在下部进路回采中逐步回收；二为北侧中厚矿体，应用平底堑沟分段空场法开采，在露天开采不受该部位边坡岩移威胁后，崩落顶板处理采空区；三为南帮中厚矿体，应用沿脉进路无底柱分段崩落法开采，利用三个分段同步退采的空间，诱导上部矿岩安全冒落。三个采区矿体的上部被厚大岩体隔开，使得每一采区均可独立开采（图 18-19）。

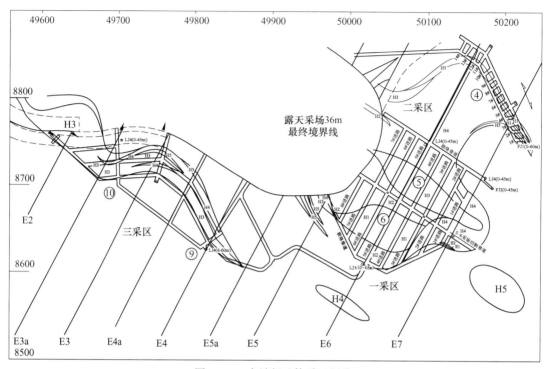

图 18-19　东端帮矿体采区划分

在图 18-19 所示三区中，一区东端帮矿体为主采区，按生产进度安排最先投入开采。因该区矿体在+45m～+15m 水平之间出露多层较大的夹石，为消除这些夹石对冒落矿石的回收影响，将+45m 分段作为主要回收分段，随之将诱导冒落工程设置在+60m 水平。

（5）露天地下协同开采方案。

1）露天地下协同开采顺序。

露天开采境界设计为 0m 水平，0m 以下设计为地下开采。地下设计阶段高度 120m，一期开采 0m、-120m 与-240m 三个中段，其中 0m 中段用于开采东端帮的挂帮矿。东端帮矿体为地下首采矿段，赋存于 E5～E9 线之间，主要为富矿体，采用诱导冒落法开采，诱导工程设计在+60m 分段，用+45m 与+30m 分段的回采接收冒落矿量。这些分段矿量的回采主要由 0m 分段运输，其下 0m 分段回采矿量需利用-120m 中段运输。

为协同地下开采，露天回采顺序调整为由东向西开采。露天采场靠东端帮掘沟至 0m 水平，按计划退采至距离东端帮 70m 左右的位置，在距离东端帮 30m 左右的位置设置废石防护坝，用以防止东端帮边坡的滚石危害。在防护坝形成之后，东端帮一、二采区的采空区便可控制其大量冒落，只有三采区仍处于对露天采场影响范围之内，为确保安全，需要滞后开采。

三采区允许采空区冒透地表的时间，应在露天回采工作面越过该区边坡滚石影响范围之后，为此，露天采场 0m 水平的工作面位置，需比前二采区允许冒透地表的位置再向西退采近 300m 的距离。

二采区对露天生产影响最小，如果采取适宜的工艺措施，可不受露天生产进度影响，随时可以投入开采。但该区矿体厚度小、倾角较小，应用分段空场法平底沿脉堑沟底部结构开采，其中沿脉堑沟的位置是否合理对矿石回采指标影响极大，为取得较好的回采指标，需要先探清矿体的产状与边界位置，之后确定堑沟的位置。因此，该区的回采时间受探矿时间制约，早完成探矿，早施工采准，早投入回采。

一采区的矿体厚大，利用切割巷道与垂直走向的回采进路探明矿体的边界，可采用三维探采结合方法完成采准工程的施工，准备适时回采，以便在露天回采工作面形成防护坝之后，采空区滞后冒透地表的时间尽可能短。

根据上述分析，同时综合考虑产量衔接问题，东端帮矿体可按一采区端部厚大矿体、二采区北侧中厚矿体、三采区南帮中厚矿体的顺序回采，做到露天地下协同开采，并能够快速增大地下产能。

为提高露天转地下过渡期的总生产能力，需要加快0m水平露天退采的进度，尽早形成防护工程，同时合理安排端部矿体的回采时间与回采顺序，以早日实现露天与地下的协同高效开采。

地下首采分段（一采区+60m分段）的回采时间，以露天形成防护工程的时间为节点，反推采空区允许冒透地表的时间进行确定。按这一回采时间要求，需要利用露天边坡条件开掘措施工程，及时完成采准与切割工作。

2）挂帮矿主采区开采方案。

在+30m～+60m分段采准工程施工中，探测出多条厚大夹石层，其走向几乎与进路方向垂直。出露的夹层直接影响切割巷道的合理位置。由于厚大夹石不宜混着矿石回采，在正常回采分段，需将厚大夹石留于采场，为此遇到夹石时需要重新开掘切割工程。因此，对于一采区厚大矿体，需根据采准工程揭露的夹石情况再次确定切割工程的位置。

由生产探矿得出，一采区上部+84m水平有厚大矿体存在，该矿体与下部+60m分段揭露的矿体为同一矿体，且0～+60m分段之间有大块夹石，呈上小下大状态。为降低矿石损失贫化，最终将诱导冒落工程选择在+60m水平，利用+60m分段的连续回采空间，诱导上部矿岩自然冒落，冒落的矿石从下部+45m分段及以下分段回采时放出。各分段南侧沿脉联络巷道的合理位置，需根据揭露矿体的下盘边界与下盘倾角而定，可先按推断的矿体边界设计一部分下盘联巷，待掘进回采进路探清矿体边界后，再确定其余部位联巷的位置。在矿体下盘边界确定后，+60m分段下盘沿脉联巷的位置，仅考虑满足下盘崩落与冒落的矿石能够在空场下充分放出即可。而+45m分段的下盘侧矿体，被+60m分段诱导冒落的废石覆盖形成覆岩条件，其沿脉联巷的位置，需要考虑下盘崩落矿石在覆岩下的放出需要。

东端+60m分段为第一回采分段，也称之为诱导冒落分段，需要连续拉开足够大的暴露面积，诱导上部矿岩自然冒落，形成覆盖层，为下分段高强度开采创造条件。由于露天防护工程已经形成，+60m分段需尽可能加快回采，为此采用从切割巷向南北两侧同时退采的回采顺序，以快速完成诱导冒落工作。

3）挂帮矿的放矿控制方法。

海南铁矿挂帮矿采用诱导冒落法开采，即利用无底柱分段崩落法第一分段进路（诱导工程）诱导上部矿体与上覆岩层自然冒落，冒落的矿石在其下分段回采时逐步回收，冒落的岩石留于采场形成覆盖层（图18-20）。

作为诱导工程的+60m分段，其主要作用是诱导上覆矿岩自然冒落，为下分段高强度开采创造条件。该分段设计崩落矿石高度15m（从巷道顶板算起），放出量可控制在崩矿量的45%～50%之间，以保持端部口不敞空，严防冒落滚石与气浪冲击危害。

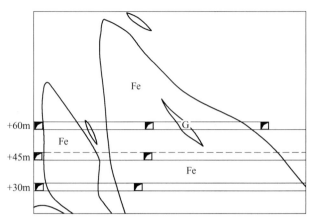

图18-20　东端帮挂帮矿体的回采条件

作为诱导冒落工程的+45m分段，也接收上部矿量，在上部矿石充分冒落之后便可投入回采。其放矿管理方法，可根据冒落矿石的流动性而灵活调整。如果冒落矿石的大块含量较多、流动性较差，+45m分段应采取削高峰放矿，即每一步距均按上方冒落矿石层的高度控制步距放矿量，以保持矿岩接触面均缓下降；如果冒落矿石的流动性较好，则可放宽对步距出矿量的限制，对其下有接收条件的出矿步距，出矿到端部口见覆盖层废石为止，对其下没有接收条件的出矿步距，一直放矿到截止品位。

对+30m及以下分段，均采用设置回收进路的采场结构和相应的组合式放矿方式，对下面有接收条件的步距出矿到见废石漏斗为止，对回收进路出矿到截止品位。

（6）露天地下协同防控岩移危害。

挂帮矿的开采中，可通过调整回采顺序与回采高度引导岩体向塌陷坑冒落，避免边坡塌冒时对露天生产造成岩移危害。但在采空区冒落过程中，地表受扰动的边坡岩块，有可能发生滚落，冲击到露天坑底。因此，为严防滚石危害，还需根据边坡可能发生滚石的范围，在露天坑底及时形成安全防护体系，以确保露天生产安全。

1）岩移范围与塌落控制。一采区矿体厚大，是海南铁矿露天转地下过渡期的主采区，该区+60m分段的回采工作，除需将矿石合理采出外，主要还需形成足够大的采空区面积，诱导顶板围岩自然冒落，形成足够厚度的覆盖层。该分段6号采场4区的回采面积约7000m²，约为岩石持续冒落面积的2倍，因此在6号采场回采过程中，采空区便会冒透地表。海南铁矿北一采场东端帮矿体分段高度15m，第一分段诱导工程设置在+60m分段，预计+60m分段回采过程中上覆矿石能够大量冒落，确定在+45m分段回采中放出不小于16m高度的矿石，即利用+60m与+45m两分段的协同回采，形成不小于27m高的采空区，满足岩移控制要求。

2）露天边坡滚石防护。海南铁矿露天边坡矿岩节理裂隙较发育，地下采空区在临近冒透地表时，边坡块石受到扰动有可能引起滚落。为防止发生滚石事故，通过在露天边坡滚石试验的滚石停落地点设置有效的防护工程，确保露天采场的生产安全。对各试验块石的最终停落点进行现场测量，绘于露天开采的现状图上，据此将防护坝设计在露天坑0m台阶上，距离坡脚的安全距离取30m。防护坝由露天剥离的废石堆成，采用梯形断面，设计高度2m，底部宽度5.4m，顶部宽度2.0m。

（7）诱导冒落形成覆盖层。

海南铁矿散体流动性较好，在无底柱分段崩落法回采过程中，通过控制第一分段进路回采时的出矿量，留下部分矿石确保进路端部口不敞露空区，同时使存于端部口至巷道底板间的散体坡面角处于正常值范围，即可满足散体垫层厚度的要求。

（8）协同开采方案的实施效果。

海南铁矿原设计露天开采到 0m 转入地下开采，从 2009 年开始进行地下建设，地下设计应用无底柱分段崩落法开采，前期挂帮矿生产能力为 140 万吨/年，到 0m 中段以下，地下生产能力 260 万吨/年。

海南铁矿从 2010 年开始实施露天地下协同开采方法，经过细部优化，将露天开采境界从 0m 延深到 -72m，同时用诱导冒落法开采挂帮矿体，从 +36m 露天台阶打一措施平硐，提前进行挂帮矿的开拓、采准与回采工作。

露天采用不扩帮延深开采后，产量由每年 400 万吨增大到 450 万 ~480 万吨；挂帮矿实施诱导冒落法开采，生产能力由每年 140 万吨增大到 210 万吨。

+60m 分段诱导工程于 2014 年 5 月开始回采，45m 分段从 2014 年 7 月开始在其下相应的部位拉切割槽和向上盘侧回采。随着 +60m 分段与 +45m 分段回采跨度的增大，采空区冒落高度不断增大，到 2014 年 11 月，采空区冒透地表，且在地表形成一长条形塌陷坑。表层冒落散体呈小破块状沿边坡滑下，内部冒落散体落入采空区内。此后，随着 +60m 分段与 +45m 分段回采跨度的进一步增大，边坡塌陷范围不断增大，到 2014 年 12 月，塌陷区边界出现规律分布的断裂线。断裂线发育良好，标志着后续的向塌陷坑片落过程将有序地进行。

海南铁矿由于矿体形态复杂和挂帮矿面积较小，属于减产过渡条件，实施露天地下协同开采方法后，通过合理解决露天地下开采时空、回采顺序、产能规划、开拓系统、岩移管控、覆盖层形成、生产危害防治等方面的协同与优化问题，建立适合矿床条件的露天地下协同开采技术体系，有效释放了露天地下产能，过渡期产量非但未减少，反而大幅度增加，形成了增产过渡局面。

冶金工业出版社部分图书推荐

书　名	作　者	定价(元)
中国冶金百科全书·采矿卷	本书编委会　编	180.00
中国冶金百科全书·选矿卷	编委会　编	140.00
现代金属矿床开采科学技术	古德生　等著	260.00
采矿工程师手册（上、下册）	于润沧　主编	395.00
金属及矿产品深加工	戴永年　等著	118.00
选矿试验研究与产业化	朱俊士　等编	138.00
金属矿山采空区灾害防治技术	宋卫东　等著	45.00
尾砂固结排放技术	侯运炳　等著	59.00
地质学（第5版）（国规教材）	徐九华　主编	48.00
采矿学（第3版）（本科教材）	顾晓薇　主编	75.00
应用岩石力学（本科教材）	朱万成　主编	58.00
爆破理论与技术基础（本科教材）	璩世杰　编	45.00
采矿系统工程（本科教材）	顾清华　主编	29.00
矿山岩石力学（第2版）（本科教材）	李俊平　主编	58.00
采矿工程概论（本科教材）	黄志安　等编	39.00
矿产资源综合利用（高校教材）	张　佶　主编	30.00
智能矿山概论（本科教材）	李国清　主编	29.00
现代充填理论与技术（第2版）（本科教材）	蔡嗣经　编著	28.00
现代岩土测试技术（本科教材）	王春来　主编	35.00
选矿厂设计（高校教材）	周晓四　主编	39.00
矿山企业管理（第2版）（高职高专教材）	陈国山　等编	39.00
露天矿开采技术（第3版）（高职高专教材）	文义明　主编	46.00
井巷设计与施工（第2版）（职教国规教材）	李长权　主编	35.00
工程爆破（第3版）（职教国规教材）	翁春林　主编	35.00
金属矿床地下开采（高职高专教材）	李建波　主编	42.00